Richard von Schirach

Der Mann, der die Erde wog

Richard von Schirach

# Der Mann, der die Erde wog

Geschichten von Menschen,
deren Entdeckungen die Welt
veränderten

C. Bertelsmann

Sollte diese Publikation Links auf Webseiten Dritter enthalten,
so übernehmen wir für deren Inhalte keine Haftung,
da wir uns diese nicht zu eigen machen, sondern lediglich auf
deren Stand zum Zeitpunkt der Erstveröffentlichung verweisen.

Verlagsgruppe Random House FSC® N001967

1. Auflage
© 2017 by C. Bertelsmann Verlag, München,
in der Verlagsgruppe Random House GmbH,
Neumarkter Str. 28, 81673 München
Umschlaggestaltung: Büro Jorge Schmidt, München
Bildredaktion: Annette Mayer
Satz: Uhl + Massopust, Aalen
Druck und Bindung: GGP Media GmbH, Pößneck
Printed in Germany
ISBN 978-3-570-10258-9

www.cbertelsmann.de

# Inhalt

Meinen Geschwistern
Angelika und Klaus

Ich weiß zwar nicht,
was die Welt von mir hält,
aber ich selbst komme mir vor
wie ein Kind,
das am Gestade spielt
und sich damit vergnügt,
dann und wann
einen glatteren Kiesel
oder eine hübschere Muschel
als sonst zu finden,
während der große Ozean der Wahrheit
unentdeckt vor mir liegt.

*Isaac Newton*


Newton, vergib mir …

*Albert Einstein*


Die Wirklichkeit ist eben …
nur ein ganz spezieller,
schmaler Ausschnitt
aus dem unermesslichen Bereich dessen,
was die Gedanken zu umspannen vermögen.

*Max Planck*

# Die drei Hauptsätze der Thermodynamik

### 1. Hauptsatz:
Energie kann weder erzeugt noch vernichtet,
sondern nur in verschiedene Arten umgewandelt werden.


### 2. Hauptsatz:
Energie ist nicht in beliebigem Maße
in andere Arten umwandelbar.


### 3. Hauptsatz:
Der absolute Nullpunkt der Temperatur
ist unerreichbar.

# Das Schönste, das wir erleben können, ist das Geheimnisvolle – Vorwort

*»Hofrat Prof. Dr. Boltzmann, der zum Sommeraufenthalt mit seiner Tochter in Duino weilte, wurde gestern als Leiche in seinem Hotelzimmer aufgefunden. Er hatte sich mit einem kurzen Strick am Fensterkreuz erhängt. Seine Tochter war die erste, die den Selbstmord entdeckte.«*

So lautete die Nachricht, die in der Wiener Zeitung *Die Zeit* die Tragödie bekannt machte. Für die eigene Familie kam dieser Schritt ebenso unerwartet wie für den Wiener Kaffeehausleser.

*Duino: Sehnsuchtsort berühmter Dichter und Schicksalsort des Physikers Ludwig Boltzmann.*

11

Der weltbekannte Physiker, hundertfach geehrt und selbst von seinen wissenschaftlichen Feinden gewürdigt, hatte seiner Frau lange schon versprochen, ein paar gemeinsame Ferientage an der Adria zu verbringen. Das Paar verband eine überaus glückliche Beziehung; ihren Briefwechsel kann man nicht ohne Rührung, ja Ergriffenheit lesen. Die Atmosphäre ist gelöst bei diesem spätsommerlichen Badeaufenthalt. Als er stirbt, sind seine Frau Henriette und die jüngste Tochter Elsa schon zum Schwimmen vorausgegangen und warten darauf, dass Boltzmann nachkommt. Die Mutter schickt schließlich die 15-jährige Elsa zum Hotel zurück, um nach dem Rechten zu sehen. Der Anblick des Vaters am Kreuz bleibt ihr nicht erspart. Sie wird niemals ein Wort darüber verlieren.

## Der Mann, der sich riskiert

Boltzmann ist der streitbare Prophet, der sein Leben lang gegen eine Phalanx von Widersachern und Zweiflern für die Anerkennung des »Atoms« kämpft. Dabei tritt er seinen Gegnern oft als Einzelkämpfer gegenüber; und er kann wüten wie ein Stier, wenn es um die Realität des Atoms geht. 2000 Jahre lang hat die unselige »Vier-Elemente«-Lehre von Empedokles und Aristoteles das abendländische Denken behindert. Statt Demokrits »Atomtheorie« galt die Doktrin, dass sich alles Geschaffene aus den vier Elementen Feuer, Wasser, Luft und Erde zusammensetzt. Erst ein Quäker aus Cumberland formuliert 1808 die erste brauchbare Atomtheorie. Dieser 1766 geborene John Dalton stirbt im selben Jahr, in dem Boltzmann geboren wird.

Sich gegen die Autorität von Aristoteles durchzusetzen, bedurfte in der Tat kämpferischen Muts. Für Boltzmann ist Wissenschaft die Suche nach Wahrheit. Unermüdlich und unbeirrt kämpft er für das Verständnis der atomaren Struktur der Materie und bereitet der zukünftigen Physik das Feld. Das gelobte Land aber wird er nicht mehr betreten können.

*Ludwig Boltzmann mit seiner Frau Henriette und den Kindern um 1890;
die jüngste Tochter Elsa fand als 15-Jährige den toten Vater.*

Der Kämpfer für die Wissenschaft hat noch ein weiteres großes
Lebensthema verfolgt, die Entropie. Max Planck hat Boltzmanns
Erkenntnisse in die legendäre »Entropiegleichung« gefasst, die im
Marmorsockel seines Grabmals eingemeißelt ist. Plancks univer-
sell gültige »Wirkungskonstante h« wäre ohne die »Boltzmann-
konstante« k nicht denkbar.

Als Lehrer ist Boltzmann mitreißend und leidenschaftlich.
Seine junge Studentin Lise Meitner, die nach seinem Tod nach
Berlin kommt, ist anfangs sehr ernüchtert, als sie die Vorlesungen
Plancks besucht. Sie braucht einige Zeit, bis sie dessen stille Qua-
litäten zu schätzen lernt.

In den letzten zwei Lebensjahrzehnten treibt den fünffachen
Vater ein unwiderstehlicher Drang nach Veränderung um. Jeder
neue Ort scheint wie ein neuer Versuch, endlich Glück und Ruhe

zu finden. Wien, Graz, München, Leipzig und wieder Wien sind die Stationen der Jahre 1890 bis 1902. Sein Verhalten beim Ruf nach Berlin 1888 stellt seine unstete innere Verfassung auf eine beunruhigende Weise bloß. Da geht es immerhin um den bedeutendsten Lehrstuhl für Physik, der zu vergeben ist. Boltzmann schickt seine schriftliche Zusage nach Berlin, dann hetzt er ein Telegramm an das Ministerium hinterher, auf keinen Fall die abgesandte Post zu öffnen. Einen Tag später erreicht ein weiteres Telegramm Berlin, dass die Post nun doch geöffnet werden dürfe. Den Berlinern reißt jedenfalls der Geduldsfaden, und man entscheidet sich für die zweite Wahl. So wird Max Planck schließlich der Nachfolger von Gustav Kirchhoff.

Boltzmann ist dabei von immensem Fleiß, seine Veröffentlichungsliste zählt mehr als 139 Arbeiten, dazu kommen Vorträge, Kongresse, nicht zu reden von seinen vielseitigen »Populären Schriften«. Doch Boltzmann übernimmt sich, kennt kein Maß. Als sich sein wissenschaftlicher Gegner und persönlicher Freund Ernst Mach 1901 zurückzieht, springt Boltzmann für ihn ein und trägt neben seinen Vorlesungen auch noch dessen Kolleg über die Philosophie der Natur und Methodologie der Naturwissenschaften vor. Doch nach den ersten Vorlesungen muss er diese zusätzliche Belastung aufgeben. Das verstärkt wiederum die schwarzen Ängste, die ihn umkrallen. Er fürchtet den Verlust seiner beruflichen Existenz.

Trotz seiner schlechten körperlichen Verfassung und seines von depressiven Episoden umschatteten seelischen Zustands überquert er in den folgenden Jahren noch zweimal den Atlantik, um in den Semesterferien Lehrveranstaltungen in den Vereinigten Staaten abzuhalten. Er mutet sich mehr zu, als Körper und Geist ertragen können. Bei einer Vorlesung an der University of California in Berkeley erlebt Boltzmann plötzlich eine Blockade, und von einer Stunde auf die andere wird er handlungsunfähig. Im Krankenhaus wird nach eingehender Untersuchung

*Der streitbare Boltzmann kämpfte zeitlebens für die Idee einer atomaren Struktur von Materie und gilt damit als Vordenker der revolutionären neuen Physik des 20. Jahrhunderts.*

»Neurasthenie« diagnostiziert. Unter diesem Modewort versteht man eine allgemeine Nervenschwäche.

Um die Jahrhundertwende ist allerdings das Wissen um Depressionen äußerst dürftig; eine medizinische Hilfe für Boltzmann gibt es nicht. Die mehrfachen Atlantiküberquerungen wirken mit an der Vorstellung, dass Boltzmann, wie ein im Sturm schlingerndes Schiff, Gefahr läuft, auf ein Riff aufzulaufen. Aber wer, wenn er schriee, hörte ihn denn aus der Engel Ordnungen?

Als sich Boltzmann entschließt, sich an das zauberhafte adriatische Sonnengestade zu retten, ist er ein heillos kranker Mann. Der schwarzen Wand, die ihn erdrücken will, hat er nichts mehr entgegenzusetzen.

# Die zwei Kulturen

Jahrzehnte nach Boltzmanns Tod reise ich als Münchner Literaturstudent mit einer Freundin in das morbide Triest. Wir wollen dort auf der Suche nach den Spuren von James Joyce und Italo Svevo Gassen und Kaffeehäuser durchstreifen. Danach planen wir einen Abstecher nach Duino, denn wir sind erfüllt von Rilkes Versen und den *Duineser Elegien*. Die dunklen, rätselhaften *Sonette an Orpheus* sprechen wir uns im VW vor. Das Dunkel zieht uns an, schlauer werden wir aber nicht daraus. Kein Wunder, denn Rilke selbst hat bekannt, »dass sie weit über mich hinausreichen«.

Hätte mich damals jemand gefragt, ob es irgendetwas Wichtigeres, Tieferes und Befriedigenderes als Literatur gebe, hätte ich, ohne lange zu überlegen, mit Nein geantwortet.

Duino ist einer der malerischsten Orte an der adriatischen Küste. Das Städtchen wird beherrscht von einem wuchtigen Kastell, das sich im Besitz der Familie della Torre e Tasso befindet. Die Schlossherrin zu Rilkes Zeiten, Marie von Thurn und Taxis, war seine Gönnerin, Vertraute und Brieffreundin.

Andachtsvoll nähern wir uns dem auf einer Felsenspitze ausgesetzten Bau. Wir halten inne an einem Marmortisch und blicken auf das Auf und Ab der Wellen der »blauenden« Adria. Hat Rilke nicht vielleicht gerade hier in seinem Traumjahr 1912 seine Feder in das Tintenglas gesenkt, um die ersten Silben seiner *Duineser Elegien* aufs Papier zu setzen? Schwer vergessen lässt sich der allererste Vers:

»*Wer*, wenn ich schriee, hörte mich denn aus der Engel Ordnungen?«

Von Boltzmann hatte ich, hatten wir nie gehört. Auch in all den großen, geistreichen Seminaren über Schnitzler, Hauptmann, Nietzsche, Fontane, Hebbel usw. fiel sein Name nicht. Als wir den felsigen Rilke-Weg zum Ufer hinabschlendern, ist uns nicht bewusst, dass ausgerechnet Duino der Schicksalsort Boltzmanns ist. Dieser hatte nichts hinterlassen, als er starb, keinen Abschiedsbrief, keine letzte Botschaft. Das scheint fortzuwirken, denn auch noch Jahrzehnte später erinnert nichts an ihn. Erst 2006, hundert Jahre nach seinem Tod, wurde vor dem ehemaligen Hotel Ples (heute: United World College of the Adriatic) eine Tafel angebracht und seiner gedacht.

Ein oder zwei Jahre nach diesem Rilke-Feiertag gab ich mein Germanistikstudium auf. Ich wollte mehr Welt erfahren, andere Länder, Menschen und Sprachen kennenlernen. Als ich nach einigen Jahren nach Deutschland zurückkam, hatte mich die angelsächsische Literatur verführt. Ich war fasziniert von Bertrand Russell, George Bernard Shaw, Virginia Woolf, Evelyn Waugh. Eines Tages entdeckte ich einen ungewöhnlich welterfahrenen, kenntnisreichen und witzigen Romancier namens Charles Percy Snow. C. P. Snow war nicht nur ein hinreißender Autor, sondern auch ein Wissenschaftler, der in Physik mit einer Arbeit über »Spektroskopie« promoviert hatte. 1959 hielt er eine Rede über zwei Kulturen, die sich verhängnisvollerweise sprachlos gegenüberstehen. Er meint damit die Naturwissenschaften und die Geisteswissenschaften. Dieser Vortrag zog scharfe Debatten nach sich.

Als die Diskussion verraucht und längst vergessen war, stieß ich auf die folgende Passage, die mich direkt anzusprechen schien. Schon das bloße Wort Thermodynamik hatte mir immer Unbehagen bereitet, nicht zu reden von einem so unglücklich gewählten Begriff wie Quantenmechanik. Snow knüpft sich die Angehörigen jener literarisch geprägten Kultur vor, denen er immer wieder im Universitätsleben und auf Veranstaltungen begegnete:

»Sie lächeln mitleidig, wenn Sie von Naturwissenschaftlern

hören, die bedeutende Werke der englischen Literatur nie gelesen haben. Sie tun diese Leute als ungebildete Spezialisten ab. Dabei ist Ihre eigene Ignoranz und Spezialisierung genauso erschreckend. Wie oft bin ich in größerem Kreise mit Leuten zusammen gewesen, die, an den Maßstäben der überkommenen Kultur gemessen, als hochgebildet gelten und die mit beträchtlichem Genuss ihrem ungläubigem Staunen über die Unbildung der Naturwissenschaftler Ausdruck gaben. Ein- oder zweimal habe ich mich provozieren lassen und die Anwesenden gefragt, wie viele von ihnen mir den Zweiten Hauptsatz der Thermodynamik beschreiben könnten. Man reagierte kühl – man reagierte aber auch negativ. Und doch bedeutete meine Frage auf naturwissenschaftlichem Gebiet etwa dasselbe wie: ›Haben Sie etwas von Shakespeare gelesen?‹«

Snow zielte mit dieser Gegenüberstellung in erster Linie auf das britische Erziehungssystem, das seit dem Viktorianischen Zeitalter stets die wissenschaftliche Erziehung vernachlässigt hatte zugunsten der humanistischen Bildung, mit der Betonung auf dem Erlernen des Griechischen und Lateinischen. Er spart nicht mit Polemik. Die literarisch gebildeten Intellektuellen, die keinen Begriff davon hätten, welche Gebäude die Naturwissenschaften hochziehen, stehen für ihn auf der Stufe von Neandertalern. C. P. Snow selbst war der beste Beweis, dass diese Zwei-Kulturen-Theorie schon beim Niederschreiben widerlegt wurde, auch wenn der sich nachts in die »Edda« vertiefende Teilchenphysiker ebenso unwahrscheinlich ist wie der Germanist, der sich fragt, warum das farbige Spektrum des Sonnenlichts farbig ist.

Ich musste an die Snow-Stelle denken, als ich viele Jahre später, bei einem Schach spielenden Büchertrödler auf der Münchner Leopoldstraße verweilend, ein vergilbtes Büchlein über den mir unbekannten Robert Mayer in die Hand nahm. Darin kam dieses ominöse Wort »Thermodynamik« wieder vor. Das Buch hatte mich gefunden. Seitdem weiß ich, dass es bei der Thermodynamik um nichts anderes geht, als Wärme und Bewegung miteinander in Beziehung zu setzen. Mayers Leben, diesem »Aufschrei einer Existenz, die höchste Einsicht erfahren hat und von ihren Mitmenschen nicht verstanden wird« und in einer Irrenanstalt mit »Schreckbädern« gequält wird, habe ich die Geschichte »Von Nichts kommt nichts« gewidmet.

Bald wollte ich mehr über die mir fremde und unbekannte Welt der Naturwissenschaften wissen. Ich gewann dort einen Einblick in höchst unterschiedliche Persönlichkeiten, die – so genial, bizarr, verschroben, grenzenlos reich oder bitterarm, gewitzt und unbeholfen sie sein mochten – ihr Leben einer Aufgabe verschrieben hatten, hinter der sie zurückgetreten waren und die uns damit ein denkwürdiges Vermächtnis an Selbstlosigkeit und Beharrlichkeit hinterlassen. Auffallend viele dieser Entdecker, wie Robert Bunsen, der eine sehr kostengünstige Batterie entwickelt hatte, verzichteten auf jede Patentierung und überließen anderen das Millionengeschäft; ebenso handelte Albert Michelson, der die Geschwindigkeit des Lichtes gemessen hat und Erfinder des heute überall eingesetzten Interferometers ist, oder die Curies. Mit dem Aufkommen des Erfinder-Unternehmers endete allerdings diese selbstlose Zeit. Der Berliner Physik-Professor Walther Nernst, Nobelpreisträger und Entdecker des Dritten Hauptsatzes der Thermodynamik, ist der pfiffige Erfinder einer neuartigen Lampe. Für die Überlassung der Patente seiner »Nernstlampe« an die AEG handelt er eine ungewöhnlich hohe Summe aus. Thomas Alva Edison erstarrt vor Bewunderung und Schreck, als ihm Nernst während der Weltausstellung in Chicago 1893 von seinem Coup erzählt. Nernst hat eine Million Reichsmark bekommen, und er, Edison, findet und findet den richtigen Glühfaden nicht und steckt immer noch in finanziellen Nöten.

Hinter jeder Entdeckung stehen Menschen und deren Leben; ihre Visionen, Leiden und Taten sprechen oft mehr zu uns als die wissenschaftlichen Erkenntnisse, die sie uns hinterlassen haben. Leidenschaften, Ehrgeiz, Irrtümer und Enttäuschungen begleiten jeden Schritt dieser Menschen, um die es im Folgenden geht. Aber das Gefühl, nur der Wahrheit verpflichtet zu sein und ihre Bestimmung im Leben gefunden zu haben, durchdringt sie alle. Manche verfehlen dadurch auch das Leben, und nicht wenige verfallen der Macht und vergessen, dass Wissenschaft Verantwortung trägt und dazu da ist, den Menschen zu dienen.

Visionen und Leidenschaften haben wir die wunderbarsten und kuriosesten Geschichten zu verdanken. In den langen, ziemlich faden und dunklen Wintermonaten auf dem Land leisteten mir die Gestalten, die dieses Buch bevölkern, Gesellschaft. Ich werde nie vergessen, wie mir der menschenscheue Henry Cavendish mit seiner hohen Krächzstimme aus seinem Leben erzählte, während die Buchenscheite im Kachelofen prasseln. Mitte des 18. Jahrhunderts, schon fast 70-jährig, hatte er sich entschlossen, mithilfe von Seilen, Winden, Bleikugeln und einem dünnen Messrohr die Welt zu wiegen. Er benötigte mehr als ein Jahr für seine täglichen Messreihen und kam dem tatsächlichen Gewicht unglaublich nahe. Durch ihn erfahre ich die Geschichte seines Freundes John Michell, der sich als Cambridger Geologie-Professor aufs Land zurückgezogen hat und dort als Vikar wirkt. Er entwickelt eine Leidenschaft für den Bau von Fernrohren. Mit einfachsten Mitteln baut er ein Teleskop, das eine Zeitlang als das beste der Welt gilt; aber dann gehen Kräfte und Geld zur Neige. Das »Große Teleskop« wird nie fertig und richtet ihn schließlich zugrunde.

Wenn ich nur an Houtermans denke, steigt mir der Geruch verdorbener Kohlköpfe und der kalte Rauch von einer Million Papyrossis in die Nase. Vorsichtig, wie auf Zehenspitzen, betrete ich die verrußte Zelle mit den Eisenbetten von »Fisel«. Das einzige Fenster ist bis auf einen kleinen Spalt oben mit Sichtblenden verschlossen. Nur die nackte Glühbirne, die von der Zellendecke herabhängt und tagaus, tagein brennt, ermöglicht einen Blick auf den Physiker Friedrich »Fritz« Georg Houtermans, der drei Jahre lang die Verhöre, Schläge und Torturen in Stalins Gefängnissen ohne Bücher, Papier und Bleistift im Isolationstrakt überstehen muss. Er hat noch Euklids Beweis im Kopf, dass die Anzahl der Primzahlen unendlich ist, und entwickelt daraus eine eigene Zahlentheorie. Das hält ihn aufrecht. Man muss Angst haben um ihn, denn er ist dem Hungertod nah. Aber sein Geist und sein Mut lassen sich nicht brechen. Später wird dieser Grenzgänger, der Jude war, Kommunist, Österreicher und Deutscher, von den Sowjets 1940 an die Gestapo ausgeliefert. Aber auch diese Ironie der Geschichte lässt ihn nicht verzweifeln.

Ich erlebe Szenen wie aus Grimms Märchen. Einmal spielt der junge Robert Oppenheimer die Rolle der bösen Fee. Er studiert schon ein Semester in Cambridge und zählt dort zu den wohlhabenden Studenten, aber er kommt bei seinen Mitstudenten nicht so an, wie er sich das gewünscht hätte. Mit seinem Tutor, dem späteren Nobelpreisträger Patrick Blackett, kommt er nicht klar. Dessen unaufdringliche Überlegenheit, Lässigkeit und Brillanz setzen ihm zu. Oppenheimer beschließt, sich seiner zu entledigen. Der 22-jährige Student, der nach einem Chemie-Studium in Harvard viel von Giften versteht, impft einen rotbackigen Apfel mit Zyanid und legt diesen Blackett ins Pult.

Manche sterben zu jung, oder sie sind ihrer Zeit zu weit voraus; noch kann niemand ihr Rufen vernehmen oder verstehen. So macht der unerhört kreative Gustav Kirchhoff wenige Jahre vor seinem Tod fast nebenbei noch eine Entdeckung, die alle aufhorchen lässt, deren Bedeutung aber noch nicht verstanden werden kann. Er entwickelt eine idealisierte Strahlungsquelle, die er »Schwarzkörper« nennt und deren Abstrahlungsverhalten nicht lösbare Fragen aufwirft. Jahrzehnte später wird Max Planck bei seinem Versuch, dieses Phänomen mithilfe der Quantentheorie zu erklären, das Gebäude der alten Physik einstürzen lassen. Planck weist in der hier erzählten Geschichte »Der Herr mit dem blauen Köfferchen« die Züge eines modernen Hiob auf. Nichts bleibt ihm erspart. Mit 88 erfährt er, dass sein über alles geliebter Sohn in den letzten Tagen vor Kriegsende noch hingerichtet worden ist. Aber zum Trauern bleibt keine Zeit. Er muss in einem Wäldchen Zuflucht suchen. Ein Lager aus Laub und die Sterne über sich, so verbringt er dort fast zwei Wochen.

## Märchen einer Nacht

»Das Schönste, das wir erleben können, ist das Geheimnisvolle«, sagt Einstein und meint damit nicht allein die Wissenschaftler. »Es ist das Grundgefühl, das an der Wiege von wahrer Kunst und Wissenschaft steht. Wer es nicht kennt und sich nicht mehr wundern kann, nicht mehr staunen kann, der ist sozusagen tot und sein Auge erloschen.« Um dieses Gefühl mit zu empfinden, wird sich kaum eine bessere Erzählung finden lassen als die von Marie und Pierre Curie. Der Schauer der Erkenntnis und eine tiefe Befriedigung über das Erreichte verbinden sich zu einer märchenhaften, dankerfüllten Stunde.

Ruhm hat Marie Curie nie gesucht oder sich daran erfreuen können. Alle Äußerlichkeiten schiebt sie beiseite – unwichtig. Auch die armseligen ersten drei Studentenjahre in Paris in einer schiefen Dachkammer im fünften Stock ohne Heizung, Strom und Wasser nimmt die Studentin aus Warschau klaglos hin. Solange im Winter die Universitätsbibliothek warm genug und bis zehn Uhr abends beleuchtet ist, ist alles andere unwichtig, denn sie hat eine Mission. Sie brennt für die Wissenschaft. Als sie nach dem Studienabschluss eine Werkstatt sucht, um über die Magnetisierung von Stahl zu arbeiten, lernt sie Pierre Curie kennen, einen Physiklehrer an der städtischen Schule für Physik und Chemie. Er ist acht Jahre älter als Marie, und es scheint ihm an Ehrgeiz zu fehlen; seine Doktorarbeit liegt seit zehn Jahren unberührt zu Hause, an eine wissenschaftliche Karriere ist nicht mehr zu denken. Sie ergänzen sich ideal. Ohne die hochpräzisen Instrumente zur Messung von Elektrizität, die Pierre konstruiert, wäre Marie den geheimnisvollen Strahlen, die sie untersuchen will, nicht auf die Spur gekommen. Sie werden ein legendäres Paar, das vielen als Beispiel dient. Und sie verkörpern einen Wissenschaftlertypus, der weiß, dass ihn Entbehrungen, die auch Selbstversuche und Opfer erfordern, und ein bescheidener Lebensstil erwarten. Und Selbstlosigkeit sollte eine selbstverständliche Tugend sein. Marie Curie hat 1903 als

*Marie Curie mit ihrer Tochter Irène um 1903; beide erhielten den Nobelpreis für Physik, Marie 1903 als erste Frau überhaupt.*

erste Frau überhaupt den Nobelpreis für Physik bekommen – und es sollte 60 Jahre dauern, bis eine zweite Frau, die 1908 in Kattowitz geborene Maria Göppert, die in Göttingen aufwuchs, wieder mit dem Nobelpreis für Physik ausgezeichnet wurde. Den ersten Nobelpreis hatte Marie Curie zusammen mit ihrem Mann Pierre und ihrem Doktorvater Henri Becquerel erhalten und dann, nach dem tragischen Tod von Pierre, der 1906 unter eine Droschke geriet, den zweiten auf dem Gebiet der Chemie für die Darstellung von Radium 1911 – erstmals wurde damit einer Person der Nobelpreis zum zweiten Mal zuerkannt. Manche ihrer wissenschaftlichen Arbeiten sehen wir heute nüchterner. Aber vielleicht hinterlässt sie uns, ganz anders, als sie sich vorstellte, gerade in ihrer Existenz ein unvergessliches Vermächtnis.

1889 hat Marie Curie einen aufsehenerregenden Aufsatz veröffentlicht: »Über eine neue radioaktive Substanz, enthalten in der

Pechblende.« Aber nun muss diese Substanz – zum ersten Mal verwendet Marie dafür das Adjektiv radioaktiv und fügt es dem Wortschatz der Welt hinzu – auch *dargestellt* werden. Erwartung und Spannung sind übergroß, Anstrengungen zählen nicht. Seit mehr als zwei Jahren schon versuchen die Curies aus den abgeräumten Uranerzen, die ihnen geschenkt wurden, die unbekannten Elemente zu isolieren, die noch kein Mensch gesehen hat. Das wertlose Erz kommt aus Joachimsthal und ist ein Geschenk der Österreichischen Akademie der Wissenschaften – allerdings müssen die Transportkosten bezahlt werden. Regelmäßig kommen nun Pferdegespanne und kippen die unansehnlichen Pechblende-Brocken achtlos wie Schlachtabfälle für den Abdecker in den offenen Hof des Lagerschuppens. Zehn Tonnen sind es schließlich, die herangekarrt werden, aber die Ausbeute ist gering, viel geringer, als Marie gedacht hatte. Nur 0,037 Prozent sind brauchbar. Unermüdlich rührt sie mit einer massiven Eisenstange, die so groß ist wie sie selbst, in einem Riesenbottich in einer zähflüssigen Lauge, um die strahlungsintensiven Brocken herauszulösen und zu reinigen. Eingehüllt in giftige Dämpfe, wirkt sie tatsächlich wie eine leibhaftige Radiumzirze, wie Einstein sie einmal spöttisch nannte. Erst im dritten Jahr können sie sich einen Helfer leisten. Und doch liegt in diesen entsagungsvollen, entbehrungsreichen Monaten und Jahren engster Zusammenarbeit eine tiefe Befriedigung, immer wieder begleitet von einem stillen Glücksschauer.

Aus der Zeit dieser angespannten Monate 1892 und 1893 lässt uns die Biografin ihrer Mutter Eve Curie eine intime häusliche Szene miterleben. Noch wird Marie Curie ein Jahr brauchen, um ein Zehntelgramm Radiumchlorid zu destillieren, mit dessen Hilfe sie dann das Atomgewicht von Radium und damit seinen Ort im Periodischen System der Elemente bestimmen kann. Die Curies, die nun in der Rue Kellermann wohnen, sind um sieben nach Hause gekommen. Um neun Uhr wird die zweite Tochter, die kleine Irène – mit 38 wird auch sie den Nobelpreis erhalten –,

*Marie Curie mit ihrem Mann Pierre, mit dem zusammen sie 1903 den Nobelpreis für Physik erhielt und der 1906 durch einen Droschkenunfall ums Leben kam.*

zu Bett gebracht. Marie hat sie gebadet und niedergelegt, dann bleibt sie noch wie jeden Abend lange im dunklen Zimmer vor dem Bettchen der Vierjährigen sitzen, bis diese einschläft. Erst danach kehrt sie zu Pierre ins Wohnzimmer zurück, der schon auf sie wartet.

Er wird schnell ungeduldig, wenn Marie zu lange auf sich warten lässt: »Pierre geht langsam im Zimmer auf und ab, er kann die Unruhe, die ihn erfasst hat, nicht loswerden, während Marie ein paar Stiche an einer Schürze näht, die sie für Irène anfertigt. Sie näht alle Kinderkleider selbst. Aber heute kann die Hausarbeit sie nicht ablenken. Plötzlich steht sie auf und sagt: ›Wenn wir für einen Augenblick hingingen?‹«

Noch einmal zurück in den armseligen Lagerschuppen, den sie vor kaum zwei Stunden verlassen haben? Sie drückt sich übervorsichtig aus, aber auch Pierre hat sich die ganze Zeit nicht von dem Gedanken an das Radium lösen können, das sie dort zurückgelassen haben.

Schon ziehen sie sich wieder an und eilen fort.

»Sie gehen zu Fuß, Arm in Arm, nur wenige Worte werden gewechselt. Nun sind sie am Ziel. Pierre sperrt auf. Die Tür knarrt, wie sie schon unzählige Male geknarrt hat, sie betreten das Zauberreich.

›Mach kein Licht!‹, sagt Marie. Und fügt hinzu: ›Erinnerst du dich, wie du mir eines Tages gesagt hast, ich möchte, dass es eine schöne Farbe hat‹?« Die Wirklichkeit, die sich seit einigen Monaten offenbart hat, ist noch weit märchenhafter, als der phantastische Wunsch von einst. Das Radium hat mehr und anderes zu bieten als eine »schöne Farbe«: eigene Leuchtkraft! In der Finsternis des Schuppens schimmern die über Tische und Wandbretter verteilten kostbaren Stückchen in ihren gläsernen Behältern bläulich phosphoreszierend durch die Nacht. Marie tastet sich vorsichtig vor, findet einen Stuhl.

»Sie verweilt in der Stille und Dunkelheit. Die Blicke beider streben dem geisterhaften Schimmern, den geheimnisvollen Lichtquellen zu – dem Radium, ihrem Radium! Mit geneigtem Kopf, in der gleichen Haltung wie eine Stunde zuvor am Bett ihres Kindes, sitzt Marie da. Nie wird sie das Märchen dieser Nacht vergessen.«

# Henry Cavendish
# und das Maß der Dinge

London 1785: Vor dem Stadthaus von Sir Joseph Banks, dem Präsidenten der Royal Society, spielt sich eine Szene ab, von der sich die Blicke der vorbeikommenden Fußgänger nicht lösen können: Der joviale Banks hat eingeladen, und neben den üblichen Mitgliedern der Royal Society haben sich bereits zahlreiche ausländische Gäste, Gelehrte, Weltreisende, Astronomen, Polarforscher und kühne Alpinisten in den Gesellschaftsräumen versammelt. Das Stimmengewirr dringt bis auf die Straße.

Einem älteren Herrn von vielleicht siebzig, der sich dem Haus genähert hat, scheint die Eichentür Schwierigkeiten zu bereiten. Wie in Krämpfen nähert er sich mehrmals der Tür, aber sie scheint ihn gleich wieder von sich zu stoßen. Erneut nimmt er einen Anlauf und will gerade den Türknauf herunterdrücken, als dieser plötzlich zu glühen scheint und ihn zurückzucken lässt. Als sich der Mann, der diese magische Schwelle offenbar nicht überschreiten kann, aufrichtet, um die Tür, die ihm im Weg ist, zu fixieren, wird er der Menge der Gaffer gewahr, die sich hinter seinem Rücken versammelt hat. Bei ihrem Anblick stößt er ruckartig mit hoher Stimme »U-hu, U-hu«-Krächzlaute hervor. Das macht diesen schrägen Vogel nur noch interessanter für die spottlustigen Londoner, die längst seine seltsame Kleidung aufs Korn genommen haben. Der Zauderer, der vor der Türschwelle zurückweicht, trägt nämlich Kleidungsstücke, die seit mehr als einem halben Jahrhundert aus der Mode gekommen sind. Und der schmächtige Mann, der sie trägt, hat wohl auch schon bessere Zeiten gesehen. Der verschossene, fliederfarbene Gehrock schlot-

tert um seine Hüften und wirft Falten. Und auch die Kniebund-
hose und die weißen Strümpfe, die nach unten gerutscht sind,
sitzen schlecht. Ist nun der Mann zu klein für die Kleidung oder
ist die Kleidung zu groß für ihn? Und erst die Perücke mit dem
dreifach geknoteten Zopf und mit dem Hut darauf in Form einer
umgestülpten Bratpfanne! Wahrscheinlich hat von den Umste-
henden niemand begriffen, dass dieser bedauernswerte Mensch
beim Gedanken an die vielen fremden Gesichter, die ihn hinter
der Tür erwarten, gerade Opfer einer Panikattacke wird. Die Gaffer aber wären in ungläubiges Gelächter ausgebrochen, hätten
sie erfahren, dass jener Mensch nur diese aus der Zeit gefallenen
Kleidungsstücke besitzt, während seine Bank eine Million Pfund
in dreiprozentigen Staatspapieren und schwindelerregende jähr-
liche Pachteinnahmen für ihn verwaltet. Unter Kennern gilt er als
der reichste Mann Englands.

## Reich, begabt, seltsam

Da endlich naht die Erlösung. Mit flinken Schritten eilt ein Mitglied der Royal Society die Stufen hinauf und öffnet die Tür. Der
Bann ist gebrochen, und nun kann Henry Cavendish (1731–1810)
eintreten. Der Sohn von Lord Charles Cavendish, des 2. Herzogs von Devonshire, und Anne Grey, der Tochter des Herzogs
von Kent, ist der führende Naturforscher oder »Experimentator«
Englands. Wahrscheinlich ist er auch der begabteste, auf jeden
Fall aber der seltsamste; ein Geheimniskrämer, dessen Leben ein
nie gänzlich aufzuklärendes Rätsel umgibt.

Im Kreis seiner Kollegen wird The Honorable Henry Cavendish, der selbst keinen Titel trägt, mit großem Respekt empfangen. Seit Jahrzehnten ist er der Royal Society eng verbunden, jahrelang war er für sie tätig. Mit dem Gastgeber Banks ist
er befreundet, alle kennen ihn und wissen, dass man ihm nicht
zu nahe kommen darf. Jede menschliche Nähe stellt für den an

krankhafter Menschenscheu leidenden Aristokraten eine kaum zu bewältigende Herausforderung dar. Am besten spricht man ihn weder an, noch begrüßt man ihn. Diejenigen aber, die darauf aus sind, endlich mit dieser legendären Forschergestalt bekannt zu werden, werden meist enttäuscht. Richten sie das Wort an ihn, sprechen sie ins Leere. Sind ihre Bemerkungen eine Überlegung wert, bekommen sie vielleicht eine gemurmelte Erwiderung zu hören, aber oft reicht es nur zu einem missbilligenden Krächzlaut seiner hohen Stimme, und schon hat sich Cavendish in eine stille Ecke verzogen.

Ein Teilnehmer dieser Zusammenkünfte der Royal Society (be)merkt einmal, wie Cavendish ihm während einer Erläuterung zusammen mit anderen Gästen aufmerksam zuhört. Als sich ihre Blicke dabei treffen, zieht sich Cavendish hastig zurück. Allerdings mischt er sich bald wieder unauffällig in den Kreis der Zuhörer, er kann vielem widerstehen, nicht aber seiner Neugier.

Humphry Davy (1778–1829), dem alle englischen Bergleute wegen seiner Erfindung der lebensrettenden Grubenlampe ewigen Dank schulden, erinnert sich noch nach vielen Jahren an die schrillen, aus Unmut und Hilflosigkeit geborenen Schreie, die Cavendish ausstieß, wenn er sich seinen Weg durch die Gesellschaftsräume bahnte und ihm die vielen fremden Gesichter zusetzten. Sein Gang und seine Haltung wirken alles andere als imposant, eher haftet ihm etwas Linkisches, Verlorenes an. Seinen Gesichtsausdruck beschreibt Davy als intelligent und mild, aber meist angespannt wegen der nervösen Irritation, die er zu fühlen scheint. In seiner Sprechweise fällt eine gewisse Verzögerung auf, aber seine Geistesschärfe und sein Wissen ziehen Zuhörer in ihren Bann.

Cavendish ist seiner wachsenden Menschenscheu hilflos ausgeliefert. Begierig nach wissenschaftlichem Austausch und um nicht ganz zu vereinsamen, überwindet er seine Misanthropie und versucht keine der wöchentlichen Versammlungen der Gesellschaft oder des »Montagsclubs« zu versäumen. Diese be-

*Der britische Physiker und Chemiker Henry Cavendish, der den Wasser-stoff entdeckte und als Erster experimentell die mittlere Erddichte bestimmte – er »wog« die Erde.*

ginnen stets mit einer gemeinsamen Mahlzeit im »George and Vulture«, und wenn Cavendish sein Stammlokal betritt, wird er unweigerlich den weiten Übermantel immer an denselben Nagel hängen. Entdeckt er ein fremdes Gesicht am Tisch, fällt er in Schweigen.

Aber jetzt kommt in einer vertrauten Runde das Gespräch auf die Mathematik – sofort beginnen seine Augen zu leuchten, und sein lebhaftes Interesse ist geweckt. Sobald sich die Unterhaltung aber wieder allgemeinen Themen oder der Tagespolitik zuwendet, erlahmt augenblicklich sein Interesse, und er sinkt in sich zusammen.

Seine Menschenscheu treibt seltsame Blüten. Als sich Cavendish in seinem hübschen Landhaus Clapham Commons aufhält, steht eines Tages ein österreichischer Bewunderer unvermittelt vor ihm. Seine begeisterten Ausrufe über die Begegnung mit dem »größten Philosophen, der je existierte« und seine freudige Erwartung, mit einer der »Zierden seiner Zeit« sprechen zu können, wirken wie Keulenschläge auf Cavendish. Stumm und mit gesenktem Blick steht er vor dem ungebetenen Eindringling, bis er schließlich über den Kiesweg zurück ins Haus läuft und durch den Hinterausgang entflieht. Erst nach Stunden kehrt er zurück.

## Kühn die Welt vermessen

Im Garten des Anwesens befindet sich eine Holztribüne mit einer Leiter, die es dem Hausherrn ermöglicht, einen großen Baum zu erklimmen. Wenn er nachts auf einem Baum sitzt, um astronomische, meteorologische und elektrische Beobachtungen anzustellen, oder zu ungewöhnlichen Zeiten einsame Spaziergänge macht, bestätigt das nur seinen Ruf, ein spleeniger Sonderling zu sein. Seine Marotten bieten viel Gesprächsstoff in einem von Exzentrikern faszinierten England. Hinter all dem Sonderlichen verbirgt sich aber ein Charakter von unbeirrbarer, allen Widerständen trotzender Beharrlichkeit. Er denkt kühn und groß. Er ist der erste Naturforscher, der sich erklärtermaßen das Ziel gesetzt hat, ja besessen davon ist, die Welt samt allem, was dazugehört, zu messen und in Zahlen auszudrücken. Aber die Welt ist ihm nicht groß genug. Auch im Universum gibt es noch viel zu tun. Für seinen ersten Biografen Wilson besteht dieses für Cavendish offenbar nur aus einer »Vielzahl von Objekten, die gewogen, gezählt und vermessen werden konnten. Er fühlt sich dazu berufen, so viele dieser Objekte zu wiegen, zu zählen und zu vermessen,

31

wie es seine ihm zugestandene Lebensspanne von knapp achtzig Jahren zuließ. Diese Überzeugung beeinflusste sein ganzes Tun, seine großen wissenschaftlichen Unternehmungen ebenso wie die kleinsten Kleinigkeiten des täglichen Lebens«.

Cavendish ist fest davon überzeugt, dass jedes Naturphänomen und jede Naturkraft auf Gesetze zurückzuführen sind, die sich in mathematischen Formeln und Symbolen darstellen lassen. Dass die letzte Ursache sich eventuell als Gott herausstellen könnte, kam ihm nicht in den Sinn. Für Newton, den *wise man*, konnte die Ordnung und Schönheit in der Welt nur von einem intelligenten Wesen geschaffen worden sein. Sich das Sonnensystem ohne einen Schöpfergott vorzustellen, welcher die Planeten in ihre Umlaufbahn gesetzt hatte, war für ihn unvorstellbar. Und selbst wenn es sonst keinen Beweis gäbe, wäre Newton zufolge allein schon unser Daumen ein Beweis für die Existenz Gottes. Davon kann bei Cavendish keine Rede sein. In seinem Werk kommt das Wort Gott nirgends vor. Was die Schöpfung anging, war er frei von Erwartungen und frei von Furcht. Hatte dieser »kälteste und gleichgültigste aller Sterblichen« doch Eiswasser statt Blut in den Adern, wie ein Zeitgenosse behauptete?

Cavendish ist ein Naturforscher großen Stils und dabei von strengster Genauigkeit und Präzision im kleinsten Detail. Dafür bringt er ausgezeichnete Voraussetzungen mit. Er ist Mathematiker, Sachverständiger für Elektrizität in allen Formen, Astronom, Meteorologe, Chemiker und in seinen späteren Jahren auch Geologe. Dabei ist er ebenso originell wie umfassend gebildet. Ein Buch hat er nie geschrieben.

## Wie wird Wasser erzeugt?

Die erste Arbeit, die Cavendish vorlegt, untersucht die chemische Struktur des Wassers. Sein Vortrag vor der Royal Society ist ein Paukenschlag, der in ganz Europa zu vernehmen ist. In Paris wird damals noch erbittert darüber diskutiert, ob es überhaupt so etwas wie ein einheitliches Wasser auf der Erde gibt. Einige Gelehrte, die vermutlich mit Napoleon nach Ägypten gekommen sind, bestreiten, dass die Beschaffenheit des Nilwassers mit der des Wassers aus der Seine zu vergleichen ist. Versuche werden angestellt; aber mit dem Wasser ist es so eine Sache: Jeder trinkt es, alle brauchen es, aber seine wahre Natur kennt niemand. Von der Antike bis zu Cavendishs Zeit gilt Wasser als eines der klassischen vier Elemente. Cavendish ist der Erste, der beweist, dass Wasser kein eigenständiges Element ist, sich vielmehr aus zwei Elementen zusammensetzt. Eines davon, den Wasserstoff, hatte er entdeckt und isoliert. Cavendish hat erkannt, dass sich diese »brennbare Luft« von der gewöhnlichen Atmosphäre unterscheidet. Wie stets scheut Cavendish vor Selbstversuchen nicht zurück. Als er Wasserstoff einatmet und dann gegen eine brennende Kerze pustet, verpufft das Gas und er verliert alle Haare im Gesicht.

1784 führt er öffentlich vor, dass Wasser durch die Verbrennung von Wasserstoff in der Luft entsteht. Gleichzeitig hat er auch noch herausgefunden, dass Wasser aus zwei Teilen Wasserstoff und einem Teil Sauerstoff ($H_2O$) besteht. Diesen Sauerstoff wiederum hatte der mit ihm befreundete Joseph Priestley (1733–1804) entdeckt.

Der von Cavendish entdeckte Wasserstoff hat zwei markante Eigenschaften: Er ist leicht entzündbar und fast 15-mal leichter als Luft. Das regt den Pariser Professor César Charles 1783 dazu an, sich in einem mit Wasserstoff gefüllten Ballon vor einer Riesenmenge Schaulustiger in Versailles in die Lüfte zu erheben.

Bei seinen Untersuchungen der Bestandteile der Atmosphäre macht Cavendish noch eine wichtige Entdeckung, auf die er sich allerdings keinen Reim machen kann. In der Luft befindet sich nämlich ein winziger Rückstand, kaum mehr als ein Bläschen, der sich nicht in Nitratsäure auflösen lässt und überhaupt ein anderes Verhalten zeigt als der Rest. Was es damit für eine Bewandtnis hat, ist damals nicht zu erklären, aber Cavendish kann genau nachweisen, dass dieser merkwürdige Rest der Atmosphäre nicht mehr als ein Hundertzwanzigstel des Ganzen ausmacht. Erst hundert Jahre später wird dieses Bläschen als »träges Gas« enttarnt, das den Namen Argon erhält, und bald werden weitere Edelgase entdeckt.

Auch die praktischen Aspekte von Wasser und Luft beschäftigen ihn ein Leben lang. 1783 veröffentlicht er eine Arbeit über »Eudiometrie« und beschreibt darin einen von ihm selbst entwickelten »Eudiometer«, mit dem die Reinheit oder »Güte« der Luft bestimmt werden soll. Genauso wie sich Cavendish für reine Luft interessiert, beschäftigt ihn die Wasserqualität Londons. Er untersucht das Pumpenwasser. Seine »Experiments on Rathbone Place Waters« enthalten fortschrittlichste Methoden zur Wasseranalyse, die teilweise heute noch verwendet werden.

## Elektrische Fische

1771 veröffentlichte die Royal Society seinen Traktat über eine mathematische Theorie der Elektrizität. Diese umfangreiche Arbeit ereilt das Schicksal der meisten seiner Texte. Sie wurden dem Namen nach bekannt, man wusste ungefähr, worum es ging, gelesen aber wurden sie nicht, geschweige denn verstanden. War überhaupt jemand imstande, die mathematische Beweisführung und die Schlussfolgerungen dieser Arbeit zu verstehen? Selbst vierzig Jahre nach dem Erscheinen hat noch »niemand jemals die geringste Notiz von Mr Cavendishs Anstrengungen genommen, obwohl diese meisterhafte Arbeit ohne Frage die bedeutendste Arbeit darstellt, die jemals zu diesem Thema geschrieben worden war«. Ins Bewusstsein dringen seine Erkenntnisse erst, nachdem andere lange danach zu denselben Ergebnissen gekommen sind. Dieser Traktat ist nicht nur im Geist, sondern auch in der Form Newtons mathematischer Grundlegung der Natur, den *Principia Mathematica*, verpflichtet und kann in seiner Bedeutung in einem Atemzug damit genannt werden. Auf einen Schlag gilt Cavendish nun als Autorität auf dem Gebiet der Elektrizität, und er wird als unmittelbare, praktische Folge neben Benjamin Franklin (1706–1790), dem Erfinder des Blitzableiters, in ein Komitee der Royal Society berufen, das die Pulvermagazine in Purfleet vor einem Blitzschlag schützen soll.

Elektrische Phänomene faszinieren ein breites Publikum. Im Mittelpunkt dieser jahrmarktartigen Belustigungen steht dabei die »Leydener Flasche«. Dabei handelt es sich um nichts anderes als einen einfachen Kondensator, mit dem sich elektrische Ladung speichern lässt. Beim Kontakt mit der Leydener Flasche erfolgt ein nach dem Erfinder, dem Dechanten Ewald von Kleist (1700–1748), benannter »Kleistscher Stoß«, der die Betroffenen zusammenzucken lässt. In Paris nehmen einmal angeblich neunhundert Mönche an einem Massenversuch teil. Man wollte herausfinden, ob ein derartiger Stromstoß ausreichen würde, die durch einen Draht verbundene Menschenkette zu elektrisieren. Der Göttinger Physikprofessor und Schriftsteller Georg Christoph Lichtenberg (1742–1799) erwähnt in einem Lehrbuch dazu einen kuriosen Fall, der sich in Paris abspielte. Dort gab es das Gerücht, dass Menschen bei Frigidität und Impotenz gegen Stromschläge immun seien. Der Graf von Artois ließ daraufhin die Kastraten der Pariser Oper einer elektrischen Überprüfung unterziehen; das Ergebnis verlief negativ. Alle wurden elektrisiert.

Elektrisierapparate, durch die sich die Leydener Flaschen aufladen lassen, sind verbreitet und in vielen ärztlichen Praxen zu finden. Die Öffentlichkeit ist an handfesten Fragen interessiert, wie etwa dem Zusammenhang zwischen Blitz und Elektrizität. Während also Cavendishs große Arbeit sang- und klanglos durchfällt, wird er wenig später dem breiten Publikum durch ein Aufsehen erregendes Experiment bekannt. Hier erweist sich Cavendish neben seinen überlegenen theoretischen Fähigkeiten wieder als äußerst geschickter Experimentator. Lange vor den Froschschenkelversuchen von Luigi Galvani (1737–1798) war bereits die

Elektrizität von Fischen bekannt. In Antike und Renaissance war man überzeugt davon, dass ein sagenhafter Fisch, genannt »Gymnotus«, imstande sei, Menschen und Pferde durch einen Schlag seiner Flosse zu töten. Er galt als die Verkörperung der Elektrizität. Nun zieht ein lebender Fisch mit ähnlichen Eigenschaften, der Zitterrochen, alle Aufmerksamkeit auf sich. John Walsh (1726–1795), ein Abenteurer und Wissenschaftler, machte sich daran, ihn zu fangen, um dem Geheimnis dieser Elektrizität auf den Grund zu gehen. Dazu musste er allerdings zu einer Expedition nach Frankreich aufbrechen. Die Voraussetzungen, die er für dieses Vorhaben mitbringt, sind vielversprechend: jahrelange Erfahrung als Privatsekretär des Vizekönigs von Indien, Baron Clive, die Würde eines indischen Nabobs, einen Parlamentssitz und die Mitgliedschaft in der Royal Society und im Club der Gesellschaft, dem er zwei Eskimos vorgestellt hatte. Es gelingt ihm schließlich, vor La Rochelle ein weibliches und ein männliches Exemplar zu fangen. Er berichtet sogleich seinem Unterstützer Benjamin Franklin, dass Zitterrochen in der Tat völlig »elektrisch« seien, ähnlich wie eine Leydener Flasche. Auf der Rück- und Vorderseite verfügten sie allerdings über zwei unterschiedliche Arten von Elektrizität. Walsh beauftragt nun den Anatomen John Hunter, ein anderthalb Fuß langes und einen Fuß breites Exemplar zu sezieren. Wie sich herausstellt, hat jedes Paar der elektrischen Organe über 470 prismatische Stäbchen, von denen jedes wiederum durch 150 horizontale Membranen pro Zoll unterteilt ist, welche winzige, mit Flüssigkeit gefüllte Kammern bilden. Hunter kann wenig später der Royal Society ein sorgfältig seziertes männliches und weibliches Exemplar dieses fein strukturierten, schuppen- und rückgratlosen Fischs präsentieren. Für seine wissenschaftlichen Taten zeichnet die Royal Society Walsh mit der Copley-Medaille aus.

Damit war allerdings die immer wieder diskutierte Frage nicht geklärt, ob diese animalische Elektrizität etwas mit der »natürlichen« Elektrizität gemein habe oder nicht doch etwas ganz ande-

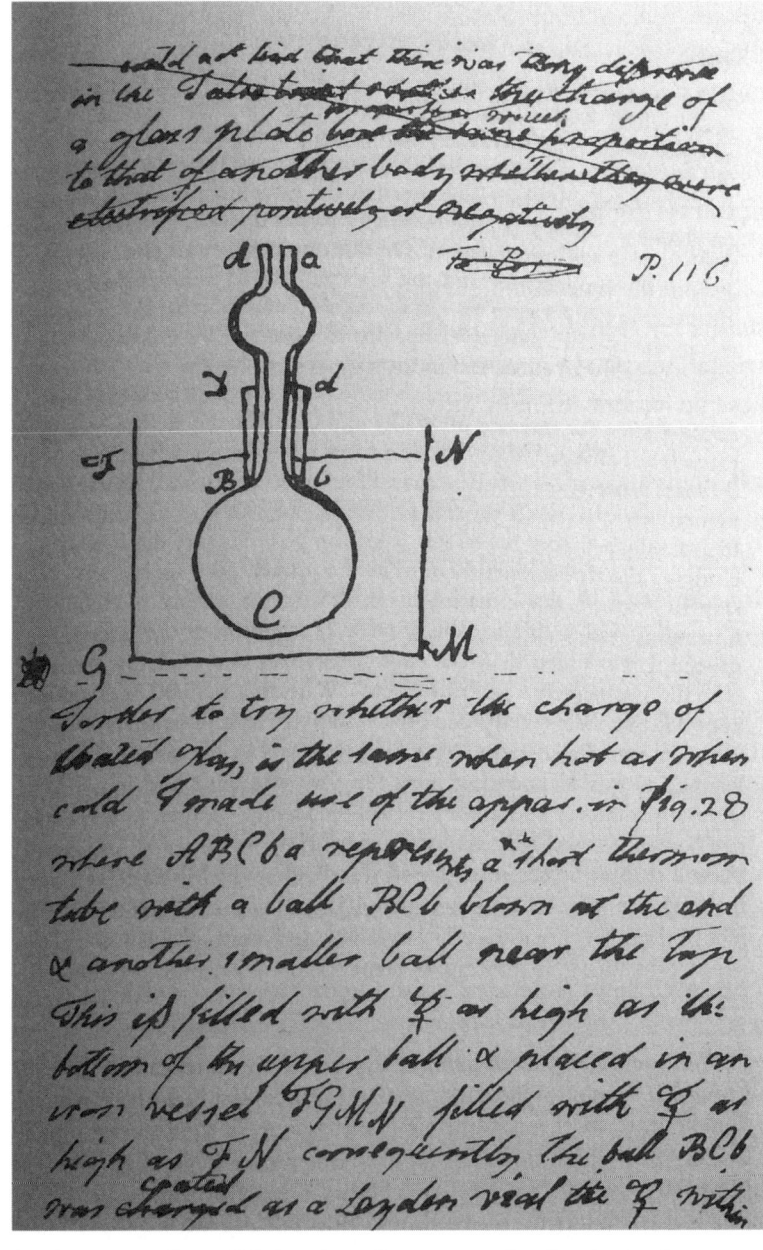

*Zeichnung von Cavendish (1798) zur Bestimmung der Gravitationskonstante G – eine Bestätigung des von Newton postulierten Gravitationsgesetzes (1687).*

res sei. Wie sollte überhaupt ein Fisch eine erhebliche Menge an Elektrizität speichern können? Und wie könnte er einen so großen Stromstoß ohne Funkenschlag austeilen? Zur Klärung dieser Fragen wandte sich Walsh an Cavendish. Dieser war der Ansicht, dass die elektrischen Organe des Rochens tatsächlich am besten mit einer Reihe hintereinandergeschalteter Leydener Flaschen vergleichbar seien. Bei einem Zitterrochen mochte zwar jede einzelne dieser sozusagen lebenden Flaschen schwach sein, aber zusammen wären sie doch in der Lage, eine große Menge von Elektrizität zu speichern. Die Entladung geschehe dabei so schnell, dass bei einem Kontakt nicht einmal ein Paar der federleichten Markbällchen reagieren konnte. Diese Diskussion regt Cavendish jedenfalls an, zum Beweis seiner Theorie künstliche Zitterrochen herzustellen. Er formt dabei den Fischkörper aus dicken Lederstücken, die Schuhsohlen ähneln, und bringt dünne Zinnplatten an jeder Seite an, um die elektrischen Organe nachzuahmen. Mit Drähten, die durch Glas isoliert sind, werden die Zinnplatten nun mit einer Leydener Flasche verbunden. Das Ganze kommt in eine von einer Salzlösung durchtränkte Schafhaut, die als Ersatz für die Fischhaut dient. Im Selbstversuch hat Cavendish bereits verschiedene Leydener Flaschen entladen und dabei einen ganz ähnlichen Schock empfunden, wie er sich das bei einem natürlichen Rochen vorstellt. Seine unterschiedlichen Körperempfindungen bei der Berührung des Rochens im Wasser oder außerhalb zeichnete er minutiös auf. Für ihn spricht alles dafür, dass die beim Zitterrochen auftretenden Phänomene mit der bekannten Elektrizität übereinstimmen.

Ein Gremium interessierter Wissenschaftler, darunter Joseph Priestley, wird daraufhin zu einer Vorführung in Cavendishs Labor eingeladen. Anwesend ist auch der mit einem »Elektrometer« und einem Messgerät für Funkenlängen ausgestattete Spezialist, der für den Versuch sieben Reihen mit jeweils sieben dünnwandigen Leydener Flaschen aufgebaut hat. Die Vorführung verläuft positiv; selbst ein starker Skeptiker, der behauptet hatte, er müsste schon beim Gedanken daran, dass das Gewebe eines Fisches genügend Elektrizität speichern könne, den Verstand verlieren, bekommt einen leichten Stromstoß und verlässt das Haus als Bekehrter. Cavendish, der nie einen lebenden Zitterrochen gesehen oder gar berührt hat, kalkuliert, dass ein lebender Fisch vierzehn Mal mehr Ladung haben müsse als das künstliche Exemplar.

Es zeichnet Cavendish aus, dass er sich trotz der erfolgreichen Vorführung infrage stellt. Er zieht in Betracht, dass der Analogieschluss mit den Leydener Flaschen falsch sein könnte. Vielleicht war die elektrische »Flüssigkeit« nicht gespeichert, sondern wurde erst durch so etwas wie eine kleine »Kraft« durch den Körper und dessen Oberfläche übertragen. (Eine abschließende Untersuchung über den elektrischen Charakter weiterer Arten von elektrischen Fischen fand später durch Sir Humphry Davy und seinen Schüler Michael Faraday (1791–1867) statt.)

Die nächsten zwanzig Jahre widmet sich Cavendish immer wieder der Elektrizität, ohne darüber etwas zu veröffentlichen. Erst hundert Jahre später wurden die Schriften zur Elektrizität, die er in versiegelten Päckchen in seinem Sterbezimmer hinterlassen hatte, durch James Clerk Maxwell herausgegeben. Unbearbeitet blieben Cavendishs Abhandlungen und Beobachtungen über Mathematik, Mechanik, Optik, Meteorologie und Astronomie.

Die *Encyclopaedia Britannica* zählt 1911 eine Fülle von Entdeckungen auf, welche Cavendish in seinen Schriften bereits vorweggenommen habe. So habe er das Ohmsche Gesetz beschrieben und die Prinzipien der elektrischen Leitfähigkeit aufgestellt, das Gasgesetz von Jacques Charles (1746–1823) und Jeremias Richters (1762–1807) Gesetz der umgekehrten Proportionen formuliert sowie Daltons Gesetze der Partialdrücke und anderes mehr.

Nach seinen Arbeiten über Wasser, Luft und die Elektrizität erfolgt eine weitere Großtat. Mit einer quantitativen Studie über die Hitze (»On Heat«) wird diese in einer völlig neuen Sichtweise als eine Form der Energie verstanden und daraus dann ein allgemeines Gesetz über die Erhaltung der Energie entwickelt. 1785 hatte Cavendish James Watt (1736–1819) aufgesucht, der durch den Bau seiner Dampfmaschinen ein sehr praktisches Interesse an Fragen der Umsetzung und Berechnung von Hitze und Energie in Leistung hatte. Diese Gespräche mit Watt waren bereits so etwas wie die Geburtsstunde des viel später formulierten Ersten Hauptsatzes der Thermodynamik, der nichts anderes will, als »Wärme« (griech. *thermos*) und »Bewegungskraft« *(dynamis)* miteinander in Beziehung zu setzen. Rätselhaft ist, warum Cavendish diese 37-seitige, druckfertige Abhandlung zurückhielt. Sie wurde erst lange nach seinem Tod veröffentlicht.

## Leben für die Wissenschaft

Cavendish hat sein Leben der Wissenschaft verschrieben. Alles andere scheint nicht von Belang. Auch nicht der Ruhm, dem er sich immer wieder entzieht. Kein Mensch seiner Bedeutung hat sich je weniger nach Anerkennung gesehnt. Und Menschen werden ihm zunehmend gleichgültiger und er ihrer überdrüssiger.

Seine Lebensführung ist bescheiden, geradezu bedürfnislos. Hammelfleisch ist sein Lieblingsessen, am besten täglich. Extravaganz ist ihm fremd. Einmal im Jahr muss der Schneider am immer gleichen Tag zum Ausbessern kommen und um ihm eine neue Hose anzumessen. Das muss reichen.

Sowenig er sich nach Modefragen richtet, so wenig macht er sich aus Geld. Er konnte auch hier sehr genau sein und sich in eine erbitterte Auseinandersetzung mit einem Nachbarn verbeißen, bei der es um zehn Pfund für einen neuen Zaun ging; aber niemand seiner Generation gab so gewaltige Summen für den Bau von Instrumenten aus.

Gerne wird die Geschichte kolportiert, dass er seinen Banker, der ihm lange die Aufwartung gemacht hatte, um ihn zu fragen, was mit den 80 000 Pfund geschehen solle, die sich auf seinem Konto angesammelt hatten, wieder fortscheucht und damit droht, sein Kapital abzuziehen, wenn er noch einmal ungefragt durch diese Geldsachen gestört werde.

Henry Cavendish wird am 10. Oktober 1731, vier Jahre nach dem Tod Newtons, in Nizza geboren. Über seine Kinder- und Jugendjahre wissen wir kaum mehr, als dass seine Mutter, Lady Anne Grey, mit 32 Jahren bei der Geburt ihres zweiten Sohnes in Nizza gestorben ist, wohin sie sich des besseren Klimas wegen begeben hatte. Cavendish hat in Oxford die üblichen drei Jahre studiert und danach die Universität ohne förmlichen Abschluss verlassen. Das war für einen Aristokraten nicht ungewöhnlich; mutmaßlich war ihm aber die Beantwortung der detaillierten Fragen nach seiner Religionszugehörigkeit und seinem Glauben zuwider.

Sein Vater Charles Cavendish hatte sich eine Zeitlang als Abgeordneter und Whig-Politiker betätigt, sich dann aber ausschließlich seinen wissenschaftlichen Interessen gewidmet. Für seine Errungenschaften bei der Verbesserung eines Thermometers wurde er mit der Copley-Medaille von der Royal Society geehrt. Nach dem Studium ging Henry Cavendish bei ihm in die Lehre und unternahm mit ihm gemeinsam wissenschaftliche Versuche. Der Vater, mit dem er nach dem Studium bis zu dessen Tod zusammenlebte, bleibt jedenfalls zeitlebens der wichtigste Mensch in Cavendishs Leben. Bei dessen Tod ist er 52 – ein misogyner Junggeselle, der keinen Gedanken an Ehe oder Familie verschwendet. Von dem enormen Vermögen, das ihm zugefallen ist, kauft er sich sein erstes eigenes Haus und lebt nun allein in dem überaus geräumigen Anwesen am Bradford Square, versorgt von einem Diener, einer Magd und einem Koch. Das Anwesen liegt ganz in der Nähe von Piccadilly Circus und der Royal Society, die ihm eine Familie ersetzt. Mit seinen wenigen leiblichen Verwandten, wie seinem zwei Jahre jüngeren Bruder Frederick, seinem Erben Lord George und einer Tante, werden ritualisierte Beziehungen gepflegt – mit festgelegten jährlichen Besuchsterminen, deren Dauer nie dreißig Minuten überschreitet.

Die Inneneinrichtung des Hauses, Stühle, Tische, Regale, Schränke, besteht aus Mahagoni. Sonst trifft das Auge im ganzen Haus nur die Farbe Grün. Vorhänge, Markisen, Sesselbezüge, Fensterläden, die seidenbespannten Ofenschirme – alles ist grün.

Bradford Square verwandelt sich mit der Zeit in ein einzigartiges Gehäuse der Wissenschaft. Cavendishs Verlangen nach frischer Nahrung für seinen stets hungrigen, nach neuen Erkenntnissen strebenden Geist scheint täglich zu wachsen. Längst haben die Bücherregale auch von seinem Schlafzimmer Besitz ergriffen. Schließlich stehen im Haus 12 000 Bände. Bücher sind kostspielig. Nach seinem Ableben wird der Wert der Bücher auf das Doppelte des Wertes von Haus und Grundstück geschätzt. Cavendish pflegt seine speziellen Interessengebiete und kauft vor allem Fachbücher. Sie stehen für sein Bemühen, die Welt besser zu verstehen, und verdeutlichen seinen »Wunsch, die Wissenschaften in jeder Weise, die in seiner Macht stand, zu fördern.«

2000 Bände über Naturwissenschaften stehen schließlich in den Regalen, ebenso viele Mathematikbände, überraschend sind auch die 1100 Bände mit Theaterstücken sowie etlichen Gedichtbänden. Auffallend wenige Bücher zur Geschichte. Die Bibliothek ist »halb-öffentlich«, Cavendish will sie allen Wissenschaftlern zur Verfügung stellen. Sie ist das ganze Jahr über geöffnet und straff geführt, selbst der Hausherr hinterlegt für jedes Buch einen Leihschein. Er hat einen Bibliothekar eingestellt, der nicht zuletzt die Privatsphäre seines adligen Herrn schützen soll. Als der 21 Jahre junge Alexander von Humboldt 1790 in London eintrifft, sucht auch er um die Erlaubnis nach, die Bibliothek nutzen zu dürfen. Die Bitte wird ihm gewährt. Allerdings wird ausgerechnet Humboldt, der seinen Rededrang stets nur schwer unterdrücken kann, darauf hingewiesen, unter keinen Umständen den Hausherrn anzusprechen oder zu grüßen, sollte er diesem zufällig begegnen. Ein Treffen der beiden Naturforscher wäre sicher produktiv gewesen, da Cavendish, der Erfinder eines »Eudio-meters«, entsprechende Messungen des deutschen Besuchers für grundsätzlich falsch hält.

Abgesehen von der Wände und Zimmer füllenden Biblio-thek ist der Rest des Hauses vollgestopft mit Mikroskopen für die Mineraliensammlungen, mit Teleskopen, Quadranten, Kom-passen, Uhren, Barometern, Thermometern, Galvanometern, Waagen und diversen Leydener Flaschen. Kunstvollere und äs-thetischere Instrumente als in dieser Zeit wurden nie mehr ange-fertigt. Die Meister ihres Fachs verstanden sich als Künstler und wachten eifersüchtig über die Geheimnisse ihrer Kunst. Vom Instrumentenmacher des Königs bis zu kleinen Zwischenmeis-tern sind ihre Namen bekannt und werden immer wieder in den Briefen respektvoll erwähnt. Ohne sie wären die großen, auf ge-nauesten Messungen beruhenden wissenschaftlichen Leistungen dieser Epoche nicht möglich gewesen. Cavendish hat dabei nur selten ein Instrument wie den »Eudiometer« oder das »Regis-trierthermometer« erfunden, seine Stärke waren aus der Praxis gewonnene Anregungen. Vor allem beim Bau astronomischer In-strumente konnte niemand britischen Instrumentenbauern das Wasser reichen. Das lag daran, dass England seinen Handel und seine militärische Überlegenheit auf die Seefahrt gründete. Dafür waren genaue Positionsbestimmungen lebenswichtig. Für naviga-torische Hilfsmittel war man auch bereit, viel Geld auszugeben. Schon 1714 setzte das Parlament 20 000 Pfund aus – das wären etwa 2,8 Millionen Pfund heute – für ein Instrument oder ein Verfahren, das die sichere Bestimmung des Längengrads ermög-lichte. Nach jahrzehntelangen Anfeindungen wurde die Beloh-nung schließlich John Harrison (1693–1776) für eine seetaugliche Uhr unübertrefflicher Genauigkeit und Verlässlichkeit zugespro-chen. Diese Präzisionsuhren machten damals etwa 30 Prozent der Anschaffungskosten eines Schiffes aus. Harrison, ein Autodiktat, wurde als Uhrenkonstrukteur so berühmt, dass man darüber ver-gisst, dass er für Cavendish auch eine der ersten Präzisionswaagen des Jahrhunderts für chemische Untersuchungen anfertigte. Vergleichbar damit war nur noch die Waage von Lavoisier, von der es hieß, dass sie ein Teil von 400 000 Teilen messen konnte.

Die Genauigkeit seiner Messungen machen Cavendish zum herausragenden Experimentalisten seiner Zeit. Er besitzt aber nicht nur die vorzüglichsten Werkzeuge für seine Tätigkeit, sondern er ist auch vorbildlich durch die standardisierten Methoden, die er anwendet, und das Bemühen um Versuchsanordnungen, die jeder wiederholen kann.

## Ordnung und Einsamkeit als Schutz

Mit den Jahren entwickelt sich Cavendish immer mehr zum Einsamkeit suchenden Eigenbrötler. Jede Störung kann eine Panikattacke auslösen. Besonders der Anblick eines weiblichen Wesens kann ihn in Schrecken versetzen. Als eines Tages auf der großen Treppe seines Londoner Hauses unversehens eine Magd mit Besen und Eimer seinen Weg kreuzt, befiehlt er unverzüglich den Bau einer Hintertreppe für das Personal.

Auch Bibliotheksbesucher will er kaum noch im Haus dulden. Sie sollen am besten nur im Stehen die Bücher auswählen, die sie für eine bestimmte Zeit entleihen können. Um die Besucher weiter fernzuhalten, bietet er ihnen schließlich sogar an, die gewünschten Bücher nach Hause zu liefern. Er wird wortkarg und zieht es vor, Wünsche und Anweisungen schriftlich zu übermitteln.

Alles in seinem Tagesablauf folgt einer sorgfältig beachteten Ordnung – vom ersten Blick des Tages, der dem Barometer gilt, bis zum Spazierstock, der im immer gleichen Schuh steckt, bis zu den wöchentlichen Versammlungen der Royal Society, die dann in den Lokalen »Crown and Anker« oder »Cat and Bagpipe« enden. Alles wird gemessen, gezählt und gewogen. Selbst die Sekunden, die ein Kerzendocht brennt, werden penibel ge-

*H. Cavendish*

THE HONOURABLE HENRY CAVENDISH,

*Born 10.th October 1731    Died 24.th February 1810.*

*(from a Drawing by Alexander in the Print Room of the British Museum)*

John Weale.

*Henry Cavendish galt als menschenscheuer Exzentriker; er führte unzählige Experimente durch und nahm spätere wissenschaftliche Erkenntnisse ohne Interesse an einer Veröffentlichung vorweg, etwa das Ohmsche Gesetz.*

zählt und in ein Notizbuch eingetragen, je nachdem ob er in eine Mischung aus Luft und Stickstoff oder Kohlensäure eingetaucht worden ist. An den Speichen der Kutschenräder befinden sich sogenannte Wegweiser *(way wiser)*, welche die zurückgelegte Wegstrecke messen. Zollstock, Waage und Logarithmentabelle liegen immer griffbereit in Cavendishs Nähe. Selbst den Zeitpunkt seines Todes versucht er mit der kühlen Abgeklärtheit eines zirkelstechenden Astronomen zu berechnen, der die Flugbahn eines Kometen bestimmt.

In den Jahren 1760 bis 1780 unternimmt Cavendish verschiedene geologische Exkursionen. Vermutlich hat ihn sein Freund John Michell (1724–1793), der einstige Geologie-Professor aus Cambridge, dazu angeregt. Dessen spezifisches Interesse an den Schichtungen und am Aufbau der Formationen ist immer wieder erkennbar. Der Reiz der Landschaft scheint keine Rolle zu spielen. Seele und Organisator all dieser Unternehmungen ist der unerlässliche Helfer Charles Blagden (1748–1820), der John Michell ebenfalls nahesteht. Cavendish und Blagden sind sehr reserviert, dennoch ergibt sich zwischen ihnen im Laufe der Zeit eine Beziehung, die einer Freundschaft ziemlich nahe kommt.

Nach dem Tod von Cavendish lässt sich Blagden immerhin noch zu dem Bekenntnis hinreißen, dass er sich durch diese Nachricht »sehr berührt fühlte«. Blagden hatte eine Laufbahn hinter sich, die sich wie eine einzige Pechsträhne liest. Medizinstudium in Cambridge, danach mehrere halbherzige Anläufe, sich mit einer eigenen Praxis niederzulassen, dann notgedrungen Verpflichtung als Militärarzt bei den englischen Truppen in Nordamerika, anschließend folgt eine Anstellung als Hospitalarzt in London, endlich ergattert er eine der Sekretärsstellen der Royal Society. Eine Hungerleiderexistenz, zu der er nach vergeblichen Versuchen, anderswo Fuß zu fassen, immer wieder wie ein geprügelter Hund zurückkehrt. Nun hat er dieses Amt schon seit über einem Jahrzehnt inne, aber die Felle sind ihm davongeschwommen. Eine geplante Eheschließung ging in die Brüche, da seine Mittel nicht ausreichten, um einen Hausstand zu gründen. Cavendish und Blagden verbinden wissenschaftliche Interessen, aber sie trennt eine tiefe soziale und vor allem finanzielle Kluft. Beide haben eine stillschweigende Vereinbarung: Blagden hält Cavendish die Zudringlichkeiten der Welt vom Leib, und Cavendish öffnet dem Freundschaften pflegenden, geschmeidigen Netzwerker die Salons der wissenschaftlichen Londoner Gesellschaft. Blagden macht sich nützlich als Assistent, Bote, Kontaktsteller, Informant; er ist ein mit höheren Weihen gesegnetes Faktotum, das die unausgesprochene Erwartung hegt, dass ihm Cavendish doch einen jährlichen Sold aussetzen möge. Die letzte dieser von Blagden so genannten »philosophischen Exkursionen« wird Cavendish zu seinem größten Experiment verhelfen und seinen Namen unsterblich machen.

## Größter unbesungener Wissenschaftler

Verschwiegenheit ist ein Merkmal aller Cavendishs, allerdings ist diese Veranlagung bei Henry besonders ausgeprägt. Persönliche Bekenntnisse hat niemand zu hören bekommen. Dafür liefern uns die Journale der Exkursionen einen psychogrammartigen Einblick in den ganz auf Beobachtung und Analyse ausgerichteten Geist Cavendishs. Diese Exkursionen, welche 1785 beginnen, sollen nicht weniger als eine allgemeine Skizze der Gesteinsschichten der Insel liefern; ein aufwendiges, viel Geduld erforderndes Projekt. Die Landschaften werden in diesen Aufzeichnungen nur als geologische Formationen wahrgenommen, Bodenerhebungen durch wiederholte Messungen mit dem Barometer bestimmt, die Temperatur von Brunnen sorgfältig gemessen, Mächtigkeit, Gefälle, Schichtung und das physische Erscheinungsbild des Gesteins genau aufgezeichnet. Dazu werden Proben der charakteristischen Mineralien für weitere Analysen gesammelt. Mineralien und Geologie gehören zusammen.

Mineralien sind nach einem Wort Richard Kirwans (1733–1811) das Alphabet, um im gewaltigen und geheimnisvollen Buch der unbelebten Natur zu lesen. Reiz und Eigenart des Lake Districts können Cavendish, der lieber Zwiesprache mit dem Barometer hält, kein Wort entlocken. Leidenschaftslos registriert er telegrammartig die überall sichtbaren Anzeichen der aufblühenden Industrialisierung im ländlichen England. Die Exkursionen führen vorbei an großen, von Wasserrädern angetriebenen Mahlwerken, die das Erz brechen; stampfende Dampfmaschinen pumpen die Bergwerkschächte leer und befördern das Erz ans Licht. Die Reise führt vorbei an Koks-, Kalk- und Tonbrennereien, Kupfergießereien und immer wieder Eisenhütten, wo Eisen und Stahl zu Nägeln, Klingen, Knöpfen und Schiffsbolzen verarbeitet werden. Zinn, Blei und Alaunschiefer werden bearbeitet. Ein Bilderbogen von Mühlen, Walzen, Kränen, Hochöfen von 40 Fuß und spektakulären Szenen an den Hammerwerken zieht vorüber.

Cavendish ist gerade mit Einträgen in das Arbeitsjournal beschäftigt und fertigt dabei auch eine schematische Zeichnung der neuesten Errungenschaft von James Watt an. Der hat sich seine Fortentwicklung der Dampfmaschine patentieren lassen. Eine Dampfmaschine kann nun ihre Kraft in eine kontinuierliche Rotationsbewegung umwandeln, und während Blagden die rot bestäubten Arbeiter zwischen den Hammerwerken beobachtet, ist zur selben Zeit ein deutscher Naturforscher und Dichter in ganz ähnlicher Mission unterwegs.

Als verantwortlicher Minister soll Goethe die stillgelegten Silber- und Goldbergwerke in Ilmenau wieder in Betrieb nehmen, und seitdem hat er sich zunehmend für »geologische Phänomene« zu interessieren begonnen. 1774 unternimmt er im Harz seine abenteuerliche Reise zu Pferd und zu Fuß auf den Brocken. 1783 und 1784 wird der Brocken wiederum erklommen. Bald darauf besucht er mit Herzog Carl August den Schweizer Geologie- und Physikprofessor Horace-Bénédict de Saussure (1740–1799) in Genf. Saussure, ein verwegener Bergsteiger, Pionier der ersten

Stunde, der als dritter Mensch überhaupt den Montblanc bestiegen hatte, hat gerade den ersten Band seiner *Reise in den Alpen* abgeschlossen. Er schult Goethes Auge für Gesteine, ihre Formation und Lage. Zu den ersten Subskribenten zählt auch Cavendish.

Cavendish ist 18 Jahre älter als Goethe. Aber der Altersunterschied allein kann die völlig unterschiedlichen Temperamente der beiden Forscher nicht erklären. Der kühl registrierende Blick Cavendishs sucht nach universellen Gesetzen, aber ihn treibt nicht der Zauber einer Natur an, die er weder erleben noch fühlen kann. Ihm steht ein emphatischer, leidenschaftlich erglühender 35-jähriger Goethe gegenüber. Schon entwickelt dieser übergreifende Fragestellungen zur Entstehung der Gesteinsarten, zum mineralogischen und geologischen Aufbau der näheren Umgebung, zum möglichen Gang der Erdgeschichte, zur Wissenschaft der Geologie. Es fehlt nicht an großen Gesten dabei. Goethe ergreift leidenschaftlich Partei und legt ästhetische Ansprüche an die Gesteine an.

Schnell werden sie zu grundlegenden Bausteinen der eigenen »Welterschaffung«. Dabei wird das »Urgestein Granit« durch die vollkommene Dreieinigkeit seiner Teile Feldspat, Quarz und Glimmer zum Symbol einer Ordnung jenseits von Leben und Tod. Schwärmerisch huldigt er denn auch dem ehrwürdigen Granit, der hoch über dem »subalternen Basalt« steht. Schon plant der neue »Erdenfreund«, der das »Innere der Erde« ausforschen will, einen Roman über das Weltall zu schreiben, der Ordnung und Übersicht schaffen soll. (Wissenschaftlich haben die Vorstellungen Goethes keinen langen Bestand. Schon 1810 werden immer mehr Funde bekannt, die beweisen, dass Granit nicht die älteste Gesteinsart ist.)

»Philosophische Touren« nennt Blagden einmal jene wissenschaftlichen Streifzüge. Ihre erste Station sollte ihn und Cavendish 1785 nach Thornhill führen, einem abgelegenen Flecken mit zwei-, dreihundert Einwohnern in der Nähe von Leeds, Yorkshire. Hier wirkt Reverend John Michell als Landpfarrer. Eine bescheidene Stellung und ein bescheidener Ort, aber was für ein Mann! Es gibt keine Abbildung von ihm; nur ein paar Zeilen haben sich erhalten, welche ihn als »klein, mit dunklem Teint und fett« beschreiben. Michell hat wenig veröffentlicht, ein schmales Büchlein von 80 Seiten über Magnetismus und Magnete, in dem er erstmals Verfahren zur Herstellung von künstlichen Magneten beschrieb, die für die Schifffahrt von großer Bedeutung waren, einen Aufsatz über Geologie, zwei Aufsätze über Astronomie und weitere Abhandlungen. Heute wird er als »einer der größten unbesungenen Wissenschaftler aller Zeiten« bezeichnet. Und wer wagte, zu bestreiten, dass er über die umfassendste Kompetenz aller britischen Naturforscher des 18. Jahrhunderts verfügte. Auf einer Gedenktafel an seinem Haus wird er als »Astronom und Geologe« bezeichnet, was ihm nur zum Teil gerecht wird.

Seine Forschungen sind weit gespannt. Sie reichen von der Struktur des Himmels und der Erde bis hinab zu den Kräften der elementarsten »Partikel« der Materie.

Darüber hinaus ist er auch ein ausgezeichneter Mathematiker und ein führender Konstrukteur sehr leistungsfähiger Fernrohre seiner Zeit.

Bis ins 19. Jahrhundert war Michell nur noch als Geologe bekannt. Fünf Jahre nach dem Europa erschütternden Erdbeben von Lissabon 1755 veröffentlicht er seine »Vermutungen betreffend die Ursachen und Beobachtungen von Erdbebenphänomenen«. Zu Michells Zeiten sind die abenteuerlichsten Theorien über die Ursache von Erdbeben in Umlauf. Angesehene Cambridger Gelehrte dozieren ausführlich über ein Feuer in den Eingeweiden der Erde. Immer dann, wenn sich diese Lohe nicht ausdehnen kann und es keine Entlastung durch Vulkane gibt, werden die unterirdischen Gewässer aufgewühlt und in eine so stürmische Bewegung versetzt, dass sie den Deckel der Erdkruste sprengen und Erdbeben hervorrufen. Es wird von unterirdischen Kavernen fabuliert, die sich mit Gasen füllen, bis sie sich durch Funkenschlag entzünden und explodieren, oder von spontanen »Fermentationen« zwischen Schwefel und Eisen, die »schwefelhaltige Dämpfe« hervorbringen, welche sich gewaltsam ihren Weg nach oben bahnen, und von gefährlichen Pulverkammern im Erdinnern, die sich durch Pyrit entzünden. Alle diese Ausbruchs- und Explosionsgeschichten können sich in ihrer Substanz nicht von der Vorstellung eines ausbrechenden Vulkans lösen. Vor der Royal Society führt ein anderer »moderner« Forscher Erdbeben auf einen elektrischen Schock zurück, bei dem sich die Kraft der Elektrizität in Form heftiger Vibrationen äußert.

Dieser Wust abstruser Theorien, die nach dem Erdbeben von Lissabon Hochkonjunktur haben, macht erst die herausragende Bedeutung und den wissenschaftlichen Fortschritt von Michells »Vermutungen« über Erdbebenphänomene deutlich. Er äußert als Erster die Vermutung, dass sich Erdbeben in Wellen über die Erde ausbreiten. Die Geschwindigkeit dabei schätzt er ziemlich gut auf 1200 Meilen pro Stunde. Er stellt die ersten Berechnungen über Position und Tiefe des Epizentrums an und spekuliert über Brüche und Gräben in den Gesteinsschichten. Von diesen Annahmen ist es nicht mehr weit bis zur Vorstellung von Kontinentalplatten. Für den Wissenschaftshistoriker Isaac Asimov ist er jedenfalls der »Vater der Seismologie«.

1760 – im selben Jahr wie Cavendish – wird Michell aufgrund dieser Arbeit zum Mitglied der Royal Society gewählt. Zu diesem Zeitpunkt ist er 35 Jahre alt, Cavendish ist sieben Jahre jünger.

Die für 1785 geplante Reise musste schließlich verschoben werden. Damals hatte sich Blagden bei Michell über die Möglichkeit einer Unterbringung in Thornhill erkundigt und die Auskunft erhalten, dass er erst vor einiger Zeit verschiedene Herren, darunter Dr. Benjamin Franklin und Dr. John Priestley sowie einen philosophischen Freund samt dessen Frau beherbergt habe. Und er sei »glücklicherweise in der Lage, über genügend freie Betten zu verfügen, sodass die gleichzeitige Übernachtung von zwei Gästen keine Umstände verursachen würde. Vorausgesetzt, sie [Blagden und Cavendish] wären mit einem herzhaften Willkommen & den bescheidenen Vergnügungen zufrieden, wie sie das Landleben & die finanziellen Möglichkeiten eines Landpfarrers zuließen.«

Michell berichtet in bester Laune, dass es ihm gelungen sei, ein Teleskop mit einer sehr großen Öffnung bei kurzer Brennweite zu konstruieren. Diese außergewöhnlich große Öffnung von sechs Zoll habe »bisher weder Mr Short noch sonst jemand erreicht«. Mit anderen Worten, er durfte sich rühmen, das größte Teleskop der Welt nach eigenen Entwürfen in diesem winzigen Nest Thornhill hergestellt zu haben. Der große James Short (1710–1768) wird nicht ohne Genugtuung und mit einem gewissen Stolz erwähnt. Dieser unübertreffliche Konstrukteur astronomischer Geräte hatte vor Jahren Selbstmord begangen und aus »beruflicher Eifersucht« Werkzeug und Konstruktionspläne zerstört, um einem Nachfolger in dieser Kunst das Leben so schwer wie möglich zu machen. Ein Nachsatz in Michells Schreiben gibt einen Einblick in seine angespannten finanziellen Verhältnisse, der nichts Gutes verheißt. Er bedauert, selbst nicht nach London kommen zu können, da die Kosten für Reparaturen und Verbesserungen der großen Teleskope dies nicht zuließen. Niemand, weder Michell noch die beiden neugierig gewordenen Londoner, ahnt damals, dass das sogenannte »Große Teleskop« der Hauptdarsteller eines Dramas ist, das seinen Erbauer zugrunde richten wird.

Als Blagden und Cavendish ein Jahr später in Thornhill aufkreuzen, treffen sie den Reverend in keiner guten Verfassung an. Die Euphorie des vergangenen Jahres ist verflogen. Inzwischen hat sich nämlich herausgestellt, dass unglücklicherweise das Speculum gebrochen ist. Eine Tragödie! Obwohl Michell diesen Innenspiegel nachgeschliffen und poliert hat, bleibt das Ergebnis doch enttäuschend. Immerhin lässt sich der Saturn trotz des störenden Lichteinfalls und der verzerrten Abbildungen samt seinem Ring mit drei Planeten besser als je zuvor erkennen.

Das geborstene Speculum setzt eine traurige Serie von Niederlagen fort. Es ist kein gutes Omen für die kommenden Jahre. Michell hadert mit sich, er weiß nicht, ob er die Kraft findet, wieder von vorn zu beginnen und einen Rohling für einen neuen Spiegel zu schmelzen, solange er das Problem nicht lösen kann, dass sich die innere und äußere Spiegeloberfläche unterschiedlich schnell abkühlen und somit ein Sprung unvermeidlich bleibt. Aber wie soll es sonst weitergehen?

Er hat schon Hunderte von Pfund in dieses Projekt gesteckt und keine Unterstützung gefunden. Zum Glück hat er mit seinem Bruder einigen Erfolg als Grundstücksmakler, sonst wäre er nicht imstande gewesen, dieses ehrgeizige Vorhaben zu verfolgen. Die Hoffnungen richten sich nun auf eine Petition, die Freunde an den Premierminister Lord Rockingham richten, um Michells Arbeit zu unterstützen. Doch jene werden jäh zunichte gemacht, als der Premier am Tag der Überreichung unerwartet stirbt.

## Ein Oboist aus Hannover erobert den Himmel

Es ist Winter, und Michell wird alles ruhen lassen. Er will lieber abwarten, wie es mit Herschels Teleskop in London weitergeht; aber auch dieser hat Probleme, denn durch die Winterkälte ist sein Spiegel ebenfalls geborsten. Mit Friedrich Wilhelm Herschel (1738–1822), diesem Wunderkind der Astronomie, und Michell hat es eine besondere Bewandtnis. Michell, der privat Geige spielt, ist mit dem enorm produktiven Komponisten, Konzertmeister und Solisten Herschel vor Jahren durch die Musik bekannt geworden. Möglicherweise hat er eines von dessen Konzerten in Bath miterlebt. Herschel ist als 19-Jähriger mit seinem Bruder nach England geflohen. Beide wurden als Oboisten in einer hannoverischen Militärkapelle rekrutiert und sind desertiert. Der junge Deserteur bringt alles für eine erfolgreiche

Karriere in England mit. Der musikalische Tausendsassa, der im
Nu Englisch lernt, ist nicht nur ein hervorragender Oboist, sondern auch Geiger, Cembalo- und Orgelspieler. Mit 22 wird er als
Erster Geiger nach Sunderland verpflichtet, leitet aber schon bald
ein Orchester in Durham. Ein Jahr später komponiert er seine
8. Symphonie in C-Dur, sechzehn weitere werden neben vielen
Sonaten, Konzerten und sonstigen Werken folgen. Wenig später
sehen wir ihn als Ersten Organisten in Halifax in der Kirche Saint
John the Baptist. Und schon wird er als Organist nach Bath verpflichtet, dem angesagtesten Badeort der Zeit, wo er zugleich als
Direktor für öffentliche Konzerte fungiert. Da die Fertigstellung
der Orgel noch auf sich warten lässt, führt er in der Zwischenzeit eigene Kompositionen auf. Ein Violinkonzert, ein Konzert
für Oboe und eine Cembalo-Sonate – jeweils mit ihm als Solist.
Seine drei Brüder scheinen ebenfalls alle musikalisch begabt zu
sein, denn auch sie treten als Musiker in Erscheinung. Aber damit nicht genug: Seine Schwester Caroline tritt als Sopransolis-
tin in Händels »Messias« auf. Sie ist nach dem Tod des Vaters aus
Hannover nachgereist und mit ihrem Bruder Friedrich Wilhelm
in Bath zusammengezogen. Sie wird eine überaus wichtige Rolle
in seinem zukünftigen Leben spielen. Die Bekanntschaft mit
John Michell stellt das Leben von Friedrich Wilhelm Herschel
auf den Kopf. Frederick William Herschel, wie er sich nun nennt,
später wird man nur noch von Sir William Herschel sprechen,
wird quasi über Nacht leidenschaftlicher Astronom und Konstrukteur von Fernrohren. Michell, der, wie erwähnt, 1767 bereits
eine grundlegende Arbeit über die Sterne veröffentlicht, klassifi-
ziert inzwischen alle Sterne nach ihrer Helligkeit, definiert Ster-
nenklassen und untersucht die Nebulae, rätselhafte Sternennebel,
von denen noch niemand weiß, dass sich dahinter unbekannte
Sternencluster und Galaxien verbergen.

Herschel ist bald besessen von Fernrohren und vom nächtlichen Sternenhimmel. Die restliche Zeit verbringt er mit dem
Schleifen und Polieren der Linsen und Spiegel seiner eigenen

*William Herschel, Musiker und leidenschaftlicher Astronom, konstruierte
Fernrohre und entdeckte 1781 den Uranus; hier mit Schwester Caroline.*

Konstruktionen. Angeregt durch Michell, sucht er nun auch gezielt nach Doppelsternen, darüber hinaus beschreibt er im Laufe
der Jahre Tausende von Himmelskörpern. Dabei hat er ein zeit-
raubendes Problem: Um den Steckbrief eines beobachteten Sterns
niederzuschreiben, muss er in sein Zimmer zurückeilen. Danach verliert er viele kostbare Minuten, bis sich sein Auge für die

nächste Beobachtung wieder an den dunklen Sternenhimmel gewöhnt. Deshalb setzt er seine Schwester als Helferin ein. Durch das offene Fenster ruft er ihr alle Angaben zum Mitschreiben zu.

## Caroline Herschel: erfolgreichste Kometenjägerin ihrer Zeit

In der 13. Märznacht 1781 entdeckt Herschel am Himmel ein Objekt in Form einer Scheibe und hält es für einen Kometen. Weitere Beobachtungen bestärken ihn anfangs in seiner Auffassung. Aber es gibt immer mehr Ungereimtheiten. Der vermeintliche Komet scheint keiner elliptischen Umlaufbahn zu folgen. Auch müsste ein Komet dieser Helligkeit der Sonne sehr nahe sein und sich daher viel schneller gegen den Hintergrund der anderen Sterne bewegen. Das Himmelsobjekt bewegt sich zwar, aber doch so langsam, dass man annehmen muss, es befinde sich weit entfernt von der Anziehungskraft der Sonne, sogar weiter als der Saturn, ja außerhalb von dessen Umlaufbahn – und Saturn ist damals der fernste Planet, den man sich vorstellen konnte. Bei diesem so hellen und so weit entfernten Gebilde kann es sich also nur um einen Planeten handeln. Bald gibt es keinen Zweifel mehr. Die Sensation ist perfekt. Seit Menschengedenken hat die Welt nur die fünf Planeten Merkur, Venus, Mars, Jupiter und Saturn gekannt. Diese nach römischen Gottheiten benannten Planeten sind alle mit bloßem Auge am Sternenzelt zu finden. Und nun hat Herschel als erster Astronom der Neuzeit mithilfe des von ihm konstruierten Teleskops einen neuen Planeten entdeckt. Die Vorstellung vom Sonnensystem hat sich durch die Erkenntnis, dass es noch mehr Planeten im Weltall gibt, unendlich erweitert. Die Astronomen staunen, die Öffentlichkeit ist begeistert, und Herschel wird über Nacht eine internationale Berühmtheit.

Kniefällig nennt Herschel den Planeten nach König Georg III. den Georgsstern. Das kommt bei den Franzosen nicht gut an.

Später tauft der deutsche Johann Elert Bode (1747–1826), die graue Eminenz der Sternenkunde, der die Position eines Planeten zwischen Mars und Jupiter vorhergesagt und berechnet hatte, den neuen Planeten auf den Namen Uranos, den Vater des Jupiter. (Der deutsche Chemiker Martin Klaproth [1743–1817], der 1789 ein neues Element entdeckt hat, ist noch so angetan von der großartigen Entdeckung eines neuen Gestirns, dass er das Element Uranium nennt.)

In seiner neuen Heimat wird Herschel gebührend geehrt; die Royal Society wählt ihn zu ihrem Mitglied und verleiht ihm die Copley-Medaille. Der König ernennt ihn zum »The King's Astronomer«, unabhängig davon, dass es die ehrwürdige Stelle eines »Astronomer Royal« gibt, und setzt ein Jahresgehalt von 200 Pfund aus.

Der Erfolg führt auch zu einem Aufschwung der inzwischen manufakturartigen Herstellung der Herschelschen Teleskope. Etwa sechzig werden gewinnbringend an britische und kontinentale Interessenten verkauft. Caroline, die schon nachts am offenen Fenster als Sekretärin arbeitet, wird nun gar keine Zeit mehr für Händels Koloraturen haben, denn tagsüber wird sie beim Schleifen der Linsen gebraucht. Doch es wird nicht mehr allzu lange dauern, und sie wird sich selbst einen Namen als Astronomin machen. Sie ist nicht nur die erste Frau auf diesem Gebiet, sondern sie wird bald die erfolgreichste Kometenjägerin ihrer Zeit. Sieben Kometen entdeckt sie. König Georg III. setzt ihr schließlich sogar ein jährliches Gehalt von 50 Pfund aus. Zum ersten Mal dürfte damit eine Wissenschaftlerin in England ein offizielles Gehalt bezogen haben.

# Lichtpartikel und Schwarze Sterne

Michell und Herschel verfolgen beim Bau immer größerer Teleskope unterschiedliche Konstruktionsansätze, aber Michell bemerkt bitter, dass Herschel vierzehn vom König bezahlte Handwerker unterstützen, während er mit einem oder zwei örtlichen Gehilfen und unzulänglichen Mitteln abgeschlagen auf dem Land zurechtkommen muss. Aber wer vergräbt sich auch schon in einem Flecken mit dem Namen »Dornenhügel«?

Michell hatte am Queens' College in Cambridge zunächst studiert und dort schon bald verschiedene Wissensgebiete unterrichtet. Seinen Geologie-Lehrstuhl musste er statutengemäß aus kirchenrechtlichen Gründen wegen seiner ersten Heirat aufgeben. Unglücklicherweise stirbt seine Frau bereits kaum ein Jahr nachdem er sein Amt hatte abgeben müssen. Später wird er Landpfarrer in Thornhill.

Am Ende ihrer Exkursion suchen die Reisenden Cavendish und Blagden noch einmal Michell auf und bleiben eine Woche lang seine Gäste. Michell muss ein faszinierender, eine Fülle ungewöhnlichster Ideen ausbreitender Unterhalter gewesen sein. Ein Jahr zuvor hatte er Cavendish, den er sehr schätzte, einen Artikel zur Veröffentlichung in der Schriftenreihe der Royal Society geschickt. Die Arbeit lautete im Stil der Zeit: »Über die Methoden, die Entfernung, Magnitude & c. der Fixsterne in Konsequenz der Verringerung der Geschwindigkeit ihres Lichts zu ermitteln. Verfasst von Rev. John Michell und am 27. November 1783 der Royal Society vorgetragen.«

Michell stellt darin die Überlegung an, ob das von den Sternen ausgesandte Licht als Folge von deren Gravitation in unterschiedlicher Weise abgeschwächt wird, und fragt sich, ob die Ausgangsgeschwindigkeit des Sternenlichts auf dem Weg zur Erde abnimmt. Und: Hat die unterschiedliche Gravitation der Sterne auch einen Einfluss auf die Farbgebung des emittierten Lichts? Oder anders gesagt: Lassen die unterschiedlichen Farben des Sternenlichts einen Rückschluss auf die unterschiedlichen Geschwindigkeiten zu? Ließen sich durch die betreffenden Farbunterschiede demzufolge die jeweiligen Entfernungen der Sterne zur Erde messen?

Zu Michells Zeit war man überzeugt davon, dass Licht selbst einen so leeren Raum wie das Universum nicht mit einer einheitlichen, konstanten Geschwindigkeit durcheilt. Dahinter ist der Einfluss Newtons spürbar, der annahm, dass alle Körper mit ihrer Gravitationskraft auf Licht einwirken. Zum Einfluss der Gravitation auf das Licht hat sich Michell mehrfach geäußert. Für das Buch über Optik seines zeitweiligen Nachbarn John Priestley hat er entsprechende Gravitationsberechnungen angestellt. Auch für ihn ist Licht »ohne Zweifel« ein Fall von Materie. Kann man das Phänomen der Doppelsterne nicht am einfachsten durch die wechselseitige Anziehung ihrer Gravitation erklären? Und nun schlägt Michell ein Prisma vor, um die von der Gravitation verursachte »Rotverschiebung« zu untersuchen.

Und er hat eine atemberaubende Vermutung zu bieten. Seine Vorstellungen über »Schwarze Sterne« sind so originell, dass selbst Newton nicht darauf gekommen ist. Diese »Schwarzen Sterne«, *black stars*, sind seiner Erkenntnis nach so massereich, dass sie die »Lichtpartikel« nicht nur verlangsamen, sondern festhalten und daher selbst unsichtbar bleiben. Erkennbar sind sie nur indirekt durch ihre Gravitationskraft, mit der sie andere Sterne in der Nähe von ihren Bahnen »irregulär« ablenken. Bei der Theorie der »Lichtpartikel«, die so modern anmutet, nimmt Michell die Auffassung Newtons auf, dass Licht aus kleinsten Teilchen besteht – eine Vorstellung, zu der sich Max Planck erst 1900 unter Gewissensqualen in seiner Quantentheorie durchringt. Michell ist ein brillanter Denker, dessen originelle Erkenntnisse seiner Zeit so weit voraus sind, dass sie nur zu leicht abgetan werden konnten und in Vergessenheit gerieten. Ähnlich wie

seinem Freund Cavendish fehlte ihm der Drang, seine Veröffentlichungen bekannt zu machen und sich um ihre Verbreitung zu
kümmern. Dann verstaubten diese Erkenntnisse in Bündeln hin-
terlassener Manuskripte auf den Regalen düsterer Archive und
mussten auf ihren (Wieder-)Entdecker warten.

Die ersten 150 Jahre nach seinem Tod bekommen Michells An-
denken schlecht. Er wird vergessen. Erst 1979 werden seine Überlegungen zu den Schwarzen Sternen, die nichts anderes sind als
die »Schwarzen Löcher«, von denen wir heute sprechen, in seinem Nachlass entdeckt. Seine Erkenntnisse wirkten auf einen
Wissenschaftler des 20. Jahrhunderts so frisch und neu, »als
wären es herausgerissene Seiten aus einem modernen Physik-
buch«.

Aber es sind nicht nur die Sterne, weshalb wir uns heute an
Michell erinnern. Dieser Mann griff nicht nur nach dem Universum, er wollte auch das Gewicht der Welt ermitteln. Ausgerechnet
in Thornhill sollte der Globus auf die Waagschale gelegt werden.
Wie kühn gedacht und wie vermessen! Dafür hatte er einen seltsamen Apparat entworfen, den Cavendish hier zum ersten Mal in
Augenschein nehmen konnte, ohne zu ahnen, dass diese Konstruktion aus Bleikugeln, Gegengewichten, Pendeln, Drehachsen,
Drahtseilen und einer Art Zauberstab in Gestalt einer schmalen,
rohrartigen Waage seinen Namen unsterblich machen sollte.

## Der alte Mann und das Teleskop

Kehren wir wieder zu Michell zurück, den die beiden Reisenden
in Thornhill mit seinem Teleskop zurückgelassen haben. Michell
wird zermürbt durch die finanziellen und technischen Probleme,
vor die ihn der Bau des »Großen Teleskops« stellt. Die technischen Probleme, mit denen sich Herschel herumschlagen muss,
sind nicht geringer, aber er hat immerhin die finanzielle Unterstützung seines hannoveranischen Landsmanns, des englischen

Königs. Ein Jahr nach dem Besuch in Thornhill versucht Blagden Michell zu ermutigen, doch das Teleskop wieder in Gang zu setzen. Wieder ein Jahr später dankt Michell seinem Brieffreund für eine Sendung Pechkohle, die ihm dieser als Schleifmittel geschickt hat. Das Material eigne sich hervorragend. Die freundliche Gabe wirkt aber wie ein Essigschwamm und mahnt ihn umso deutlicher an die Monate der mühevollen Polier- und Schleifarbeit, die noch vor ihm liegen. Tapfer bittet Michell um eine weitere Lieferung von 14 Pfund. Er wird sie nie mehr anrühren. Monate später muss er berichten, dass er die Pechkohle noch nicht verwendet hat. Die Stimmung in seinem Brief an Blagden mutet bedrückend an. Die Sterne schienen zum Greifen nah, und nun scheint ihn die Zuversicht verlassen zu haben. Mutlosigkeit breitet sich aus.

Er sei ziemlich unentschlossen, schreibt er, wie es mit dem Teleskop weitergehen soll, das nun schon eine geraume Zeit herumstehe. Es liege auch daran, schreibt er, dass er nicht wisse, was diese Trübung verursache, und ratlos sei, wie er diesen Fehler beseitigen könne, ohne wieder ganz von vorn zu beginnen. Und »ich bin doch sehr unwillig, weiter an dem alten Spiegel in diesem unperfekten Zustand zu arbeiten. Dazu gibt es auch verschiedene andere technische Probleme. Ich habe mich daher entschlossen, es ruhen zu lassen.« In seiner Ratlosigkeit hofft er, dass ihm vielleicht Gespräche mit seinen Freunden in London im April oder Mai des Jahres weiterhelfen könnten. Über zwanzig Jahre hat er an diese Konstruktion eines Teleskops, das ihm mit seiner abnormen Öffnung helfen soll, die Bewegung der Sterne besser zu verstehen, hingearbeitet. Sollte sich nach all dem Aufwand an Zeit, Geld, nach den zahllosen Irrwegen sein Lebenstraum nun als eine nie zu leistende Wahnvorstellung erweisen?

Das sind die letzten Mitteilungen, die von Thornhill über das Schicksal des Teleskops nach außen dringen.

Vier Jahre später besucht Herschel den von Krankheit gezeichneten Michell in Thornhill und besichtigt dabei das Teleskop. Es ist auf ein Gestell montiert und steht im Freien. Es gibt keine Abdeckung, die Messingteile sind angelaufen, alles wirkt vernachlässigt. Der Innenspiegel ist beschlagen.

Ein Jahr darauf stirbt Michell. Sein Nachlassverwalter Thomas Turton, der Ehemann seiner einzigen Tochter, will das monströse Teil schnell loswerden. Wenn er keinen Interessenten dafür finden könne, müsse er die Einzelteile als Schrott verkaufen. Metallhändler aus Rotherham bieten allerdings nur 26 Pfund für alles. Cavendish rät ihm, Herschel um Rat zu fragen. Herschel bietet endlich die bescheidene Summe von 30 Pfund für das Teleskop, einschließlich einiger weiterer, kleinerer Spiegel und Werkzeuge. Für den Packer sind noch einmal anderthalb Guineen fällig und für den Zimmermann eine halbe Guinee. Wenigstens der Abdecker bleibt so dem großartigen Instrument erspart, das nun die Reise nach London antritt. Beim Transport wird es ramponiert; nun geht ein Riss durch den gesamten großen Spiegel, auch zu beiden Seiten haben sich kleinere Stücke abgelöst. Herschel, vor dem nun alle Geheimnisse der Michellschen Konstruktion offenliegen, untersucht das Teleskop wie ein Pathologe. Er misst den Spiegel, der einen Durchmesser von 28.6 Zoll hat, das übliche Loch in der Linsenmitte hat 5.92 Zoll Durchmesser, die Brennweite beträgt 10 Fuß. Herschel staunt immer wieder über den Einfallsreichtum Michells. Das Problem, eine Fixierung für den großen Spiegel zu finden, hat er durch 54 in zwei konzentrischen Kreisen angeordnete Messingfedern gelöst.

## 5. August 1795: der »große Moment«

1795 werden vier Kisten aus der Hinterlassenschaft von John Michell in Clapham abgeladen. Sie kommen von Reverend Francis Wollaston, dem Cambridger Jacksonian Professor, bei dem sie einige Zeit nach dem Tod von Michell gelandet waren. Der gelehrte Geistliche konnte allerdings nichts damit anfangen und schickte schließlich alles an Cavendish.

Warum Michell in seinem letzten Willen Cavendish nicht damit bedacht hatte, obwohl er diesem bei seinem letzten Besuch in Thornhill den Apparat vorgeführt hatte und sein Vorhaben, die Welt zu wiegen, gelegentlich in seinen Briefen erwähnt hatte, bleibt offen. War es Enttäuschung darüber, dass ihm Cavendish bei seinem jahrelangen finanziellen Niedergang nicht einmal aus der Misere geholfen hatte? Fünf Jahre sind seit dem Tod von John Michell vergangen, bis die Kisten endlich in Clapham geöffnet werden. Zweifellos war in England niemand besser für die Durchführung des Experiments geeignet als Cavendish, der es verstand, dieses in gewisser Weise zu seinem eigenen zu machen. Tausende von Stunden und anderthalb Jahre wird Cavendish schließlich für die Durchführung aufwenden. In seinem berühmt gewordenen Bericht *Experiments to determine the density of the Earth* würdigt er nachdrücklich seinen verstorbenen Freund John Michell, den geistigen Urheber des Experiments, »der eine Methode zur Bestimmung der Erddichte ersonnen hat… aber erst kurz vor seinem Tod mit der Herstellung [des Versuchsapparates] fertig wurde und verstarb, bevor er damit experimentieren konnte«.

Nach einem großartigen Vermächtnis sieht das Knäuel aus großen und kleinen Bleikugeln, Seilen, Stäben, Drähten und einem langen umwickelten Rohr mit Markierungen zunächst nicht aus. Der Materialwert beträgt nicht mehr als die Kosten für ein paar Kilo Blei. Mit der geistigen Idee dahinter aber setzt sich Michell bis heute ein Denkmal. Hängt man die Gewichte mit den Tragebalken und Seilen wie ein Mobile auf, so kommt hinter der Konstruktion scheinbar die Idee einer Waage zum Vorschein. Aber wie wollte man mit einer Waage die Masse der Welt bestimmen? »Gib mir einen festen Punkt, und ich werde die Welt aus den Angel heben«, hatte einst Archimedes getönt, als er seine Hebelgesetze vorstellte. Von einem Ruf nach einer Waage, um die Welt zu wiegen, war zweitausend Jahre nichts zu hören. Ein erster Anlauf im Jahr 1739 scheiterte. Erst musste Michell sich ein Verfahren einfallen lassen, wie man die Welt zu Hause wiegen konnte.

Die eingetroffenen Gerätschaften sind teilweise in schlechtem Zustand. Ausbesserungen der Transportschäden sind erforderlich; gleichzeitig verbessert und konstruiert Cavendish Einzelteile neu, ändert die Gewichte und vergrößert den Maßstab des ursprünglichen Entwurfs, bleibt aber dem Konzept der Michellschen Konstruktion treu.

Die theoretische Grundlage für das Experiment von Michell und Cavendish geht auf Isaac Newton zurück. Dieser hatte 1687 das universelle Gravitationsgesetz aufgestellt, wonach sich alle vorhandenen Massen anziehen. Große Massen üben dabei eine größere Anziehungskraft auf kleinere Massen aus als umgekehrt. Anders gesagt, auch Newtons berühmter Apfel, der auf die Erde fällt, übt seinerseits eine Anziehung auf die Erde aus, wenn diese vielleicht auch hundert Millionen Mal geringer ist.

Die Kraft, mit der sich zwei Massen anziehen, hängt dabei vom Produkt (Masse 1 × Masse 2) dieser beiden Massen in Bezug auf ihre Entfernung voneinander ab, sowie von dem Faktor G, der für die Einwirkung der Gravitation steht. Newton hatte mit dieser geheimnisvollen und im ganzen Universum wirksamen »Gravitationskonstante« die schwächste der fundamentalen Kräfte im Universum entdeckt. Sie kommt in verschiedenen seiner mathematischen Gleichungen vor und wird dort mit G abgekürzt.

*Warum* sich zwei Gegenstände, wie etwa eine Teekanne und ein Eichhörnchen, gegenseitig anziehen, konnte Newton zu seiner Zeit nicht erklären. »Ich habe die Phänomene der Himmel und unseres Meeres durch die Kraft der Gravitation erklärt«, äußert er sich dazu in den *Principia Mathematica*, seinem epochalen Hauptwerk, »aber ich habe bisher noch keine Ursache für die Gravitation bestimmen können. Tatsächlich aber stammt diese Kraft von einer Ursache, die alles bis zum Mittelpunkt der Sonne und der Planeten durchdringt, ohne dass sich dabei die Kraft verringert, mit der sie wirkt.«

Ebenso wenig konnte er den Zahlenwert der Konstante G errechnen. Das wird erst möglich durch Michells Erfindung der

Dreh- oder Torsionswaage, die in Form eines langen Rohrstabs mit Markierungen in den Kisten liegt, die nach einer fünfjährigen Irrfahrt endlich von Cavendish ausgepackt werden.

Zum Beweis seiner These hatte Newton seinerzeit einmal vorgeschlagen, an einer geneigten Felsspitze ein »Blei-Seil« mit einem Gewicht anzubringen. Durch die Anziehung des Felsmassivs würde nach einiger Zeit das Seil nicht mehr lotrecht nach unten hängen, sondern sich näher zum Berg hin ausrichten. Dafür musste ein geeigneter Berg gefunden werden, dessen Form Rückschlüsse auf seine Masse erlaubte. Könnte eine Beziehung zwischen der Bergmasse und ihrer Anziehungskraft auf das Bleilot hergestellt werden, ermöglichte dies erste zahlenmäßige Schätzungen der Gravitationskraft.

1738 unternimmt der Franzose Pierre Bouguer (1698–1758) die ersten Versuche dieser Art auf dem Chimborazo. Eigentlich soll er als Leiter der berüchtigten Peru-Expedition der Französischen Akademie der Wissenschaften die Länge eines Grades an einem Meridian des Äquators messen, um die Form der Erde mit ihren Unebenheiten genauer zu bestimmen. Bouguer, halb Wissenschaftler, halb Abenteurer, Hydrograf, Geodät, Mathematiker, Astronom, mit 15 bereits Professor für Navigation und mit vielen weiteren staunenswerten Fähigkeiten ausgestattet, kann sich der Anziehungskraft des Chimborazo nicht entziehen. Vielleicht dauert diese Expedition auch deswegen zehn Jahre. Er will mit Bleiloten an überhängenden Felsmassiven die horizontale Gravitationskraft messen. Mit seinen Begleitern hat er sich von einem Basislager bereits in große Höhe vorgearbeitet, als Schnee und eine erbarmungslose Eiseskälte die Schrauben an den Instrumenten festfrieren lassen und dem Unternehmen ein Ende bereiten. Bouguer muss sich eingestehen, dass die Aufgabe wesentlich anspruchsvoller ist, als er gedacht hatte. Er könne der Wissenschaft nur noch wünschen, dass sich in anderen Teilen der Welt Berge finden ließen, die geeigneter seien, um diesen Versuch erfolgreich abzuschließen.

1772 setzt die Royal Society eigens das »Committee for Attraction« ein, das sich mit der gravitativen Anziehung von Bergen beschäftigt. Cavendish tritt als Komitee-Mitglied mit wertvollen Hinweisen und Gutachten immer wieder in Erscheinung. Schließlich wird entschieden, die Versuche auf dem Mount Schiehallion, dem »Feenberg der Kaledonier«, durchzuführen. Der in der Nähe von Perth in Schottland gelegene 1083 Meter hohe Berg hat die Form eines massigen stumpfen Dreiecks und ist leicht zu begehen. Die Versuche unter Leitung des Direktors des Greenwich Observatory und Königlichen Hofastronomen Nevil Maskelyne folgen dem Vorbild Bouguers. Nun wird versucht, durch Messungen an zwei unterschiedlichen Bergstationen die Anziehungskraft des Bergmassivs auf das Bleilot zu messen, um dadurch einen brauchbareren Messwert zu bekommen. Die Lotabweichung sollte über die Bestimmung der Höhenwinkel bestimmter Sterne ermittelt werden. Das monatelange Herumexperimentieren scheitert letztlich aber an den geologischen Gegebenheiten. Die für die Berechnungen erforderliche Bestimmung der Bergmasse lässt sich nur grob abschätzen.

Anstelle der untauglichen Versuche auf dem unwirtlichen Chimborazo und dem »Feenberg der Kaledonier« hatte Michell ein verblüffendes Verfahren entwickelt, bei dem man nicht einmal das Haus verlassen musste. Er wollte in einem »Laborversuch« unter kontrollierten Bedingungen das Spiel der Anziehungskräfte zwischen kleinen Massen in Form unterschiedlich schwerer Bleikugeln messen. Das Gewicht der Erde ausgerechnet mithilfe sehr geringer Massen und ihrer winzigen, kaum wahrnehmbaren gegenseitigen Anziehung zu ermitteln, stellt alle bisherigen Versuche auf den Kopf. Die »große« Masse besteht aus zwei jeweils acht Kilogramm schweren Bleikugeln und die »kleine« Masse aus zwei kleinen Bleikugeln im Gewicht von je zwei Kilo und einem Durchmesser von je zwei Zoll. Nur durch die Erfindung der Drehwaage konnte so ein Experiment überhaupt gelingen. Nur damit ist man in der Lage, jene Gravitationskraft zu berechnen,

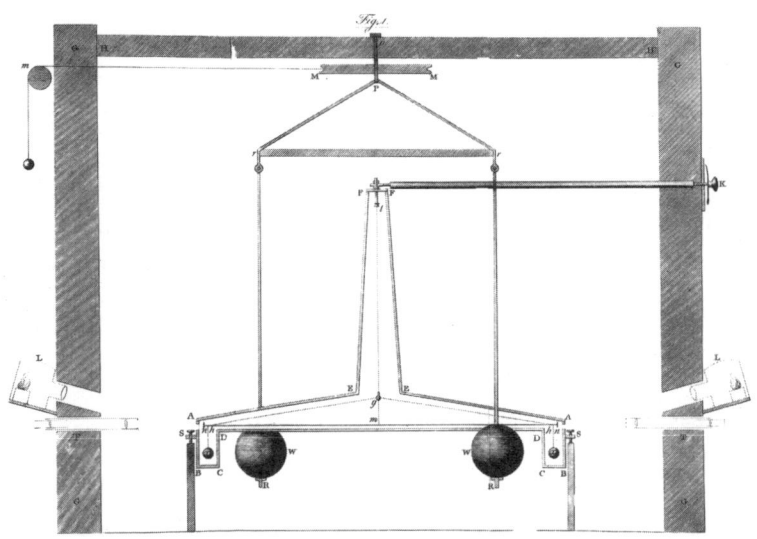

*Zeichnung und Nachbau des Cavendish-Experiments zur Bestimmung der Erddichte.*
*Das Experiment gilt heute als Klassiker in der Physikgeschichte und als erste Bestimmung der Gravitationskonstante G, einer der drei fundamentalen Naturkonstanten.*

mit der die kleinen Kugeln aus ihrer Ruheposition abgelenkt werden. Darüber, dass es sich um sehr, sehr kleine Werte handelte, ist sich Cavendish im Klaren, als er seine Experimente aufnimmt. Er schätzt, dass die Anziehungskräfte der beiden schweren Kugeln nicht mehr als den 50-millionstel Teil ihres Gewichts betragen würden. Der erfahrene Experimentator ersetzt daraufhin Michells acht Kilogramm schwere Kugeln durch jeweils 160 Kilogramm schwere, um höhere Messwerte zu erzielen. Dazu wird auch die Torsionswaage deutlich verlängert.

Nun sind äußerste Präzision und eine strenge Kontrolle aller Bedingungen nötig, welche die Messungen beeinflussen könnten. Der kleinste Lufthauch muss vermieden werden. Auch der Beobachter darf den Messgeräten auf keinen Fall nahe kommen. Selbst Körperwärme kann das Ergebnis einer ganzen Messreihe ruinieren. Als Erstes kommt der ganze Apparat in ein geschlossenes Gehäuse aus Mahagoni. Die Vorrichtung darin mit der empfindlichen, auf den kleinsten Druck reagierenden Drehwaage mit den kleinen Kugeln (× und ×') wird wiederum separat durch ein eigenes Gehäuse von allen äußeren Einflüssen abgeschirmt. Mit einer Schraube (A) kann der Stab, an dem die Drehwaage hängt, von außen justiert und adaptiert werden. In dem schützenden Mahagoni-Würfel befinden sich Öffnungen für Seilzüge, durch welche der massive Balken (B), der die Last der beiden je 160 Kilo schweren Bleikugeln (W und W') tragen muss, [von außen] in unterschiedliche Positionen gebracht werden kann.

Kleine Glasfenster sind in das Gehäuse eingelassen, und Lampen mit konvergenten Linsen, die das Licht in dem abgedunkelten Raum bündeln, werden zur Beleuchtung der Skalen eingesetzt, damit Beobachtungen mit dem Teleskop aus sicherer Distanz von außen leichter durchgeführt werden können. Um für die Versuchsapparatur eine gleichbleibende Temperatur zu schaffen, lässt Cavendish schließlich um das Mahagoni-Gehäuse herum einen lichtlosen, geschlossenen Schuppen in seinem Garten errichten.

Ziehen sich die Massen der beiden Kugeln an, so wirkt diese

Kraft auf die Drehwaage und bewegt diese mehr oder weniger leicht. Die Einwirkung dieses »Drehmoments« kann dann an einer an der Waage angebrachten Skala abgelesen und damit die Anziehungskraft berechnet werden. Die Skalen, auf denen sich die Messwerte abbilden, zeigen jeweils Schritte von 1/100 Zoll an. Das sind 0,0254 Zentimeter.

Mit dem einfachen Ablesen ist es bei den Messungen nicht getan. Häufig müssen praktische Korrekturen vorgenommen werden; Erfahrung und Fingerspitzengefühl sind unerlässlich. Die Drehwaage ist dabei eine besondere Herausforderung. Ein zeitraubender Unsicherheitsfaktor ist das lange Nachschwingen des frei schwebenden Stabes der Drehwaage (r).

»Gesetzt [den Fall], der Stab befindet sich in Ruhelage«, schreibt Cavendish hierzu, »und man versetzt dann die Gewichte in Bewegung, so wird der Stab dadurch nicht nur zur Seite gezogen, sondern er wird auch zu vibrieren beginnen, und diese Vibration wird eine lange Zeit andauern.« Die durch die Anziehungskraft, und die damit auf die Waage ausgeübte Drehung, entstehenden Schwingungen dauern etwa zwanzig Minuten. Aber: Der Stab wird »trotz aller Vorkehrungen … nur selten einmal eine ganze Stunde lang in Ruhe bleiben«. Es mussten daher Messungen vorgenommen werden, während der Stab noch nicht zur Ruhe gekommen war, was Fehler mit sich bringen konnte.

»Ich beobachte drei sukzessive extreme Punkte einer Schwingung in einer Richtung«, schreibt Cavendish, »und nehme dann den Mittelwert zwischen dem ersten und dritten dieser Punkte als den extremen Vibrationspunkt in einer Richtung und nehme dann den Mittelwert zwischen diesem und dem zweiten Extrem als den Ruhepunkt an.«

Auch die Schwingungsdauer und das Schwingungsverhalten, bei dem Parameter wie Stablänge, Steifigkeit und Gewicht aufeinander bezogen werden, kann Cavendish in einer komplizierten Formel berechnen. Abgesehen davon setzt der Mathematiker Cavendish weitere Größen und Faktoren, die sich auf die Messung auswirken, in mathematische Gleichungen um: die Masse der großen und kleineren Kugeln, die Länge der Waage, das Trägheitsmoment der aufgehängten Kugeln, die Entfernung der Zentren der anziehenden und der angezogenen Kugeln sowie den Winkel, mit dem die Anziehungskraft den Stab der Waage dreht. Letztlich spielt alles eine Rolle. Zu berücksichtigen sind selbst die Festigkeit des Drahtes, an dem die Drehwaage aufgehängt ist, und die Anziehung des Mahagoni-Gehäuses und vieles mehr. Cavendish beschreibt diese Einwirkungen in seiner öffentlich zugänglichen Abhandlung minutiös und in aller Ausführlichkeit. Die entsprechenden Formeln füllen Seite um Seite.

Für eine Messung benötigt Cavendish 25 Stunden. Ein Geduldsspiel. Über ein Jahr vergeht, bis die Messungen abgeschlossen sind. Schließlich fasst Cavendish die Ergebnisse seiner Messungen zur Erddichte in 17 unterschiedlichen Listen zusammen. Die Werte reichen dabei von 4,88 bis 5,79. Cavendish addiert die 17 Ergebnisse voneinander unabhängiger Messketten und errechnet daraus einen Mittelwert von 5,48. Er ist davon überzeugt, dass »es sehr unwahrscheinlich scheint, dass die Erddichte von 5,48 um ein Vierzehntel des Ganzen abweichen sollte«, also um weniger als 10 Prozent.

1795 kann Cavendish bekannt geben, dass die mittlere Erddichte das 5,48-Fache der Dichte des Wassers beträgt, welches die Dichte von 1 hat. Zunächst zielen diese Messungen auf die mittlere »Erddichte« ab, eine Fragestellung, die noch das ursprüngliche Interesse des Geologen verrät. Nicht wenige nehmen diese Auskunft mit einer gewissen Beruhigung zur Kenntnis, denn damit sind die Befürchtungen ausgeräumt, dass der Globus nur aus einer Erdkruste besteht und innen weitgehend hohl ist. Unerwartet bezieht sich Cavendish nirgends, zumindest nicht in seinen Aufsätzen, auf die »weltbewegende« gravitationelle Konstante G oder die Erdmasse und damit auf das sogenannte Gewicht der Erde. Den Buchstaben G hat er nie verwendet.

Ein Grund liegt vermutlich darin, dass sich 1798 die moderne Unterscheidung zwischen Gewicht und Kraft noch nicht durchgesetzt hat. Das metrische System ist eben erst erfunden worden und in der englischen Wissenschaft noch nicht in Gebrauch, sodass beide, Masse und Kraft, in Pfund gemessen wurden. Erst 1894, nahezu einhundert Jahre nach dem Michell-Cavendish-Experiment, ist die Konstante G definiert worden, obwohl sie natürlich überall implizit gegenwärtig war. Unzweifelhaft sind alle Ergebnisse durch Newtons Gleichung und den bekannten Radius der Erde verbunden und lagen zum Greifen nahe vor aller Augen.

Die errechnete »Dichte« der Erde, ihre Masse – im normalen Sprachgebrauch als Gewicht bezeichnet – und die geheimnisvolle Gravitationskonstante G sind allesamt durch Gleichungen miteinander verbunden.

Wie kommt man nun von der Dichte der Erde auf ihre Masse? Von dieser Dichte und dem Radius R der Erde, der seit über 2000 Jahren durch Eratosthenes bekannt ist, kann die Masse der Erde berechnet werden. Alle Körper auf der Erde werden durch die Gravitationskraft angezogen und erfahren auf der Erdoberfläche eine gravitationelle Beschleunigung. Diese wird »g« genannt. Dieses »Beschleunigungs«-g lässt sich leicht bestimmen nach der Formel

$$s_{[\text{FALLHÖHE}]} = \tfrac{1}{2}\, g_{[\text{BESCHLEUNIGUNG}]} \times t_{[\text{ZEIT}]}^{2}$$

Lassen wir ein Kilo aus einem Meter Höhe fallen und stoppen dabei die Zeit (t), so erhalten wir stets als Gravitationsbeschleunigung der Erde den Wert g=9,81 m/s².

Da die Kraft, die einen Körper zum Boden hin beschleunigt, genau die Gravitationskraft ist, können wir die beiden Gleichungen gleichsetzen.

Das heißt, nach Newton haben wir es mit folgender Kraft zu tun:

$$F(\text{KRAFT}) = \frac{G_{[\text{GRAVITATIONSKONSTANTE}]} \times \text{Masse 1} \times \text{Masse 2}}{R_{[\text{ABSTAND DER BEIDEN MASSEN}]}^{2}}$$

Da F(KRAFT) = m × g, taucht auf beiden Seiten der Gleichung m auf und kann demnach gekürzt werden. Wenn man die Gleichung nach M (hier: Masse der Erde) umstellt, so bekommt man die folgende Formel: $M = gr^{2} \cdot G$

Damit lässt sich die Erdmasse berechnen. Mit den Werten G = 6,67428 10-11 m³/kg × s², g=9,81 m/s² und r = 6 370 000m bekommt man für die Erdmasse ein Gewicht von 5,96 × 10²⁴ kg.

(Dieses Ergebnis ist nur eine Schätzung. So variieren die Gravitationsbeschleunigung und der Erdradius je nach Ort. Stillschweigend wurde auch angenommen, dass die Erde eine perfekte Kugel ist, was bekanntermaßen nicht der Fall ist.)

## Die Natur kennt keine Eile

Cavendish ist 79 Jahre alt, als sich sein von ihm schon lange vorher errechneter Todestag ankündigt. Für die entscheidenden Stunden hat Cavendish sich von der Welt zurückgezogen und sich von allen Menschen und, wie es scheint, auch von Gott entfernt, sofern er ihm einmal näher gekommen sein sollte. Sein Biograf erwähnt, dass in Cavendishs Sterbezimmer wenige Anzeichen von »Spiritualität« zu finden waren. Kein Gedanke an einen Pfarrer, auch die Nähe eines Arztes ist dem Sterbenden unerträglich.

Drei Tage vor seinem Tod war er in schlechter Verfassung von einem Abend in der Royal Society nach Hause gekommen. Sein Diener hatte gesehen, dass das Laken seiner Herrschaft blutbefleckt war, aber nicht gewagt, das zur Sprache zu bringen. Die folgenden beiden Tage verließ Cavendish sein Bett nicht mehr. Am dritten Tag, als er spürt, dass er sterben würde [»when he found himself dying«], läutet er, früher als zur gewohnten Stunde, seinem Diener und winkt diesen an sein Bett. Gefasst und eindringlich schärft er ihm ein:

»Merk dir, was ich sage – ich sterbe. Wenn ich tot bin, *aber auf keinen Fall vorher*, suchst du Lord George Cavendish auf und berichtest ihm, was vorgefallen ist. Geh!«

Wenig später läutet er noch einmal nach ihm und lässt ihn den Wortlaut seiner Anweisungen wiederholen. Dann äußert er seinen letzten Wunsch: »Bring mir Lavendelwasser.«

Mit dem Wort »Und jetzt geh!« scheucht Cavendish das letzte vertraute menschliche Wesen aus dem Zimmer. Weder ein Glaube noch ein Mensch können ihm Trost bieten. Er ist nun endgültig mit sich allein. Dann bereitet sich der Agnostiker in philosophischer Gelassenheit auf sein Sterben vor.

Der Diener tut, wie ihm geheißen. Als eine halbe Stunde verstrichen ist, ohne dass nach ihm gerufen wurde, betritt er das Zimmer und findet seinen Herrn leblos im Bett vor [»and found him a corpse«]. Henry Cavendish stirbt am 24. Februar 1810 im gleichen Alter wie einst sein Vater.

Cavendish machte ebenso wenig Aufhebens von seinem Sterben wie von seinem Leben, seinem Reichtum oder dem Ruhm. Sein Leben lang hat er selbstlos der Wissenschaft gedient; in seinem Testament aber gehen alle Kollegen, die ja nie mehr als Bekannte waren, leer aus. Keine der Erwartungen wird erfüllt. Aber nicht nur sie scheint er vergessen zu haben, sondern auch sich selbst. Sein Nachruhm ist ihm gleichgültig, es gibt keine Verfügungen über eine Stiftung, die seinen Namen tragen soll, keine Vermächtnisse seines Nachlasses, seiner Bibliothek oder der kostbaren Instrumente. Ebenso wenig hat er Anweisungen für seine Bestattung oder seine Grabstätte hinterlassen. Er wird, wie viele seiner Familie, in der Allerheiligen-Kirche in Derby, der heutigen Cathedral of All Saints, bestattet.

Überraschend bedachte er den Earl of Besborough mit einer beträchtlichen Summe. Der Earl ist zwar kein Mann der Wissenschaft, aber Cavendish will ihm damit, wie er erläutert, für das Vergnügen danken, das ihm der Earl mit seinen Unterhaltungen bei den Essen im Royal Society Club bereitet hatte.

Die Hauptmasse des Besitzes aber geht an den erwähnten Lord George Cavendish, der restliche Teil an Frederick Cavendish, den zwei Jahre jüngeren Bruder. Damit beweist er seine Loyalität der Familie gegenüber, wie man sie von einem Mitglied eines weitverzweigten Adelsgeschlechts erwartete. Er gibt der Familie hundertfach zurück, was ihm diese einst als Treuhänder anvertraut hatte. Seit neunhundert Jahren, seit der Eroberung durch die Normannen, haben die bedeutenden Clans seiner herzoglichen Großeltern, der Kents und der Cavendishs, eine Rolle in der englischen Geschichte gespielt. Was sie mehr als alles andere immer zusammengehalten hat, waren das ererbte Land und die Pachtzinsen, der sogenannte Zehnte. Ein Nachfahre von Lord George stiftet später als Prinzipal der Universität Cambridge die Mittel zur Einrichtung der dortigen Abteilung für Physik, die bis heute den Namen »Cavendish Institute« trägt.

Die Akribie, die Cavendish auszeichnete, wurde zum Vorbild aller Messungen. So gesehen war die Bestimmung der Erddichte das krönende Experiment eines dahinschwindenden Zeitalters. Die Welt über die Erddichte zu wiegen scheint wie ein Kommentar seines ganzen Werks.

Cavendish verfügte über die genauesten Messgeräte seiner Zeit. Aber alle diese ziselierten und hochpräzisen Apparate, die ganze Räume füllten, waren nur Mittel zum Zweck. Eine präzise Messung war für ihn der einzige verlässliche Weg, um Erkenntnis zu gewinnen. Beobachten, analysieren, vergleichen und messen war der charakteristische Zug im Zentrum der Wissenschaften jener Zeit, und Cavendish brachte das Ideal einer präzisen Messung auf eine unvergessliche Weise zum Ausdruck.

Sein beharrliches Beobachten und seine an der Praxis orientierten Forschungen führten ihn zu keinen Vorstellungen über eine Erde, die sich im Lauf der Zeit verändert und entwickelt hatte.

Nur selten, fast zufällig, datierte er seine Forschungen. Wichtige Forschungsergebnisse konnten jahrzehntelang in den Manuskriptstößen in seinem Schlafzimmer begraben liegen. Es bestand aus seiner Sicht keine Notwendigkeit zur Eile, denn er wandte sich mit seinen Fragen unmittelbar an die Natur – und auch diese hatte keine Eile, darauf zu antworten.

## War es ein Gott?

Persönlichkeiten wie Henry Cavendish, John Michell, William Herschel und Paul Bouguer gehören einer aussterbenden Gattung von Universalisten an, die Newton gewissermaßen noch persönlich in die Welt gesandt hatte. Immer genauere, präzisere Messergebnisse zu erzielen war im heraufziehenden 19. Jahrhundert bald kein inspirierendes Ideal mehr. Jetzt kam es darauf an, die Beziehungen zwischen den Kräften der Natur durch Experimente einer neuen Art festzustellen.

Die mathematische Entwicklung dieser Beziehungen veranschaulichen die Arbeiten des rätselhaft genialen James Clerk Maxwell. Dieser 1831 in Edinburgh geborene schottische Physiker und Mathematiker (gestorben 1879) zeigte zum ersten Mal, dass Elektrizität, Magnetismus und Licht Manifestationen ein und desselben Phänomens sind. Eine unmittelbare Folge der Zurückführung dieser Kräfte auf dieselbe »Substanz«, wie Maxwell es einmal nennt, ist die bald folgende Vorhersage der Existenz der Radiowellen. Diese sogenannten »Maxwellschen Gleichungen« für den Elektromagnetismus wurden als »die zweite große Vereinheitlichung in der Physik«, nach der ersten Vereinheitlichung durch Newton, bezeichnet.

Verkörperte Cavendish auf seine Weise einen prägenden Zug der Wissenschaft des 18. Jahrhunderts, so wird Maxwell zur beherrschenden Wissenschaftlergestalt des folgenden Jahrhunderts. Da scheint es bemerkenswert, dass ausgerechnet Maxwell

als erster Professor des neu gegründeten »Cavendish Laboratory«
der Universität Cambridge berufen wird. Er nimmt sich mit Tatkraft und Umsicht der neuen Forschungseinrichtung an. Zugleich
gibt er die unveröffentlichten Schriften Cavendishs zur Elektrizität heraus. Die Bedeutung der Rolle Maxwells schätzt später der
Physiker und Nobelpreisträger Richard Feynman (1918–1988)
unüberbietbar hoch ein. Er ist nämlich überzeugt davon, dass
nach einem langen Blick auf die Menschheitsgeschichte »Maxwells Entdeckung der Gesetze der Elektrodynamik als das bedeutendste Ereignis des 19. Jahrhunderts angesehen werden wird«.
Auch Einstein schreibt 1931, dass James Clerk Maxwells Einfluss
auf die Vorstellung physikalischer Realität »der tiefste und fruchtbarste [Wandel] ist, den die Physik seit der Zeit von Newton erfahren hat«. In BBC-Umfragen um die Jahrtausendwende nach
den bedeutendsten hundert Wissenschaftlern aller Zeiten wurde
Maxwell an dritter Stelle nach Einstein und Newton gewählt.

Den schönsten Vers aber hat ihm der große Wiener Physiker
Ludwig Boltzmann nachgerufen. Angesichts der Einfachheit und
der damit einhergehenden idealen Schönheit der Gleichungen
Maxwells, die auf der ganzen Welt ihre Wirkung entfalteten, stellt
er uns staunenden Nachgeborenen die Frage:

»War es ein Gott, der diese Zeichen schuf?«

# Nichts kommt von nichts –
# Julius Robert von Mayer

*Was ist Wahnsinn? Die Vernunft eines Einzelnen.*
*Was ist Vernunft? Der Wahnsinn vieler.*
JULIUS ROBERT VON MAYER

Im Jahr 1847 erscheint in Berlin eine schmale Broschüre mit dem Titel *Über die Erhaltung der Kraft.* Sie wird in wenigen Jahren das Weltbild der Physik prägen; physikalisches und technisches Denken wird ohne die Schlussfolgerungen dieser Abhandlung nicht mehr möglich sein. Verfasser ist ein ernster, 26-jähriger Militärarzt in Potsdam. Auf Abbildungen fallen die großen Augen in dem ebenmäßigen, markanten Gesicht auf, die den Betrachter freundlich und forschend anschauen. Schon fünf Jahre zuvor war der junge Mann durch seine Dissertation über ein Thema der »mikroskopischen Anatomie« aufgefallen, worin er die Entstehung der Nervenzellen aus den Ganglienzellen beschrieben hatte. Alle, die mit ihm zu tun haben, spüren früh, dass

*Der junge Hermann Ludwig Helmholtz, einer der vielseitigsten Naturwissenschaflter seiner Zeit.*

es sich bei Hermann Ludwig Helmholtz (1821–1894) um eine außergewöhnliche wissenschaftliche und denkerische Begabung handelt.

## Abschied vom Caloricum

Und nun dieser unerwartete Wurf zu Beginn seiner Laufbahn. Mit einem Schlag hatte Helmholtz die Beziehungen zwischen Kraft, Bewegung und Wärme so einleuchtend dargestellt, dass gegen die zwingende Logik seiner Überlegungen kein Widerstand mehr möglich schien. Bisher galten diese Phänomene den meisten Wissenschaftlern als jeweils verschiedene, eigenständige Erscheinungen. Nicht wenige glaubten, dass Kraft ein eigener »Vitalstoff« sei, der etwa biologischen Stoffen und Organismen innewohne.

Oder dass ein Wärmestoff – Lavoisier spricht sogar von einem eigenen Element namens Calorie – zur Entstehung von Wärme führt. Helmholtz erkennt das allgemeine Gesetz hinter allen Erscheinungen anhand einfacher Beweise: Keine »Kraft« – heute würden wir von Energie sprechen – kann verloren gehen, sie wird vielmehr nach genau messbaren Gesetzen in Wärme oder Bewegung umgewandelt. Mit der Verknüpfung von Wärme und Bewegung nahm der spätere Erste Hauptsatz der Thermodynamik Gestalt an, der von größter Bedeutung für das 19. Jahrhundert werden sollte. Heute sind die grundlegenden Aussagen so sehr Gemeingut geworden, dass wir die Kühnheit des Gedankens kaum angemessen wertschätzen können. Das Gesetz von der Unzerstörbarkeit der Kraft oder der Erhaltung der Energie wird zum ersten universal gültigen Gesetz der modernen Naturwissenschaft.

Die Physik steckt in den ersten Jahrzehnten des 19. Jahrhunderts in den Anfängen. Forschung und Lehre finden in Privatlabors statt, die fürstlichen Kuriositätenkabinetten gleichen. Im Gegensatz zur Astronomie, die großer, stationärer Fernrohre bedarf, können Chemie und Physik überall betrieben werden. Noch um 1815 führt der englische Physiker Humphry Davy, damals Präsident der Royal Society, der als Erfinder der explosionsgeschützten Grubenlampe berühmt wurde, seine gesamte Laboreinrichtung in einem Koffer mit sich, wenn er auf Reisen arbeiten wollte. Der Chemiker Friedrich Wöhler (1800–1882) hat seine großen Entdeckungen in der Berliner Gewerbeschule gemacht. Universitätsinstitute im heutigen Sinn gab es vor allem in England, Frankreich und Italien. In Deutschland werden physikalische »Praktika« meist noch in der Wohnung des Professors abgehalten. Erst Mitte des Jahrhunderts werden die Laboratoriums-Ausbildung der Studenten und die systematische Verbindung von Forschung und Lehre eingeführt.

Die abenteuerlichsten Vorstellungen geistern durch die Köpfe auch von Wissenschaftlern. Lange hält man zum Beispiel noch an der Vorstellung fest, dass die Sonne im Inneren längst erkaltet und nur von einer Gluthülle umgeben ist. Lange wird etwa die Hypothese diskutiert, dass die Sonnenwärme durch das Abbremsen der in die Sonne stürzenden Meteorschwärme entsteht. Auch in diesem Zusammenhang wirft das Gesetz von der Erhaltung der Kraft sofort Fragen auf, die sich nicht mehr durch die herkömmlichen Theorien beantworten lassen.

## Der verkannte Entdecker

Physik galt damals als brotlose Kunst, und selbst ein begnadeter Naturforscher wie Helmholtz hatte seine ursprüngliche Neigung für die Physik zugunsten eines sicheren Medizinstudiums aufgegeben. Zu den Lesern seiner aufsehenerregenden Abhandlung, die nicht überall auf Zustimmung stößt, zählt auch ein Heilbronner Arzt, der, begieriger und angespannter als irgendein anderer Zeitgenosse, mit zitternden Händen danach gegriffen hatte. Jede Zeile, die Julius Robert Mayer liest, stürzt ihn tiefer in Verzweiflung, jeder Gedanke raubt ihm ein Stück seiner Persönlichkeit. Zurück bleiben Enttäuschung, Verbitterung und Ohnmacht. Hatte er nicht bereits fünf Jahre zuvor in seiner Schrift »Über die quantitative und qualitative Bestimmung der Kräfte« alle Hauptgedanken, die sich jetzt bei Helmholtz finden, entwickelt? War er nicht jahrelang mit seinen Erkenntnissen gegen Desinteresse, Unverständnis und Missgunst angerannt?

Seitdem er 1842 seine bahnbrechenden Gedanken veröffentlicht hatte, befindet er sich »in einem ständigen Zustand der Erregung«. Er fühlt, dass er ein Naturgesetz von größter Bedeutung gefunden hat, ein Gesetz, das er anfangs mehr erahnte, als er es beweisen konnte. Aber kaum jemand schenkt ihm Gehör; und wenn ja, stößt sein Energieerhaltungssatz auf Ablehnung. Und nun, nach fünf Jahren zunehmender Erschöpfung, muss er schwarz auf weiß lesen, dass ein junger Professor aus Berlin elegant und klar, mit schlüssigen mathematischen Folgerungen, Thesen dargelegt hat, die seine sind. Wäre es doch nur einfach ein Plagiat gewesen! Aber davon kann keine Rede sein. Die Abhandlung ist seiner überlegen; mathematisch präziser, beweiskräftiger – und Helmholtz zelebriert die Terminologie der Physik und lässt Mayer wieder bewusst werden, dass er über keine physikalische Ausbildung verfügt.

Mayer ist zu diesem Zeitpunkt 34 Jahre alt, nur acht Jahre älter als Helmholtz. Beide haben ein Medizinstudium abgeschlossen, fast gehören sie noch derselben Generation an. Aber kaum dass sich ihre Lebenslinien kurz gekreuzt haben, werden die Unterschiede riesig. Der junge Arzt Helmholtz wird wenig später durch Alexander von Humboldt aus der Fron einer achtjährigen Verpflichtung als Militärarzt befreit und bald darauf Professor für Physiologie in Berlin, dann Königsberg, Bonn, Heidelberg. Schließlich folgt die Berufung als Ordinarius für Physik in Berlin. Für Helm-

holtz steht diese Abhandlung
also am Beginn seiner Weltkarriere. Alles, was er unternimmt und denkt, scheint
unmittelbar nützlich, ja notwendig. Und es gehören so
unterschiedliche Dinge dazu
wie die Helmholtz-Spule zur
Erzeugung eines homogenen
Magnetfelds, der Helmholtz-
Resonator für Klanganaly-
sen, Arbeiten über die medizinischen Grundlagen der
optischen und akustischen
Physik, aber auch Unter-
suchungen zu Fragen der theoretischen Physik ebenso wie

*Robert von Mayer; der Holzschnitt
zeigt den knapp 30-Jährigen im Jahr
1842, als er gerade das Gesetz von der
Erhaltung der Kraft formuliert hatte.*

Studien über die Zusammenhänge von Physik, Physiologie, Psy-
chologie und Ästhetik. Überall werden ihm große Achtung und
Wohlwollen entgegengebracht.

Bei seinem letzten Aufenthalt in Amerika lädt ihn Präsident
Cleveland ins Weiße Haus ein, wenige Stunden später versam-
melt Mister Steinway seine gesamte Belegschaft und verehrt
Helmholtz einen seiner Flügel aus Dankbarkeit für alles, was
die Firma aus dessen Akustikforschungen gelernt hat; am selben
Abend hält Helmholtz im eben erbauten Johns-Hopkins-Hospital
vor der Gesellschaft der amerikanischen Ophthalmologen einen
Vortrag über seine epochale Erfindung des Augenspiegels.

Robert Mayer dagegen hat seinen wichtigsten Beitrag hinter sich.
Er wird noch einige Aufsätze veröffentlichen, etwa zur »Dynamik
des Himmels«, »Über das Fieber«, »Über die Ernährung«, aber
die Großtat seines Lebens ist nun einmal, als Erster das Gesetz
von der Erhaltung der Kraft entdeckt zu haben. Dieses Privileg

wird ihm auch Helmholtz nicht nehmen können. Er blättert und liest und liest, aber er wird mit keinem Wort erwähnt. Stattdessen nennt Helmholtz als Vorläufer Carl von Holtzmann (1815–1875) und vor allem James Prescott Joule, den englischen Erfinder. Nicht einmal seinen deutschen Landsmann hat er genannt, stellt er verbittert fest.

Mayer ist überzeugt, dass sich alle verschworen haben, ihn totzuschweigen. Das Gefühl, von allen verlassen worden zu sein, sitzt tief, aber das ist nicht das Ende der Enttäuschungen. Die »dunkelsten Stunden seines Lebens«, die ihn in den Wahnsinn treiben werden, liegen noch vor ihm.

## Intuition kontra Analytik

Mayer und Helmholtz sind auf unterschiedlichsten Wegen, »Induktionen«, wie Helmholtz es nennt, zum selben Ergebnis gekommen. Mayer ist der Seher, der das Leben anschaut, der Mann der Intuition, den eine traumwandlerische Ahnung erfüllt und treibt. Helmholtz ist der kühle Durchdenker, Abwäger, der rationale Beobachter, der alle Erscheinungen des Lebens heranzieht, um mathematisch abgeleitete Schlussfolgerungen daraus zu ziehen. Hinter Gärungs- und Fäulnisprozessen und der Wärmeproduktion von Lebewesen sucht er das allen Vorgängen zugrunde liegende Gesetz, »die letzte unveränderliche Ursache«. Helmholtz systematisiert und vereinfacht, er will die Welt berechnen. Später wird er mit seinen Freunden Werner von Siemens und Wilhelm Förster die Physikalisch-Technische Reichsanstalt (PTR) gründen, um alles Berechnete und Gefundene zu vereinheitlichen und zu normieren. Aber noch besteht seine Welt nur aus der Bibliothek jenes Gymnasiums in Potsdam, dessen Direktor sein Vater ist. Wann immer ihm der Militärdienst Zeit lässt, zieht er sich dorthin zurück.

Robert Mayer dagegen ist alles andere als ein Stubenhocker. Schon früh zieht es den Sohn eines angesehenen, experimentierfreudigen Apothekers hinaus aus dem beschaulichen Städtchen Heilbronn in die Welt. Nach Abschluss seines Medizinstudiums in Tübingen lässt er sich auf eine Reise ein, die zum Abenteuer seines Lebens wird und den großen Entdeckungsreisen in nichts nachsteht. Sein ganzes bisheriges Leben, die Experimente, die er noch als Schüler im Garten seines Elternhauses anstellt, um ein Perpetuum mobile zu entwickeln, Versuche mit oxydierenden Kupferplatten, das Studium der Medizin mit allerlei Experimenten und schmerzhaften Selbstversuchen inklusive Brandwunden scheint nur eine Vorbereitung auf die Erkenntnis gewesen zu sein, die ihm durch diese Reise zuteilwird.

## Der hungernde Schiffsheilmeister

Und waltet nicht hinter dem ausgefallenen Plan, auf einem Schiff anzuheuern, das ihn in die Südsee führen wird, ein zielsicherer Instinkt, etwas zu entdecken, das sein ganzes Leben verändern wird? In einem Brief an seinen Jugendfreund Paul Lang vom Oktober 1837 hören wir erstmals etwas von der Absicht Robert Mayers, als Arzt in den holländischen Militärdienst zu treten und nach Ostindien zu gehen. Im Juni 1839 trifft er in Amsterdam ein und wird am 25. September 1839 als Schiffsheilmeister, als Sanitätsoffizier, für den holländischen Kolonialdienst zugelassen. Da ihm bis zur ersten Einschiffung noch Zeit bleibt, geht er bis zum Februar 1840 nach Paris, um an medizinischen Vorlesungen und Demonstrationen teilzunehmen.

Das Schiff, ein Dreimaster, mit dem Robert Mayer am 23. Februar 1840 den Hafen von Rotterdam verlässt, trägt den Namen *Java* und gehört der Reederei J. De Cock. Die Fahrt selbst geht nach der Insel Java, und es wird über ein Jahr dauern, bis Mayer zurückkehrt.

Die Reise bietet kaum Ablenkungen. Der junge Heilbronner ist ganz auf sich gestellt und seinen Gedanken und Büchern überlassen. Der einsilbige und mürrische Kapitän Zeeman macht die Reise unerträglich. Er spart bei der Zuteilung des Proviants, sodass es Tage gibt, an denen der junge Schiffsheilmeister hungern muss. Vom jugendlichen Sohn des Kapitäns, einem Bürschlein, das für den Vater hinter allen herspioniert, fühlt er sich schikaniert. Das Schiff hat Backsteine, Teer und ein unbekanntes Genie geladen. Robert Mayer führt während dieser Zeit ein Tagebuch, in dem er seine Gedanken, Alltägliches und alle medizinischen Vorkommnisse bei den ihm anvertrauten Seeleuten festhält. Nach diesen Aufzeichnungen läuft die *Java* am 11. Juni 1840 Batavia (heute: Jakarta) an; vier Tage später betritt Robert Mayer erstmals das Land; am 23. wird die Reise nach Surabaya fortgesetzt, am 4. Juli geht die *Java* auf der dortigen Reede vor Anker.

Nach der Ankunft in Batavia muss Robert Mayer bei mehreren Seeleuten seines Schiffes Aderlässe vornehmen. Dabei fällt ihm auf, dass das Venenblut der Europäer in diesen Breiten ein ähnliches Rot wie das arterielle Blut der Eingeborenen aufweist. Diese Feststellung hakt sich in ihm fest. Eine weitere Beobachtung kommt hinzu: Mayer kann sich davon überzeugen, dass die Temperatur in den Wellenkämmen messbar höher ist als die der ruhenden See.

Beide Beobachtungen sind nicht neu. Das Phänomen des hellen arteriellen Blutes der Europäer ist den Ärzten an der Küste bekannt, die es auf die Hitze zurückführen. Und dass aufgepeitschte Wellen wärmer sind als die ruhende See, wurde schon zu Aristoteles' Zeiten beobachtet. Aber nun macht sich das Genie Mayers bemerkbar, der einen ungewöhnlichen, ja »verrückt« erscheinenden Sinn für Kombinatorik hat. Als berührten sich Genialität und Wahnsinn, ist er in der Lage, diese so entfernt voneinander liegenden Phänomene auf einzigartige Weise miteinander zu verknüpfen und weitreichende Schlüsse daraus zu ziehen.

Nach der Ankunft des Schiffes in Surabaya strömt ihm eine

Fülle produktiver Gedanken zu. Die Farbänderung des Blutes, die ihm aufgefallen ist, wertet er als sichtbares Anzeichen für dessen Oxidation. Jeder Körper versuche nämlich, immer dieselbe Temperatur zu halten; es muss also eine Beziehung zur Außentemperatur bestehen. Da der Körper bei dem heißen Klima seine innere Temperatur weniger erhöhen muss, führt das zur Oxidation des Blutes. Alle Überlegungen drehen sich um die Beziehungen zwischen Wärme, Reibung und ihre Umsetzung in mechanische Arbeit. Mayer kommen die Überlegungen von Antoine de Lavoisier (1743–1794), dem französischen Chemiker, in den Sinn, der bereits die animalische Wärme als Folge eines Verbrennungsprozesses verstanden hatte. Auch der aus Woburn in Massachusetts stammende Benjamin Thompson (1753–1814) hatte schon vor Jahrzehnten Ähnliches gedacht. In Europa wurde er bald nach seiner Flucht aus Amerika unter dem Namen Graf Rumford bekannt. Dieses immer wieder faszinierende Genie hatte fast im gleichen Atemzug ebenso erfolgreich die Anlage des Englischen Gartens in München wie die Gründung der Royal Institution in England vorgeschlagen. Thompson hatte zum Beispiel zu berechnen versucht, welche Wärme sich durch die Arbeitsleistung eines Pferdes nach Verabreichung einer bestimmten Futtermenge erreichen lässt.

Reibung, »gehemmte Bewegung«, wie Mayer es nennt, erzeugt Wärme – wie ließe sich das »mechanische Äquivalent der Wärme« berechnen? Sein Reisetagebuch ist voll mit solchen Überlegungen. Der letzte Eintrag datiert vom 30. August 1840. An diesem Tag hat er einen Ausflug nach Semarang gemacht. Danach brechen die Aufzeichnungen jäh ab. Haben ihn die neuen, umwälzenden Gedanken überwältigt?

# Keine Kraft kann verloren gehen

Im Februar 1841 kehrte Robert Mayer nach Heilbronn zurück. »Nach meiner Rückkehr aus den holländisch-indischen Kolonien im Frühjahr 1841 war ich eifrig bemüht, die großenteils noch verworrenen Ideen, die ich über die Umwandlung von Bewegungen in Wärme mitgebracht, zu ordnen und zu verwenden. Mit jugendlicher Ungeduld suchte ich meine neue Lehre … und meine Gedanken in möglichster Bälde an den Mann zu bringen. Zu damaliger Zeit waren es noch zwei Hauptirrtümer, die den Kern meiner Gedanken störten und mich zu keiner klaren Anschauung der Dinge kommen lassen wollten. … Man kann sich leicht denken, dass ein derartiges Ungereimtheiten und Extravaganzen enthaltendes System auf die Tübinger Professoren, denen ich im Sommer 1841 die Novität privat vorlegte, keinen gewinnenden Eindruck machen konnte«, schreibt er rückblickend. Aber für ihn steht fest, dass auf der Welt keine Kraft verloren geht oder verloren gehen kann, sondern jede Kraft in Bewegung umgewandelt wird.

Die erste wissenschaftliche Abhandlung »Über die quantitative und qualitative Bestimmung der Kräfte«, die Fehler und Irrtümer enthält und die er an den Verleger Poggendorf schickt, bleibt ungedruckt. Selbst mehrfache Aufforderungen an den Verleger, das Manuskript zurückzugeben, bleiben ohne Erfolg. Erst 36 Jahre später, nach dem Tod Poggendorfs, wird das Manuskript in dessen Schreibtisch gefunden. Es hatte mit den Worten geendet, »Fortsetzung folgt«.

Eine überarbeitete Fassung »Über die Kräfte in der unbelebten Natur« reicht Mayer 1842 bei dem angesehenen Wissenschaftsjournal *Annalen der Physik und Pharmazie* ein. Als er im Mai des Jahres heiratet, trifft während der Trauung eine handschriftliche Mitteilung Liebigs, des Verlegers der *Annalen*, ein, der ihm die Veröffentlichung seiner Erstlingsarbeit ankündigt.

Sein Glück scheint gemacht. Grenzenlos ist seine Hoffnung, dass nun die Fachwelt endlich Notiz von diesen bahnbrechenden Überlegungen nimmt. Aber nichts geschieht. 1845 legt er eine erweiterte, verbesserte Veröffentlichung nach. Und wieder kein Zuspruch, nirgends ein förderndes Wort. Mayer fühlt sich ausgestoßen von der Wissenschaft. Ihm stehen fünf Jahre erbitterter Kleinkriege und elender Fehden, Niederlagen und Kränkungen bevor. Das ist zu viel für den nervlich angespannten und leicht überreizbaren Arzt. Geringfügige Anlässe und selbst Vorkommnisse, die etwas Verletzendes, Bedrohliches oder Kränkendes zu haben scheinen, können ihn in maßlose Aufregung versetzen.

## Sein Los war ein trauriges

Am 22. Juli 1847 wählt der Stadtrat Robert Mayer unter sechs Bewerbern zum Stadtarzt. Zu seinen neuen Aufgaben gehört es, neben seinen Privatpatienten, »die niederen städtischen Offizianten, also Wald- und Feldschützen, Polizeidiener, Nachtwächter usw. unentgeltlich zu behandeln«. Dafür bezieht er monatlich 150 Gulden Gehalt. Er dankt für das Vertrauen, aber das neue Amt hilft ihm nicht über seine Kränkung hinweg. Immer häufiger berichten Zeitgenossen von Zuständen, die seine bedenkliche psychische Verfassung belegen. Ein Freund Mayers schreibt: »Wenn er dann mit einer staunenswerten Kombinationsgabe Zusammenhänge und Motive des Geschehens ersann, die nur seiner Einbildung angehörten, wenn er dabei seine argwöhnischen Vermutungen und Auslegungen auch gegen die nächsten Angehörigen und Freunde kehrte und ihnen die unglaublichsten Dinge zutraute, dann lief er zu Hause ruhelos, Stunden, halbe Tage und Nächte lang durch alle Zimmer, sprach und schrieb fast ununterbrochen«. Mayer trinkt dann maßlos, er wird unflätig und eine Zumutung für seine Familie.

Meist beruhigt er sich nach diesen Episoden und wird wieder

er selbst. Er ist schließlich einsichtig genug, von sich aus oder durch das Zureden von Freunden und Verwandten eine Heilanstalt aufzusuchen. »Unfreiwillig ist er niemals in eine solche gebracht worden, was bei seinem Naturell auch ganz unausführbar gewesen wäre.« Mayer selbst schreibt über sich: »Sein Los war ein sehr trauriges, er verlor seinen Verstand und musste in einem Irrenhause untergebracht werden.«

Ein anderer Freund ist dagegen überzeugt davon, »dass vielleicht sein ganzer Lebensgang ein anderer hätte werden können, wäre ihm damals statt Verachtung und Kränkung ein anerkennendes und aufmunterndes Wort von Seiten eines Fachmannes entgegengekommen. So aber wurde dieselbe Konzentration seines Geistes, die ungewöhnliche Fähigkeit, seine Gedanken unverrückt auf ein Objekt zu fesseln, die den Ruhm seines Namens möglich machten, auch die Quelle seines Unglücks. Die Eigenschaft, welche die meisten Leute im Übermaß besitzen, sich zu zerstreuen, sich das Widerwärtige aus dem Sinn zu schlagen, sich durch Schelten und Klagen von dem Druck des Gemüts zu befreien, war ihm gänzlich versagt. Zu den naturwissenschaftlichen Studien, die bisher alle freien Stunden ausgefüllt hatten, fand er die Stimmung und Neigung nicht mehr; die Nächte brachten keine Ruhe und Erholung mehr. Ich erinnere mich, dass er einmal zu mir sagte, entweder sei sein ganzes Denken anomal und pervers, dann sei sein richtiger Platz im Irrenhaus, oder aber habe er neue und wichtige Wahrheiten erkannt und finde dafür statt Anerkennung nur Hohn und Schmähung, ein Drittes gebe es nicht; beides aber sei gleich niederdrückend.«

Für seinen Freund Gustav von Rümelin stand fest, dass die Auseinandersetzung um seine Anerkennung in der Prioritätsfrage letztlich den Ausschlag für die traurige Wendung seines Schicksals gab.

Und in dichter Folge treffen ihn weitere Schicksalsschläge.

Im August 1848 sterben innerhalb von sechs Tagen zwei seiner Kinder. Infolge der Revolution 1848/1849 kommt es zu einem politischen Zerwürfnis mit seinem Bruder, der weiterhin zu den Aufständischen hält, von denen sich Robert Mayer inzwischen abgewandt hat. Auf einer Reise wird Mayer schließlich von den Truppen der Aufständischen festgenommen, die ihn für einen Spion halten. Er entgeht nur knapp der Erschießung.

Dass ihn das wissenschaftliche Berlin links liegen lässt, muss Mayer umso mehr zusetzen, als er außerdem erleben muss, dass inzwischen nicht weniger als vier international anerkannte Wissenschaftler Anspruch auf die Erstentdeckung erheben. Schließlich wendet er sich an die höchste wissenschaftliche Instanz, die Akademie der Wissenschaften in Paris, um seinen Anspruch auf die Erstentdeckung anerkannt zu bekommen. Aber Paris schweigt, eine Antwort bleibt aus. Enttäuschung reiht sich an Enttäuschung. Alles zerrt und zehrt an seinen Nerven. Das Drama spitzt sich zu, als sich der verkannte Entdecker an die populäre Augsburger *Allgemeine Zeitung* wendet, um seinen Anspruch als Erstentdecker öffentlich zu machen. Wenige Tage später wird er in einem Artikel eines unbekannten Doktor S. in höhnischen Worten als Dilettant abgekanzelt und lächerlich gemacht wegen seiner Vorstellung, dass Kraft und Wärme etwas miteinander zu tun hätten.

Mayer will Genugtuung, er verfasst eine Replik, aber der Zeitungsverleger Cotta weigert sich trotz einer eindringlichen Bitte Mayers, diese zu drucken. Und auch Liebigs *Annalen* zeigen ihm diesmal die kalte Schulter.

Seine Freunde versuchen ihn zu beschwichtigen. Neue Ideen würden sich immer nur langsam Bahn brechen, er solle den Vorfall ignorieren. »Das half alles gar nichts, und die Aufregung wurde immer krankhafter«, berichtet sein Freund Gustav von Rümelin. »Sie entlud sich schließlich in einer heftigen Gehirnentzündung. Eigentliche Wahnvorstellungen und fixe Ideen im strengen Sinn, sodass ihm das richtige Selbstbewusstsein, die

*Heilanstalt Winnenthal bei Stuttgart, Mitte des 19. Jahrhunderts (Holzstich). Hier verbrachte Robert von Mayer fast ein Jahr.*

Erkenntnis seiner Umgebung, die normale Deutung der Sinneswahrnehmungen abhandengekommen wäre, hat er niemals gehabt, auch blieb der logische Zusammenhang seines Tons und Redens immer noch erkennbar. ›Was ist Wahnsinn? Die Vernunft eines Einzelnen. Was ist Vernunft? Der Wahnsinn vieler.‹ ... Welche Tragik liegt in diesen wenigen Worten! Das ganze furchtbare Geschick, das Robert Mayer traf, sein ganzer Lebensweg ist in diesen Sätzen enthalten. Es ist wie der Aufschrei einer Existenz, die höchste Einsicht erfahren hat und von ihren Mitmenschen nicht verstanden wird.«

Das Maß ist voll. Eine Woche später erfolgt der Zusammenbruch.

Von innerer Unrast getrieben, seiner Sinne nicht mehr mächtig, stürzt er sich in einem Anfall von Lebensverdruss aus dem Fenster. Er selbst beschreibt dies so:

»Diesem Umstande habe ich es beizumessen, dass ich in der Frühe des 28. Mai 1850 bei dem damals herrschenden heißen

Frühlingswetter in Aufregung geraten, nach schlaflos hinge-
brachter Nacht in einem Anfall plötzlich ausgebrochenem Deliriums, noch unangekleidet, zwei Stockwerke (9 m) hoch vor den
Augen meiner kurz vorher erwachten Frau … durch das Fenster
auf die Straße sprang.«

Mayer überlebt den Sturz. Beide Beine sind gebrochen. Es folgt
ein schmerzhaftes Krankenlager. Zeitlebens wird ihn allerdings
der linke Fuß, den er leicht nachzieht, an diesen Tiefpunkt erinnern.

Ebenfalls 1850 stirbt sein Vater.

## D'r narrisch Mayer

Starke »Anfälle von Gehirnreizung« wiederholen sich. Mayer will
sich helfen lassen und sucht als erste Anstalt im Frühjahr 1852
die »Kaltwasseranstalt« Kennenburg bei Esslingen auf. Aber die
Hausordnung ist ihm zu streng, und nach kurzer Zeit verlässt er
die Heilanstalt wieder. Während eines Besuchs bei den Schwie-
gereltern in Winnenden sucht er anschließend Hofrat Dr. Zeller auf, den Direktor der nahen »Staats-Irrenheilanstalt« Winnenthal. Mayer wünscht sich jemanden, von dem er sich nicht nur
Hilfe verspricht, sondern mit dem er sich auch über seine Entdeckung austauschen kann. Zeller, der diesen seltsamen Patienten
offenbar für größenwahnsinnig hält, verweist ihn an seinen Studienfreund Heinrich Landerer, der gerade dabei ist, in der Nähe
von Göppingen eine frühere Badeanstalt in eine »Privat-Irren-
anstalt« umzuwandeln.

Mayer nennt ihn einen »industriellen« Arzt. Die Anstalt miss-
fällt ihm, und er macht sich, um eine weitere Hoffnung betro-
gen, verzweifelt wieder auf den Weg zum Bahnhof. »Seine wahre
Seelenangst steigert sich zur Ohnmacht«, beschreibt ein früher Biograf die Szene – und dem Arzt gelingt es, sich des geradezu wehrlosen Mayer zu bemächtigen. Mayer bäumt sich auf, er

»schäumt«; der Bericht spricht vom Ausbruch eines »furibunden Deliriums«, und Mayer wird in die Zwangsjacke gesteckt. Seine herbeigeeilte Frau erfährt nur, dass er eine »Gehirnentzündung« habe, und sie reist wieder ab, ohne ihn sehen zu können. Die Behandlung schlägt auf paradoxe Weise an. Je mehr ihn Landerer und seine Helfershelfer foltern, »desto fester wurde mein weiches Gemüt«. Ja, trotz der teilweise »völlig unsinnigen Behandlung« schüttelt er alle Hypochondrie und damit auch ein Übermaß an »christlicher Demut« ab.

Nach einem Vierteljahr »schleift« Landerer den Patienten in der Zwangsjacke wieder zurück zu jenem Zeller, der ihm einst den Patienten geschickt hatte. Winnenthal gilt als fortschrittlich, hier versucht man, mit den »Störern und Rasern« anders umzugehen als im inzwischen aufgelösten Tollhaus von Ludwigsburg. Die Hydrotherapie mit ihren schockartigen Schreck- und Sturzbädern steht hoch im Kurs. Zeller wird seinen zeitweise gemütskranken Patienten, der alles andere als geistesgestört ist, die nächsten dreizehn Monate einem strengen Regime unterwerfen. Und so wird Mayer geistig und körperlich weiter malträtiert. »13 Monate wurde ich nun in dieser Anstalt«, schreibt er, »mit allen erdenklichen somatischen und psychischen Misshandlungen bedacht, bis ich es so weit brachte, meine Befreiung zu erzwingen.«

Aus der Heilanstalt Winnenthal kam er erst am 1. September 1853 wieder frei und ging nach Heilbronn zurück.

Keiner der Ärzte hat Mayer verstanden oder auch nur einen Schimmer von der Bedeutung seiner Ideen gehabt. Vergeblich sucht er nach Hilfe. Und zu alledem ist seine berufliche Existenz ruiniert. Die Kinder auf der Straße rufen »d'r narrisch Mayer« hinter ihm her – und wer will sich schon von einem Narren behandeln lassen? Mayer, der sich als Arzt berufen fühlt und eine große Praxis hatte, verliert nahezu alle Patienten. Nur Familienmitglieder und enge Freunde suchen ihn noch auf. Der mit ihm befreundete Dichter Justinus Kerner schickt ihm einmal einen neuen Patienten, dem Mayer eine seiner hilfreichen »Gichtpillen« verschreiben soll. Aber selbst solche Empfehlungen sind spärlich.

Die Monate in Winnenthal hinterlassen ihre Spuren. Die Harmonie seines Gemüts bleibt beschädigt, wie sein Freund Rümelin festhält. »Er sah sich für sein ganzes Leben als beschimpft und geächtet an.«

Zu den Seltsamkeiten im Leben Mayers zählen die ein Jahrzehnt lang immer wieder kolportierten Meldungen über sein Ableben in einem Irrenhaus. Für ihn muss es scheinen, als versuche man, ihn zu Lebzeiten öffentlich zu bestatten. Die Redaktion einer wissenschaftlichen Zeitung lässt sich auf keinen Widerruf ein, sondern verwickelt Mayer in eine Korrespondenz, um ihn förmlich zum Nachweis seiner Existenz zu zwingen.

## Später Ruhm des Entdeckers

Eines Tages erhält Mayer Besuch aus der Schweiz von Christian Friedrich Schönbein (1799–1868), Entdecker des Ozons (1839) und der Brennstoffzelle (1838). Der deutsch-schweizerische Physiker und Chemiker hat seine Arbeiten gelesen und will ihm seine Bewunderung ausdrücken. Der in Metzingen geborene Schönbein ist Ehrenbürger Basels, wo er nicht nur eine einflussreiche Stellung als Professor hat. Kurz nach dieser ermutigenden Begegnung wird Mayer zum korrespondierenden Mitglied der Naturforschenden Gesellschaft Basel ernannt. Es ist die erste offizielle Ehrung, die Robert Mayer zuteil wird.

Schönbein ist Sinnbild für die märchenhafte Wende, die sich nun im Leben Mayers vollzieht. Helmholtz, der ihm unwissentlich und ungewollt so zugesetzt hatte, gibt ihm 1854 öffentlich Genugtuung und bekräftigt den Prioritätsanspruch Mayers. In der Potsdamer Gymnasialbibliothek, die ihm zur Orientierung diente, gab es keine der Arbeiten Mayers. Er schreibt dazu in einer Anmerkung eines Neudrucks seiner eigenen Arbeit:

»Ich habe beide Aufsätze [Mayers] erst später kennen gelernt, und seitdem ich sie kannte, nie unterlassen, … R. Mayer in erster Linie zu nennen, auch habe ich seine Ansprüche, soweit ich sie vertreten konnte, gegen die Freunde Joules, welche dieselben gänzlich zu leugnen geneigt waren, in Schutz genommen.« Dass andere, wie eben Joule, unabhängig und in einem andern Land dieselbe Entdeckung gemacht haben und sie nachher »freilich besser durchgeführt haben als er«, ändere nichts an Mayers Verdienst. Denn »der Ruhm der Erfindung haftet doch an dem, der die neue Idee gefunden hat, die experimentelle Prüfung ist nachher eine viel mechanischere Art der Leistung«.

Als Helmholtz dies drucken lässt, wirft er einen Blick zurück. Das Tempo des Fortschritts wird schon so stark empfunden,

*Grab von Robert Mayer in Heilbronn (links), Denkmal auf dem dortigen Marktplatz für den Begründer des Ersten Hauptsatzes der Thermodynamik.*

dass er Jahrzehnte später seine Leser daran erinnern muss, wie »schwer es jetzt ist, sich in den Gedankenkreis jener Zeit zurück- zuversetzen. Und sich klar zu machen, wie absolut neu damals die Sache erschien«.

Tatkräftige Unterstützer setzen sich für Robert Mayer ein. 1862 hält der Engländer John Tyndall (1820–1893), Professor für Phy- sik in London, in der dortigen Royal Institution einen Vortrag, in dem er Robert Mayers Verdienste und Priorität uneingeschränkt anerkennt. Schließlich kommt es noch einmal zu einem erbitter- ten Prioritätsstreit zwischen Mayer und dem Engländer James Prescott Joule (1818–1889). In mehreren Veröffentlichungen be- tont John Tyndall gegenüber seinen Landsleuten Thompson und Tait, die Joule die Ehre geben wollen, die Priorität Mayers, und er lässt dessen Schriften ins Englische übersetzen.

Tyndall, der sich in England so vehement für Mayer einsetzt, ist mittelbar die Ursache, dass Rudolph Clausius (1822–1888), der Entdecker des Zweiten Hauptsatzes der Thermodynamik, auf die Arbeit Mayers gestoßen wird. Tyndall hatte ihn gebeten, ihm doch dessen Schriften zu senden. Als Clausius diese in die Hand nimmt, lässt er sich eine Weile mit dem Verpacken Zeit und beginnt zum ersten Mal einen Text von Mayer zu lesen, den er geringschätzt. Bei gründlicherer Lektüre erkennt er jedoch die grundlegende Bedeutung der Ideen Mayers und nimmt alle ab- schätzigen Urteile, die er gegenüber Tyndall geäußert hatte, zu- rück. Dass nun ausgerechnet er den Zweiten Hauptsatz entdecken wird, macht diesen Vorfall so kostbar.

Wie ein Magnet zieht Mayer auf einmal die ihm so lange ver- wehrten öffentlichen Anerkennungen an. Der ihm von seiner alten Universität Tübingen 1858 verliehene Ehrendoktor eröff- net den Reigen, zahlreiche wissenschaftliche Gesellschaften be- mühen sich um seine Mitgliedschaft. 1867 folgt auch das Ritter- kreuz der württembergischen Krone, und *d'r narrisch* Mayer erhält den damit verbundenen persönlichen Adel. Weitere Ehrungen folgen.

1871 muss Robert Mayer noch einmal eine Heilanstalt aufsuchen. Wenig später entdeckt er eine Art Ekzem an seinem Arm, und der kundige Arzt weiß, dass seine Tage gezählt sind. Eine Lungenentzündung kündigt sich an. Er stirbt 63-jährig an seinem Geburtsort.

Die historische Bedeutung Robert Mayers und seiner wissenschaftlichen Entdeckungen für die moderne Naturwissenschaft ist heute unbestritten. Allgemein wird das von ihm 1842 aufgestellte Energieerhaltungsgesetz als die wichtigste naturwissenschaftliche Entdeckung des 19. Jahrhunderts bezeichnet, die bis in die moderne Atomphysik hineinstrahlt.

Neu und kühn war auch, dass Mayer als Erster gewagt hat, einen Satz auszusprechen, der Anspruch auf allgemeine Gültigkeit erhob und die gesamte Natur sowie das Universum selbst mit einbezog. Noch immer ist dieser Hauptsatz der Thermodynamik gültig. Und es gibt kein Gebiet der Physik, auf dem dieser Satz nicht entscheidend zur Klärung beigetragen hat. Vor allem ist er die Grundlage aller technischen Vorgänge.

# Vom Tarantellatanz zum Atom – Robert Brown

Robert Brown (1773–1854), ein Schotte, ist der größte britische Botaniker seiner Zeit. Er hat mehr Abenteuer bei Exkursionen auf der Suche nach unbekannten Pflanzenarten erlebt, als einem Botaniker lieb sein kann. In Montrose in Schottland geboren, beschäftigte er sich als Heranwachsender auf einem College in Aberdeen mit Philosophie und Mathematik und studierte dann an der Universität in Edinburgh Medizin. Das Studium gab er 1793 mit zwanzig auf, verdingte sich bei den irischen »Fife fencibles« als Chirurgengehilfe und verdiente später mit dem Anwerben von Rekruten Geld. Dabei hat ihn jedoch eine eigentümliche Liebe zu Pflanzen niemals verlassen, seitdem er zum ersten Mal das schottische Hochland nach neuen Pflanzenexemplaren durchstreift hatte.

Sein Leben nimmt die entscheidende Wende, als er in London Sir Joseph Banks (1743–1820) kennenlernt. Banks, selbst ein großer Botaniker, erkennt die Begeisterung des jungen Brown für Pflanzen und verschafft ihm eine Stelle als Naturforscher auf einem Schiff der Admiralität. Diese Erkundungsschiffe, die unbekannte Länder und Inseln ansteuern, vermessen und neue Routen erproben sollen, sind Boten des Kolonialismus. Kein Kapitän hat etwas dagegen, ein paar von diesen Narren mit an Bord zu nehmen, die hinter Pflanzen mit unaussprechlichen Namen, Versteinerungen, Muscheln und sonst noch was her sind. Es sind unterhaltsame und gelehrte Leute darunter, die das raue und oft eintönige Leben an Bord bereichern. Vor allem die Zeichner, die sie begleiten, erweisen sich mit ihren fein kolorierten Zeichnungen von Pflanzen und Vögeln als wahre Künstler. Und sie vermitteln ein Gefühl davon, wie reichhaltig die Schätze sind, die nun der englischen Krone gehören.

Matthew Flinders hatte Banks überzeugt, dass es opportun wäre, den Franzosen etwas entgegenzusetzen, die gerade im Begriff waren, eine Expedition in den Südpazifik zu entsenden. Die Admiralität unterstützt das Vorhaben, und schon bald sollte Captain Flinders das Kommando auf der *HMS Investigator* übernehmen, um Kurs auf New Holland zu nehmen.

Nichts konnte für Browns Karriere förderlicher sein als das Angebot, als Botaniker und wissenschaftlicher Leiter mitzureisen. Neben Pflanzen sollten auch Mineralien, Insekten und Vögel gesammelt werden. Um für die Krone dabei New Holland oder die Terra Australis, wie es bald heißt, zu erkunden und geistig in Besitz zu nehmen, stehen ihm zwei Künstler zur Seite, der Zeichner William Westall (1781–1850) als »Landschafts- und Figuren-Zeichner« und der aus Niederösterreich stammende Ferdinand Bauer (1760–1826) als »Botanischer Zeichner«. Dazu kommen der Gärtner Peter Good, der Bergmann John Allen und der Diener John Porter.

## Expedition mit einem Seelenverkäufer

Bauer ist mit 41 Jahren der Älteste an Bord, alle anderen sind Mitte zwanzig, auch Captain Flinders. Die unter seiner Leitung segelnde *Investigator* ist so etwas wie ein Seelenverkäufer. Vor allem ist sie nicht dicht, und es ist immer feucht an Bord. Es handelt sich um ein altes Schiff, das so oft ausgebessert worden ist, dass man sich fragen muss, ob überhaupt noch eine Originalplanke im Rumpf steckt. Mehr und Besseres aber konnte die Admiralität nicht erübrigen.

Brown reist in bescheidenem Stil, ausgestattet mit einem Jahressalär von 420 Pfund, seinem Mäzen und Vorbild Sir Joseph Banks nach. Der sagenhafte Banks, klug, welterfahren und leidenschaftlich der Wissenschaft ergeben, ein Mann unzähliger Beziehungen und nach dem frühen Tod seines Vaters Erbe eines ungeheuren Vermögens, erweist sich als Glücksfall für die Wissenschaft in England. Der spätere Präsident der Royal Society hatte sich 1769 auf der legendären *Endeavour* eingeschifft. Captain war James Cook, der mit ebendieser *Endeavour* schon Australien für die britische Krone in Besitz genommen hatte. Banks hatte den Ehrgeiz, die größte Pflanzensammlung der Welt zusammenzubringen. Daneben hatte auch die Admiralität ein paar Spezialwünsche, zum Beispiel sollte Cook ausloten, aus wie vielen Inseln Australien eigentlich wirklich besteht. Drei Jahre sollte die Expedition dauern, die, abgesehen von Australien, Neuseeland und Neuguinea, zu vielen geheimnisvollen und teilweise unbekannten Orten wie Feuerland und Tahiti führen sollte. Banks hatte drei Zeichner, einen wissenschaftlichen Helfer, zwei Pächter seiner immensen Güter, zwei Köche und wenigstens zwei schwarze Diener zu seiner Begleitung. Er hatte sich als Privatmann mit 10 000 Pfund in diese abenteuerliche Expedition eingekauft; die englische Krone zahlte ebenso viel. Das entspricht etwa einer Million Euro.

Die Expedition stand unter keinem guten Stern. Erst lief die *Endeavour* auf ein Riff und drohte unterzugehen. Nur durch unermüdliche, nächte- und tagelange Arbeit an den Pumpen, an der sich auch Banks und Cook beteiligten, gelang es, das Schiff über Wasser zu halten. Dann folgte eine Geschichte wie bei einem Abzählvers: Nach und nach verlor die Expedition ein Mitglied nach dem anderen, bis von den neun Teilnehmern bei der Rückkehr nur noch drei übrig waren: Banks selbst und die beiden Pächter. Die meisten hatte das Fieber hingerafft.

Auch Brown sollte Jahre später am eigenen Leib zu spüren bekommen, wie gefährlich diese Schiffsreisen sind. Insbesondere die Undichtigkeit der *Investigator* wird schnell zum Problem. Die Folge ist eine alles durchdringende Feuchtigkeit, die schließlich Papiere, Zeichnungen und die getrockneten Pflanzen angreift. Bis zum Kap der Guten Hoffnung geht alles gut. Als sie an der westaustralischen Küste landen, befinden sie sich unerwartet in einer der reichsten Flora-Regionen der Welt. Die Diversitäten sind so vielfältig, dass es schwierig wird, immer neue Namen zu vergeben. 500 Spezies sind die Ausbeute. Und so geht es weiter. Drei Tage später in Lucky Bay 100 Spezies, an der Südküste von New South Wales ungefähr 400 Pflanzen usw.

Als sie endlich Port Jackson in New South Wales erreichen, holen sie weitere 700 Pflanzen an Bord. Nach einem mehrmonatigen Aufenthalt segelt die *Investigator* zur Prince-of-Wales-Insel und kartiert den Golf von Carpentaria. Das Schiff befindet sich inzwischen in einem solch verrotteten Zustand, dass Gefahr besteht, bei einem heftigeren Sturm auseinanderzubrechen. Captain Flinders entschließt sich schließlich, die Küsteninspektion zu beenden und über Timor nach Port Jackson zurückzukehren. Zu diesem Zeitpunkt haben Mäuse und Dauerfeuchte bereits einen Großteil der Aufzeichnungen Browns zerstört. Mit Glück kann die *Investigator* wieder zurück nach Port Jackson segeln, wo sie für »seeuntüchtig« erklärt wird. Flinders macht sich auf den Weg nach Hause, um mit einem neuen Schiff zurückzukehren und dabei gleich die bereits von Brown gesammelten Pflanzen und Samen nach England zu bringen.

Am 10. August schifft er sich als Passagier auf der *Porpoise* ein. Unglücklicherweise laufen die *Porpoise* und ihr Begleitschiff auf ein Riff auf. Der größere Teil der Mannschaft kann gerettet werden, alle Aufzeichnungen und Materialien von Brown aber sinken auf den Grund des Ozeans.

Bei einem zweiten Anlauf, England zu erreichen, wird Flinders im Dezember 1803 durch den französischen Gouverneur von Mauritius verhaftet und erst sieben Jahre später, im Oktober 1810, freigelassen.

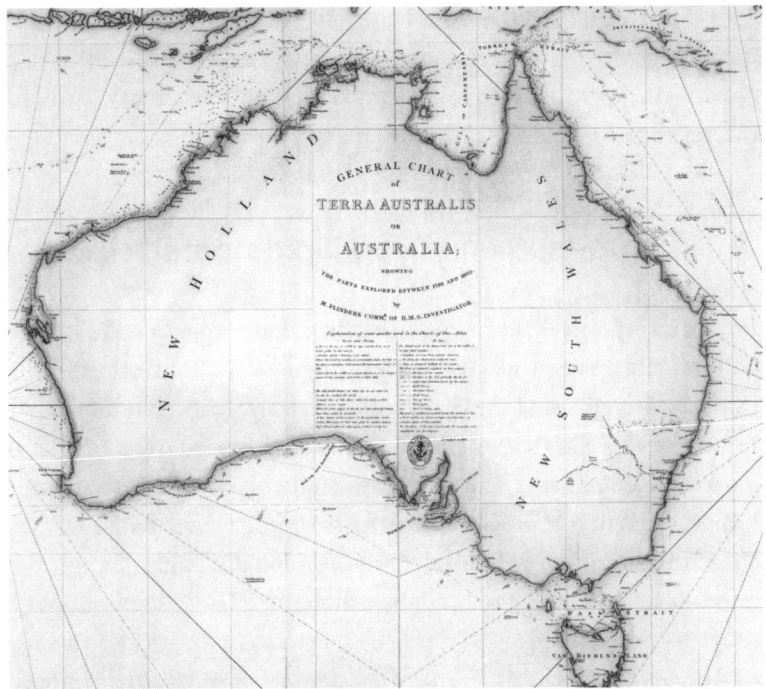

*Forschungsreise von Robert Brown nach Australien 1803–1805, von der er rund 3000 unbekannte Arten mitbringt; Zeichnung von William Westall.*

Brown und Ferdinand Bauer sammeln unbeirrt weiter. Die Erzählung muss hier einen Augenblick innehalten, um Bauers herausragendes Talent und seinen immensen Fleiß zu würdigen. Mehr als 2000 Zeichnungen von australischen Pflanzenarten hat er während der Reise angefertigt und koloriert. Brown besucht währenddessen Tasmanien, wo er nur einige Wochen bleiben will, aber fast ein Jahr zubringen muss.

Schließlich schiffen sie sich nach zahlreichen weiteren Exkursionen mit der wieder reparierten *Investigator*, die nichts von ihrer Feuchtigkeit verloren hat, nach England ein und erreichen nach einer fünfmonatigen nervenaufreibenden, ungemütlichen Fahrt am 13. Oktober 1805 Liverpool. Dabei konnten sie sich, wie Brown schreibt, trotz aller Leiden »glücklich schätzen, ungefähr

3000 Spezies nach Hause zu bringen«. Vier Jahre waren sie unterwegs gewesen. Von den Tieren, die sie sammeln sollten, hat es nur ein Wombat lebend bis nach England geschafft. Browns Interesse galt nun einmal den Pflanzen.

## Der menschenscheue Jupiter botanicus

27 Jahre sind seit dieser Expedition Browns vergangen. Seine Arbeiten gelten längst als Pionierleistungen der Pflanzengeografie und bestätigen seine Ausnahmestellung als größter botanischer Praktiker des Landes. Als sein *Prodromus Florae Novae Hollandiae et Insulae Van-Diemen* mit ungefähr 1000 Speziesbeschreibungen erscheint, wird dieses Buch in ganz Europa begeistert aufgenommen. Ein halbes Jahrhundert lang gilt es als das »größte botanische Werk, das jemals erschienen ist« (Joseph Hooker, 1859).

Aber es gibt nicht nur Erfolge. In den Zirkeln der Pflanzenliebhaber und Sammler blühen Missgunst und Eifersucht. Brown ist zum Beispiel unbestritten der beste Kenner der Proteaceae, der Grundlage seiner ersten Veröffentlichung nach der Australien-Expedition. Niemand hatte eine bessere, umfassendere Monografie über diese Spezies schreiben können, von der er 200 selbst in Australien gefunden und nach England gebracht hatte. Zusammen mit anderen Arbeiten aus dem Jahr 1810 machte es ihn als brillanten Botaniker bekannt. Grundlegend war bei allen diesen sorgsamen Beschreibungen und Einordnungen die sogenannte Taxonomie, das heißt die Namensgebung, mit der zugleich jede Pflanze nach Familie, Gattung usw. bestimmt wurde. Leider musste Brown dann entdecken, dass ein anderer Botaniker, der selbst schon »jahrelang« über die Proteaceae gearbeitet hatte, sein Werk mit den neuesten, noch unveröffentlichten Ergebnissen der Untersuchungen Browns angereichert hatte. Das führte dann zu einem lebenslangen bitteren Zerwürfnis.

Nach dem Tod von Banks wird er, der Jupiter botanicus, Kustos des größten Herbariums der Welt, zusammen mit der ausgezeichneten umfangreichen Bibliothek von Banks. Die Nominierung als Präsident der Royal Society lehnt er ab, wird dafür aber 1849 Präsident der Linné-Gesellschaft. Man kann ihn oft im *sitting room* von Banks sehen, der nach seinem Tode alle Sammlungen dem British Museum vermacht hat.

*Robert Brown, um 1848, als Kustos des weltgrößten Herbariums und Präsident der Linné-Gesellschaft.*

Zum Gedenken an Sir Joseph ist dort alles unverändert wie zu seinen Lebzeiten geblieben: Die Regale biegen sich unter der Last der Bücher, und alles ist belegt mit Versteinerungen, Mineralbrüchen und Sammlerstücken von dessen Expeditionen. Hier kann man Brown antreffen, der eine immer stärkere Scheu vor Menschen entwickelt. Zwei zaghafte Annäherungsversuche Frauen gegenüber, darunter ein Heiratsantrag, bleiben erfolglos. Nur selten sieht man ihn auf der Straße, und wenn, dann immer in abgewetzten schwarzen Kleidern, den Kopf zum Boden geneigt; eine nicht gerade einladende Erscheinung. Vielleicht will er auch seine auffallend dick gewordene Unterlippe neugierigen Blicken entziehen.

# Was bewegt sich da wie ein torkelnder Betrunkener?

Im Jahr 1827 allerdings macht Robert Brown eine Beobachtung, deren Bedeutung alles vergessen lässt, was er bis dahin erforscht, beschrieben und veröffentlicht hat. Und da ist er immerhin bereits 54 Jahre alt. Er beobachtet nämlich, dass winzige, im Wasser schwebende Pollenkörner unendlich lange in Bewegung bleiben, ganz gleich, wie viel Zeit ihnen bleibt. Diese scheinbar banale Beobachtung ist der Grund, warum er bis heute nicht vergessen ist.

Zu diesem Zeitpunkt konnte wahrscheinlich nur er dieses merkwürdige Verhalten in Augenschein nehmen. Niemand sonst hatte nämlich ähnlich viel Erfahrung im Umgang mit einem Mikroskop. Selbst Charles Darwin saß Stunden neben ihm, um Brown bei der Arbeit zuzusehen und Nachhilfe im Mikroskopieren zu nehmen. Die Totenrede, die er auf Brown 1854 hält, wird für Darwin zum Anstoß, endlich sein jahrzehntelang zurückgehaltenes Werk über den Ursprung der Arten zu veröffentlichen.

Robert Brown hält die Teilchen, die sich regellos umherbewegen, anfangs für Kleinstlebewesen. Sie haben bestenfalls 1 $\mu$, das ist ein Millionstel (1/1 000 000) m. Gamov vergleicht ihre Bewegung später mit der eines Betrunkenen, der richtungslos durch die Stadt torkelt und jedes Mal die Richtung ändert, wenn er an einen Laternenpfahl stößt. Aber diese chaotische, nach Brown benannte Bewegung lässt sich auch im Lichtkegel eines altmodischen Vorführapparats verfolgen, der die umherflimmernden Staubteilchen erfasst.

Brown ist auf einmal hellwach, da er ahnt, dass hinter diesem Phänomen mehr steckt, als er begreifen kann. Wenn auch immer häufiger Verleger und Korrespondenten an dem säumigen Wissenschaftler verzweifeln, der alles aufschiebt und und dann um Verständnis wegen einer »anlagebedingten Trägheit« bittet, gegen die er sich nur schwer zur Wehr setzen kann, so verliert Brown

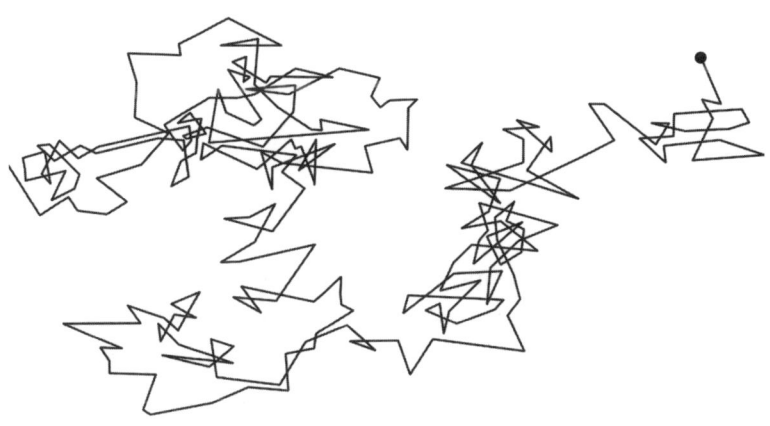

*Skizze zur Brownschen Bewegung; Robert Brown beobachtete als Erster*
*Teilchen, die sich regellos umherbewegen, konnte dieses Phänomen aber*
*nicht erklären. Erst Einstein stellte 1905 dazu eine Vermutung auf.*

nun keine Zeit mit der Veröffentlichung seiner Beobachtungen. Die Abhandlung erscheint 1828 unter dem Titel *A Brief Account of Microscopical Observations* als Privatdruck. Darin berichtet Brown, dass er nach der Beobachtung von bewegten Teilchen in einer Flüssigkeit mit lebenden Pollen der *Clarkia pulchella* sowohl lebende als auch abgestorbene Pollenkörner von vielen anderen Pflanzen untersucht und dabei eine ganz ähnliche Bewegung wie bei frischen Pollen festgestellt habe. Weitere Untersuchungen mit organischen und anorganischen Substanzen, in Pulverform und in Wasser aufgelöst, hätten dann enthüllt, dass es sich um eine allgemeine Bewegung handle.

Ein Jahr später demonstriert Brown seine Ergebnisse in Deutschland vor der Versammlung Deutscher Naturforscher in Heidelberg. Seine Beobachtungen werden landauf, landab nachvollzogen. Niemand kann damals allerdings die wahre Ursache dieser

Brownschen Bewegung verstehen und erklären. Die Menschheit musste warten, bis ein unbekannter Prüfer am Eidgenössischen Patentamt in Bern die Ursache begründet.

## Einstein, die Brownsche Bewegung und die Atome

Albert Einstein veröffentlicht 1905 einen Aufsatz über das Verhalten kleiner Teilchen. Ausgehend von der kinetischen Wärmetheorie, folgert Einstein, dass die Wärmebewegung in Flüssigkeiten zu mikroskopisch sichtbaren Bewegungen suspendierter (in Flüssigkeit aufgelöster) Teilchen führen müsse.

Schon früh war erkannt worden, dass die Bewegung mit dem Grad der Erwärmung des Wassers, worin sich die Teilchen befinden, zunimmt. Einfach gesagt: Je höher die Temperatur, desto mehr Bewegung. Gleichzeitig vermutet Einstein, dass diese Bewegungen mit der Brownschen Bewegung identisch sein müssten. Er deutet das chaotische Verhalten der Tarantella tanzenden

5. *Über die von der molekularkinetischen Theorie der Wärme geforderte Bewegung von in ruhenden Flüssigkeiten suspendierten Teilchen;*
*von A. Einstein.*

In dieser Arbeit soll gezeigt werden, daß nach der molekularkinetischen Theorie der Wärme in Flüssigkeiten suspendierte Körper von mikroskopisch sichtbarer Größe infolge der Molekularbewegung der Wärme Bewegungen von solcher Größe ausführen müssen, daß diese Bewegungen leicht mit dem Mikroskop nachgewiesen werden können. Es ist möglich, daß die hier zu behandelnden Bewegungen mit der sogenannten „Brownschen Molekularbewegung" identisch sind; die mir erreichbaren Angaben über letztere sind jedoch so ungenau,

*Ein Ausschnitt des Aufsatzes, in dem Albert Einstein 1905 die Brownsche Bewegung als Beweis für die Existenz von Molekülen und Atomen deutet.*

Pollen als Beweis für die Existenz von Atomen und Molekülen. Einsteins Vermutung kann Jean Perrin wenig später experimentell bestätigen. Für ihn steht fest, dass »die molekulare Theorie der Brownschen Bewegung als experimentell bestätigt gelten [kann], und somit wird es recht schwer, die objektive Existenz von Molekülen zu bestreiten«.

Heute sehen Mathematiker und Physiker Browns Beobachtung als den ersten unwiderlegbaren Beweis für die Existenz der Atome. Gleichzeitig konnten für die Erfassung und Berechnung dieser erratischen Bewegungen immer bessere Verfahren entwickelt werden.

Atome hatten es lange schwer. Noch um 1900 wurde ihnen jede Anerkennung verweigert. Der »Atomismus« wurde bis zur Jahrhundertwende weitgehend abgelehnt, insbesondere in Deutschland und Frankreich. Bezeichnend hierfür sind die Positionen von Max Planck und von Henri Poincaré (1854–1912), dem renommiertesten französischen Physiker. Rückhalt und Befürworter fanden diese Vorstellungen dagegen in England und den Niederlanden.

1895 erlebte der junge, die kommende Generation von Physikern vertretende Arnold Sommerfeld (1868–1951) eine hochdramatische, erbitterte zweitägige Debatte um das »Atom« mit. Der Schauplatz war Lübeck. Hier standen sich während einer Versammlung deutscher Naturforscher die sogenannten »Energetiker«, die sich der Vorstellung von »Atomen« widersetzten, und der streitbare Einzelkämpfer Ludwig Boltzmann gegenüber. Dem Wiener Professor für theoretische Physik stand als Sekundant Felix Klein zur Seite. Die Energetiker waren vertreten durch Wilhelm Ostwald (1853–1932) und den theoretischen Physiker Georg Helm (1851–1923) aus Dresden. Ernst Mach (1838–1916), der lebenslange Gegenspieler seines österreichischen Universitätskollegen Boltzmann, war nicht anwesend. Seine Einstellung aber war jedem bekannt. Er hatte oft genug betont, dass er die mit den Sinnen nicht wahrnehmbaren Atome für ein reines Gedankenprodukt und für nicht mehr als ein Hirngespinst hielt.

Auf Sommerfeld, der später in München der Doktorvater der beiden Wunderknaben Heisenberg und Pauli werden sollte, wirkte das Treffen wie ein Stierkampf. »Der Kampf zwischen Wilhelm Ostwald und Boltzmann glich, äußerlich und innerlich, dem Kampf des Stieres mit dem geschmeidigen Fechter. Aber der Stier besiegte diesmal den Torero trotz all seiner Fechtkunst. Die Argumente Boltzmann schlugen durch. Wir damals jüngeren Mathematiker standen auf der Seite Boltzmanns; es war uns ohne weiteres einleuchtend, dass aus der einen Energiegleichung unmöglich die Bewegungsgleichungen auch nur eines Massenpunkts ... gefolgert werden könnten.«

Die Vorstellung, dass die gesamte Materie ebenso wie wir selbst aus Atomen und Molekülen bestehen, ließ sich nicht mehr aufhalten. Als Einsteins Erkenntnisse über die »Molekularbewegung« 1905 veröffentlicht werden, erregen sie kaum noch Aufmerksamkeit, ja, man konnte den Eindruck gewinnen, dass Einstein nur noch eine Selbstverständlichkeit ausgesprochen habe.

Nur im Vorbeigehen kann hier auf eine weitere epochale Entdeckung Browns hingewiesen werden. 1831 sieht er durch das immer weiter verbesserte Mikroskop zum ersten Mal einen Zellkern und bezeichnet das Gebilde als »nucleus«, was lateinisch so viel wie Kern bedeutet.

Aber erst acht Jahre später erkannte der deutsche Theodor Schwann (1810–1882), dass Zellen die Bausteine des Lebens sind. Diese Erkenntnis brauchte allerdings noch zwei, drei Jahrzehnte, bis nach einigen bahnbrechenden Arbeiten von Louis Pasteur (1822–1895) feststand, dass Leben überhaupt nicht spontan entstehen kann, sondern immer aus vorhandenen Zellen hervorgeht. Diese Überzeugung bildet die Grundlage der gesamten modernen Biologie.

# Robert Bunsen und Gustav Kirchhoff entziffern den Barcode der Sonne

Die beiden Spaziergänger, die man täglich auf der Hauptstraße in Breslau beobachten kann, scheinen unzertrennlich, aber nichts passt bei ihnen zusammen. Der eine, Robert Bunsen, ist fast ein Meter neunzig groß, breitschultrig, von behäbiger Gestalt; er mutet abgeklärt und leutselig an, das volle Gesicht ist von einem Bart umrahmt, auf dem Kopf sitzt ein schwarz glänzendes Ofenrohr, wie man den Zylinder gern nennt. Neben ihm trippelt ein deutlich jüngerer Mann einher, der wenigstens einen Kopf kürzer, von zierlicher Statur und dünn wie ein Gymnasiast ist. Das Profil seines fein geschnittenen Gesichts erinnert manche an Schiller. Dazu spricht er leise und ist in seinem ganzen Wesen zurückhaltend. Als sich das ungleiche Paar 1851 in Breslau kennenlernt, ist Robert Bunsen 40 Jahre und Gustav Kirchhoff 27 Jahre alt.

## »Salamandrischer« Bunsen

Unter deutschen, aber auch unter europäischen Chemikern ist Robert Bunsen (1811–1899) eine bekannte Figur. Er hat Mineralogie, Chemie und Mathematik studiert und 1831 als Zwanzigjähriger promoviert. Danach erhält Bunsen, einer der vier Söhne des Ersten Bibliothekars der Göttinger Universität, eines späteren Professors der modernen Philologie, ein Stipendium für eine dreijährige Forschungsreise. Einen Großteil seiner »Wanderjahre« in Deutschland legt er zu Fuß zurück. Verglichen mit der

*Gustav Kirchhoff (stehend) und Robert Bunsen um 1855; das Traumduo der Chemie denkt interdisziplinär und entwickelt die Spektralanalyse.*

»strapaziösen und schnellen Reise« mit der Postkutsche bringt das nicht nur finanzielle Vorteile, denn »die Gegenstände fliegen bei dieser Art des Reisens so schnell an einem vorüber, dass man sich erst an den gehäuften Wechsel von Eindrücken gewöhnen muss, um sie mit gehöriger Aufmerksamkeit und ohne eine Art von Betäubung ertragen zu können«.

Er besichtigt viele Sammlungen und Fabriken, darunter Henschel in Kassel, wo die ersten deutschen Dampfmaschinen zu sehen sind. In Gießen lernt er Justus von Liebig kennen und befreundet sich in Berlin mit Eilhard Mitscherlich, dem Ordinarius für Chemie. Besonderen Eindruck macht dort Friedlieb Ferdinand Runge auf ihn, der durch die Entdeckung des Anilins, des Phenols und der ersten Teerstoffe weltberühmt werden sollte. Bunsen schildert eine Bilderbuchszene aus dem Leben dieses »Originalgenies«. Er trifft ihn zu Hause, auf dem Sofa liegend, an; gekleidet wie ein Schustergeselle und mit über die Schultern fallenden gelockten Haaren, »mit der einen Hand einen Niederschlag filtrierend, während er mit der anderen Hand ein paar Kartoffeln umrührte, die er sich über einer chemischen Lampe briet. Ich habe viel Neues und Interessantes bei ihm gesehen.«

Bunsens Reise führt weiter über die Schweiz nach Österreich und Frankreich, wo er in den Labors des großen Joseph Louis Gay-Lussac (1778–1850) ein und aus geht. Wieder legt er dabei große Etappen zu Fuß zurück. Nach seiner Rückkehr beginnt seine Laufbahn zuerst als Lektor in seiner Heimatstadt, 1836 wird er dann Nachfolger von Friedrich Wöhler an der Höheren Gewerbeschule in Kassel, später Ordinarius in Marburg. Schließlich landet er in Breslau. Hier scheint er sich allerdings wegen der »preußischen Atmosphäre« nicht wohlgefühlt zu haben. Bunsen war ein furchtloser »Experimentalist«, der vor Selbstversuchen nicht zurückschreckte. Gefahren haben ihn immer angezogen oder gesucht. 1836 hatte er bei einem chemischen Versuch durch eine Explosion das rechte Auge eingebüßt, einige Jahre später wäre er um ein Haar in Island von einem Geysir verbrüht worden. Während einer sechsmonatigen Expedition zur Erforschung isländischer Geysire und des Vulkans Hekla stellt er umfangreiche Temperaturmessungen an und entnimmt Wasserproben, als der kochende Geysir ausbricht. Und kürzlich erst hat man ihn bewusstlos aus dem Labor gezogen. Auch hier war keine Zeit zu verlieren, denn er hatte sich eine schwere Arsenvergiftung zugezogen. Und wie sehen seine Hände aus, was hat er ihnen nicht angetan! Er ist stolz auf seine »feuerfesten Laboratoriumshände«, die so vernarbt sind, dass er sie nur mit Mühe in seine Glacé-Handschuhe zwängen kann. Er liebt es, vor seinen Studenten seinen Finger einige Sekunden lang in die nicht leuchtende, aber umso heißere Gasflamme seines »Brenners« zu halten, bis sich ein Geruch von verbranntem Horn im ganzen Auditorium verbreitet.

»Sehen Sie, meine Herren!«, bemerkt er dazu seelenruhig, »an dieser Stelle hat die Flamme 2000 Grad.«

Bunsen bläst oft selbst die Behälter und Phiolen, die er für seine Versuche braucht, und greift voller Ungeduld mit den Händen in die gerade noch glühende Glasmasse. Sein Mitarbeiter, der englische Chemiker Henry Roscoe, bewunderte Bunsens »salamandrische Kraft«, glühende Röhren anzufassen, wenn auch dessen Finger dabei rauchten und er noch jahrelang den Geruch von »geröstetem Bunsen« in der Nase hatte.

## »Julchen« Kirchhoff und die Selbstzweifel

Gustav Kirchhoff (1824–1887) hat keine derartigen Narben vorzuweisen. Abenteuerlich ist nichts an ihm. Stattdessen liebt er Mathematik, mit deren Formeln und Symbolen man die Natur hinterfragen kann. Mit ihm, für den Mathematik so etwas wie eine Sprache ist, kündigt sich ein neuer Typus von Wissenschaftlern an. Schon als Student hat er 1845 in Königsberg Entdeckungen gemacht, die ganze Expeditionen aufwogen. In einer Seminararbeit hatte er die grundlegenden Regeln über die Stromverzweigung in geschlossenen Stromkreisen entdeckt. Die epochale Bedeutung dieser Erkenntnis bescherte ihm zwar mit 22 Jahren seinen Doktor, aber die weitreichenden Folgen dieser Regeln für die Praxis werden lange nicht erkannt Es sollte mehr als zwanzig Jahre dauern, bis ein französischer Telegrafenbauingenieur sich diese Regeln zunutze machte. Zuerst wurden sie bei der Verlegung des Unterseekabels Calais–Dover genutzt und ab 1870 routinemäßig beim Ausbau telegrafischer Verbindungen.

*Der Großherzogliche Geheimrat Bunsen um 1860; eine Koryphäe mit feuerfesten Laborhänden.*

Noch heute werden täglich die »Kirchhoffschen Gesetze« angewandt. Aber selbst dieser, wenn auch verspätete, Erfolg hatte ihm nicht die quälenden Selbstzweifel über die fehlenden Zentimeter seiner Körpergröße und seine ihn unbefriedigenden mathematischen Fähigkeiten nehmen können, die ihn von Jugend an begleiteten. Seine mit dem Justizrat Dr. Kirchhoff verheiratete Mutter wusste offensichtlich nicht, was sie anrichtete, als sie ihren jüngsten Sohn wegen seines zierlichen Wuchses und seiner Mädchenhaftigkeit gerne »Julchen« nannte. Mit achtzehn Jahren bekennt er seinem Bruder Otto, wie sehr ihm seine schmale Statur zu schaffen macht: »Ich ärgere mich mehr denn je über meine Kleinheit und würde mich auf der Universität besser amüsieren, wenn meine Gestalt mit meinen Jahren in Einklang wäre.«

Außerdem sei er jetzt in einer Phase, in welcher er an allen seinen Fähigkeiten zu zweifeln beginne; und mehr als einmal habe er sich die Frage vorgelegt, »ob ich wirklich einen Beruf für die

Mathematik habe und nicht besser täte, dieses Studium ganz aufzugeben, das mir bisher doch so viel Freude gemacht hat«.

Diesen Mangel an Selbstbewusstsein konnte er nach dem Urteil eines Mitarbeiters auch als Erwachsener nie ganz abstreifen. Aber niemand sollte sich von seiner leisen, zurückhaltenden Stimme täuschen lassen. Bei wissenschaftlichen Debatten beherrscht er mit seinem klaren Verstand die Szene, ohne je seine Überlegenheit auszuspielen oder verletzend zu wirken.

Der frühe Ruhm verblasst bald, und Kirchhoff hat keine Fortune. Nach seiner Promotion geht er nach Berlin, ohne an der dortigen Universität auf einen grünen Zweig zu kommen. Zwei Jahre fristet er ein Schattendasein als unbezahlter Lektor und kann froh sein, dass ihm die Universität Breslau 1850 überhaupt eine schlecht besoldete Stelle als Assistenzprofessor anbietet. Doch seine Lage bleibt trostlos. Er hält eine Vorlesung zur Einführung in die Physik und gibt sich ansonsten seinen Forschungen über die Erweiterung der Ohmschen Gesetze und die »Elektrizitätslehre« hin. Gleichgesinnte Kollegen findet er nicht, und Notiz scheint niemand von ihm zu nehmen.

## Traumduo der Chemie

Bunsen ist inzwischen ein Mann von unübersehbarer Statur und drauf und dran, zum Star der Chemie zu werden. Die Breslauer Universität kann von Glück sagen, dass es Bunsen wenigstens für drei Semester dorthin verschlagen hat.

Den jungen Kollegen Kirchhoff hat Bunsen durch eine Routinevorlesung kennengelernt. Vielleicht war es eine Mischung aus Neugier und Höflichkeit dem Neuen gegenüber, vielleicht war es Intuition, dass dieser einäugige Bär von einem Mann mit den dunklen Bartlocken sich eines Nachmittags mitten unter die Erstsemester setzt und dem jungen Lektor zuhört. Diese Begegnung ist die Geburtsstunde des Traumduos in der Chemie, und sie schenkt uns die Geschichte einer wunderbaren »Erweckung« und einer großartigen Männerfreundschaft. Die wichtigste Entdeckung von Bunsen sei Kirchhoff gewesen, wird es später heißen. Von dieser Stunde an sind die beiden Männer unzertrennlich. Bis zu seinem Abschied von Breslau wird Bunsen nie mehr eine Vorlesung Kirchhoffs versäumen. Bald bürgert es sich ein, nach den Vorlesungen Kirchhoffs zusammen mit anderen Professoren einen Gasthof aufzusuchen. Vielleicht hat ihn da

*Jugendbildnis von Gustav Kirchhoff, um 1850; er entdeckt mit 20 Jahren die Regeln über die Stromverzweigung in geschlossenen Stromkreisen.*

Bunsen schon diskret finanziell unterstützt. Kirchhoffs Salär war nämlich so gering, dass er schon bei einem Glas Bier in Schwierigkeiten gerät. Kirchhoff erhält mehr Besuch, als ihm lieb sein kann. Wissenschaftler, die ihn kennenlernen wollen, bitten um ein Treffen. Er will sich aber weder ständig einladen lassen, noch kann er diese bescheidenen Ausgaben bestreiten. Er wendet sich deswegen mit einer Eingabe an die Universitätsverwaltung und ersucht um einen kleinen Betrag zur Begleichung seiner Spesen. Dies wird von der knausrigen Universität abgelehnt.

Täglich kann man nun die beiden ungleichen Dioskuren zusammen bei ausgedehnten Spaziergängen, im Theater oder bei Ausflügen sehen, und nie scheint das Gespräch abzureißen. »Bei den Spaziergängen mit Kirchhoff habe ich immer die besten Gedanken«, sagt Bunsen. Und Kirchhoff blüht auf.

1852 erhält Bunsen einen Ruf an die Universität Heidelberg. Bei den Berufungsverhandlungen erweist er sich als gewiefter Ver-

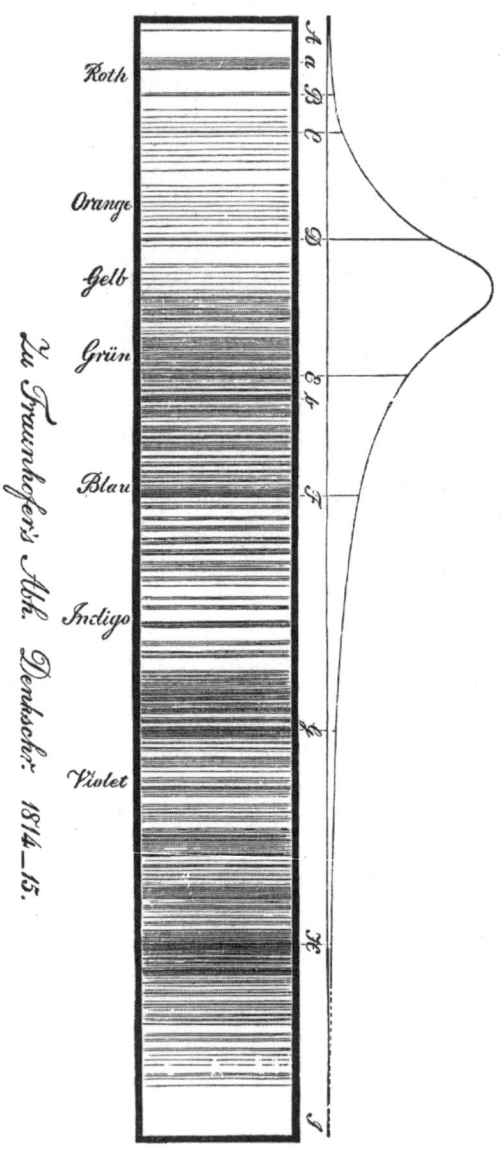

*Zeichnung des Sonnenspektrums von Joseph Fraunhofer mit den später so genannten Fraunhofer-Linien (1814).*

handler, dem es nicht nur gelingt, den Bau eines neuen Chemiegebäudes durchzusetzen, sondern auch die zweithöchste Besoldung aller Universitätslehrer auszuhandeln. Am folgenreichsten ist allerdings sein Schachzug, sich für den unbekannten Gustav Kirchhoff stark zu machen. Er kann dem zurückgebliebenen Freund schließlich die überraschende Mitteilung machen, dass dieser als Direktor eines eigenen und unabhängigen Physikinstituts vorgesehen sei.

Das war ein Riesenschritt für Kirchhoff, hinaus aus der Enge einer bürokratischen regionalen Universität wie Breslau, hinein in ein wissenschaftlich anerkanntes internationales Zentrum der Wissenschaft. Kirchhoff erhält eine volle Professorenstelle, das Breslauer Gehalt von 1050 Florins wird auf 1600 Florins angehoben, dazu gibt es 400 Florins extra als Wohnungszuschuss.

1854 kann Kirchhoff nach Heidelberg aufbrechen. Und die beiden Freunde können endlich wieder ihren alten Lebensstil aufnehmen, nur dass die täglichen Ausflüge sie jetzt zum Philosophenweg und an den Neckar führen. Drei Jahre später heiratet Kirchhoff Clara Richelot, die 17-jährige Tochter seines einstigen Mathematiklehrers. Er hatte Clara zuletzt als Zehnjährige gesehen und war ihr anlässlich eines Urlaubs in seiner Heimatstadt Königsberg wiederbegegnet.

»Es war ... nicht leicht, meine Verlobung zu erreichen«, schreibt er an den eng mit ihm befreundeten Helmholtz, »da ich sie nur flüchtig drei Tage zuvor gesehen hatte.«

Die lebenslustige Clara lebt sich schnell in der Heidelberger Welt ein und ist dort bald sehr beliebt. Die Ehe verläuft sehr glücklich und bringt vier Kinder hervor. Für Bunsen ist eine Heirat eine unerträgliche Vorstellung. »Der Himmel bewahre mich davor, dass ich nachts nach Hause käme, und auf jeder Stufe säße dann ein ungewaschenes Kind«, kann Bunsen ausrufen, und viele, die den Junggesellen und seine häuslichen Verhältnisse gut kennen, müssen ihm bei dieser Vorstellung beipflichten, denn die zwei Treppen, die zu ihm hinaufführen, haben 24 Stufen.

Der Historiker Ludwig Häußler, der zum engen Freundeskreis von Bunsen gehört, bemerkt, dass sich Kirchhoffs »frühere Frau«, wie er Bunsen scherzhaft nennt, zeitweise etwas zurückzog, aber bald wird Clara die Dritte im Bunde. Alle drei schließen sich einer Lesegruppe an, in der dramatische Rollen aus Goethe-, Schiller- und Shakespeare-Stücken vorgetragen werden. Und zu Weihnachten erscheint dann »Onkel Hofrat«, wie die Kinder Bunsen nennen, vorab mit einer Armbeuge voller Geschenke, gefolgt von einem mit weiteren Gaben beladenen Institutsdiener.

Typisch für Bunsen ist der Umgang mit den sechzig, siebzig Studenten, die ihn gewöhnlich im Labor umlagern. Tagsüber ist er der besorgte, hilfsbereite Oberaufseher, der von Tisch zu Tisch schwebt, um nach dem Rechten zu sehen. Hier hilft er einem, die Kalibriertabelle eines Eudiometers zu berechnen, dem nächsten zeigt er, warum die Trennung von Mangan und Eisen nicht gelingen konnte, einem anderen zeigt er ein neues Verfahren zum Auswaschen von Niederschlägen und führt das Anfertigen von Kugelröhren vor – und schon ist er wieder am »Blasetisch«. Ein Engländer, der bei Bunsen arbeitete, hat einmal eine Szene miterlebt, die einem Zenmeister zur Ehre gereicht hätte: Bunsen, der ja selbst ein erfahrener Glasbläser war, hatte einen nicht unkomplizierten Glasapparat gefertigt und diesen einem Studenten ausgehändigt. Unglücklicherweise lässt dieser das Gerät zu Boden fallen. Ohne ein Wort zu sagen, macht sich der Meister daran, einen zweiten Glasapparat herzustellen. Als er diesen übergibt, wiederholt sich das Missgeschick. Ohne eine Miene zu verziehen, macht sich Bunsen nun zum dritten Mal daran, das Glasgebilde herzustellen, um es dem Studenten zu reichen.

Bunsen gehört zu der Spezies von Menschenfreunden, die gar nicht anders können, als andere am Überschuss ihrer Lebensfreude teilhaben zu lassen. Und nicht nur tagsüber ist er für alle da. Hin und wieder spielt er sogar das Heinzelmännchen. Manch ein Student, der abends seinen Arbeitstisch verließ und ein Expe-

*Das Ehepaar Clara und Gustav Kirchhoff um 1856; die Verlobung fand nur drei Tage nach dem Kennenlernen statt.*

riment unterbrach, um es am nächsten Tag fortzusetzen, kann am Morgen feststellen, dass das Experiment in der Nacht wie von Geisterhand weitergeführt worden ist.

## »Warum Heidelberg?
## Gütiger Himmel, Bunsen ist dort!«

Dreitausend Studenten haben schätzungsweise in diesen Jahren in Heidelberg Chemie studiert, viele bei Bunsen. Mit dem Nobelpreis wurden über zwanzig seiner unmittelbaren und mittelbaren Studenten ausgezeichnet. Unter den Studenten aus aller Welt waren auch wissenschaftliche Schwergewichte wie Dimitri Mendeléev, jener sagenhafte Kalmücke aus Nordsibirien, der mit Prophetenstimme Elemente vorhersagen und beschreiben kann, die noch nie jemand gesehen hat. Ihm und Julius Lothar Meyer verdanken wir das Periodische System der Elemente.

Für seine Studenten wird Bunsen im Lauf der Jahre zur verehrten Ikone. Und nicht nur für sie. Sein Ruhm ist beinahe sprichwörtlich. So findet sich bei Ivan Turgenev der Ausspruch: »Warum Heidelberg? Gütiger Himmel, Bunsen ist dort!« (*Väter und Söhne*, 1862).

Und auch für die Heidelberger Mitbürger wird er zur stadtbekannten Figur, die man ins Herz geschlossen hat und deren Marotten man sich hinter vorgehaltener Hand erzählt. Der verehrte »Großherzogliche Geheimrat« kann mit genialen Analysen aufwarten und erklären, warum sich Natrium auch in millionenfacher Verdünnung überall breitmacht, aber im Alltag kann er unbeholfen sein wie ein Kind. So erscheint er bei einer Bergwanderung mit abnorm großen Schuhen. Er erklärt das damit, dass sein rechter großer Zeh viel länger ist als der linke. Falls er nun, was immer wieder vorkomme, beim Anziehen die Schuhe verwechsle, seien die Schmerzen nach einiger Zeit nicht mehr zu ertragen. Mit diesen übergroßen Schuhen wäre er nun das Problem los.

Ordnung ist ein Wort, das in Bunsens Leben nur für das Labor gilt. Zu Hause wirft er die Briefe und Sendungen, die ihn erreichen, ungeöffnet in ein leeres Zimmer zum Abklingen. Alle paar Wochen muss ein Bediensteter den Stoß Korrespondenz sichten und das Wichtige vorlegen. In einem anderen Raum ist entlang der Fußleisten eine Sammlung von Dutzenden seiner abgetretenen Schuhe versammelt. Einladungen von seiner Seite gibt es so gut wie nie, und wenn, dann so selten, dass eine Gruppe von Fakultätsfrauen einmal das Haus des Junggesellen in Beschlag nimmt und alles vorbereitet, um ihn dann zu sich selbst einzuladen.

Gegen seine »zölibitäre Verwahrlosung« (Ludwig Häußler) wollen seine Freunde für ihn eine gebildete Haushälterin besorgen. Bunsen sträubt sich gegen das Ansinnen, aber längst hat dieses Wesen einen Namen bekommen. Es wird nur noch von Rabarbula gesprochen, die bald eintreffen wird, um Bunsen jenes gepflegte Heim zu verschaffen, wozu die einfache Familie des Pedells nie imstande wäre. Schon singt man ihr Lied, aber Rabarbula lässt sich nicht blicken; doch die Drohung bleibt bestehen: »Warte nur, bald wird Rabarbula kommen!«

## Erwerben ist ekelhaft

Bunsen ist ein unermüdlicher, gegen sich selbst rücksichtsloser Arbeiter, der eine furchtgebietende Fülle wissenschaftlicher Veröffentlichungen hervorbringt. Er denkt interdisziplinär und ist so produktiv, weil er sich frei zwischen Geologie, Physik und Mathematik bewegt. »Ein Chemiker, der kein Physiker ist, ist nichts«, lautet einer seiner Sprüche. Dazu bringt er noch viel Zeit für industrielle und geochemische Feldstudien auf. Sein Arbeitstag beginnt in aller Herrgottsfrühe. Gewöhnlich steht er schon vor dem Morgengrauen auf und schreibt an wissenschaftlichen Arbeiten.

Seine Carbon-Zink-Batterie bringt Bunsen nach Heidelberg mit. Damit kann er nun chemische Verbindungen durch Elektrolyse in ihre Einzelbestandteile auflösen und reine Elemente wie Magnesium, Aluminium, Chrom, Lithium usw. isolieren. Forscher wie er verstanden sich als Diener des Fortschritts für die Menschheit. Ebenso wie Marie Curie, Michelson und eine Reihe weiterer Wissenschaftler wollte er die gewonnenen Erkenntnisse der Menschheit übergeben und sie sich nicht patentieren lassen. Bunsens Empfehlungen zur Verbesserung des Hüttenwesens etwa haben in ganz Europa zu erheblichen Einsparungen geführt. An seiner Erfindung der Brennstoffzelle haben französische Fabrikanten Millionen verdient. Bunsen dagegen ist zutiefst empört über Wissenschaftler, die bestrebt sind, aus ihren Forschungsergebnissen finanziellen Nutzen zu ziehen. Wer würde aber heute

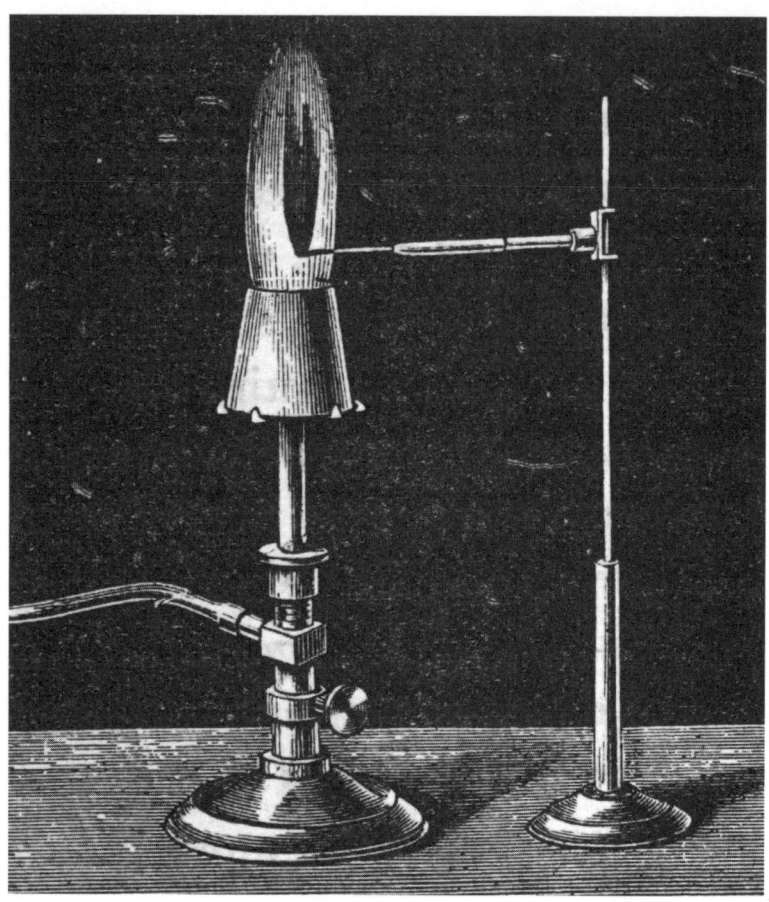

*Historische Darstellung eines Bunsenbrenner; der nach Robert Bunsen benannte Gasbrenner geht eigentlich auf eine Erfindung von Michael Faraday zurück und wurde im Labor Bunsens entscheidend verbessert.*

seinen Leitspruch unterschreiben: »Arbeiten ist schön, erwerben aber ekelhaft«?

Bunsens Carbon-Zink-Batterie ist wie vieles andere längst vergessen, aber gerade in Heidelberg sollte jenes praktische Instrument entwickelt werden, das aus keinem chemischen Labor mehr wegzudenken ist und den Namen seines Erfinders bis heute in Erinnerung hält. Der zum Erhitzen aller möglichen Flüssigkeiten im Labor unersetzliche Gasbrenner, der Bunsens Namen trägt, hat den entscheidenden Vorteil, dass er eine heiße, völlig farblose Flamme zeigt. Und gerade dieser Brenner sollte Bunsen und Kirchhoff auf dem Weg zu ihrer spektakulärsten Entdeckung begleiten.

Über all diese Leistungen konnte die große Bescheidenheit hinwegtäuschen, die ihm zur zweiten Natur geworden war. So brachte er in den Vorlesungen seinen Namen nie in Verbindung mit einer seiner Entdeckungen. Stattdessen sagte er stets: »Es wurde herausgefunden …« Konnte er sich einem offiziellen Anlass nicht entziehen, bei dem Orden vorgeschrieben waren, so verbarg er auch im Sommer seine Ehrenmedaillen und Auszeichnungen unter einem Überzieher, den er zuknöpfte, wenn er durch die Stadt eilte. »Der einzige Wert, den diese Dinge für mich haben, hatte einmal darin bestanden, dass sie meiner Mutter gefielen, und die war nun tot«, bekannte er später.

Bis zur Fertigstellung der neuen Institutsgebäude bezieht Bunsen mit seinem Gefolge an Assistenten, Tutoren, Mechanikern und den zahlreichen Studenten, die an seiner Seite arbeiten wollen, ein aufgelassenes Dominikanerkloster. Das alte Gotteshaus verwandelt sich nun in eine chemische Forschungsanstalt. Das Refektorium dient fortan als Hauptlaboratorium und Magazin. Vorlesungen finden in der Kapelle statt. Alkoven werden zu Arbeitsplätzen. Wasser wird aus alten Brunnen im Hof gepumpt, und bis zur Installation von Gas erhitzen die Forscher ihre chemischen Lösungen in den Reagenzgläsern mit Spritlampen und Holzkohlefeuern. Spezielle Glaskolben werden an Ort und Stelle mundgeblasen, eine Fertigkeit, die er von allen Studenten erwartete. »Unter dem Steinboden unserer Füße schliefen die toten Mönche, und auf ihre Grabsteine werfen wir unsere Abfälle«, bemerkt Roscoe einmal, dem dieser Gedanke unbehaglich ist.

# Kirchhoff und die Lichtgeschwindigkeit
## des Handys

Aber auch Kirchhoff hat im »Haus zum Riesen« keine idealen Voraussetzungen für seine Experimente und beschwert sich, dass »auf dem an einen Kaufmann vermieteten Bodenraum des Riesen bisweilen Feldfrüchte oder ähnliche Waren [lagern], die häufig umgewendet werden müssen. Bei dieser Arbeit gerät das ganze Haus in Erschütterungen, die so stark sind, dass ihretwegen schon angefangene Versuche aufgegeben werden mussten«. Kirchhoff steht Bunsen fachlich in nichts nach. Gleich seine erste Heidelberger Arbeit hat es in sich. Sie trägt den Titel »Über die Bewegung der Elektrizität in Drähten« und kommt aufgrund rein mathematischer Überlegungen zu dem Ergebnis, dass sich elektrischer Strom in dünnen Drähten wellenartig mit Lichtgeschwindigkeit ausbreitet. Experimentell bewiesen wird diese theoretische Aussage 1888 durch seinen Schüler Heinrich Hertz (1857–1894). Seitdem wissen wir, dass wir mit Lichtgeschwindigkeit über das Handy telefonieren.

Neben Heinrich Hertz war Max Planck der berühmteste Schüler von Kirchhoff. Und Planck vergleicht einmal den Vortragsstil der beiden prägenden Gestalten des Berliner Universitätslebens.

Helmholtz sprach meist stockend und hielt dabei oft inne, um in seinem kleinen Notizbuch herumzunesteln. Aber nicht nur, dass er unvorbereitet schien, »er verrechnete sich überhaupt beständig an der Tafel, und wir hatten den Eindruck, dass er sich selber bei diesem Vortrag ebenso langweilte wie wir«.

Von all dem konnte bei Kirchhoff keine Rede sein. Seine Vorlesungen und Vorträge waren mustergültig ausgearbeitete Meisterstücke an Klarheit und eleganter mathematischer Beweisführung. Kein Wort zu wenig, kein Wort zu viel. Aber das Ganze wirkte wie auswendig gelernt, schreibt Planck, trocken und eintönig. »Wir bewunderten die Rede, aber nicht den Redner.« Unbeschadet dessen hatte Kirchhoff außerordentlichen Erfolg und zog von überall her Studenten an. Dazu war sein Pensum gewaltig. Wöchentlich bot er sechs Stunden Experimentalphysik, drei Stunden theoretische Physik und Spezialvorlesungen zu Fächern wie Hydrodynamik, Elastizität und zum Magnetismus. Doch damit nicht genug. Es gab ferner Gelegenheiten zu praktischen physikalischen Übungen und die Möglichkeit zur theoretischen Verallgemeinerung individueller Versuchsergebnisse. Zu seinen Schülern zählten die Nobelpreisträger Gabriel Lippmann (Interferenz-Farbfotografie), Heike Onnes, der Entdecker der Supraleitung, der Mathematiker Alfred Pringsheim, Schwiegervater von Thomas Mann, und nicht zuletzt kam auch der damals schon promovierte Ludwig Boltzmann zum Besuch der Vorlesungen und Seminare Kirchhoffs nach Heidelberg.

## Das Rätsel der Schlangenlinien

Dass Elemente beim Erhitzen eine charakteristische Farbe erkennen lassen, ist immer mal wieder festgestellt worden. Bereits in den 30er-Jahren des 19. Jahrhunderts gab es Versuche, die einer Spektralanalyse nahe kamen, ohne dass dieses Phänomen systematisch untersucht worden wäre oder zu praktischen Schussfolgerungen geführt hätte.

Bunsen wendet nun Farblösungen und Gläser an, um bei zusammengemischten Substanzen einzelne Komponenten aus deren gefärbter Flamme herauszufiltern. Auch Kobaltglas oder Indigolösungen werden für Nachweise genutzt. Als Bunsen seinem Freund von diesen aufwendigen Versuchen erzählt, empfiehlt ihm Kirchhoff, das Licht der in der Flamme leuchtenden Elemente zur besseren Identifizierung und Untersuchung spektral zu zerlegen. Das ist, im Sommer 1859, der entscheidende Anstoß zur heutigen Spektralanalyse.

Unter dem Stichwort »Spektralanalyse« kommt eine stürmische Entwicklung in Gang, die nichts Geringeres zum Ziel hat, als mit einem selbst konstruierten Tischgerät einem 153 Millionen Kilometer entfernten Sonnengestirn das Geheimnis seiner Zusammensetzung zu entlocken. »Im Augenblick sind Kirchhoff und ich mit einer gemeinschaftlichen Arbeit beschäftigt, die uns nicht schlafen lässt.« Briefstellen wie diese lassen uns die Erregung spüren, die die beiden Forscher erfasst hat.

Zu den vier Mitwirkenden an diesem Abenteuer zählen neben Bunsen und Kirchhoff Carl August Steinheil (1801–1870), Begründer der nach ihm benannten »Optischen und astronomischen Werkstätte« in München, und Joseph von Fraunhofer (1787–1826), Physiker, Optiker und zu seiner Zeit unerreichter Hersteller von Hightech-Linsen.

Der Beitrag Fraunhofers bei der Spektralexpedition zur Erforschung der Bestandteile der Sonne ist nicht hoch genug einzuschätzen. Der begnadete Autodidakt hatte zu Beginn des 19. Jahrhundert Newtons Experimente zum Sonnenspektrum wiederholt. Dabei konnte er sich deutlich bessere Prismen zunutze machen. Zu Fraunhofers Verblüffung stellte sich heraus, dass der farbige Regenbogen, der sich ihm darbot, von mehreren hundert dünnen, schwarzen Linien, den später so genannten »Fraunhoferschen Linien«, durchschnitten war. Die Erklärung dieses Phänomens ließ Jahrzehnte auf sich warten – bis Kirchhoff kam.

Für Kirchhoff liegt der Schlüssel zur Erforschung der Elemente in den lange rätselhaften Fraunhoferschen »Schlangenlinien«. Er hegt von Anfang an die Vermutung, dass zwischen dem Muster der Schlangenlinien und dem Spektrum der Elemente ein direkter Zusammenhang besteht. Bei der Verdampfung verschiedener Metallsalze wird nämlich jeweils ein charakteristisches sogenanntes »Emissionsspektrum« sichtbar. Dabei fallen die hellen Linien des Eisens mit den typischen Fraunhoferschen Linien der Kategorie D zusammen. »Niemals werde ich es vergessen«, be-

*Der mit drei Jahren verwaiste Fraunhofer fiel einem Münchner Glasschneider in die Hände, der ihn in einem sechsjährigen Lehrvertrag versklavte. Lesen und überhaupt Bücher waren ebenso verboten wie eine Kerze in der fensterlosen Lehrlingskammer. Der Einsturz des vierstöckigen Wohnhauses, in dem der Betrieb untergebracht war, wurde zu seiner wundersamen Errettung. Unverletzt, wie Phönix aus der Asche, trat der junge Fraunhofer auf die Straße. König Maximilian, der den Vorfall miterlebt hatte, lud den jungen Lehrling daraufhin in sein Nymphenburger Schloss ein, kaufte ihn frei und förderte tatkräftig seinen weiteren Weg.*

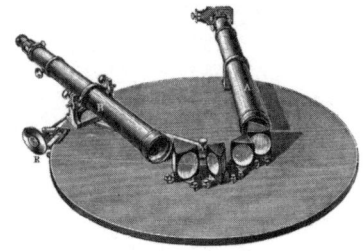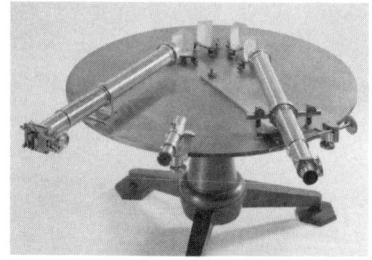

*Zeichnung des von Kirchhoff und Bunsen entwickelten Spektralapparats zur Analyse des Sonnenspektrums; daneben ein Nachbau.*

schreibt ein Augenzeuge diese Offenbarung, »welchen Eindruck es auf mich machte, als ich in dem Hinterzimmer des alten physikalischen Instituts in der Hauptstraße durch das dort aufgestellte, sehr gute Spektroskop Kirchhoffs blickte und die Koinzidenz der hellen Linien des Eisenspektrums mit den dunklen Fraunhoferlinien des Sonnenspektrums gewahrte«.

Und dann geschieht es: Bei dem Versuch, diese dunklen Linien des Sonnenspektrums durch eine vor dem Spektrographen aufgestellte Kochsalzflamme aufzuhellen, stellt sich zu ihrer aller größten Verblüffung heraus, dass sie im Gegenteil viel dunkler erscheinen als vorher. Dahinter steckt möglicherweise die »große Sache«, von der Kirchhoff spricht.

Kirchhoffs Deutung: Licht einer bestimmten Wellenlänge müsste demnach in der Lage sein, andere einfallende Lichtstrahlen der gleichen Wellenlänge zu absorbieren.

Aus diesen Beobachtungen kann Kirchhoff nun sein grundlegendes Gesetz ableiten, nach dem für »Strahlen derselben Wellenlänge bei derselben Temperatur das Verhältnis des Emissionsvermögens zum Absorptionsvermögen bei allen Körpern dasselbe ist«.

Eine moderne Deutung der Entstehung der Fraunhoferlinien lautet etwa so:

Dass der ganz aus gasförmiger Materie bestehende Sonnenkör-

128

per wider Erwarten ein kontinuierliches Spektrum aussendet, erklärt sich dadurch, dass die Atome zu dicht zusammengepackt
sind und keinen Spielraum haben, um ihre eigenen Bewegungen
auszuführen, ohne benachbarte Spieler zu stören oder von ihnen
gestört zu werden.

## Übel riechendes Gas und große Erwartungen

Die alleräußerste, aus hochverdünnten Gasen bestehende Son-
nenschicht, die Chromosphäre, erzeugt tatsächlich reine Farb-
töne. Wenn das kontinuierliche Spektrum von der Photosphäre –
das ist der dichte Körper der Sonne – durch die Chromosphäre
dringt, werden diejenigen Wellenlängen, die jenen Elementen
entsprechen, die in der Chromosphäre vorhanden sind, absorbiert und gestreut und lassen die dunklen Fraunhoferlinien in
dem ursprünglich fleckenlosen Regenbogen erscheinen.

Nur durch sie würden sich die Elemente der Sonne herausfinden lassen.

Der erste provisorische Spektralfarbenapparat von Kirchhoff
und Bunsen ist unzulänglich. Die Untersuchungen scheitern.

Für die ehrgeizigen Astrophysiker ist der Apparat allerdings
bald zu klein und unzureichend. Und so fragen sie am 19. November 1859 bei dem Feinmechaniker und Optiker Steinheil an,
ob dieser ihnen einen geeigneten Spektrographen liefern könne;
damit beginnen andauernde freundschaftliche Beziehungen zwischen Kirchhoff, Bunsen und Steinheil. Schon am 3. April hatten
die beiden Forscher Steinheil besucht und seine Werkstatt und
seine Geräte besichtigt. Steinheil notiert in seinem Tagebuch am
19. November 1859:

»Kirchhoff und Bunsen wollen einen großen Apparat zur Bestimmung der fixen Linien. Sage zu, erwarte sie Weihnachten.«

Sie treffen am 28. Dezember ein, um mit Steinheil über die

Konzeption eines großen Spektrographen zu sprechen, dabei schägt wohl Kirchhoff vor, mehrere Prismen hintereinander zu benutzen, um eine hohe Auflösung im Spektrum zu erreichen. Bereits am Nachmittag stellt Steinheil vier Vorrichtungen her, um probeweise 4-Zoll-Prismen verwenden zu können. Am folgenden Tag werden Anordnungen mit 24-Zoll-Prismen von 45 Grad Brechungsindex ausprobiert und verschiedene Fraunhofersche Linien damit angesehen. Zum Mittagessen bleiben Kirchhoff und Bunsen bei Steinheil. Danach bestellt Kirchhoff den »Großen« Spektrographen mit drei oder vier 45-Grad-Prismen und einem Gesichtsfeld von 14 Metern. Schon am 31. Dezember beginnt Steinheil damit, diesen Spektrographen näher zu berechnen, und berichtet am 3. Januar 1860 Kirchhoff darüber, der weitere Änderungsvorschläge machte. Am 15. Februar hat Steinheil einen Probeaufbau mit vier Prismen fertig und ist von der Darstellung der Fraunhoferschen Linien begeistert. »Herrlich! Schreibe es gleich an Kirchhoff.«

Am 22. Mai bezahlt Bunsen offenbar aus eigener Tasche 420 Gulden. Demnach wurde der Spektrograph nicht aus Universitätsmitteln angeschafft; mit Kirchhoffs Jahresetat von 400 Gulden wäre das auch nicht möglich gewesen. Am 23. Mai wird der Spektrograph in einer Kiste nach Heidelberg geschickt und im »Haus zum Riesen« im »optischen Zimmer« des obersten Stocks aufgestellt.

»Mit diesem Apparat denke ich, in den Weihnachts- oder Osterferien alles erreicht zu haben, was wir so lange Jahre vergeblich angestrebt haben«, schreibt Kirchhoff.

Die junge, naseweise Anna von Mohl, die später als Frau von Helmholtz den anspruchsvollsten Salon Berlins ins Leben rufen wird, berichtet ihrer Tante in Paris über die geheimnisvollen Vorgänge unter dem Dachboden des »Riesen«.

»Sie veranstalten diese Erforschung des Lichtes in einer Art kleiner, vollkommen finsterer Küche, in welcher alle Gasarten der Welt sehr übel riechen – mittels eines kleinen Gashahns und eines Instrumentes, das einem Stereoskop gleicht. Das alles hat uns mit unermesslichem Interesse erfüllt.«

Im April 1860 und im Juni 1861 teilten Kirchhoff und Bunsen in zwei Veröffentlichungen ihre ersten Ergebnisse mit. Wieder einmal beweisen sie damit ihr »traumhaftes« Zusammenspiel. Kirchhoff liefert dabei die theoretische Voraussetzung für die praktische Spektralanalyse, die in den Untersuchungen entwickelt wurde, während Bunsen den Hauptanteil an der Experimentalarbeit leistete.

## Eine wunderschöne, ganz unerwartete Entdeckung

Am 27. April 1860 hält Bunsen im naturhistorischen medizinischen Verein einen Vortrag über die »Benutzung der Flammenspektren bei der chemischen Analyse«. Eindringlicher als der Vortrag aber ist der Brief, den Bunsen bereits im November 1859 an seinen langjährigen Mitarbeiter und Freund Roscoe geschickt hat. Der in London lebende Roscoe wird als Erster erfahren, was sich in der »finsteren Küche« inzwischen abgespielt hat. Der Text ist es wert, in jedem Schulbuch zu stehen.

»Kirchhoff hat nämlich eine wunderschöne, ganz unerwartete Entdeckung gemacht, indem er die Ursache der dunklen Linien im Sonnenspektrum aufgefunden und diese Linien künstlich im Sonnenspektrum verstärkt und in linienlosen Flammenspektren hervorgebracht hat, und zwar der Lage nach mit den Fraunhoferschen identische Linien. Dadurch ist der Weg gegeben, die stoffliche Zusammensetzung der Sonne und der Fixsterne mit derselben Sicherheit nachzuweisen, wie wir Strontiumchlorid usw. durch unsere Reagentien bestimmen. Auf der Erde lassen sich diese Stoffe nach der Methode mit derselben Schärfe unterscheiden und nachweisen wie auf der Sonne, sodass ich zum Beispiel in 20 mg Meerwasser noch einen Lithion[sic]gehalt habe nachweisen können. Zur Erkennung mancher Stoffe ist diese Methode allen bisher gebräuchlichen vorzuziehen. Haben Sie ein Gemenge von Li[thium], Ka[44][lium], Na[trium], Ba[rium], Sr[Strontium], Ca[lzium], so brauchen Sie nur 1 Milligramm davon in unseren Apparat zu bringen, um dann unmittelbar durch ein Fernrohr alle diese Gemengeteile durch bloße Beobachtung abzulesen. So kann man noch 5/1000 Milligramm Lithium mit der größten Leichtigkeit nachweisen.«

Die sensationelle Entdeckung, die es offenbar ermöglicht, Elemente durch das von diesen ausgestrahlte Licht zu identifizieren, verbreitet sich wie mit Lichtgeschwindigkeit. Zumindest will nun

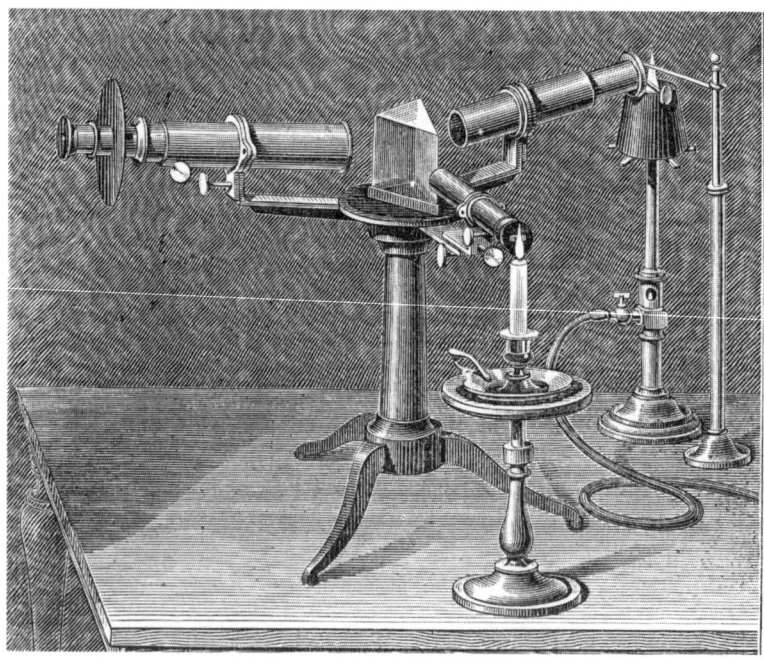

*Historische Darstellung des ersten Spektralapparats, mit dem Kirchhoff und Bunsen Elemente des Sonnenspektrums bestimmten, um 1895.*

jeder Wissenschaftler einen Spektralanalysator haben, um selbst zu überprüfen, ob damit auch alle Sterne das Geheimnis ihrer Bestandteile preisgeben würden. Es beginnt eine Jagd nach Elementen, und für Steinheil entwickelt sich damit ein neuer Geschäftsbereich. In einem ersten Anlauf werden auf der Sonne die Elemente Calcium, Barium, Magnesium, Chrom, Nickel, Kupfer, Zink, Strontium, Cadmium, Kobalt, Wasserstoff, Mangan, Aluminium und Titan festgestellt. Weitere Elemente, darunter Gold, werden vermutet. Bis heute sind insgesamt 66 Elemente auf der Sonne nachgewiesen worden, darunter auch spektakulär das Helium. Jedes auf der Sonne entdeckte Element müsse dabei auch auf der Erde nachweisbar sein. So lautet das Postulat jener Zeit. Diese Elemente aufzuspüren entwickelt sich zum veritablen wissenschaftlichen Abenteuer.

1868 hatte der französische Astronom Jules Janssen in der Sonnenkorona eine unbekannte gelbe Spektrallinie entdeckt, die seitdem für »Helium« steht. Mitentdecker ist der Brite Joseph Norman Lockyer, der Gründer der noch heute erscheinenden Zeitschrift *Nature*. Damit wurde das nach dem Wasserstoff zweithäufigste Element im Weltall erkannt. Das nach dem Sonnengott Helios benannte Edelgas Helium scheint auf dieser hohen Verwandtschaft zu beharren, denn es ist das einzige Element, das selbst am absoluten Nullpunkt nicht »gefriert«, sondern flüssig bleibt.

## 44 Tonnen Mineralwasser aus Dürkheim für einen Teelöffel Cäsiumchlorid

Ein anschauliches Beispiel für die Mühen dieser »Reverse«-Suche bieten Bunsen und Kirchhoff selbst, Entdecker zweier neuer Elemente. Im Verlauf ihrer Untersuchungen fällt ihnen eine unbekannte blaue Spektrallinie in Proben der Dürkheimer Mineralquelle auf. Sie folgern daraus, dass diese Emissionslinien auf die Existenz eines bisher unbekannten Elements hinweisen.

Im Frühjahr 1860 destilliert Bunsen dann nicht weniger als 44 Tonnen des Mineralwassers und kann dabei 7,272 Gramm eines feinen tiefblauen Pulvers isolieren. Es handelt sich um Cäsiumchlorid; das reine Metall Cäsium konnte erst später dargestellt werden. Diesem neuen Element gibt Bunsen entsprechend dem lateinischen Ausdruck für Himmelblau, *cäsius*, den Namen Cäsium, chemisch Cs.

Auf ganz ähnliche Weise gewinnen Kirchhoff und er ein Jahr später 9,237 Gramm des Chlorids eines zweiten Elements. Bunsen waren zwei »merkwürdige dunkelrote Spektrallinien« aufgefallen, worauf das neue Element nach dem lateinischen Wort für tiefrot, *rubidius*, Rubidium getauft wird. Die Hoffnung der Begründer der Spektralanalyse, dass sich diese Methode in der Chemie für Untersuchungen durchsetzen würde, geht auf. Schlag auf Schlag werden neue Elemente entdeckt. Ein Jahr nach dem Rubidium entdeckt William Crookes Thallium. Ihm war im Selenschlamm – der bei der Schwefelsäureherstellung anfällt – eine unbekannte grüne Linie aufgefallen. 1863 entdecken Ferdinand Reich und Theodor Richter mit dem Spektroskop das Indium in der Freiberger Zinkblende.

Die Kirchhoff/Bunsenschen Veröffentlichungen erregen sofort großes Aufsehen; Kirchhoffs Arbeit über die Sonne muss mehrfach als Separatausgabe nachgedruckt werden, der Atlas erscheint kurz darauf in fünfter Auflage. Bekannte und Freunde kommen, um sich von Bunsen oder Kirchhoff Spektren zeigen zu lassen. Nicht nur Wissenschaftler, auch neugierige Laien treffen in Scharen ein, um mit eigenen Augen die feurigen Spektrallinien zu bestaunen.

In einem Brief Kirchhoffs an seinen Bruder Otto vom 11. Mai 1860 beschreibt er, wie schwer es vielen fällt, an die Ergebnisse der Spektralanalyse zu glauben:

»Ich habe es einem entfernten Bekannten von mir, einem Doktor der Philosophie, nicht verdacht, dass er mir bei einem Spaziergang neulich erzählte, ein verrückter Kerl wolle auf der Sonne

Natrium entdeckt haben. Ich suchte diesem begreiflich zu machen, dass die Sache so unsinnig nicht sei und dass es wirklich möglich sein müsse, vornehmlich von dem Licht, das ein Körper aussende, auf die chemische Beschaffenheit desselben Schlüsse zu ziehen, aus dem Sonnenlicht also auf die der Sonne. Dabei konnte ich der Versuchung nicht widerstehen, ihm zu sagen, dass ich dieser verrückte Kerl sei.«

Die Begründung der Spektralanalyse wurde bei Laien wie bei Gelehrten außerordentlich populär. Wo immer Kirchhoff und Bunsen erwähnt werden, wird auf die Spektralanalyse hingewiesen. Das rege Interesse führte sogleich und bis heute zu einer unübersehbaren Zahl von Veröffentlichungen.

## In einer Dachkammer wird die moderne Astrophysik geboren

Die unbestreitbaren Erfolge der Zusammenarbeit von Bunsen und Kirchhoff haben, nach ihren eigenen Worten, »der chemischen Forschung ein bisher völlig verschlossenes Gebiet, das weiter über die Grenzen der Erde, ja selbst unseres Sonnensystems hinausreicht«, eröffnet. Nicht nur die physikalische Beschaffenheit der Sonne wurde richtig erkannt. Herschels damals noch vorherrschende Auffassung, dass die Sonne eine kalte Kugel mit einer Wolkenschicht und einer Leuchthülle sei, wurde widerlegt. Aus Kirchhoffs Absorptiongesetz folgte überzeugend, dass die Sonne aus einem sehr heißen, wahrscheinlich flüssigen, leuchtenden Kern besteht, der von einer Schicht etwas niedrigerer Temperatur umgeben ist, welche die Dämpfe der auf der Sonne festgestellten Elemente enthält.

Die Spektralanalyse ist der bedeutendste Einzelschritt auf dem Weg zu den experimentellen Grundlagen der modernen Physik. Ihre Anwendung in der Astronomie führte weiter zu gewaltigen Fortschritten bei unserer Kenntnis von der Struktur der Sterne

*Im Haus »Zum Riesen« wurde erstmals der nach Gustav Kirchhoffs Plänen konstruierte Spektralapparat ausprobiert.*

und schenkte dem menschlichen Auge die grenzenlosen Ausblicke auf das Weltall, in dem wir leben.

1864 ereignet sich ein weiterer Unfall. Bunsen ist dabei, die Platinrückstände aufzuarbeiten, die ihm die Petersburger Münze unentgeltlich überlassen hatte, und hat dazu ein teuflisches Gemisch aus Rhodium und Iridium mit Zink und Chlorzink bei 100 Grad im Wasserbad getrocknet. Als er die Masse berührt, schießt eine Feuergarbe hoch. »Meine linke Hand, mit deren Zeigefinger ich die Masse berührte, hat mir die Augen gerettet, da Gesicht und Augen nur mehr oberflächlich durch den Feuerstrahl, welcher durch die Finger hindurch gelangte, verbrannt wurden. Jetzt sind meine Augen bis auf die abgebrannten Augenbrauen und Wimpern ganz wie früher«, berichtet er später.

Die Nachricht, dass Bunsen durch eine neuerliche Explosion möglicherweise ganz erblinden würde, verbreitet sich sofort in der Stadt. Vor dem Wohnhaus Bunsens füllt sich der Platz sogleich mit Studenten, die auf das Ergebnis der ärztlichen Untersuchung warten. Als endlich bekannt gegeben wird, dass Bunsen keinen bleibenden Schaden davontragen werde, bricht anhaltender Jubel aus. Ein Fackelzug durch die Straßen Heidelbergs schließt sich an und endet wieder vor den erleuchteten Fenstern der Bunsenschen Wohnung.

Nur wenig später gelingt Kirchhoff eine weitere, nicht weniger epochale Entdeckung. Sie findet allerdings keine Beachtung und wird jahrzehntelang ohne Folgen bleiben. Kirchhoff hatte während der Spektraluntersuchungen das grundlegende Gesetz abgeleitet, nachdem für »Strahlen derselben Wellenlänge bei derselben Temperatur das Verhältnis des Emissionsvermögens zum Absorptionsvermögen bei allen Körpern dasselbe ist«.

Diese 1860 angestellten Überlegungen gipfeln in dem Kirchhoffschen Gesetz, wonach für jede Wellenlänge ($\lambda$) und Temperatur (T) das Emissions- und Absorptionsvermögen in einem konstanten Verhältnis J steht, das unabhängig ist von den Materialeigenschaften der untersuchten Körper – sei es nun ein Stück Messing, ein Diamant oder ein Gas. »Es sei eine Aufgabe von hoher Wichtigkeit, diese als J bezeichnete Größe der Funktion der Wellenlänge und Temperatur zu finden«, bemerkte Kirchhoff dazu.

Fünfundvierzig Jahre lang erweist sich die Forderung des viel zu früh verstorbenen Genies, diese universelle Funktion J zu finden, experimentell und theoretisch als unlösbar. Erst Max Planck, der Schüler und Nachfolger Kirchhoffs auf dessen Berliner Lehrstuhl, kann nach

*Briefmarke der Deutschen Bundespost 1974 mit Gustav Kirchhoff und dem Strahlengesetz.*

größten Anstrengungen der Forderung nachkommen. Die Aufgabe wird ihn schließlich zur Aufstellung seines »Strahlengesetzes« führen, dessen Entdeckung das Gebäude der klassischen Physik zum Einsturz bringen wird.

Nach der Großtat, die ihre beiden Namen immer verbinden wird, löst sich das enge private und berufliche tägliche Miteinander von Bunsen und Kirchhoff auf. Zweimal hatte Kirchhoff einen Ruf nach Berlin abgelehnt, aber 1875 macht er seine Drohung gegenüber dem badischen Ministerium wahr, den nächsten Ruf anzunehmen und Heidelberg zu verlassen, wenn nicht mehr getan werde, um Leo Königsberger, den engen Freund und Lehrstuhlinhaber für Mathematik, zu halten. Kirchhoff wird nun ordentlicher Professor für mathematische Physik an der Berliner Universität. Beide Männer beschäftigen sich aber weiterhin mit Arbeiten im Zusammenhang mit der Spektralanalyse. So stellt Kirchhoff einen umfassenden Atlas des Sonnenspektrums zusammen, der bereits die Seltenen Erden mit einbezieht. Bunsen veröffentlicht 1875 die umfangreichen »Spektralanalytische(n) Untersuchungen II«, welche die verschiedenen Spektren der Alkalien und Erdalkalien sowie der damals bekannten Seltenen Erden vorstellen. Dieser Veröffentlichung ist eine große Willensleistung vorausgegangen, denn Bunsen hatte bereits drei Jahre an diesen Untersuchungen gearbeitet und ein umfangreiches Konvolut an Papieren für den Verleger vorbereitet, als ihn ein schwerer Schlag trifft. Als er eines Tages nach Hause an seinen Schreibtisch zurückkehrt, findet er dort nur noch einen glühenden Aschenhaufen vor. »Die Photographien der Apparate und die Zeichnungen aller Funkenspektren, namentlich die der Seltenen Erden, deren Entwirrung mir unsägliche Mühe bereitet hatte – alles ist mit verbrannt.« Eine Wasserflasche, die neben dem Manuskripthaufen stand, hatte wie ein Brennglas die Papiere entzündet.

Bunsen liebte es, mit Freunden in den Semesterferien zu verreisen. Unvergesslich wird für den jüngeren Leo Königsberger eine ausgedehnte Reise mit dem 60-jährigen Bunsen nach Italien, wo Ätna und Vesuv erklommen werden. Der vom »Klassizismus durchtränkte« Italienkenner und -liebhaber Bunsen sei dabei nicht müde geworden, Cicero und Plinius im Original zu zitieren. Im Jahr darauf geht es zu den Oberammergauer Passionsfestspielen und ins Salzkammergut. Die regelmäßigen »Fernreisen« mit Kirchhoff aber lassen sich immer schwieriger verwirklichen. Ende der 70er-Jahre verschlechtert sich dessen Gesundheitszustand dramatisch. Die ihm angetragene Stelle eines Rektors der Berliner Universität kann er nicht mehr annehmen.

Kirchhoff ist ein Muster an Pflichterfüllung. Als seine erste Frau von Tuberkulose dahingerafft wurde, glaubte er, es nicht verantworten zu können, an ihrem Todestag seine Vorlesungen auszusetzen. 1885/86 nimmt er unter Aufbietung aller Kräfte seine Vorlesungen wieder auf, muss aber schon bald darauf endgültig abbrechen. Bunsen besucht ihn in Baden-Baden und ist erschüttert über den körperlichen Zerfall seines Freundes, den er im Rollstuhl vorfindet, wenngleich heiter und liebenswürdig wie immer. 1887 veröffentlicht Bunsen seine letzte Experimentalarbeit »Über Dampfcalorimeter«. Wenige Monate später stirbt Kirchhoff, wie vermutet wird, an einem Gehirntumor. Da ist Bunsen schon nicht mehr in der Lage, an der Beerdigung teilzunehmen. Im Nachruf auf Kirchhoff vor der Deutschen Chemischen Gesellschaft erklärt sein Kollege August Wilhelm Hofmann: »Auf meinem langen Lebensweg bin ich keinem begegnet, bei welchem, wie bei Kirchhoff, höchstes Vollbringen gesellt gewesen wäre mit fast demutvoller Bescheidenheit.«

Auch Bunsen holt das Alter ein, als er die 75 überschreitet. Er zieht sich völlig ins Privatleben zurück und betritt nie wieder sein geliebtes Labor, in dem er 36 Jahre lang gewirkt hatte. Er vermacht seiner Universität unter anderem seine 14 000 Bände umfassende Bibliothek. Nach dem Tod von Kirchhoff, Helmholtz und weiterer Freunde muss er auch noch erleben, dass sein Lieblingsschüler und Nachfolger Victor Meyer seinem Leben ein Ende setzt.

Zu seinen Altersfreuden zählt das Studium von Gerichtsakten. Bei Fällen, die ihn besonders interessieren, lässt er sich zum gründlichen Studium vom Amtsgericht die Akten ausleihen. Als Bunsen, 88-jährig, 1899 stirbt, verbreitet sich die Nachricht um die ganze Welt. 1901 ändert die Deutsche Elektrochemische Gesellschaft ihm zu Ehren ihren Namen in Deutsche Bunsengesellschaft für angewandte physikalische Chemie.

# Der Herr mit dem blauen Köfferchen – Max Planck

Als amerikanische und russische Kampftruppen im März 1945 kurz davor stehen, Magdeburg zu erreichen, geraten die Bewohner von Rogätz unversehens zwischen die Fronten. Das unbedeutende kleine Fischer- und Bauerndörfchen liegt 20 Kilometer vor Magdeburg am linken Elbufer. Der weithin sichtbare Klutturm am steilen Ufer, der zum »Schloss« und einem weitläufigen Landgut gehört, bietet sich als Ziel für feindliche Artillerie an. Am 7. März fällt Köln, und die Brücke bei Remagen wird überschritten. Amerikanische Panzerspitzen stoßen schnell nach Osten vor. Die Rote Armee hat die Oder erreicht. Am 11. April stehen die Amerikaner bereits auf der linken Elbseite vor Rogätz. Deutsche Verbände beginnen sich einzugraben. So schnell hatte man den Vormarsch nicht erwartet. Eilig wird das kleine Dörfchen evakuiert, und der Tross der Dorfbewohner macht sich zu Fuß und auf Pferdefuhrwerken zu einem versteckten Walddorf auf.

Unter den in den Wäldern Zuflucht Suchenden befindet sich auch ein unauffälliger, ja unscheinbarer Mann, den das Alter sichtbar gebeugt hat. Er ist 88 Jahre alt und einer der ältesten dieses Trecks. Er ist gefasst, aber eine fortgeschrittene Arthrose der Wirbelsäule peinigt ihn. Manchmal stößt er Schmerzensschreie aus. Aber Überleben ist jetzt alles. Hilfe gibt es nicht, auch keine Medikamente und Spritzen. Er kann von Glück sagen, dass er eine jüngere Frau hat, die sich um ihn kümmert. Gegen den Artilleriebeschuss gibt es keinen Schutz, Tote und Verwundete sind an der Tagesordnung. Zwei Wochen lang werden alle Dorfbewohner notdürftig in ihrem Waldversteck kampieren. Sie hausen in Heuschobern oder schlafen auf dem Boden. An warmes Essen ist nicht zu denken, oft wird gehungert, und zeitweise fehlt es an Wasser.

Das feuchte Lager ist schlecht für die Arthrose des alten Mannes. Bald kann er sich nicht mehr erheben. Von den Dorfbewohnern kennt ihn niemand näher. Manche wissen vielleicht, dass er mit seiner Frau im Schloss gewohnt hat, oder sie haben einmal seinen Namen gehört, aber niemand kann etwas damit verbinden. Man weiß von ihm, dass er regelmäßig zum Rasieren ins Dorf gegangen ist und das Postamt aufgesucht hat. Manchmal ruht er sich dabei auf der Kirchenmauer aus, und der Seilermeister und Ortsgruppenleiter des Dorfes leistet ihm eine Zeitlang Gesellschaft. Aber niemand hat eine Ahnung, wer er eigentlich ist. Seine Kleidung fällt mehr auf als er selbst. Denn er trägt wunderliche, altmodische Kleidungsstücke aus der Zeit vor dem Ersten Weltkrieg. Manche halten ihn für einen Schuster.

Eine Nachbarin, die ihn vom Sehen kennt und bemerkt, wie schwer dem alten Mann jeder Schritt fällt, will ihm auf der Flucht das blaue Köfferchen abnehmen, das er mit sich trägt. Aber der scheue und freundliche Mann lässt das nicht zu. Er hat das blaue Köfferchen mit einer Schnur und einer Schelle an seine Hand gebunden und wird sich nie von dem Köfferchen trennen. Selbst beim Händewaschen bindet er es nicht los. Es enthält seinen innigsten Besitz. Aber was hat er vor der überstürzten Flucht hineingepackt? Kriegswichtige Geheimnisse?

Der hagere alte Mann, dessen scharfes Profil mit der fein ziselierten Adlernase wie stahlgestochen wirkt, hat in der Tat die tiefsten Geheimnisse in sich getragen; doch seine Gedanken sind längst zu allgemeinen Wahrheiten und zum geistigen Besitz der Menschheit geworden. Warum ist dann die Last des Köfferchens so schwer? Darin befindet sich nur ein Stoß Blätter, aber ihr Gewicht kann ein Mensch kaum tragen. Es sind Briefe seines Sohnes, darunter auch die letzten, die er ihm vor wenigen Wochen aus dem »Totenhaus« geschrieben hat, bevor er gefesselt auf seine Hinrichtung wartete. Es ist das Kostbarste, was ihm nach allen Verlusten geblieben ist, und der alte Herr hat es wie mit einer Nabelschnur an sich gebunden. Die Rede ist hier von Max Planck, »dem bahnbrechenden Forscher und weisen Verkünder ewiger Wahrheit, dessen Wirken dem deutschen Volk in schwerer Zeit Trost und Hilfe gab«, wie es 1947 in der Ehrenbürgerurkunde seiner Geburtsstadt Kiel heißt.

*Der deutsche Physiker Max Planck, zehn Jahre nach der Verleihung des Nobelpreises 1918.*

## Planck bittet bei Hitler für Haber

Plancks Sohn Erwin, der in leitender Position für den Otto-Wolff-Konzern arbeitet, war ein Mann mit vielen Beziehungen und hatte das Refugium in Rogätz bei Magdeburg für den Vater gefunden. Die Lage ist 1943 in Berlin mehr als brenzlig geworden. Es gibt Bombenangriffe, die ganz gezielt den Villenkolonien der Professoren im Grunewald gelten. 1943 ist Plancks Villa schwer getroffen worden, und im Garten werden Sprengbomben mit Zeitzündern entdeckt. Ein Hilfstrupp des Instituts und Freunde können die ärgsten Schäden notdürftig beheben. Zunächst war also Rogätz nur als zeitweiliges Ausweichquartier gedacht; aber bald ist an eine Rückkehr in das vertraute Berlin nicht mehr zu denken.

Der Industrielle Carl Still, ein promovierter Ingenieur, dessen Firma in Recklinghausen auf den Bau von Koksöfen spezialisiert war, hatte 1918 in Rogätz ein Rittergut mit Park und Herrenhaus erworben, das die Dorfbewohner das »Schloss« nennen. Als Still 1922/23 von den Franzosen aus Recklinghausen ausgewiesen wurde, baute er den Besitz in Rogätz mit großen Stallungen für die Pferdezucht aus, die neben der Landwirtschaft betrieben wurde.

Der 75-jährige Still, der sich als verhinderten Physiker empfindet, erweist sich gegenüber Physikern wie Max Born, James Franck, Max Planck und anderen als großzügiger Gastgeber und Mäzen. Nachdem sich Max Planck und seine Frau in zwei Zimmern des Herrenhauses einquartiert haben, meldet sich Still bald zu einem Besuch an. Er hat eine Arbeit zur Thermodynamik verfasst, die wichtig für seinen Betrieb sein könnte, wie er Planck mitteilt, will ihn aber damit nicht behelligen. Stattdessen hofft er auf eine Gelegenheit, mit seinem illustren Gast über religiöse, politische oder philosophische Fragen sprechen zu können.

Seinen 85. Geburtstag feiert Planck am 23. April 1943 im Kurort Amorbach, einem Städtchen in Mainfranken. Unter den vielen Gratulanten und Glückwünschen befindet sich »merkwürdigerweise auch ein Telegramm des Führers, das ich pflichtschuldigst beantworte«, schreibt Planck und weist darauf hin, »dass es das erste Mal seit meiner mündlichen Unterredung mit ihm ist, dass er von mir Notiz genommen hat«. Die Glückwünsche des Telegramms, das wahrscheinlich einer Kanzleiroutine seinen Ursprung verdankt, widersprechen der feindseligen Einstellung des Regimes gegenüber Planck. Gerade hat Goebbels wieder der Stadt Frankfurt die Verleihung der Goethemedaille an Planck untersagt. Begründung: Er setze sich allzu sehr für den Juden Einstein ein. Die Unterredung zwischen Planck und Hitler gehört zu jenen Albträumen, die ein Mensch nicht vergessen kann. Planck war damals, 1933, das Oberhaupt der deutschen Physikerfamilie,

Nobelpreisträger von 1918, international hoch angesehen und Präsident des Kaiser-Wilhelm-Instituts. Es verstand sich von selbst, ja, es war eine Verpflichtung, dass der Präsident der bedeutendsten Wissenschaftsbehörde dem eben ernannten Reichskanzler seine Aufwartung machte. »Ich glaubte, die Gelegenheit benützen zu sollen, um ein Wort zu Gunsten meines jüdischen Kollegen Fritz Haber einzulegen, ohne dessen Verfahren zur Gewinnung des Ammoniaks aus dem Stickstoff der Luft der vorige Krieg von Anfang an verloren gewesen wäre.

Hitler antwortete mir wörtlich: ›Gegen die Juden an sich habe ich gar nichts. Aber die Juden sind Kommunisten, und diese sind meine Feinde, gegen sie geht mein Kampf.‹ Auf meine Bemerkung, dass es doch verschiedenartige Juden gäbe … darunter alte Familien mit bester deutscher Kultur und dass man doch Unterschiede machen müsse, erklärte er: ›Das ist nicht richtig. Jud ist Jud; alle Juden hängen wie Kletten zusammen. Wo ein Jude ist, sammeln sich sofort andere Juden aller Art an. Es wäre die Aufgabe der Juden selber gewesen, einen Trennungsstrich zwischen den verschiedenen Arten zu ziehen. Das haben sie nicht getan, und deshalb muss ich gegen alle Juden gleichmäßig vorgehen.‹

Auf meine Bemerkung, dass es aber geradezu eine Selbstverstümmelung wäre, wenn man wertvolle Juden nötigen würde, auszuwandern, weil wir ihre wissenschaftliche Arbeit nötig brauchen und diese sonst in erster Linie dem Ausland zugutekomme, ließ er sich nicht weiter ein, erging sich in allgemeinen Redensarten und endete schließlich: ›Man sagt, ich leide gelegentlich an Nervenschwäche. Das ist eine Verleumdung. Ich habe Nerven wie Stahl.‹ Dabei schlug er sich kräftig auf das Knie, sprach immer schneller und schaukelte sich in eine solche Wut hinauf, dass mir nichts übrig blieb, als zu verstummen und mich zu verabschieden.«

Welche Gefühle mögen den damals 75-jährigen Planck beschlichen haben, als er dem dreißig Jahre jüngeren Hitler zusah, der sich an seinem Wahnsinnsmonolog berauschte? Ein Jahr spä-

*Die Stars der Quantenrevolution in der Reichskanzlei 1931: Albert Einstein (3.v.li.) und Max Planck (1.v.li.) mit Außenminister Julius Curtius (re.) und dem britischen Premier Ramsay McDonald (2.v.li.).*

ter, 1934, stirbt Fritz Haber als gebrochener Mann, vereinsamt und tief verbittert, in Basel.

Max Planck will ein Zeichen für diesen glühenden deutschen Patrioten jüdischen Glaubens setzen und organisiert eine Totenfeier. Als die Einladungen versandt sind, gibt es heftige Reaktionen. Allen Universitätsangehörigen wird die Teilnahme untersagt, die vorgesehenen Redner erhalten von ihren Universitäten Sprechverbot. Max Planck ist entschlossen, sich nicht beirren zu lassen. »Die Feier werde ich machen, außer man holt mich mit der Polizei heraus«, sagt er am Vorabend zu seiner Assistentin und Vertrauten Lise Meitner.

Trotz des Verbots füllt sich der große Harnack-Saal bis auf den letzten Platz. Planck endet seine Begrüßungsrede mit den Worten: »Haber hat uns die Treue gehalten, wir halten Haber die Treue.« Die Rede des Chemikers Friedrich Bonhoeffer, die dieser nicht selbst halten darf, wird von Otto Hahn vorgelesen. Ihn betrifft das Redeverbot der Berliner Universität nicht, da er diese vor einigen Monaten verlassen hat.

Der offene Affront gegen das Regime leuchtet noch lange nach; aber diese Widersetzlichkeit kann das Ausmaß der Feigheit und Schäbigkeit nicht vergessen machen, mit der die (verbliebenen) Kollegen und ihre Fakultäten den Davongejagten begegneten. Zu den vielleicht 150 oder mehr ausgebildeten Physikern, die Deutschland verlassen müssen, kommen allein 40 hoch qualifizierte Direktoren von Instituten der Kaiser-Wilhelm-Gesellschaft. Planck bemüht sich in den verbleibenden drei Amtsjahren zu retten, was zu retten ist, rät Otto Hahn von Unterschriftensammlungen gegen den um sich greifenden Vandalismus der Nazis ab, beschwichtigt, wiegelt ab und versucht, vielen deutschen Wissenschaftlern abzuraten, ins Ausland zu gehen. Er wird unfreiwillig zur Stütze des Regimes. Ein Rücktritt, verbunden mit einer gleichzeitigen Ämterniederlegung von einigen renommierten Professoren, hätte eine große Wirkung entfalten können. So aber wurde Planck, wie viele der bürgerlichen Elite, ein Opfer seiner Anständigkeit, da er keine Vorstellung von den Spielregeln der neuen Machthaber hatte.

## Uns müssen schreckliche Dinge geschehen

Das alles liegt nun zehn Jahre zurück, und inzwischen ist Krieg. Aber Max Planck kann immerhin noch im Mai 1943 einer Einladung nach Schweden folgen, um dort einen Vortrag zu halten. Bei dieser Gelegenheit kommt es auch zu einer Begegnung mit seiner ehemaligen Assistentin Lise Meitner (1878–1968). Ihre erzwungene Flucht aus Deutschland, der Verlust der für ihre Forschung unerlässlichen Arbeitsstätte in Berlin, der Kriegseintritt Deutschlands und die nur schwierig aufrechtzuerhaltende Kommunikation haben die enge Verbundenheit der beiden nicht beeinträchtigt. Einstein selbst hatte ihr versichert, dass Planck nichts mit seinem einem Rauswurf aus der Preußischen Akademie der Wissenschaften zuvorkommenden Austritt zu tun gehabt habe.

147

Max Planck, der damalige Präsident, lag zu dieser Zeit nämlich krank und unerreichbar in Sizilien. Im Gegenteil, Planck war Einsteins Entdecker und wurde noch in den 40er-Jahren als »weißer Jude« – zusammen mit Heisenberg und Sommerfeld – und als »Statthalter Einsteins« im deutschen Geistesleben geschmäht.

»Ich fand ihn zwar stark gealtert, aber trotzdem erstaunlich in seiner Fähigkeit, den Ereignissen zu folgen, und zeitweise schien er mir fast derselbe wie in den längst vergangenen guten alten Zeiten«, schildert Lise Meitner ihrer in Berlin lebenden engen Freundin Elisabeth Schiemann am 30. Juni 1943 ihren Eindruck. »Aber in mancher Hinsicht war es doch schmerzlich zu merken, was den Jahren zum Opfer gefallen war – obwohl man ihm wahrhaftig seine 85 Jahre kaum glauben kann. Marga [Plancks deutlich jüngere zweite Ehefrau] fand ich sehr dünn, recht frisch … jedenfalls waren die Stunden, die wir zusammen waren – und wir waren viel zusammen –, ein inneres Atemholen für mich. Plancks Vortrag über die Grenzen der Naturwissenschaft machte mir einen starken Eindruck, weil die Reinheit und Größe seiner Persönlichkeit darin so stark zum Ausdruck kam; seine philosophischen Darlegungen geben mir wenig, sie erscheinen mir etwas naiv.«

Und sie fährt fort: »Wenn ich an alte Kameraden denke, … die ich ethisch am höchsten geschätzt habe oder die mir am nächsten gestanden sind – was durchaus nicht immer zusammenfällt –, so kenne ich nur einen einzigen, auf den man die obigen Worte sagen könnte, er ist heute ein alter Mann von 85 Jahren. Zwar ist er auch dem traditionellen Autoritätsglauben verbunden, aber er hat wirklich niemals in weiterreichenden Fragen seinen Vor- und Nachteil im leisesten mitsprechen lassen. Möge es ihm Gott lohnen.«

In einem Brief an Max von Laue vom 28. Juni 1946 erinnert sie sich an den damaligen Satz von Planck, den sie noch im Ohr hat: »Uns müssen schreckliche Dinge geschehen, wir haben schreckliche Dinge getan.« Es ist »echt Planck«, schreibt sie weiter, »dass er ›wir‹ und ›uns‹ gesagt hat, und ich hätte ihm am liebsten dafür die Hand geküsst«.

*Max Planck und sein Sohn Erwin, unterwegs auf einer Bergtour Ende der 30er-Jahre; Planck war ein begeisterter Bergwanderer bis ins hohe Alter.*

Nach der Schwedenreise hält das Jahr 1943 noch eine letzte große Tour für den begeisterten Bergsteiger Planck bereit. Mitte August trifft er in Sankt Jakob in Kärnten ein. Zusammen mit seiner Frau kann er in den geliebten Alpen einen Dreitausender besteigen. Der Bergführer hatte anfangs abgelehnt, die Führung zu übernehmen, da ihm der Gast zu alt für diese Unternehmung schien. Als sich Planck dann aber allein zum Aufstieg anschickt, bemerkt er, dass er einen rüstigen und geübten Bergsteiger vor sich hat, läuft ihm hinterher und bietet an, die Führung doch zu übernehmen.

*Marga und Max Planck 1924 in Berlin-Grunewald.*

Planck, dessen Amtszeit als Präsident der Kaiser-Wilhelm-Institute 1936 schon aus Altersgründen nicht mehr verlängert wurde, will anschließend zu einer Vortragsreise nach Koblenz, Frankfurt und Kassel aufbrechen. Planck hat eine neue Rolle für sich entdeckt und inzwischen Züge eines Wanderpredigers der Physik angenommen. Der Krieg macht ihm einen Strich durch die Rechnung. Frankfurt sagt ihm ab, da die Stadt zu sehr unter den Bombenangriffen leidet. In Koblenz muss der Vortrag mittendrin abgebrochen werden. Ein Zuhörer erinnert sich später daran, wie Planck noch verwirrt auf der Bühne stand, während bereits alles aus dem Saal stürzte. In der Hand hielt er noch den Bleistift, mit dem er gerade erklären wollte, dass die Energie, die in dessen Graphitmine steckt, bequem dazu ausreichen würde, ein großes Schiff von Hamburg nach Amerika und zurück anzutreiben.

In Kassel gerät er in Lebensgefahr. Der Vortrag kann zwar gehalten werden, aber danach bricht ein »Höllenspektakel« aus. Kassel wird zu einem einzigen Flammenmeer. Auch das Haus seiner Gastgeber brennt bis auf die Grundmauern nieder, da nicht genügend Löschfahrzeuge verfügbar sind. Die Plancks sitzen während der ganzen Nacht im Luftschutzkeller und hoffen, dass dieser den Flammen standhält. Der Ausgang ist verschüttet, erst durch ein Loch in der Wand können sie frühmorgens ins Freie. Planck büßt seine Korrespondenz, kostbare Dokumente und letzte persönliche Gegenstände ein. »Wann wird dieser Wahnsinn ein Ende nehmen?«, heißt es am Ende eines Briefes vom 30. Dezember 1943 an Laue. Planck ist froh, dass er wieder in das halbwegs sichere Rogätz zurückkehren kann.

## Zauberschloss, frische Erdbeeren und Granaten

Plancks vertrauter Schüler, der Nobelpreisträger Max von Laue (1879–1960), und seine Frau suchen Planck im Januar 1944 in Rogätz auf und geben uns einen Einblick in dessen Leben. Planck, der dort mit seiner Frau ein größeres und ein kleineres Zimmer bewohnt, frühstückt vor den anderen, die erst nach neun erscheinen; dann folgt ein kleiner Spaziergang im schönen, sich an der Elbe hinziehenden Park, an den sich manchmal ein Gang ins Dorf anschließt, um die Post oder den Friseur aufzusuchen. »Um 12½ isst man zu Mittag, um 15½ versammeln sich alle zum Kaffee – der dort übrigens keineswegs besser ist als anderswo zurzeit –, und danach kann man wieder spazierengehen, falls man sich nicht mit Dr. Still in dessen Arbeitszimmer über Allgemeines oder auch Naturwissenshaushalt unterhalten will. Um 19 Uhr gibt es Abendessen, und danach auch noch häufig ein paar Flaschen recht guten Weins.« Marga Planck hilft dabei als »Haustochter« etwas in der Hauswirtschaft mit.

»Wir leben wie in einem Zauberschloss«, hatte Planck anfangs begeistert nach Berlin geschrieben und das unbeschwerte Dasein dieser ländlichen Zuflucht erwähnt, die eine himmlische Ruhe und köstliche Erdbeeren gewähre. Eine wichtige Rolle spielen auch ein Harmonium und ein Flügel, auf denen der hochgelobte Klavierspieler Planck, der selbst einmal Komponist werden wollte, gern Stücke seiner Lieblingskomponisten Brahms und Schubert vorträgt. Aber es dauert nicht lange und die Berliner Atmosphäre, die geliebten Furtwängler-Konzerte, die Gespräche und der Umgang mit Freunden und Kollegen, das Adlon und die Besuche im Café Kranzler werden schmerzlich vermisst.

Am 15. Februar 1944 ist Plancks Villa in Grunewald erneut getroffen worden. Der »Volltreffer« lässt nur noch Schutt und Asche zurück. Aufzeichnungen, Briefe, Tagebücher und lebenslang gehütete Habseligkeiten sind in Flammen aufgegangen. Der Verlust seines Hauses mitsamt der in Jahrzehnten zusammengetragenen Bibliothek ist nicht der erste Schicksalsschlag, der ihn in diesem Jahr trifft, und nicht der schwerste. Der steht ihm noch bevor. Es sind trügerische Monate, die ihm noch vergönnt sind, bevor ihn eine Tragödie erfasst, auf die er in keiner Weise vorbereitet ist.

Zunächst machen Planck unerträgliche Schmerzen zu schaffen. Im Kurort Amorbach, den er aufsucht, um sich Linderung zu verschaffen, diagnostiziert der Arzt einen schmerzhaften Leistenbruch, der in Rogätz übersehen worden war. Allerdings weigert sich der Kurarzt wegen Plancks Alter, ihn zu operieren. Aus dieser Not befreit ihn sein Freund Ferdinand Sauerbruch (1875–1951). Zusammen mit Erwin Planck (1893–1945), dessen Frau und begleitet von einem Oberarzt, braust der berühmte Chirurg in der eindrucksvollen Uniform eines Generalarztes in einer großen Limousine nach Amorbach, um die Operation an Ort und Stelle am 19. Mai 1944 durchzuführen. Sie verläuft erfolgreich. Allerdings ist Planck sehr geschwächt. Sauerbruch lässt seinen Oberarzt zurück. Planck erhält ein paar Tage später eine Bluttransfusion durch seinen Sohn, die sein Befinden deutlich bessert. Dass er danach bereits ein paar Mal am Tag im Zimmer umher-

*Die Plancksche Villa in der Wangenheimstraße 21, Berlin, wurde gegen Kriegsende völlig zerstört.*

gehen kann, ist schon ein großer Fortschritt. Die »barbarische Hitze« macht allen zu schaffen. Sauerbruch kommt zur Nachbeschau ein paar Tage später wieder aus der Schweiz zurück, und die ganze Gesellschaft mit Oberarzt, Erwins und Sauerbruchs Frauen rauscht Pfingstsonntag Mittag ab. »Die haben ganz Amorbach auf den Kopf gestellt«, schreibt Plancks Frau.

Aus Anlass seiner 50-jährigen Mitgliedschaft in der Preußischen Akademie der Wissenschaften folgt Planck kurz darauf einer Einladung des Kaiser-Wilhelm-Instituts für Physik in Berlin. Es könnte der letzte Besuch des 86-Jährigen sein. Unter gespenstischen Vorzeichen tritt noch einmal das schon untergegangene Berlin auf. Die Nacht vor der Feier verbringen die Plancks im Hotel Adlon. Dass in der Nacht nur so wenige Bomben fallen, gilt als gutes Vorzeichen. Da der bisherige Institutsdirektor, der Nobelpreisträger Peter Debye, ein Niederländer, nicht mehr nach Deutschland zurückgekehrt ist, hat sein Nachfolger Werner Heisenberg die Feier ausgerichtet. Nachdem er das Ehepaar Planck mit dem einzigen noch verbliebenen Dienstwagen aus dem Hotel abgeholt hat, macht ihnen Heisenberg die freudige Mitteilung, dass auch Plancks Sohn Erwin bei der Feier anwesend sein und neben ihm sitzen wird. Die Fahrt zum Veranstaltungsort führt durch die Trümmerfelder des Berliner Zentrums.

»Weder Planck noch mir gelang es, die Straßen wiederzuerkennen. Wir mussten uns durchfragen. Die Feier sollte in einem erhalten gebliebenen Festsaal des preußischen Finanzministeriums stattfinden. Als ich schließlich in die betreffende Straße gewiesen wurde, endeten wir mit unserem Wagen vor einem riesigen Schutthaufen mit verbogenen Eisenstangen und Betonklötzen, die im Weg lagen, und ich dachte, ich müsste falsch gefahren sein. Auf meine Fragen erhielt ich aber die Weisung, man müsse um den Schutthaufen etwas herumgehen, dann gebe es eine Tür, die noch halb offen stehe; durch die müsse man hindurch, und dann komme man zwischen Schutt und Eisenstangen schließlich in den Festsaal.«

Als sie den Festsaal betreten, herrscht sofort allgemeine Stille. Von allen Seiten wird Planck voller Verehrung begrüßt. Deutlich ist zu spüren, wie viel Zuneigung Planck zuströmt, der glücklich ist, noch einmal die bekannten Gesichter zu sehen. Laue, der mit einer planmäßigen Lufthansa-Maschine pünktlich zur Jubiläumsfeier angereist ist, findet Planck unverändert aussehend, wenigstens im Gesicht, aber er ist »krummer und kleiner« geworden. Seine Stimmung sei nicht schlecht, eher die seiner Frau, die sich vor der Verlassenheit in Rogätz fürchte. Jedenfalls hoffe Planck, die 90 zu erreichen.

»Das Streichquartett fing an zu spielen«, heißt es in Heisenbergs Bericht weiter, »und für eine Stunde oder zwei war man in die Zeit des alten, kultivierten Berlins versetzt, in dem Planck, wie selbstverständlich, die führende Persönlichkeit war, und in dem noch einmal die ganze Kultur der früheren Zeit gegenwärtig schien.«

Es ist der 8. Juli 1944, und als sich der gefeierte Ehrengast und sein Sohn trennen, ahnen sie nicht, dass sie einander nie wiedersehen werden.

## Hiobs schwerste Prüfung

Das Jahr 1944 wird ihm so viel abverlangen wie kein zweites in seinem Leben. Die Lage der Plancks ist unsicher. Auch das längere Verweilen in Rogätz ist fraglich. Max von Laue unternimmt einen Vorstoß und bittet Lise Meitner, zu sondieren, ob Planck und seine Frau nicht während des Krieges in Schweden Schutz finden könnten. Sie berichtet ihm darüber am 9. Januar 1944: »Was Ihren Vorschlag bezüglich Marga und ihres Mannes betrifft, so ist er leider nicht zu realisieren. Ich habe mir eine ziemlich unfreundliche Ablehnung geholt.«

Max Planck entzieht sich den täglichen Meldungen und fortwährenden Diskussionen über »Feindformationen« und den Frontverlauf, die auch Rogätz in Atem halten. Für ihn ist das überflüssiger Nerven- und Kräfteverbrauch. Stattdessen geht er lieber abends ruhig ins Bett. Er hat sich mit stoischer Haltung gewappnet. Jeden Tag mit Dankbarkeit für jede froh erlebte Stunde. Nur keine Pläne machen, solange der Krieg andauert, lautet seine Devise. Und: »Disponiert wird erst, wenn der letzte Schuss gefallen ist.« Doch dann reißt ihn eines Tages eine Nachricht aus der selbstgenügsamen Beschaulichkeit, in der er sich in Rogätz eingerichtet hat: Sein Sohn Erwin ist am 23. Juli 1944, drei Tage nach dem missglückten Attentat auf Hitler, verhaftet worden. Diese Meldung trifft ihn so unvorbereitet, dass er sie für einen furchtbaren Irrtum hält, der sich schnell aufklären lassen wird. Ja, er glaubt beschwören zu können, dass sein Sohn, den er so gut kenne, zu nichts fähig wäre, das zum Sturz der Regierung aufruft. Erwin ist wegen versuchten Staatsstreichs, Regierungsumsturzes und und und angeklagt. Seine Karten sind schlecht, denn sein Name steht auf einer verhängnisvollen Personalliste, die wie in einem Schattenkabinett alle Mitglieder einer neuen Regierungsmannschaft verzeichnet. Von jetzt an beherrscht Plancks Denken und Tun der Gedanke, wie er seinem Sohn helfen könnte. Die Ursache für die Verhaftung von Erwin Planck liegt zehn Jahre zurück und beginnt mit einem nie ganz aufgeklärten Mord an seinem Freund im Jahre 1934.

30. Juni 1934: Nach dem üblichen Morgenritt im Tiergarten, dem ein Frühstück folgt, zieht sich General Kurt von Schleicher mit seiner Frau in das Arbeitszimmer seiner Villa in Neubabelsberg zurück. Der General arbeitet am Schreibtisch, seine Frau hat es sich auf einem Polstersessel bequem gemacht und stickt. Die Villa mit dem großen Garten hat ihm sein Freund, der Industrielle Otto Wolff, beschafft und eingerichtet. Beide eint die Gegnerschaft zu Hitler. Seitdem Schleicher als Reichskanzler zurückgetreten ist und den Weg für seinen Nachfolger Hitler freigemacht hat, kann er sein Privatleben pflegen. Jetzt ist Kurt von Schleicher in der Villa allein mit seiner Frau Elisabeth, mit der er seit drei Jahren glücklich verheiratet ist. Sie ist 41 Jahre alt, elf Jahre jünger als er. Die 15-jährige Tochter Lonny, die sie in die Ehe mitgebracht hat, befindet sich noch in der Schule, Schleichers Schwester Thusnelda ist beim Zahnarzt, und eine Kusine Schleichers, die zu Besuch weilt, hält sich im Garten auf.

Kurz nach Mittag dringen fünf Männer in Zivil, die einem Auto entstiegen sind, in das Grundstück ein und verlangen barsch Einlass von der Haushälterin Marie Güntel, die sie ins Arbeitszimmer führt. Als der über diese Störung aufgebrachte Schleicher die Frage nach seinem Namen beantwortet, feuern die Eindringlinge

*Erwin Planck vor dem Volksgerichtshof Freislers am 23. Oktober 1944; er*
*wurde zum Tode verurteilt und am 23. Januar 1945 in Plötzensee hingerichtet.*

sofort mehrere tödliche Schüsse auf ihn ab. Auch seine Ehefrau
Elisabeth fällt den Schüssen zum Opfer.

Tathergang und Täter konnten erst nach dem Krieg rekons-
truiert und enttarnt werden. Bei den Mördern handelt es sich
um Angehörige des SD (Sicherheitsdienstes) der SS. Die offizielle
Propaganda spricht von Opfern einer Säuberungsaktion im Zusammenhang mit dem »Röhm-Putsch«. Die Staatsführung hat jedenfalls kein Interesse an einer Aufklärung. Die Mörder kommen
nie vor Gericht, der konkrete Auftraggeber bleibt unbekannt. Per
Gesetz werden schließlich Morde wie dieser sowie alle Aktivitäten im Zusammenhang mit dem »Röhm-Putsch« am 3. Juli 1934
nach den Bestimmungen des Ermächtigungsgesetzes unter dem
Stichwort »Staatsnotwehr« legalisiert.

Auch die Rolle der üblichen Verdächtigen (Hitler, Göring,
Himmler, Heydrich) wirft Fragen auf. Am Nachmittag des Mor-
des fährt nämlich wiederum ein kleiner Trupp vor der Schlei-
cherschen Villa vor, um ihn zu verhaften; das wirft ein Licht auf
die unkoordinierten Aktivitäten unterschiedlicher Interessen-

gruppen. Hitler behauptet jedenfalls nachdrücklich gegenüber Meissner, dem Staatssekretär Hindenburgs, er habe »mit dem bedauernswerten Unglück absolut nichts zu tun gehabt. Ja, er sei über die Liquidation Schleichers schon deswegen erbost gewesen, weil er die Reichswehr als ›Stütze seiner Diktatur‹ gebraucht habe« und ihm die Erschießung daher nicht »in sein Konzept gepasst habe«.

Vergeblich forderte Erwin Planck nach der Ermordung Schleichers am 30. Juni 1934 General Werner von Fritsch zum aktiven Widerstand gegen das NS-Regime auf. Warum aber ausgerechnet Schleicher, der geräuschlos vor siebzehn Monaten den Platz für Hitler geräumt hatte, Opfer dieser Gewalttat wurde, bleibt Gegenstand von Vermutungen. Der intellektuell anziehende, witzige und selbstironische Schleicher, der in unbegreiflicher politischer Naivität überzeugt davon war, die Nationalsozialisten »zähmen« zu können, war bei alledem ein tiefgläubiger Katholik. Vieles verbindet ihn mit Erwin Planck, nicht nur die hübschen Hände des Cellospielers, die einem Beobachter auffallen, und die gemütliche Figur, die markante Glatze, sondern auch seine ungewöhnliche Empfindsamkeit für die Schönheiten der Natur, die Freude an der Musik und am Zusammensein mit vertrauten Menschen. Und von welchem Reichskanzler hat man je Sätze gelesen wie die folgenden? Als er wieder einmal den heuchlerischen Reden bei einem Staatsbegräbnis zuhören musste, wird ihm wieder klar, »wie unsinnig Ehrgeiz, Ruhm, Machtgier und Geldgier usw. sind und wie nur eines Wert und Bestand über den Tod hinaus hat – Liebe, Liebe, Liebe in jeder Form und bei jeder Gelegenheit«.

Erholung und Geborgenheit findet er im Geschwisterkreis, vor allem bei seiner Schwester in Schwerin. »Kein Geld, das Haus voll Besuch, dabei von morgens bis abends eine ›singende‹ Stimmung, eine harmlose Heiterkeit, eine dankbare Zufriedenheit. Diesem Kreis innerer Zufriedenheit, deren Wurzel in einem unerschütterlichen Glauben an den Alliierten dort oben liegt.« Jeden einzelnen Satz könnte sein enger Freund Erwin unterschreiben.

Erwin Planck hat anders als sein Vater weiche Gesichtszüge, große braune Augen, die wach hinter den runden Brillengläsern umherblicken, eine große Nase und volle, sinnliche Lippen. Mit seinen fashionablen Hüten wirkt er in Gesellschaft von Militärs, anders als Schleicher, fehl am Platz. Erwins kurze politische Karriere verdankt er seinem Freund, der auch sein Trauzeuge wird. Schleicher hat die Ernennung Plancks zum Staatssekretär im Kabinett Papen »durchgedrückt«, und als er selbst wenig später Reichskanzler wird, verbleibt Erwin Planck weiterhin als Staatssekretär in der Reichskanzlei im Amt. Als ihn Hindenburg fallen lässt und er sein Amt verliert, wird Hitler Schleichers direkter Nachfolger. Dieser sieht seinen schier unaufhaltsamen Aufstieg ebenso wie seinen Absturz als Werk Gottes an.

Erwin, der zweitälteste Sohn von Max Planck, wollte ursprünglich die Offizierslaufbahn einschlagen, hat sich aber, nachdem er 1911 bis 1913 aktiver Offizier war, als 20-Jähriger zum Medizinstudium entschlossen. Doch dieses Studium gab er bald wieder auf. Bei Kriegsausbruch wird er als Reserveoffizier reaktiviert und gerät bald darauf schwer verwundet in französische Kriegsgefangenschaft. Drei Jahre später wird er ausgetauscht, arbeitet im Generalstab, danach in der Reichswehr. Von einem Medizinstudium ist keine Rede mehr. 1926 scheidet er aus dem Dienst und wird Beamter im Wehrmachtsministerium. Dabei lernt er den elf Jahre älteren Kurt von Schleicher kennen – der Beginn einer dauerhaften, herzlichen Freundschaft. Bald gehört er zu dessen engsten Mitarbeitern und Verbündeten, den »Musquetiers«. Nach dem Mord an Schleicher werden weitere Mitarbeiter und Freunde umgebracht oder verschwinden. Mitwisser und Zeugen des Geschehens kommen auf mysteriöse Weise ums Leben. Selbst die Hausangestellte, welche die Mörder ins Arbeitszimmer geführt hatte, ertrinkt nur Tage später in einem Teich am Heiligensee. Erwin Planck, vom Juni 1932 bis Januar 1933 Staatssekretär und Chef der Reichskanzlei, bittet in einem Schreiben an den »hochverehrten

Herrn Reichskanzler Hitler« am 31. Januar 1933 um seine Entlassung. Dem Antrag wird stattgegeben und Planck in den einstweiligen Ruhestand unter »Gewährung des gesetzlichen Wartegeldes« versetzt. Ein formelles Dankschreiben Hitlers folgt. Der enge Freund Schleichers bleibt von den Verfolgungen unbehelligt. Er kommt ungeschoren davon. Freunde haben den Eindruck, dass er übersehen worden sei. Der entlassene Diplomat kann danach eine monatelange Auslandsreise – ironischerweise mit teilweiser Unterstützung Hitlers – unternehmen, die ihn durch Asien führt und Abstand von Deutschland gewinnen lässt.

Der politische Weg Erwin Plancks, der früh vor Hitler gewarnt hatte, war längst vorgezeichnet. Bei dem Versuch, aufgrund der preußischen Verfassung die Machtübernahme Hitlers durch Proklamierung des Staatsnotstands zu verhindern, also einen Staatsstreich zu inszenieren, war Erwin Planck einer der Hauptakteure, Verfasser der Erlasse und Organisator. Er war es auch, der für die juristische Absicherung durch Carl Schmitt sorgte und gleichzeitig seinen Freund Eugen Ott, den späteren Botschafter in Japan, mit der Planung des militärischen Ausnahmezustands beauftragte. Spätestens die Ermordung der Schleichers markiert den Wendepunkt.

Nach seiner Rückkehr aus Asien wird Erwin Planck einfaches Mitglied der Geschäftsführung der Otto-Wolff-Werke, die auch als Rüstungsbetrieb tätig sind. Otto Wolff, der eine Bilderbuchkarriere vom »Schrottlehrling zum Industriekapitän« hinter sich hat, sucht einen zuverlässigen, unbestechlichen Mann, einen Treuhänder. Es entwickelt sich ein enges Vertrauensverhältnis mit dem kinderlosen Wolff. Nach vier Lehrjahren rückt Erwin Planck zu einem der Geschäftsführer auf. In dieser Position beginnt er ein Netzwerk zu pflegen, in dem sich auch viele Freunde aus Militär, Wissenschaft und Wirtschaft finden, welche die Gegnerschaft zum NS-Regime vereint.

*Erwin Planck (re.) mit Hermann Göring, in Berlin 1932; er hatte früh vor Hitler gewarnt und als politischer Beamter die Machtübernahme zu verhindern versucht.*

# Laue und Meitner – eine Korrespondenz während der Hitlerzeit

Das Drama, das sich seit der Verhaftung von Erwin Planck jeden Tag fortsetzt, wird von zwei Menschen mit großer Anspannung verfolgt, die sich über jede Nachricht darüber brieflich auf dem Laufenden halten und eine Chronik der Ereignisse liefern. Es sind dies der 65-jährige Max von Laue und die emigrierte, in Stockholm lebende 66-jährige Lise Meitner, die ihre Weltkarriere als einstige Assistentin Plancks begonnen hatte. Der unsichtbare Dritte im Bunde ist Max Planck selbst, der auch in seiner zierlichen Handschrift zur Korrespondenz beisteuert oder seine Frau schreiben lässt. Als die Freunde gewahr werden, dass Planck auch noch das Opfer seines über alles geliebten Sohnes abverlangt werden wird, klingt der Ton zärtlicher in den Briefen, wenn die Rede auf ihn kommt. Da wird dann von »Vater Planck« gesprochen.

Zwischen den Plancks, den Laues und der in Stockholm nahezu gänzlich ihrer Arbeitsmöglichkeiten beraubten Lise Meitner ist ein straffes Briefseil gespannt. Lise, die oft das Gefühl von Einsamkeit, Fremdheit und Heimatlosigkeit überfällt, wartet stets ungeduldig auf Nachrichten aus dem Land, aus dem sie fliehen musste. Die Zensur liest mit, untersucht zuweilen die Schriftstücke auf die Verwendung unsichtbarer Tinte, hält sich aber erstaunlich zurück. Zwei Briefe dürfen jeden Monat ins Ausland geschickt werden, wobei der Absender beim Postamt seinen Pass vorlegen muss. Oft sind die genehmigten Briefseiten allzu schnell vollgeschrieben. Die Themen erfassen alle Äußerungen des Lebens. Wissenschaftliche Mitteilungen, Bitten um Schuhbänder und Laues Schilderungen über die »Schatzsuche« seiner Frau, die beim Herumstochern im Schuttberg des zerstörten Kaiser-Wilhelm-Instituts ein halb geschmolzenes silbernes Löffelchen mit dem eingravierten Vornamen ihres Mannes findet, stehen dann unvermittelt nebeneinander. In stenogrammartiger Knappheit wird über Schicksale von ehemaligen Kollegen und Freunden berichtet, die ausgebombt wurden oder gefallen sind. Auch vernichtete Druckereien, verbrannte Auflagen, zerstörte Druckstöcke spielen eine Rolle.

Es sind Briefe aus einem Land, in dem man gelernt hat, geduldig auf eine Nachricht zu warten und in dem einfachste Dinge hochgeschätzt werden. Dass es einmal überraschend eine Tasse mit echtem Bohnenkaffee und dazu eine Scheibe Graubrot mit Kunsthonig gegeben hat, ist der Erwähnung wert. Nicht zuletzt sind es auch Briefe, die beim Leser die Sehnsucht nach guten und aufrichtigen Freunden lebendig werden lassen. Liest man sich durch die vielen hundert Seiten der Korrespondenz, so zieht ein merkwürdiger Reigen bizarrer Ereignisse an einem vorüber, die man nicht auflösen könnte, wüsste man nicht, dass Krieg herrscht: Vor der Humboldt-Universität scheint Hegel Selbstmord begangen zu haben, denn die Statue hat ein großes Loch im Kopf. Da eilt in Hechingen ein Mitarbeiter des Instituts über die Felder nach Hause und entdeckt plötzlich, dass er einen durchschossenen Mantel hat. Alles scheint wie verhext zu sein, wenn das Haus eines Kollegen kräftig »durchgepustet« worden ist, und es gibt kommentarlose, kurze Meldungen an »Fräulein Meitner« über ihren ehemaligen Dienstraum im Berliner Institut: »Kleinholz«.

Immer wieder kommen Laue und Lise Meitner aus den unterschiedlichsten Anlässen auf »Vater Pl.« zu sprechen. Am 25. September 1944 schreibt Laue an Lise Meitner, dass er gerade die Selbstbiografie Grillparzers liest. »Wenn Grillparzer von den Empfindungen berichtet, die er bei der Begegnung mit Goethe hatte, so muss ich lebhaft an meine Empfindungen Planck gegenüber, namentlich in meinen jungen Jahren, denken.«

Grillparzer, damals auch in Deutschland als Dramatiker berühmt, ist von der Begegnung mit der »mythischen Figur« aufgewühlt, zutiefst bewegt. Als dann Goethe seine Hand ergreift, um ihn ins Speisezimmer zu führen, bricht Grillparzer in Tränen aus, während Goethe sich bemüht, dessen Weinkrampf vor den Anwesenden zu vertuschen. Diese Begegnung nennt Grillparzer die vielleicht wichtigste in seinem Leben.

Heftige Empfindungen in der Tat, die da Laue bei der ersten Begegnung mit Max Planck bewegten. Laue könnte ebenso sagen, dass die Begegnung mit Planck das wichtigste Ereignis in seinem Leben war. »Was Sie über Vater Pl. schrieben, hat ein sehr starkes Echo in mir ausgelöst, in meiner eigenen Einstellung zu ihm« antwortet Lise Meitner am 3. Dezember 1944 auf Laues Mitteilung. »Ich danke ihm so viel, nicht nur in meiner eigenen wissenschaftlichen Entwicklung, sondern menschlich. Außer meinen Eltern hat kein anderer Mensch einen so starken Einfluss auf meinen Lebensweg gehabt wie er. Die Studienzeit bei ihm war ausschlaggebend für meine ganze spätere Entwicklung.«

Lise Meitners Begegnung mit Planck verlief nüchterner als die Laues. Die junge Studentin kam direkt aus Wien, wo sie bei Ludwig Boltzmann gehört hatte. Boltzmann war erfüllt von der Begeisterung für die Wunder der Naturgesetze und ihre Erfassbarkeit durch das menschliche Denken. Seine jugendlichen Hörer wurden durch den furiosen Redner mitgerissen. Dagegen hatte Meitner in Plancks Vorlesungen anfangs mit einem Gefühl der Enttäuschung zu kämpfen. Ihr erschienen seine Ausführungen »bei all ihrer außerordentlichen Klarheit etwas unpersönlich, beinahe nüchtern. Aber ich habe sehr schnell verstehen gelernt, wie wenig mein erster Eindruck mit Plancks wahrer Persönlichkeit zu tun hatte… Er war von einer seltenen Gesinnungsreinheit und innerlichen Geradlinigkeit, der seine äußere Einfachheit und Schlichtheit entsprach«. Planck erzählte einmal nach dem Verlust seines nahen Freundes, des Geigers Joseph Joachim, dass dieser auch als Mensch so wunderbar gewesen sei, dass, wenn er ein Zimmer betrat, die Luft dort besser wurde, und Lise Meitner fügt hinzu: »Genau das konnte man von Planck sagen, und das hat die damalige, jüngere Berliner Physikergeneration sehr stark empfunden.«

*Lise Meitner, österreichische*
*Kernphysikerin, Assistentin von*
*Max Planck, 1946.*

*Max von Laue, deutscher Physiker,*
*promovierte bei Max Planck und*
*erhielt 1914 den Nobelpreis.*

Während Laue und das Fräulein Lise Meitner bei ihren Erinnerungen verweilen, dürfen wir einen Blick auf ebenjenes Jahr werfen, das für Planck zum Schicksalsjahr geworden ist. In diesem Jahr 1900 sind Lise Meitner 21 und Max von Laue 22 Jahre alt, ebenso wie Einstein und Otto Hahn. Max Planck ist wenigstens eine Generation älter. Sie erleben jene entscheidenden Momente im Leben Plancks mit.

## Planck kränkt die Atome

In den matschnassen Januartagen im Berlin zu Beginn des neuen Jahrhunderts, des zwanzigsten, ist Max Planck endlich in der Lage, sein lange erwartetes »Strahlengesetz« vorzustellen. Planck ist 42 Jahre alt und scheint den Gipfel seiner Laufbahn erreicht zu haben, als er vor das Gremium von Universitätskollegen tritt.

Stehkragen, Fliege, schwarzer Gehrock, goldene Uhrkette,

lackschwarze Galoschen. Ein mächtiges Haupt, die markante Glatze lässt noch einen dünnen Haarkranz übrig. Randlose Brille, schmale Lippen, dünner Schnauzbart und Mundwinkel, die schon bedenklich nach unten weisen. Senkrechte Furchen über der Nasenwurzel. Ein tiefer Ernst hat sich in sein Gesicht eingeschrieben. Längst ist das Lächeln aus diesem Gesicht verschwunden. Auch heute tritt Planck mit einer Leichenbittermiene ans Pult, obwohl er vom erfolgreichen Abschluss einer mühevollen Arbeit berichten kann. Vielleicht liegt das an der schweren Last, die auf den Physikern ruht, die nicht für den Tag arbeiten, sondern »für die Ewigkeit«, wie er sagt. Er zählt jedenfalls zu den Deutschen, über die Goethe sagt, dass sie schwer über den Dingen werden und die Dinge über ihnen.

Planck gehört zu den leisesten Rednern und zwingt sein Publikum zur Aufmerksamkeit. Niemand kann sich dieser unaufdringlichen Stimme entziehen, mit der er seinen Weg zum »Strahlengesetz« beschreibt.

Eigentlich sollte das Strahlengesetz nur dazu dienen, einen neuen Industriestandard für die Leuchtkraft von Glühbirnen festzulegen, aber Planck will mehr. Er sucht nach einem Gesetz, das den gesamten Bereich der Strahlung umfassen soll. Er hofft, damit endlich auch jene Vorgänge zu enträtseln, welche sich im Inneren der ominösen Körper abspielen, die sein Vorgänger Gustav Robert Kirchhoff zurückgelassen hat. Dieser hatte sich in seinen letzten Jahren noch eine geniale Versuchsanordnung einfallen lassen und große, längliche, dickbauchige Behältnisse entworfen. Der innen vollkommen verspiegelte Hohlraum besaß nur eine einzige kleine Öffnung. Im experimentellen Idealfall absorbiert dieser Körper durch dieses kleine Loch genau so viel Strahlung, wie er aussendet. In diesen seltsam anmutenden Gebilden erhitzte Kirchhoff unterschiedliche Materialien wie Messing, Eisen, Diamanten usw. und beobachtete ihr Verhalten bei steigender Temperatur. Dabei trat ein verblüffendes Phänomen auf: Die von den völlig unterschiedlichen Gegenständen ausgesendete Strahlung hing ausschließlich von der Temperatur ab; physikalische oder chemische Eigenschaften dieser Materialien spielten keine Rolle. Jahrzehntelang entzog sich diese »Naturerscheinung« jeder Erklärung. Könnte man nun die Wärmestrahlung im Inneren eines derartigen »Schwarzen Strahlers« genau bestimmen, so müsste sich auch die Abhängigkeit seiner spezifischen Strahlungsintensität von der Frequenz und Temperatur genau definieren lassen. Das war so ungefähr die Aufgabe, die gelöst werden musste oder sollte. Angeregt hatte die Arbeit Wilhelm Wien (1864–1928), der Nobelpreisträger von 1911, auf dessen umfangreiche Vorarbeiten zur Wärmestrahlung sich Planck stützte. Herausgefunden hatte man damals schon die Ursache, warum sich die Farben eines glühenden Körpers bei steigender Erwärmung von Rot zu Gelb und Weiß ändern, aber ein umfassendes Strahlengesetz war noch nicht formuliert worden.

Anfang des 20. Jahrhunderts verstehen sich Physiker noch als Künstler. Und jenseits der mühseligen, Seite um Seite füllenden Ketten von Gleichungen und logischen Folgerungen wollen sie für ihre Teilhabe am künstlerischen Prozess anerkannt und bewundert werden. Geniale, am besten traumhafte Intuitionen stehen hoch im Kurs. Seine Relativitätstheorie sei aus Intuition und Phantasie entstanden, sagt Einstein. Planck schreibt ihm jedenfalls eine außergewöhnliche »Einbildungskraft« zu. Er hebt auch die »künstlerisch veranlagte Natur« Hermann Minkowskis, des großen Göttinger Mathematikers, hervor und die »vorwärtstastende Phantasie« Arnold Sommerfelds. Einstein wiederum wies auf die »echt künstlerische Seite« Plancks und »sein künstlerisches Bedürfnis« hin. Planck lehnt sich bei seinem Strahlungsgesetz weit aus dem Fenster, wenn er betont, er habe das Gesetz einesteils »glücklich erraten« und andernteils »halbempirisch« gefunden. Er spricht von sich, wenn er die schöpferische Phantasie preist, »welche im Geiste des in dunkle Gebiete vordringenden Forschers den ersten Gedankenblitz einer neuen Erkenntnis entzündet«. Ohne Phantasie ließen sich glückliche Ideen nicht darbieten. Auf die Logik käme es nicht an. Und ist dieses Gesetz nicht der beste Beweis dafür? Oder ist es ein Beweis dafür, dass der Kollege Planck wieder über ein Thema referiert, das, milde gesagt, ziemlich abgelegen scheint? Man muss jedenfalls Geduld mitbringen, wenn er im Stil der Zeit vom »geheimnisvollen Wunschland« spricht, wo sich »Äther« und »Materie« begegnen. (Die Vorstellung, dass es einen »Äther« gibt, die sich noch viele Jahre halten sollte, wurde erst durch Einstein wie ein Spuk hinweggefegt und durch den Begriff »Elektrodynamik« ersetzt.) Wenn er auf die »Entropie« zu sprechen kommt, die Vorstellung, dass, kurz gesagt, alle Vorgänge unweigerlich vom Einfachen zum Komplexeren fortschreiten, wirkt Planck wie ein Missionar, der eine Botschaft zu verkünden hat. Dieser Lehrsatz ist zum schicksalhaften Lebensthema von Planck geworden und schnürt sein Denken ein wie ein zu enges Korsett. Planck, der in den letzten Jahren allein fünf umfangreiche Aufsätze zu diesem Thema veröffentlicht hat, gilt auf diesem Gebiet als weltweit anerkannte Autorität. Von großer Konkurrenz um diesen Anspruch kann allerdings keine Rede sein.

Anlässlich des großen Physiker-Kongresses 1890 stellt der Berichterstatter nach einer Befragung fest, dass es überhaupt nur vier Menschen auf der Welt gibt, die sich näher mit dem Zweiten Satz der Wärmelehre beschäftigen. Mit diesem Thema hat Planck jedenfalls seinen Weg gemacht. Schon die in vier Monaten geschriebene Dissertation des 21-jährigen Planck hatte die Thesen der Wärmelehre von Clausius zum Gegenstand. Als diese Abhandlung endlich 1879 – im Geburtsjahr Einsteins – gedruckt worden ist, will niemand etwas davon wissen. Selbst seinem Doktorvater Philipp von Jolly sind der Gegenstand und die Abhandlungen über die Anwendung der Thermodynamik auf verdünnte Lösungen, osmotischen Druck, Elektrolyte und dergleichen zu obskur. Er ist bereit, die Arbeit dieses überaus gewissenhaften Studenten mit der besten Note zu bewerten, aber diese auch noch zu lesen – nein, danke. Selbst in Berlin winken die anerkannten Größen wie Helmholtz und Kirchhoff ab. Planck selbst gelingt es nicht, bei dem verschlossenen Rudolf Clausius (1822–1888) wenigstens einmal persönlich vorsprechen zu dürfen. Hatte nicht Jolly selbst Planck überhaupt von der Physik abgeraten? Nach der Entdeckung des Gesetzes von der Erhaltung der Energie (»Die Energie der Welt ist constant«) gebe es ja nur noch wenig zu tun. Das sogenannte »Strahlungsgesetz« wird mit andächtiger Stille zur Kenntnis genommen. In den Beifall mischt sich das Gefühl der Dankbarkeit, dieses Thema getrost dem Kollegen überlasen zu dürfen. Niemand, weder der Vortragende noch die gleichgültigen oder wohlwollenden Kollegen, ahnt in dieser Stunde, dass sich Max Planck eben sein Grab geschaufelt hat.

Mit dem öffentlich vorgestellten Gesetz, dessen Ableitung noch aussteht, scheint etwas nicht zu stimmen. Die für Präzisionsmessungen und die Überwachung von Normen zuständige Physikalisch-Technische Reichsanstalt kann die Wirksamkeit des Gesetzes experimentell nicht bestätigen. Diese unerbittliche Instanz hatte inzwischen das Plancksche Gesetz in Aberdutzenden von Versuchsreihen überprüft. Aber Plancks Hypothesen lassen sich nicht bestätigen. Die Zweifel wachsen, doch man zögert eine ganze Weile, ein so prominentes Mitglied der Fakultät zu beschädigen. Schließlich sagt sich Heinrich Rubens, ein Freund und Kollege von Planck, zu einem Besuch in dessen Institut an. Rubens ist gekommen, um seinen Freund schonend darauf vorzubereiten, dass es bei den mit größter Sorgfalt vorgenommenen Überprüfungen inzwischen keine Zweifel mehr geben kann, dass das Strahlengesetz grundlegende Fehler enthält. Grundlegend heißt, es geht nicht um Rechenfehler oder mehr oder weniger kleine Abweichungen, sondern um etwas fundamental anderes.

Planck ist bemüht, durch allerlei Hilfskonstruktionen seine These zu retten. Schließlich muss er sich aber eingestehen, dass er nicht in der Lage ist, aus Elektrodynamik und Thermodynamik in logisch zwingender Weise ein Strahlungsgesetz herzuleiten. Zu retten gibt es nichts. Er steht mit leeren Händen da. Jahrelange Forschungsprogramme und Überzeugungen sind über Nacht zu Makulatur geworden.

Planck muss erkennen, dass die Fundamente des Energiekonzepts und des Zweiten Hauptsatzes der Thermodynamik tiefer reichen, als er wahrhaben wollte. Er ist der Realität nicht nahe genug gekommen und hat die Struktur der Materie nicht erfasst. Planck lässt uns nicht wissen, wie er dieses vernichtende Ergebnis überstanden hat. Aber wir können ermessen, was auf dem Spiel steht. An diesem Gesetz hängt mehr als seine Reputation als Professor für theoretische Physik; es ging um sein Verständnis der Natur selbst; sein Glaube an Gott, an das »Absolute« und die Naturordnung waren infrage gestellt. Kann es denn überhaupt etwas Universales geben, das nicht göttlichen Ursprungs ist? Ist nicht alles, was absolut ist, Teil des Einen, Absoluten?

Zwei Dinge sind Planck zum Verhängnis geworden. Er verlangte von der Natur nicht weniger, als dass sie sich nach seinen Vorstellungen verhalten sollte. Aber die Natur wollte sich nicht unbedingt von einem Berliner Theoretiker etwas vorschreiben lassen. Dass wissenschaftliche Wahrheiten Wahrheiten sind, die unabhängig von der Menschheit existieren, konnte oder wollte Planck nicht anerkennen – und das rächte sich. Und er verachtete die »Atome« mit ihrem ziellosen Umherschwirren, ja, er leugnete ihre Existenz, was ihm diese wiederum nicht verziehen.

Noch zu Beginn des Jahres 1900 versteift sich Planck auf die Vorstellung, dass die Welt aus einer »continuierlichen Materie« und nicht aus Atomen besteht. Hinter der Vorstellung der »continuierlichen Materie«, an die er so fest glaubt, steht die Idee, dass alle Vorgänge in der Natur kontinuierlich fortschreiten und ein Übergang auf den nächsten folgt, etwa so, als wenn man ein Teleskop auszieht. Überraschungen gibt es dabei nicht, denn die Natur »springt« nicht. Diese klassische Vorstellung verbindet sich bei Max Planck untrennbar mit der Lehre von der »Entropie«.

Das Kunstwort Entropie stammt aus dem Griechischen und bedeutet so etwas wie »Umwandlung«. Gebildet hat es der große Clausius, der zusammen mit William Thomson (1824–1907) und Benjamin Thompson (1753–1814) den Zweiten Hauptsatz der Wärmelehre (Thermodynamik) entdeckt hat. Dieser Satz besagt, dass alle Wärmevorgänge immer vom wärmeren in den kälteren Zustand übergehen und nie umgekehrt. Diese Erkenntnis verbindet Clausius nun mit seiner Entropie-Vorstellung, die ebenfalls nur eine Richtung kennt. Nicht nur, dass jeder Gegenstand, der Wärme verloren hat, Energie braucht, um seinen alten Zustand wiederherzustellen und nie umgekehrt, auch alle anderen Vorgänge entwickeln sich unweigerlich vom Einfachen zum Komplexeren. Wir werden stets älter, aber nie jünger, und niemand wäre in der Lage, ein Omelett wieder in Eier zu verwandeln. Alle diese Abläufe sind »einlinig«. Generell gilt dabei, dass die Entropie einem »Maximum« – an Unordnung, Komplexität usw. – zustrebt.

Bei Max Planck haben sich allerdings seine wissenschaftliche Überzeugung und sein Glaube untrennbar verbunden. Für ihn, der an Gott und das Absolute glaubt, ist dies in der »Gottgeschaffenheit des menschlichen Lebens« begründet. »Wärmelehre« und »Entropie« werden für ihn zum quasi-religiösen Axiom. Ähnlich, wie der Ablauf des Geschehens in der »Wärmelehre« zwangsläufig festgelegt ist, zeigt auch ein Zeitpfeil in die Richtung einer zunehmenden Entropie. Planck nennt diese Unumkehrbarkeit »Irreversibilität«.

Jeder vernünftige Mensch würde dieser Erkenntnis (schon nach einem Blick auf den eigenen Schreibtisch) beipflichten; aber gerade diese Auffassung verstößt gegen die klassische Mechanik. Kein Gesetz der klassischen Mechanik ist nämlich auf eine Richtung festgelegt. Die Newtonschen Gleichungen kennen keine Bevorzugung einer bestimmten Zeitrichtung. Mit jedem Bewegungsablauf, der den Gesetzen der Mechanik entspricht, ist daher auch der umgekehrte Ablauf und somit eine Zeitumkehr möglich.

# Vergangenheit, Gegenwart und Zukunft als hartnäckige Illusion

Dass schon die klassische Mechanik zahllose Vorgänge kennt, die nicht zwangsläufig »einlinig« verlaufen müssen, will Max Planck nicht anerkennen. Ebenso wenig wie die Welt der Atome, wo sich die Frage nach der Richtung des gesamten Geschehens noch viel mehr stellt. Durch das starre Festhalten an einer Welt, deren Struktur aus »continuierlicher Materie« und nicht aus Atomen besteht, grenzt er die Welt des atomaren Geschehens von der Wirklichkeit aus.

Planck steht mit dieser weit hinter den Erkenntnissen Demokrits zurückfallenden Ansicht nicht allein da. Ihm und allen Atomleugnern stehen die »Atomisten« gegenüber. Zu deren Vertretern zählen Ludwig Boltzmann, Newton und der kaum weniger bedeutende James Clerk Maxwell, der Entdecker des elektromagnetischen Feldes, der herausgefunden hat, dass Wellen ebenfalls keine Richtung kennen.

Jahrzehntelang war Planck davon überzeugt gewesen, dass sich die Hypothesen der Atomisten nicht lange halten könnten. 1881 hatte er erklärt, dass die Vorstellung von Atomen nicht förderlich sei. Und 1897 wies er im Vorwort seines Physik-Lehrbuchs darauf hin, nichts von Bedeutung gefunden zu haben, was verändert werden müsste.

Da die atomare Welt in Plancks Strahlengesetz nicht erfasst und abgebildet wurde, konnte Plancks Gesetz keine universale Gültigkeit haben. Die Natur arbeitet nach einem Plan, der sich unseren üblichen Vorstellungen entzieht. »Ihre Grundgesetze beziehen sich nicht ganz unmittelbar auf eine Welt, die wir uns in Raum und Zeit vorstellen können, sondern diese Gesetze gelten für etwas, von dem wir uns keine anschauliche Vorstellung machen können, ohne wesentliche Züge mit aufzunehmen«, so 1930 Paul Dirac, mit Heisenberg der jüngste Nobelpreisträger seiner Zeit.

Die »Atomisten« denken wissenschaftlicher, und sie halten nichts von religiösen oder weltanschaulichen Vorurteilen. Boltzmann und seine Mitstreiter sind viel moderner als der festgefahrene Planck. Sie bezweifeln nicht, dass die Zukunft ihnen gehört, und Boltzmann spart nicht mit sarkastischen Bemerkungen über die verzweifelten Versuche Plancks, sein Gesetz zu retten. Allein schon die Vorstellung, dass Atome keine Richtung kennen, musste Planck als Bedrohung empfinden.

*Max Planck widersetzte sich als junger Wissenschaftler der These, dass es eine atomare Welt gebe.*

Das thermodynamische Gesetz, das für Planck nie infrage stand, ist für Boltzmann bestenfalls ein ungeheuer wahrscheinliches »Wahrscheinlichkeitsgesetz«, mehr aber eben nicht. Für die »Atomisten« gibt es nämlich auf der atomaren Ebene keine irreversiblen Prozesse. Das hat sie schon Newton gelehrt, ohne einen Gedanken an das im Koma liegende Atom zu verwenden, dem die »Vier-Elemente«-Lehre schlecht bekommen ist, die jahrtausendelang das wissenschaftliche Denken des Abendlands gelähmt hat. Nun können diese Newtonschen Gesetze in Bezug auf das atomare Geschehen aber nur angewendet werden, wenn zu irgendeinem festen Zeitpunkt die Lage und die Geschwindigkeiten aller dieser beteiligten Atome bekannt sind – ein Ding der Unmöglichkeit.

Maxwell und vor allem Boltzmann finden nun eine Art Hilfslösung, indem sie das unüberschaubare atomare Gewimmel durch Wahrscheinlichkeitsrechnungen ersetzen. Dass ein Vorgang allein in der vom Zweiten Hauptsatz der Thermodynamik zugelassenen Richtung erfolgen wird, ist zwar nach der Meinung Boltzmanns, wie gesagt, »ungeheuer wahrscheinlich«, es ist aber nicht auszuschließen, dass statistische Schwankungen auch einmal die Umkehrung der Zeitrichtung bewirken können. Gegen dieses Denken hatte sich Planck immer gewehrt. Jahrzehntelang war er davon überzeugt gewesen, dass die Atomisten mit ihren Vorstellungen scheitern würden. Um seine Behauptung aufrechtzuerhalten, nimmt Planck an, dass für die Beweisführung die Strahlung im Inneren eines »Schwarzkörpers« geeignet sei. Er will aber offenbar nicht wahrhaben, dass sich die Maxwellschen Wellen in so einem Hohlkörper »atomistisch« verhalten und ebenfalls keine Zeitrichtung kennen. Boltzmann spart daher nicht mit bissigen Bemerkungen zu diesen Bemühungen Plancks. Denn für die Maxwellschen Wellen gilt das Gleiche wie für die Newtonsche Mechanik: Sie kennen keine Zeitrichtung.

Das Boltzmannsche Denken stellt gleich die Frage nach dem Vergehen der Zeit. Wendet man nämlich die Gesetze der klassischen Mechanik Newtons auf das statistisch erfasste atomare Geschehen an, so zeigt sich, dass es keine verfließende Zeit mehr in unserem Sinn gäbe, und es stellt sich die Frage, was überhaupt unter »Gegenwart« zu verstehen ist. Ist »Gegenwart« überhaupt nur eine subjektive Vorstellung? Ist die Vorstellung einer im gesamten Universum gemeinsam erlebten Gegenwart nichts anderes als eine Fiktion? Nur weil wir so unwissend sind und so wenig »sehen« können und unser Bewusstsein nicht weiter reicht, glauben wir in einer fortschreitenden Zeit zu leben. Tatsächlich aber kann die Zeit in die Vergangenheit wie in die Zukunft »springen«. Mit anderen Worten: Vergangenheit, Gegenwart und Zukunft existieren nebeneinander. Oder wie Einstein dazu in einem Trostbrief an die Schwester seines verstorbenen Freundes Besso schreibt: »Für uns gläubige Physiker hat die Scheidung zwischen Vergangenheit, Gegenwart und Zukunft nur die Bedeutung einer, wenn auch hartnäckigen Illusion.«

*Ludwig Boltzmann, profilierter Vertreter der Atomisten, war von einer atomaren Wirklichkeit überzeugt.*

Nur um den Preis, dass Planck seine Überzeugungen aufgibt, kann er jenes tiefere Verständnis von Natur und Wirklichkeit gewinnen, das ihm ermöglichen wird, das Strahlengesetz auf eine umfassend gültige Grundlage zu stellen. Er muss radikal umdenken und ein »Opfer« bringen, um sein Scheitern abzuwenden und eine Lösung zu finden. Beides fällt Planck erklärtermaßen sehr schwer. Planck hat selbst schon früh auf eine Eigenschaft hingewiesen, die ihn charakterisiert: Er ist gründlich, aber er braucht Zeit, »denn es ist mir leider nicht gegeben, schnell auf geistige Anregungen zu reagieren«. Und habe er sich einmal in einen Kokon »eingesponnen«, könne er diesen nur schwer wieder verlassen.

An dieser Eigenschaft stößt Einstein sich immer wieder mal und wirft Planck dessen »Verranntheit« vor. 1911 macht er seinem Groll über die deutschen Physikerkollegen Luft. Er reibt sich daran, dass seiner verallgemeinerten Fassung der Relativitätstheorie nicht mehr Verständnis entgegengebracht wird, und lässt keinen Zweifel daran, dass er Planck wie auch die anderen deutschen Physiker geringschätzt. Prinzipiellen Erwägungen seien besonders die Älteren nicht zugänglich, von Laue nicht und auch Planck nicht. Und der über den Wassern schwebende, ungebundene Freigeist benennt die Engstirnigkeit seiner erdenschweren Kollegen: »Der freie und unbefangene Blick ist dem [erwachsenen] Deutschen nicht zugänglich.« Dann schleudert er noch ein

Wort hinterher, in dem sein ganzer Verdruss und seine Empörung stecken:»Scheuleder!« Das heißt übersetzt: Mit euch ist nicht viel anzufangen, ihr Scheuklappenträger! Planck würde diesem Ausbruch vielleicht sogar zustimmen.

## Verbrenne, was du angebetet hast: die Geburt der Quanten

Aber nun hilft kein Zögern mehr. Er muss sein wissenschaftliches Denken einer schonungslosen Revision unterziehen und dem Glauben an die absolute Gültigkeit des Zweiten Hauptsatzes abschwören.»Kurz zusammengefasst kann ich die ganze Tat als einen Akt der Verzweiflung bezeichnen. Denn von Natur bin ich friedlich und bedenklichen Abenteuern abgeneigt ... Aber eine theoretische Deutung musste um jeden Preis gefunden werden, und wäre er noch so hoch ... Im Übrigen war ich zu jedem Opfer an meinen bisherigen physikalischen Überzeugungen bereit. « So liest sich ein Offenbarungseid.

Ludwig Boltzmann regiert nun die Stunde.»Verbrenne, was du angebetet hast, bete an, was du verbrannt hast«, so könnten Planck die drei siegreichen Widersacher Isaac Newton, James Clerk Maxwell und Ludwig Boltzmann (1844–1906) sagen. Planck nennt sich nun, wenigstens eine Zeitlang, einen Schüler Boltzmanns.

Die folgenden Monate heißt er später die»härtesten« seines Lebens. Es sind aber sicher die produktivsten Tage, die er je erlebt hat. In Monaten muss er nachholen, was er in Jahren verleugnet, missverstanden und versäumt hat. Aber nun bekommt alles seinen Sinn und erscheint wie eine Vorbereitung auf die Erkenntnis, die ihm dadurch zuteil wird. Und hätte er ohne seinen Irrtum überhaupt erkennen können, dass sich die von Boltzmann verwandte Konstante»k« sich nicht nur auf Berechnungen von Gaszuständen bezieht, sondern dass das ominöse»k« in Wirklichkeit für die gesamte statistische Mechanik gilt und universell gültig ist? Zu Ehren des Wiener Genies tauft er sie »Boltzmann-Konstante«.

Planck, der vieles im einsamen Zwiegespräch mit sich selbst abmacht, ist vermutlich auch im entscheidenden Moment allein, als sich in seinem Denken die Erkenntnis Bahn bricht, dass die Strahlungsenergie sich nicht »kontinuierlich« verhält, sondern dass sie »springt«. Eine intuitive Eingebung führt ihn bei der Berechnung der elektromagnetischen Strahlung im Inneren eines Schwarzkörper-Hohlraums zu der Vorstellung, dass die Strahlungsenergie aus kleinsten Energiepäckchen besteht, die er »Quanten« nennt.

Das ist die Urszene der Quantentheorie, und sie ist ebenso revolutionär wie einzigartig. Planck, der inzwischen so fest an Atome wie an Planeten glaubt, steht damit gegen das gesamte Wissen seiner Zeit. Aber die Messergebnisse geben ihm recht und bestätigen seine neue Berechnungsmethode. Alles funktioniert; aber es ist nicht abwegig anzunehmen, dass Planck selbst nicht verstand, was ihm geschah. Die Überschreitung der bisherigen Grenzen der Erkenntnis scheint ihm nicht ganz geheuer zu sein. Einsteins Lichtquanten-Hypothese, in welcher er fünf Jahre später die quantenhafte Verteilung für die Lichtstrahlung annehmen sollte, ist für Planck bereits so revolutionär, dass er sie für unmöglich hält.

Mit dieser Entdeckung und der fast spielerisch gefundenen Bestimmung eines einzelnen Quantumwerts verändert Planck unser Naturverständnis, und es wird nicht seine einzige Entdeckung auf dem Weg zum neuen Strahlengesetz bleiben. Die Gewissheit, dass er etwas über die Natur herausgefunden hat, was noch niemand vor ihm gedacht hat, beschert Planck jähe Momente großen Glücks und ein unbändiges Hochgefühl. Er ist ergriffen von diesem Triumph, dessen Tragweite sich noch gar nicht abschätzen lässt. Aber er kann es nicht hinausschreien in die nächtliche Stille der Grunewalder Villen. Jedenfalls nicht so wie Einstein, der vor Freude über den Abdruck seines ersten Artikels in den *Annalen der Physik* wie ein Hahn kräht, und zwar fünf Minuten lang.

Die Gefühle, die Planck bewegen, kann er nur wenigen anvertrauen. Aber Erwin, sein Sohn, wird auserwählt. Bei einem Spaziergang erzählt er dem Siebenjährigen, dass er durch seine Entdeckungen auch zu den Großen der Wissenschaft, vergleichbar einem Kepler, zählen wird. Wer Kepler war, musste man im Haus Planck den Kindern nicht mehr erklären. Wenigstens hatten sie eine Ahnung davon und spürten, welche Aura diesen Namen umgab. Erwin hat diese kleine Episode nicht nur einmal erzählt. Unvermittelt kommt er im Gespräch mit Pohl Jahrzehnte später darauf zurück.

Am 14. Dezember 1900 trägt Max Planck in der Sitzung der Deutschen Physikalischen Gesellschaft zu Berlin sein neues Strahlungsgesetz vor. Nicht jedem der Zuhörer mag dabei bewusst sein, dass soeben eine der zukunftsträchtigsten Entdeckungen der Physik verkündet wird. Auch Plancks Phantasie reicht nicht aus, sich vorzustellen, welche Folgen dieses Gesetz nach sich ziehen würde.

Schnell stellt sich heraus, dass die Plancksche Strahlenformel alle Anforderungen und Erwartungen erfüllt. Planck hat die fehlenden universalen Beziehungen zwischen Energie, Temperatur und Strahlenintensität gefunden, nach denen man seit Kirchhoffs Tod vergeblich gesucht hatte. Anfangs ist die Bedeutung nur auf das Gebiet der Wärmestrahlung beschränkt. Zu anderen Gebieten der Physik besteht noch keine Beziehung. Das ändert sich jedoch schlagartig, als es Planck gelingt, das Strahlungsgesetz aufgrund seiner Quantenhypothesen theoretisch abzuleiten. Durch die danach an der Physikalisch-Technischen Reichsanstalt durchgeführten Messungen der Strahlung im Hohlraum

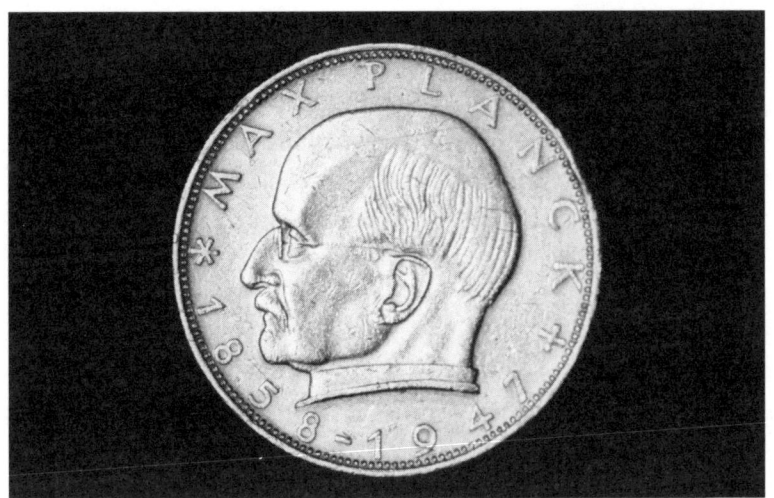

*2-DM-Münze mit Max Planck, zu Ehren des Begründers der Quantenphysik, der bereits zu Beginn des 20.Jahrhunderts die Relativitätstheorie des damals noch unbekannten Albert Einstein unterstützte.*

eines Schwarzkörpers lassen sich nun die verwendeten Konstanten erstmals zahlenmäßig exakt berechnen. Unerwarteterweise lässt sich sofort etwas mit der Boltzmannschen Konstante »k« anfangen. Nicht nur, dass sich nun ein Hinweis auf den Zusammenhang zwischen Elektrodynamik und Atomtheorie ergibt, zum ersten Mal lassen sich damit die Masse eines Atoms, nämlich des Wasserstoffatoms mit $1{,}64 \times 10^{-24}$ Gramm, und die elektrostatischen Einheiten eines Elektrons mit $4{,}69 \times 10^{-10}$ berechnen. Ist erst einmal das Gewicht des Wasserstoffs bekannt, so lassen sich auch die Atomgewichte aller anderen Elemente berechnen. Überraschend hat Planck wieder ein Geheimnis der Natur auf eine Weise zu fassen bekommen, für die es noch keinen Präzedenzfall gab. Auch für die exakten Naturwissenschaften sind die revolutionären Folgen nicht absehbar.

Plancks unvergängliches Verdienst aber ist es, erkannt zu haben, dass in der atomaren Welt die Gesetze der Physik durch andere zu ersetzen sind. Und: Er kann nachweisen, dass der ato-

179

maren Struktur der Materie letztlich ein mathematisches Gesetz zugrunde liegt. Durch diese Erkenntnis und durch die Entdeckung des Wirkungsquantums »h« hat er das Tor aufgestoßen zur Atom- und Kernphysik, zur Elementarteilchenphysik und anderem mehr. Der schwedische Wissenschaftler Svante Arrhenius (1857–1927), der sich bei seinen Kollegen im Nobelpreis-Komitee dafür einsetzte, dass Planck den Nobelpreis erhalten sollte, beschrieb die Leistung von Max Planck so:

»Auf diese Weise ist uns höchst plausibel klargemacht worden, dass die Ansicht über die aus Atomen und Molekülen bestehende Materie im Wesentlichen richtig ist. Zweifellos ist das das fruchtbarste Ergebnis der großartigen Arbeiten Plancks.« (Arrhenius setzte sich übrigens vergeblich für seinen Kandidaten Planck ein. Einige Mitglieder des Auswahlkomitees waren dafür, den Preis zwischen Wilhelm Wien und Planck zu teilen. Als Kompromisskandidat erhielt schließlich Rutherford 1908 den Nobelpreis für Chemie.)

»h« ist die zweite der von Planck entdeckten Konstanten. Heute spricht man vom Planckschen »Wirkungsquantum h«. Planck hatte die Größe dieses »h« aus dem kleinsten Energiequantum abgeleitet. Was es allerdings mit diesem geheimnisvollen »h« auf sich hatte, war zu diesem Zeitpunkt schwer überschaubar. Die großen Theoretiker wie Lorentz und Sommerfeld stellten sich auf den Standpunkt, dass diese Konstante »h« etwas völlig Neues in der Physik ankündige. Sie waren sich allerdings nicht einig, wie diese neue Entdeckung einzuordnen sei. Das sollte sich ändern, sobald der numerische Wert für »h« berechnet werden konnte. Denn fast alle Gleichungen, die sich auf die neu entdeckten Erscheinungen beziehen, enthalten den geheimnisvollen Buchstaben h und verweisen auf das Wirkungsquantum »h«. Das bedeutet, ein theoretisches Verständnis dieser Erscheinungen wäre ohne Kenntnis des Planckschen Wirkungsquantums nicht möglich gewesen.

Mit dieser Stunde beginnt eine neue Zeitrechnung. Die Grundgedanken der Quantenphysik waren für die Physiker der damaligen Zeit offenbar noch so fremdartig, dass sie die Konsequenzen dieser Hypothesen nicht wahrhaben wollten oder nicht ernst genommen haben. Selbst die minutiösen und auf viele Stellen nach dem Komma berechneten Atomgewichte werden ignoriert. Noch fünf Jahre nachdem Planck genaueste Zahlen vorgelegt hatte, werden in den Lehrbüchern weiter um Zehnerpotenzen abweichende Phantasiezahlen abgedruckt.

Das Interesse am Strahlengesetz wuchs sprungartig an, als ein physikalischer Nobody, Albert Einstein, der als Prüfer am Eidgenössischen Patentamt in Bern tätig war, 1905 die Plancksche Hypothese auf zwei Erscheinungen anwandte, welche mit der Wärmestrahlung überhaupt nichts zu tun hatten: den Photoeffekt und die Temperaturabhängigkeit der spezifischen Wärme. Mit Riesenschritten entfernte sich nun das Plancksche Strahlengesetz von seinem Urheber, der diese Weiterungen, die ihm über den Kopf wuchsen, nicht nachvollziehen wollte. Planck überließ bald das Feld den Jüngeren.

Planck lebt seine Bescheidenheit und Sparsamkeit bis zur Selbstverleugnung. Um 1900 zählt er bestenfalls zur mittleren Einkommensgruppe der Berliner Professoren. Der Nobelpreis mit dem Preisgeld von 1,25 Millionen Kronen wird noch knapp zwanzig Jahre auf sich warten lassen. Ohne Vortragshonorare und gelegentliche Beihilfen seiner ersten Frau, der Münchner Bankierstochter Marie Merck, wären die Lebenshaltungskosten kaum zu finanzieren gewesen. Wenn der vierfache Vater die Kinder an ihren Ferienort bringt, werden nur Fahrkarten zweiter Klasse gelöst. Fährt Planck allein nach Berlin zurück, genügt ihm ein Billett dritter Klasse. Aber wer hätte bei diesem so zurückhaltend und bescheiden auftretenden Gast der dritten Klasse vermuten können, dass ihm der Griff nach den Sternen nicht genug ist? Er will mehr, viel mehr. Planck will nichts weniger, als alle Kulturen im Weltall zu lehren, wie sie für alle Zeiten über Maßeinheiten zu denken hätten. Es besteht für ihn kein Zweifel, dass seine Erkenntnisse in Form der Konstanten »h« und »k« in seinem Strahlengesetz zusammen mit den Konstanten der Gravitation und der Lichtgeschwindigkeit einen universellen Charakter besitzen und unabhängig bestehen. Genau dies sei ausschlaggebend, denn »mit ihrer Hilfe ist die Möglichkeit gegeben, Einheiten für Länge, Masse, Temperatur aufzustellen, welche ihre Bedeutung für alle Zeiten und für alle, auch außerirdische und außermenschliche Kulturen, notwendig behalten müssen«. Versöhnlicher und ohne diesen apodiktischen Tonfall des Wilhelminischen Kaiserreichs heißt es anderer Stelle einmal, dass er hoffe, eine wahrhaft universelle Physik zu entwickeln, »die für Marsbewohner genauso akzeptabel ist wie für uns«.

## Kampf um das Leben des Sohnes

Seit diesen Ereignissen sind 44 Jahre vergangen, und wir befinden uns im August 1944. Was jetzt zählt, sind nicht Quanten und Konstanten, sondern es ist das Leben von Erwin Planck, der nichts weniger wollte, als einen Tyrannen zu stürzen und dessen Verbrechen ein Ende zu setzen. Niedergeschlagenheit und Hoffnung wechseln von Tag zu Tag. Am 8. August 1944 hatte Max Planck noch Laue mitgeteilt, er tröste sich damit, dass eine ganze Anzahl anderer Persönlichkeiten vom gleichen Schicksal betroffen seien, so der preußische Finanzminister Professor Johannes Popitz (1884–1945). »Man kann doch auf dieser Grundlage unmöglich ein vernünftiges Urteil aufbauen.« Einen Monat später wird er eines Besseren belehrt. Die Angelegenheit ist ernster, als Planck angenommen hat.

Am 6. September 1944 teilt er wiederum Laue mit, dass er mit Nelly Planck, der Frau des Inhaftierten, »Himmel und Hölle« in Bewegung gesetzt habe, um wenigstens eine Umwandlung in eine Freiheitsstrafe zu erreichen. Mit dieser Nachricht beginnt ein Ringen und Bangen um das Leben seines Sohnes, das sich quälend für alle über Monate hinziehen wird.

Jeder, der irgendwie helfen könnte, die Lage zu wenden, wird angeschrieben und angefleht. Nelly Plancks Schwester Maria, die wiederum eine Bekannte von Himmlers Frau Marga kennt, wird eingespannt. Nelly selbst wendet sich zweimal an Frau Himmler, um sie auf die Bittschrift von Max Planck aufmerksam zu machen; der liebe Staatsminister Meissner wird um Hilfe angefleht,»um meinen Mann zu retten«, und Nellys Schwager wendet sich an Göring, seinen»alten Mitstreiter im Krieg und im Frieden«, um ihn zu bitten, das Gnadengesuch zu unterstützen. Über andere Kanäle versucht die Firma Otto Wolff bei Göring ebenfalls eine Verschonung des Todeskandidaten zu erwirken. Die Firma Otto Wolff, nicht zuletzt auch ein wichtiger Rüstungsbetrieb, fühlt sich Erwin Planck gegenüber besonders verpflichtet, da dieser der Vertraute und Treuhänder des inzwischen verstorbenen Firmengründers war. Insgeheim hoffen dort allerdings die»Kölner Herren«, wie es in dem Schreiben an das inhaftierte Mitglied der Geschäftsleitung heißt,»dass Sie mit dem fluchwürdigen Verbrechen vom 20. Juli in keinerlei irgendwie geartetem Zusammenhang stehen … Sie halten sich jedenfalls für verpflichtet, das mit Ihnen bestehende Vertragsverhältnis einstweilen zu suspendieren, bis Sie wieder Ihre Funktionen erfüllen können«.

Das Schreiben ist ohne Frage in dem Wissen verfasst worden, dass es von allen möglichen Staatsorganen mitgelesen werden würde. Dennoch schwingt aber auch ein Ton mit, der die Vorbehalte gegen einen Staatsstreich spüren lässt. Ebenso wenig brachte die Mehrheit der Bevölkerung Verständnis oder Zustimmung für die»Verräter« auf. (Dass diese Haltung auch nach 1945 noch lange weiterwirkte, zeigt sich etwa daran, dass den Familien der Hingerichteten noch jahrzehntelang Rentenansprüche versagt worden sind.)

Am 9. November 1944 wird die Firma Wolff darüber infor-

*Reichskanzler Franz von Papen (2.v.re.) mit Staatssekretär Erwin Planck
(2.v.li.), bei Rückkehr von der Reparationskonferenz 1932 in Lausanne.*

miert, dass der Reichsführer SS (Himmler) wünscht, dass Professor Planck mündlich mitgeteilt wird, dass der Reichsführer SS von seiner Eingabe Kenntnis genommen hat und dass zunächst der Strafvollzug ausgesetzt worden sei. Der Reichsführer SS bringt hierbei zum Ausdruck, dass er eine Begnadigung durch die Umwandlung in eine lebenslängliche Zuchthausstrafe für vertretbar halte.

Planck ist ganz euphorisch, als ihm das »liebe Nellchen« davon berichtet. Er fühlt sich wie neugeboren nach ihrem Telefonanruf. Hauptsache, Erwin bleibt am Leben. Auch Himmler dankt er bewegt dafür, dass er ihn von der drückenden Sorge befreit hat.

Kurz darauf erfahren sie, dass nun auch der enge Jugendfreund Helmuth Rhenius verhaftet worden ist. Das wiederum verspricht nichts Gutes.

Inzwischen sind alle Vorstöße, das Leben von Erwin Planck zu retten, zunichte gemacht geworden. Göring reagiert lax und unentschlossen. Auch als sich Nelly in größter Not an den »lieben Herrn von Papen« wendet und von ganzem Herzen darum bittet, sich für eine Strafumwandlung einzusetzen, weicht dieser aus und lässt sie im Stich. Es sei ihm durch Willensbekundung des Führers verboten, gegen Urteile des Volksgerichtshofs Gnadengesuche einzureichen oder diese zu unterstützen.

In dieser Zeit banger Gefühle findet Planck wunderbare Trostworte an die geliebte »Nell« und beschwört, was sie beide verbindet: »Nie im Leben bist Du mir so nahe gewesen und nie habe ich mich Dir so eng verbunden gefühlt wie in diesen Tagen, wo wir beide alle unsere Gedanken und Sorgen auf den Einen richten, der unter allen Männern der Welt uns am nächsten steht und uns den besten Schutz und festesten Halt gibt und der uns nun genommen werden soll. Es ist nicht auszudenken.«

Ende 1944 teilt Max Planck Himmler mit, dass er inzwischen durch dessen Schwiegervater über die Verhaftung seines Sohnes am 23. Juli informiert worden sei. Er versichert ihm, dass er »aufgrund des innigen Vertrauensverhältnisses, das mich mit meinem Sohn verbindet, sicher [ist], dass er mit den Geschehnissen des 20. Juli nichts zu tun hat. Ich stehe im 87. Lebensjahr und bin in jeder Beziehung auf die Hilfe meines Sohnes angewiesen. Bis heute habe ich mich bemüht, meiner Wissenschaft und meinen Ehrenämtern zu leben, um auf diese Weise auch in meinem Alter dem Vaterland zu dienen. Das habe ich nur vermocht, weil mein Sohn mir in allen Dingen zur Seite stand. Am Ende meines Lebens ist dieser Sohn der einzige, der mir aus erster Ehe geblieben ist, nachdem ich meinen ältesten Sohn im Weltkrieg und außerdem meine beiden Töchter verloren habe.

Mein Sohn aus zweiter Ehe ist geistig nicht in der Lage, die Familientradition aufrechtzuerhalten, während dieser Sohn Erwin an Charakter und Gaben alles verkörpert, was unsere Familie in Generationen geworden ist. Ich bitte Sie, sehr geehrter Herr Reichsführer, sich in meine Lage zu versetzen und ermessen zu wollen, was es für mich auch unter Berücksichtigung meines Namens, der in Deutschland und in der Welt Geltung besitzt, bedeuten würde, wenn ich auch diesen Sohn durch ein hartes Urteil verlieren müsste.«

Was hat Max Planck von den Attentatsplänen gewusst? Mutmaßlich nichts, zumindest nichts Konkretes. Das Unternehmen war viel zu heikel, um einen 86-Jährigen damit zu belasten. Hätte er im Wissen um den unsicheren Ausgang ein Attentat bejaht? Wohl kaum. Abscheu gegenüber Hitler, die sich auch angesichts der atemberaubenden militärischen Anfangserfolge nicht verringert, Entsetzen über den Vandalismus des Regimes, aber die Bejahung von Umsturz und Tyrannenmord? Planck war ein Verharrer, ein »Weitermacher wie bisher«, ein Leben lang an die Staatsautorität gewöhnt. Nein. Er war ein Revolutionär der Physik, wenngleich auch wider Willen; aber in der Politik prägten sein Denken Sätze wie jene, mit denen er Einstein 1918 seine Pietätsgefühle gegenüber der Krone und seine »unverbrüchliche Zusammengehörigkeit gegenüber dem Staat, dem ich angehöre, auf den ich stolz bin, gerade auch im Unglück« ausdrückte. Planck hätte sich selbst verleugnet, wenn er an seinem Glauben an den Staat gezweifelt hätte; der Staat als Verbrecher war für ihn, wie Fritz Stern sagt, »ein undenkbares Unding«.

Und gehörte Erwin Planck überhaupt zu dem ganz kleinen Kreis der Akteure, die in die Durchführung und das Datum des geplanten Attentats eingeweiht waren? Wohl kaum. Er war ein verlässlicher und gewiefter Unterstützer des Widerstandsnetzwerks, ein Vorbereiter. Seine Teilnahme an Besprechungen über ein konservatives Regierungsprogramm und eine Verfassung nach einem erfolgreichen Staatsstreich war der Gestapo rasch bekannt geworden, sodass er bereits drei Tage nach dem 20. Juli 1944 verhaftet wurde.

Einen Tag nach dem Urteil hatte sich Planck wiederum an Himmler gewandt und ihn gebeten, sich auch beim Reichsjustizminister Thierack dafür einzusetzen, dass die Todesstrafe in eine Freiheitsstrafe umgewandelt würde. Eine vergebliche, sinnlose Bitte, denn es war bekannt, dass Thierack bisher jedes Todesurteil befürwortet hatte.

Als klar wird, wie ernst die Lage ist, rafft sich Max Planck zwei Tage nach dem Todesurteil, am 25. Oktober 1944, zu einem Brief an Hitler auf. Der scheue, reservierte Planck lässt einmal seine stets überaus bescheidene Haltung beiseite und wirft das Gewicht seiner Lebensleistung und seines lebenslangen Dienstes für das Gemeinwohl in die Waagschale.

»Mein Führer!«, heißt es da, »ich bin zutiefst erschüttert durch die Nachricht, dass mein Sohn Erwin vom Volksgerichtshof zum Tode verurteilt worden ist. Die mir wiederholt von Ihnen, mein Führer, in ehrenvollster Weise zum Ausdruck gebrachte Anerkennung meiner Leistungen im Dienste des Vaterlandes berechtigt mich zu dem Vertrauen, dass Sie der Bitte eines im 87sten Lebensjahr Stehenden Gehör schenken werden. Als Dank des deutschen Volkes für meine Lebensarbeit, die ein unvergänglicher geistiger Besitz Deutschlands geworden ist, erbitte ich das Leben meines Sohnes.«

Dieses Schreiben bleibt ohne Antwort.

Am 5. September 1944 scheibt Marga Planck an Frau Hahn, ihr Mann werde alt, nicht nur körperlich. Nun ja, das sei der Lauf der Welt, nimmt Max von Laue dazu gegenüber Lise Meitner Stellung. »Man muss sich des Guten freuen, auch wenn es vorüber ist. Dies nebenbei besonders auch für Sie gesagt.«

Das nie nachlassende Interesse an physikalischen Phänomenen bereichert den Briefwechsel. Nachdem in Berlin in der Nachbarschaft Laues Bomben explodiert sind, ist in seinem Wohnzimmer alles mit Tannennadeln übersät. Die Erklärung dafür muss er gleich Lise Meitner mitteilen. Der Unterdruck nach der Explosion hat nämlich alle Nadeln, die von den vielen weihnachtlichen Tannenbäumen in den letzten Jahren abgefallen sind, wie ein Magnet wieder aus den Dielenfugen gesaugt und auf Tische und Sofa regnen lassen.

Zuweilen schlagen diese Ausführungen aber eine Richtung ein, die Lise Meitner als »Flucht aus der Wirklichkeit« bezeichnet. So beschreibt Laue im September einen schweren Fliegerangriff auf Stuttgart, den er von Hechingen aus wegen des klaren Wetters gut sehen kann. Mit anderen aus Berlin evakuierten Wissenschaftlern beobachtet er die anfliegenden Bomberformationen, die ihre Fracht auf die zuvor markierten Ziele abwerfen. Gelegentlich sind auch die Einschläge zu hören. Von den sichtbar miterlebten Auswirkungen auf die Stuttgarter Bevölkerung ist nicht die Rede.

Wenige Monate zuvor hat in Paris ein bedeutender Literat und hochdekorierter Offizier ebenfalls zwei Angriffswellen von Bombengeschwadern beobachtet. Von der hohen Terrasse des Hotels Raphael aus sieht er gewaltige Sprengwolken aufsteigen, während die Bombengeschwader in großer Höhe davonfliegen. Beim zweiten Überflug erlebt er den Sonnenuntergang, in der Hand ein Glas Burgunder, in dem Erdbeeren schwimmen. Ernst Jünger notiert dazu am 27. Mai 1944 in sein Tagebuch: »Die Stadt mit ihren roten Türmen und Kuppeln lag in gewaltiger Schönheit, gleich einem Blütenkelche, der zu tödlicher Befruchtung überflogen wird.« Diese berühmt gewordene »Burgunderszene« wurde von vielen Kritikern als frivol und aufreizend empfunden. Der Beobachter Jünger hatte sich allerdings kurz zuvor entschlossen, sich von den Ereignissen nicht mehr weiter vereinnahmen zu lassen, sein »moralisches Verhältnis« zu den Menschen sei auf die Dauer zu anstrengend.

Wenn Laue mit anderen Wissenschaftlern des ausgelagerten Berliner Heisenberg-Instituts Bomber im Anflug auf Stuttgart beobachtet, hört sich die Mitteilung des geschulten Physikers an Lise Meitner so an:

»Aber wir sahen auch physikalisch Interessantes. Der ganze Himmel war ja voll von Kondensstreifen, die die Bomber hinterlassen hatten. Über diese zogen andere dunkle und helle, äquidistante, gerade Streifen hinweg, und wir einigten uns auf die Vermutung, dass dies Druckwellen von den Explosionen sind. Wo Druck und Temperatur sich etwas über die der Umgebung erheben, verdampfen die kondensierten Tröpfchen zum Teil, wo sie sich senken, wächst ihre Zahl. Einmal sah ich übrigens auch einen einzelnen hellen Streifen. Die Berechnung der Winkelgeschwindigkeit der Wanderung ergibt etwas nach unseren qualitativen Beobachtungen Glaubhaftes. Die Schallgeschwindigkeit beträgt ja 1/3 km, das ergibt bei der geschätzten Höhe von 10 km eine Winkelgeschwindigkeit von 1/30 gleich rund 2 Grad pro Sekunde. Heute erzählten mir Berliner Herren, sie hätten ähnliche Streifen, aber kreisrund in der Nähe platzender Flakgeschosse gesehen. Hier ist es noch ungemein friedlich. Auf den Wiesen blühen viele, viele Herbstzeitlosen, an den Bäumen hängen dicht die Äpfel und manchmal auch Birnen ...«

Am 21. September 1944 muss Magda von Laue, eine sehr empfindsame, naturliebende Briefschreiberin, dem in nervöser Anspannung auf weitere Nachrichten von Erwin Planck wartenden »lieben Fräulein Meitner« mitteilen, dass es für Erwin Planck nur noch wenig Hoffnung gibt. Sie verklausuliert diesen Sachverhalt mit den Worten: »Planck hat nun ein Urenkelkind bekommen, ein Mädelchen.« In der Tat hatte Grete Roos, Plancks Enkelin, vor Kurzem ein Mädchen geboren. »Dem Onkel dieses Kindes [gemeint ist Erwin Planck] geht es sehr schlecht, man hat nicht viel Hoffnung für sein Befinden, doch Urgroßvater und Urenkelkind geht es gut.« Unmittelbar nach der verschlüsselten Botschaft teilt Magda ihr Lebensgefühl mit. Sie fühlt sich so eins mit der Natur, dass das Sterben seinen Schrecken verloren hat: »Trotz Krieg mit seinem Leid und seinen Sorgen habe ich mit Bewusstsein den glücklichsten Sommer verlebt. Es klingt merkwürdig, denn grobe, schwere Arbeit gab es jeden Tag – 30 Zentner Koks allein vom Hof in den Keller tragen, die ganze Wäsche waschen, bis einem die Fingerknöchel bluten –, trotzdem, so naturverbunden wie man hier ist, das hilft über alles hinweg. Zumal es ein sehr schöner, sonniger Sommer war. Einmal am Tage laufe ich zu meinem Blick – dem Blick auf die Burg [Hechingen]. Steil, hoch, unnahbar krönt sie den Gipfel, manchmal über dem Nebel wie Montsalvat, manchmal zum Greifen nahe im Abendsonnenschein. Wie ein Albdruck fällt es von mir, dass ich 25 Jahre in meinem engen, himmellosen Garten [in Berlin] gehaust habe ... So sterbe ich gern hier, sollte der Winter uns Schweres bringen.«

Es scheint, dass Blumen und Brennnesseln nie mehr Wertschätzung entgegengebracht wurde als in diesen Kriegsjahren. Ein meterhoher Türkenbund am Wegesrand, während sie nach Hause eilt, weißes und lila Knabenkraut und Enzianwiesen – »ach, ich war dann restlos glücklich«, schreibt sie.

## 300 Reichsmark Gebührenerstattung für eine Hinrichtung

Am 12. November 1944 teilt Laue Lise Meitner mit: »Erwin ist zum Tode verurteilt. Sein Vater schrieb es mir am 2-ten und hoffte auf Umwandlung in eine Freiheitsstrafe. Das muss er nun mit 86 Jahren erleben! Ich weiß nicht, was ich ihm auf seine Mitteilung hin schreiben soll – und kann. [Eduard] Spranger ist nach allem, was ich höre, noch in Haft. Können Sie sich wundern, wenn da manche ›eine Flucht aus der Wirklichkeit‹ machen, wie Sie das kürzlich (am 21. 10.) ausdrückten?«

Am 20. November 1944 zeigt sich ein vermeintlicher Hoffnungsstreif. Nach einem Besuch von Carl Friedrich von Weizsäcker, dem man zutraut, vielleicht mehr zu wissen – sein Vater ist ja immerhin nach dem Minister der höchste Beamte des Auswärtigen Amtes –, gibt Laue weiter: »Ich höre, die Suppe würde nicht mehr ganz so heiß gegessen, wie sie gekocht ist.«

Die optimistisch trügerische Hoffnung hält an. Am 3. Dezember 1944 antwortet Lise Meitner auf entsprechende Nachrichten von Laue. »Ich bin sehr glücklich, dass Ihre letzte Nachricht über Erwins Befinden so viel günstiger lautet, die ganze Sache geht mir natürlich sehr nahe.« Laue antwortet: »Und die Angelegenheit Erwins ist wenigstens so weit auf ein besseres Gleis geschoben, dass sein Vater, wie er mir schreibt, wieder schlafen kann, aber entschieden ist noch nichts.«

Reflexionen werden kaum angestellt; was nicht weiterhilft und alles noch schwerer macht, bleibt ausgespart und wandert nicht in den Briefwechsel. Hier bleibt der Leser vor geschlossenen Türen. In Hechingen oder Tailfingen, jenem winzigen Ort ganz in der Nähe von Hechingen, wo Heisenberg mit seiner Truppe noch einen letzten verzweifelten Versuch unternimmt, eine »Uranmaschine« zum Laufen zu bringen, hat ein Kolloquium über »Uranspaltungs-Produkte« stattgefunden – ein Gegenstand von höchster Aktualität. Aber wir erfahren darüber von Laue, der daran teilgenommen hat, nur: »Und abends saßen wir zu Fünft bei zwei Flaschen guten Moselweins in Hahns Zimmer. Es war ein sehr gemütlicher Abend ...«

Monate später heißt es:

»Weihnachtsbriefe kamen sehr wenige. Nur von Planck kam einer, der wichtig war, obwohl er nur besagt, dass sich Erwins Zustand nicht geändert hat und dass man nichts weiter für ihn tun könne. Auch war er mit seiner Frau für ein paar Tage wieder in Berlin und hat sich dort, wie er sagt, erfrischt. Geistige Anregung könne man doch auf dem Lande nicht haben. Das ist bei dem gegenwärtigen Zustand von Berlin doch recht bemerkenswert.«

In der Zwischenzeit gingen Schreiben Laues verloren. Darunter eine frühe Mitteilung über den Tod Erwin Plancks, und vor allem fehlt von den stets durchnummerierten Briefen die Nr. 8 von Laue vom 3. März 1945. Lise Meitner war aber Ende Februar bereits von Marga Planck kurz informiert worden. »Es ist jenseits aller Worte«, schreibt sie daraufhin an Laue, »da verstummt der Mensch wirklich in seiner Qual... Viel schreiben kann ich heute nicht, es ist alles zu nah.«

Über die Gefängniszeit liegen Berichte von Mitgefangenen und Zeugen vor (die keinen Eingang in die Briefe finden konnten). Aus dem KZ Ravensbrück, wohin der Gefangene gebracht wurde, liegen kurze Briefe an Nelly vor. Es sind Lebenszeichen, die sie aufmuntern sollen, um es der Familie nicht noch schwerer zu machen. Er bringt Liebe und Dankbarkeit zum Ausdruck. Unter schwersten Bedingungen gelingt es den Häftlingen, sich durch »Pfiffe, Blicke und Klopfzeichen oder auch mit der versteckten Hilfe von Angehörigen des Wachpersonals« miteinander zu verständigen, wie sein kurzzeitiger Zellennachbar Moltke beschreibt. Die Gefangenen wurden bei den Verhören mehrfach gefoltert. Der ebenfalls in Ravensbrück inhaftierte ehemalige Reichswehrminister Otto Geßler, der einmal in der Ferne Planck und andere Widerständler wie Popitz, Hassell und Schacht zu sehen bekommt, beschreibt die Vernehmungsmethoden, welche die »Untersuchungskommission« durch einen »Burschenschaftler mit großem Schmiss – dem Ansehen nach Mitte 30« anwendet. Es ist anzunehmen, dass es sich hier um denselben SS-Mann Lange handelt, der auch andere Häftlinge befragt hat.

Zu Beginn des Verhörs wird Geßler ein Tisch gezeigt, auf dem ein Ochsenziemer und Holzstäbe bereitliegen. In der erregtesten Weise erfolgt nun die Befragung nach seinem Umgang und seiner Tätigkeit in den letzten Jahren. »Dabei wurde mir keine körperliche und seelische Misshandlung – einschließlich einer sehr schmerzhaften halbstündigen Folterung –, keine moralische Demütigung erspart. Die Folterung bestand darin, dass mir zwischen die Finger beider Hände scharf geschnittene Holzstäbe bis auf den Knochen mit aller Gewalt eingepresst und die Wunden dann mit rohen Stäben erweitert wurden. ... Mit Lange war noch ein zweiter Beamter – ein Korpsstudent, ebenfalls mit Schmissen – an der Misshandlung und Folterung beteiligt.«Dass sich dabei deutsche Akademiker selbst als»Prügelmeister und Folterknechte« hergegeben haben, empfand Geßler als besonders niederdrückend.

Hermann Pünder, der Amtsnachfolger Erwin Plancks, erkennt diesen einmal, als er gefesselt in das Kellerverlies in der berüchtigten Prinz-Albrecht-Straße hinabgeführt wird. Er kann ihn von der Seite sehen, als sie beide mit dem Gesicht zur Wand stehen. Es reicht nur zu einem kurzen Seitenblick bei ihrer letzten Begegnung. Aber es ist kaum zweifelhaft, dass auch das anschließende Verhör Erwin Plancks von jenem Herbert Lange in der gleichen Manier durchgeführt werden wird. Während Pünder stehen muss, fläzt sich der vernehmende SS-Hauptsturmführer Herbert Lange in einem Armsessel. Der gedrungene Mittdreißiger mit dem »aufgedunsenen, verwüsteten Gesicht mit den schlecht vernähten Mensurnarben« habe ihn aus verglasten Augen erst eine Weile angeblickt, bevor er den Satz fallen ließ:»Nun wollen wir uns mal dieses Früchtchen ansehen! ... Und so was ist mal Staatssekretär der Reichskanzlei gewesen! Aber das Gelichter kennen wir bereits, draußen steht ja noch so einer.« Damit war Planck gemeint.

Erwin Planck wurde, wie Peter Hoffmann in seinem Buch *Widerstand* berichtet, ebenfalls mehrfach gefoltert. Nach dem Krieg schrieb Fabian von Schlabrendorff, der die KZ-Haft überlebt hatte:»Viele meiner Gesinnungsfreunde, z.B. Rechtsanwalt Langbehn, Regierungspräsident Graf Bismarck und Staatssekretär Planck, haben solche Folterungen über sich ergehen lassen müssen. Wir alle machten die Erfahrung, dass der Mensch Dinge ertragen kann, die man vorher nicht für möglich gehalten hätte. Wer von uns es noch nicht konnte, lernte beten und erlebte, dass das Gebet und nur das Gebet in solchen Lagen Trost spendet und übermenschliche Kraft verleiht. Man erlebte ferner, dass auch die Fürbitten der Verwandten und Freunde außerhalb des Gefängnisses einem Ströme von Kraft zuführten.« Auch Geßner, der die Haft überlebt, schreibt an Nelly über seine letzte Begegnung mit Erwin Planck in Ravensbrück. In dem kleinen Gefängnishof, wo er spazierenging, konnten sie sich nicht sprechen,»aber er sandte mir noch einen Blick zu, der unvergesslich ist«.

Am 21. Dezember 1944 wird Erwin Planck in der Prinz-Albrecht-Straße noch einmal vernommen. Dabei kommt es zu einer Gegenüberstellung mit seinem alten Freund Helmuth Rhenius. Diesem verdanken wir eine Beschreibung ihrer letzten Begegnung. Rhenius, der nach der Eroberung Berlins durch die russischen Truppen mit einem Freund aus dem Gefängnis fliehen konnte, schildert in einem Brief an Nelly, wie Erwin Planck wenige Stunden vor der Hinrichtung von einem Gestapobeamten in das Vernehmungszimmer geführt wurde.

»Die Fußfesseln erlaubten nur ein langsames Schreiten. Er bewegte sich in die Mitte des Raumes, wo eine helle, direkt über ihm hängende Lampe scharfe Schlagschatten in sein abgemagertes Gesicht zeichnete. Den vernehmenden Gestapobeamten begrüßte er mit einem knappen Neigen des Kopfes, von mir nahm er keine Notiz. So stand er unbeweglich eine kurze Zeit in der Mitte des Raumes, gefesselt an Händen und Füßen, aber steil aufgerichtet den Kopf erhoben, Ausdruck und Haltung eines Mannes, der in Wochen qualvoller Vernehmungen und Warten auf das Urteil und in weiteren Wochen nach dem Todesspruch des Gerichts hinausgewachsen war über das, was ihm auf dieser Welt noch angetan werden könnte. Man nahm ihm die Fesseln ab, und plötzlich ging wie durch ein Wunder eine Wandlung mit ihm vor. Er begrüßte mich mit seinem alten treuen Lächeln und machte dann seine Aussagen in dem überlegenen Plauderton, der mir aus unzähligen Unterhaltungen vertraut war. Der Abschied war ein Händedruck.«

Die Hinrichtung fand am 23. Januar 1945 in Plötzensee statt, drei Monate nach dem Urteilsspruch und ein halbes Jahr nach der

Verhaftung. Alle Verurteilten werden gehängt. Das Verb ist tabu in der Familie.

Durch einen behördlicherseits ungewünschten Zufall erfährt Nelly Planck als Erste von der Hinrichtung ihres Mannes. Und ihr obliegt es nun, Max Planck die furchtbare Nachricht selbst zu überbringen. Für diese schwere Reise nach Rogätz erhält sie keine Fahrerlaubnis. Erst das Auto eines neutralen Staates ermöglicht ihr endlich die Begegnung mit dem Schwiegervater. Der Aufenthalt ist kurz bemessen. Sie muss am nächsten Tag wieder zurück. Der Enkel der Stills erlebte als Zehnjähriger damals mit, wie sein Großvater Still überraschend nach Rogätz kam. Alle saßen gerade beim Mittagessen, als sich Still mit der Frage an Max Planck wandte, ob er ihn sprechen könne; aber der habe nur gesagt:»Ich weiß, Erwin ist tot.« Er sei daraufhin aufgestanden, habe sich ans Harmonium gesetzt und den Choral»Was Gott tut, das ist wohlgetan« gespielt.

»Er war mein Sonnenschein, mein Stolz, meine Hoffnung. Was ich mit ihm verloren habe, können keine Worte schildern«, schreibt der verwundete Planck, der Mühe hat, sein seelisches Gleichgewicht wiederzufinden, an Freunde.

Was ihm hilft und hält, ist der Glaube.»Dabei kommt mir der Umstand zu Hilfe, was ich als eine Gnade des Himmels betrachte, dass in mir von Kindheit an der feste durch nichts beirrbare Glaube an den Allmächtigen und Allgütigen tief im Innern wurzelt. Freilich sind seine Wege nicht unsere Wege; aber das Vertrauen auf ihn hilft uns durch die schwersten Prüfungen hindurch«, schreibt er wenige Tage nach der Hinrichtung am 28. Januar 1945 an einen Freund.

Die Niederlage Deutschlands war abzusehen, acht Wochen später stand bereits die Rote Armee vor der Tür. War es nicht allzu menschlich, sich ein wenig der Hoffnung hinzugeben, dass so kurz vor Torschluss das Schlimmste schon überstanden sei? Aber die Spitzen des Regimes wollten nicht allein in den Tod gehen.

»Es geschah plötzlich und ganz heimlich. Gerade als wir fast sicher waren, dass er begnadigt würde, ist das Urteil vollstreckt worden. Es ist entsetzlich, und wir können es noch gar nicht fassen«, schildert Marga Planck Freunden in Göttingen die erste Empfindung, die sie durchfuhr. »Himmler sei an der Ostfront, Hitler aber in Berlin, und er habe sich die Listen geben lassen und verfügt. Natürlich mit vielen anderen …«

Die offizielle Bestätigung der Hinrichtung trifft am 31. Januar 1945 ein. Die Urkunde trägt das falsche Datum vom 20. März 1945. Für die Hinrichtung werden Kosten in Höhe von 300 Reichsmark in Rechnung gestellt.


## Der Idiot der Familie

Bis zu diesem Punkt seines langen Lebens hat der tiefgläubige Planck, der seit 1920 Kirchenältester der evangelischen Gemeinde Grunewald war, mehr Prüfungen zu bestehen gehabt, als Gott sie Hiob auferlegt hat. Seine große Liebe Marie Merck, die er als 22-Jährige geheiratet hatte, stirbt mit 48 Jahren an Tuberkulose und lässt ihren Mann mit vier Kindern zurück. Der älteste Sohn ist Karl (1888–1916), der noch kurz vor der Promotion das Studium der Geografie an den Nagel gehängt hat und musikhistorischer Schriftsteller werden will. Er weiß nicht recht, was er mit sich anfangen soll. Er ist psychisch sehr gefährdet, als er 1912 in einer Kassler Heilklinik Hilfe sucht. Sein jüngerer Bruder Erwin schreibt dazu, dass er »mit seinen Nerven gänzlich zusammengekracht ist«. Als er zur Freude des Vaters schließlich die militärische Laufbahn eingeschlagen hat, fällt er in der Todesschlacht von Verdun; die 1889 geborenen Zwillingstöchter Emma und Grete, die beide als Krankenschwestern ausgebildet waren und sich in Militärlazaretten aufopfern, sterben in merkwürdiger Duplizität im Kindbett. Grete stirbt 1917 einen Tag nach der Geburt einer Tochter an Lungenembolie. Ihre Schwester Emma, die

*Marga und Max Planck mit dem gemeinsamen Sohn Hermann, um 1917;*
*der verleugnete Sohn überlebte als einziges Kind seinen Vater.*

bald darauf den Witwer heiratet und auch eine Tochter erwartet,
stirbt 1919 ebenfalls kurz nach der Geburt einer gesunden Tochter im Kindbett. Erwin bleibt im Frankreich-Feldzug schwer verwundet tagelang auf dem Feld liegen, bis er in französische Gefangenschaft gerät und 1917 nach drei Jahren ausgetauscht wird.
Aber er hat alle überlebt und wird zum engen, ja intimen Vertrauten des Vaters.

Nach Erwins Tod hat Planck alle seine Kinder überlebt – bis
auf eines, das man sich erst ins Gedächtnis rufen muss, denn es
führt nur eine Fußnotenexistenz. Der Gedanke an dieses verleugnete Kind ist eine weitere äußerste Prüfung. Dem Schmerz und
dem Leid über den ermordeten, kostbaren Sohn, den die Gloriole
eines Märtyrers umgibt, steht der überlebende Hermann gegenüber, der in den Augen Planks nicht zu den »wertvollen« Menschen zählt. Hermann ist das einzige Kind aus der zweiten Ehe
Plancks mit Marga von Hoeßlin, einer Verwandten seiner verstorbenen Frau. Erwin hat die elf Jahre ältere Kusine öfters im
Elternhaus erlebt. Als Hermann mit den vier Halbgeschwistern

heranwächst, bereitet der einjährige Sprössling, »der nun auch schon mitzählt«, dem Vater noch große Freude. Der kleine Hermann empfängt ihn zu dessen Geburtstag am Frühstückstisch »mit ein paar Gänseblümchen in seinen Händchen, die er ihm mit feierlich-ernster Miene entgegenhielt«.

Der fürsorgliche Vater Planck bot den Kindern eine reiche Bildungsatmosphäre zu Hause an, wobei die Musik eine große Rolle spielte. Selbst Chorwerke von Brahms wurden einstudiert, wie die »Liebeslieder-Walzer« für vier Stimmen und vierhändiges Klavier und die »Zigeunerlieder«. Planck übernahm dann einen Klavierpart und dirigierte gleichzeitig. Als Sänger wirkten Verwandte, Freunde und Kinder befreundeter Nachbarfamilien, wie der Harnacks oder Delbrücks, mit. Auch Physiker, unter denen Otto Hahn sich als Tenor auszeichnete. Zu den regelmäßigen Zuhörern zählten Lise Meitner, Robert Pohl und Gustav Hertz. Auch Einstein kam gerne zum Musizieren in die Wangenheimstraße.

Unablässiges Lernen wurde verlangt. Selbst in den Ansichtskarten, die Planck den Kindern schrieb, waren Rechtschreibfehler eingebaut, welche die Kinder herausfinden und worüber sie berichten mussten. Von den strengen Ritualen, die etwa Weihnachten zelebriert worden sind, wird berichtet. Gebannt saßen die Kinder mit ihren brennenden Kerzen vor dem geschmückten Weihnachtsbaum. Aber erst wenn die eigene Kerze ganz abgebrannt war, durfte man sich erheben und »ein Gutzel« vom Weihnachtsbaum nehmen. Und bei Planck muss man sich fragen, warum das geballte Bildungsangebot und die langen Spaziergänge mit Lise Meitner, die quasi zur Familie gehörte, dazu geführt haben, dass sich beide Söhne schließlich dem Militär verschrieben, das für seine stumpfsinnige Ausbildung und den Drill berüchtigt war.

Erwin hatte schon früh begonnen, Cello zu spielen, und das Instrument begleitete ihn ein Leben lang. Was ihm aber berufliche Genugtuung verschaffte, war ein Luftgewehr, das er als Kind zum Geburtstag erhalten hatte. Er fällt im Militär bald als guter Schütze auf, nimmt das gerne zur Kenntnis und berichtet mehrfach darüber.

Auch vier Jahre später hält die Freude des Vaters über seinen kleinen Sohn Hermann noch an. Gut gelaunt berichtet er davon, dass bei ihm »von musikalischer Begabung keine Spur [ist], seine Hauptbeschäftigung sind jetzt die Bilderbücher, die Bälle, ein Domino, Perlen zum Aufziehen, Bauklötze und ein Häschen, das er sehr liebt«. Bald danach verschwindet das jüngste Kind aus den Briefen.

Es muss sich eine Tragödie abgespielt haben, in deren Verlauf Max Planck der für ihn entsetzlichen Tatsache ins Auge sehen muss, dass sein jüngster Sohn geistig behindert ist. Er äußert sich nicht dazu, nur einmal rechnet er dessen Behinderung im bereits zitierten Brief an Himmler auf gegen die überlegenen Gaben seines verurteilten Sohnes, auf dessen Hilfe er angewiesen sei. Wir wissen nicht, wie Hermann aufgewachsen ist, ob er in einer Anstalt oder in einer Pflegefamilie untergebracht war, die dafür monatlich bezahlt worden ist. Wurde er zu Familienfesten eingeladen oder beglückwünschte ihn sein Vater, als er, wie eine Quelle besagt, 1934 als 23-Jähriger das Abitur bestanden hat?

Im Schatten seiner illustren Familie besteht der Idiot der Familie tapfer sein Leben. Einmal heißt es, dass er später im Zentralamt für Statistik gearbeitet haben soll. Dann wieder fällt ein Streiflicht auf sein Leben. Nebenbei und unvermittelt berichtet Laue in einem Brief vom 5. Januar 1943 an Lise Meitner: »Hermann Planck hat sich verlobt. Die Braut stammt aus einfachen Kreisen, doch ist Frau Planck offenbar ganz damit zufrieden.« Er war als Soldat im Russlandfeldzug und erscheint zum Jahreswechsel 1943/44 überraschend bei der Familie. Er war gerade zum Gefreiten befördert worden und wollte sie an diesem stolzen Ereignis teilhaben lassen. Als Plancks ältester Sohn Gefreiter geworden war, sparte der Vater nicht mit Lob über diese Leistung. Wie Hermann aufgenommen wurde, erfahren wir nicht.

Am 21. August 1954 starb er mit 43 Jahren an Kinderlähmung. Mehr ist über ihn kaum zu erfahren. Ein ungnädiges Schweigen überdeckt das brave Leben dieses stillen Helden.

Max Planck stammt aus einer Gelehrtenfamilie, die über Generation hinweg bedeutende Theologen und Juristen hervorgebracht hat. Pflichterfüllung, Treue, Bescheidenheit, Sparsamkeit und Gottesfurcht wurden hier gelebt. An der Obrigkeit wurde nicht gerüttelt. Dass Max Planck wiederum die Kusine seiner Frau geheiratet hat, war nicht ganz unüblich; alles sollte am besten in der Familie bleiben. Die guten Anlagen sollten von Generation zu Generation akkumuliert und gesteigert werden. In gewisser Weise hat die Familie immer wieder sich selbst geheiratet.

Bei aller Fürsorge war die Villa in der Wangenheimstraße 21 im Grunewald eine Pflanzstätte zur Aufzucht leistungsorientierter Kinder, deren täglichen Fortschritt er als gerechten Lohn für seine Bemühungen ansah. Dass sein Kollege Wilhelm Ostwald, der Physikochemiker und Nobelpreisträger von 1909, damals eine Geniezucht ins Leben gerufen hat, entspricht dem Zeitgeist.

Und Planck weist es von sich, anzuerkennen, dass sich währenddessen eine Katastrophe in seiner Familie abspielt. Die Warnzeichen sind unübersehbar; das unstete, haltlose Gebaren von Karl bereitet dem Vater große Sorgen, aber er weigert sich, dieses Verhalten als Ausdruck einer psychischen Erkrankung zu begreifen, und er atmet erleichtert auf, als ihm der »Fall Karl« vom Militär abgenommen wird und dessen »Tätigkeit jetzt einmal einen wirklichen Zweck hat«.

Planck, der den Krieg »herrlich« findet, ist auch für Sätze gut wie zum Soldatentod seines Sohnes: »Jeder darf froh und stolz sein, etwas für das Ganze opfern zu können.«

Aber nicht nur Karl ist psychisch gefährdet, auch die Schwester Grete sucht ein Jahr später als Karl wegen »angegriffener Nerven«

die Wilhelmshöhe in Kassel auf. »Da muss sie ja recht herunter gewesen sein«, sagt Erwin dazu. Und das Drama setzt sich nach der Geburt Hermanns in der nächsten Generation fort. »Emmerle«, die Tochter von Emma, der lebhaften Lieblingsschwester Erwins, hat in Erfurt ihre Diakonissenausbildung abgebrochen und will kurze Zeit darauf ihrem Leben ein Ende setzen. Sie stürzt sich aus dem dritten Stock. Glücklicherweise landet sie weich auf dem frisch aufgeschütteten Erdreich und kommt mit einem leichten Wirbelbruch davon. Max Planck glaubt allerdings

*Die Planck-Familie mit den Kindern aus der Ehe mit Marie Planck; Franz fiel vor Verdun, Erwin wurde 1945 hingerichtet, die Zwillingsschwestern Grete und Emma sterben 1917 und 1919 im Kindbett.*

in dieser Veranlagung die unsteten Anlagen seines Schwieger-
sohns Fehling wiederzuerkennen, der aus einer Künstlerfamilie
stammt. Der alte Planck macht sich auf die beschwerliche Reise nach
Erfurt. Er redet ihr lange ins Gewissen, wie es heißt, aber es darf
bezweifelt werden, dass dies für eine akut depressive Erkrankung
die richtige Medizin ist. Wieder scheint Planck blind dafür zu
sein, dass dieser »Fall« irgendetwas mit ihm zu tun haben könnte.

## Ein gutes Ende?

Die Prüfungen für die Rogätzer, die in die Wälder geflüchtet
waren, sind hart, das Leben draußen ist beinahe unerträglich.
Es fehlt an Decken, und nicht immer kann man sich wenigstens
auf Stroh betten. Manchmal muss der Herr mit dem blauen Köfferchen auf dem nackten Waldboden schlafen, über sich nur die
Sterne. Die Nächte auf dem feuchten Boden verschlimmern sein
Leiden. Von seinem Lager kann er sich ohne Hilfe nicht mehr
erheben. Medikamente gibt es nicht. 14 Tage verbringen die ver-
ängstigten Dörfler im Wald, bis sie sich wieder in ihre Wohnun-
gen zurücktrauen. Die amerikanischen Truppen haben inzwischen Rogätz besetzt. Eine unmittelbare Gefahr besteht nicht
mehr. Mit einem Pferdefuhrwerk wird der alte Herr, der keinen
Schritt mehr gehen kann, von seinem Lager unter Schmerzens-
schreien auf das Fuhrwerk hinaufgehoben.

Seine Leidenszeit ist noch nicht vorüber. Als der alte Herr mit
seiner Frau an der Seite am Schloss eintrifft, finden sie alles ver-
wüstet vor. »Viehisch« haben die Amerikaner dort gehaust und
alles »kaputtgetrampelt«, bemerkt seine Ehefrau beim Anblick
der besudelten Einrichtung. Schlimmer: Die beiden Zimmer
oben, welche das Ehepaar bewohnt hat, sind vergeben. Das ganze
Haus ist restlos mit Flüchtlingen und Ausgebombten vollgestopft.
Neun Flüchtlinge leben nun in einer Wohnung. In dieser Notlage

bietet ihnen der Obermelker Zeh zwei winzige Kammern in seinem Häuschen an, das er in einiger Entfernung schräg gegenüber dem Stillschen Herrenhaus bewohnt. In einem kleinen Raum spielte sich nun das ganze Leben mit Kindern und Säugling ab, wie der zweifache Schwiegersohn Fehling berichtet. Als der junge Still diese armselige Behausung sieht, setzt er alles in Bewegung, um eine Änderung zu bewirken. Er sucht die Amerikaner in deren Kommandantur im nahen Wolmirstedt auf und schildert die Lage von Max Planck. Aber kein Amerikaner hat diesen Namen je vernommen. Laut der Dorfchronik wird ihm gesagt:»We know Max Schmeling but not Max Planck. We have never heard his name.«

Dass die Amerikaner daraufhin wirklich Albert Einstein in Princeton angerufen und zu Max Planck befragt haben, ist eine viel zu schöne Geschichte, um nicht wahr zu sein. Aber nicht nur in Rogätz macht man sich Sorgen um Max Planck. Auch die vom Krieg gezeichneten Göttinger, die alle sehr»blauweiß und mager« aussehen, wie Marga Laue bei einem Besuch feststellt, sind beunruhigt über das Schicksal Plancks, zu dem jeder Kontakt abgebrochen ist. Postverkehr und Telefonleitungen sind eingestellt.

Es kann kein Zufall sein, dass es ein Astrophysiker ist, der aufbricht, um Max Planck aus seiner Misere zu retten. Der Niederländer Gerard Peter Kuiper, der in der amerikanischen Armee Dienst tut, trifft mit zwei Kameraden am 16. Mai 1945 in einem Jeep in Rogätz ein. Eile ist bei dieser Aktion geboten, denn das Gebiet, das zwischenzeitlich den Engländern überlassen worden ist, soll jeden Moment an die Sowjetunion fallen. Plancks erhalten eine halbe Stunde Zeit zum Packen. Kosaken zu Pferd und eine marodierende russische Soldateska durchstreifen auf der Suche nach Beute die Gegend. Als Planck ins Auto gelegt wird, schreit er vor Schmerzen auf. Später sagt seine Frau, dass sie in ihrem Leben zwei Dinge nie wird vergessen können: den Tod Erwins und die Schreie von Max Planck, als er in dem Auto verstaut worden ist. Die Fahrt geht direkt ins Krankenhaus des von amerikanischen Truppen besetzten Göttingen.

Dort kommt Planck erstaunlich schnell wieder auf die Beine. Novocain-Spritzen befreien ihn von seinen Schmerzen, und die Engländer riskieren es, Planck und seine Frau zwei Monate später nach London zu fliegen, damit er als einziger eingeladener deutscher Gast an der verspätet nachgeholten Feier zum 300. Geburtstag Newtons teilnehmen kann. Aber nicht nur Planck wird bei der Feier anwesend sein, sondern auch sein alter Schüler und Freund Max von Laue.

Im Juli 1946 durfte dieser als einziger Deutscher an einem internationalen Kongress für Kristallographie teilnehmen, der in London in der Royal Society stattfand. Bei einer Rede zum Festbankett wird er für seine aufrechte Haltung gegen den Nationalsozialismus geehrt. In seinen Dankesworten vergisst Laue nicht, auf den Widerstand vieler anderer Deutscher gegen Hitler hinzuweisen. Durch das Entgegenkommen eines englischen Kollegen kann Laue dann auch noch an den Feierlichkeiten zum Gedenken Newtons teilnehmen. Unwillkürlich muss man dabei auch an Lise Meitner denken, die Dritte im Bunde. Und auf unerwartete Weise ist sie zur Stelle. Laue stößt im Gewühl der Victoria Station auf sie, als sie auf der Rückreise von Amerika nach Schweden ist.

Der Eindruck, den Planck bei den Engländern nicht nur bei der Feier hinterließ, und die Opferrolle seines Sohns Erwin im Widerstand fallen in die Waagschale, als es darum geht, den diskreditierten Namen »Kaiser-Wilhelm-Gesellschaft« durch einen neuen zu ersetzen. Max Planck war hier sicher die beste Wahl. Am 30. Oktober 1946 kann Laue an Lise berichten, dass Max Planck »geistig recht rege ist« und zu Vorträgen nach Bad Drieburg und Leverkusen reist. Nachdem Otto Hahn aus Stockholm zurückgekehrt ist, wird dem frischgebackenen Nobelpreisträger in Göttingen eine Feier ausgerichtet, zu der auch Planck erscheint. Er hält bis um zwölf durch, wie Laue berichtet, und schmaucht zum Kaffee noch eine große Zigarre, ein Genuss, den sich Laue seit 1940 versagt hat. Max Planck fühlt sich sehr wohl, verbreitet eine behagliche Stimmung um sich und spricht von seinen Plänen, nach Irland zu reisen.

In den nächsten Monaten folgen zwei Stürze mit Krankenhausaufenthalten und nach mehreren leichten Schlaganfällen schließlich ein schwerer Schlaganfall. Max Ernst Karl Planck stirbt am 4. Oktober 1947. Drei Tage später wird er in Göttingen beerdigt. Schon morgens um zehn füllt sich an diesem Dienstag die Albanikirche schnell bis zum letzten Platz. Die Nachkommenden stauen sich vor den Kirchentüren. Vorübergehende können sich diesem stummen Ereignis nicht entziehen und bleiben stehen. Allen, die verharren, als hielte sie ein Magnetismus fest, wird bewusst, dass hier eine Epoche zu Grabe getragen wird. Auch all jene, die sich nie mit Physik beschäftigt haben, verbeugen sich vor der Persönlichkeit des weltbekannten Mannes, der die letzten Jahre unter ihnen gelebt hat. Sechs Studenten der Physik in schlotternden Anzügen haben den einfachen Sarg auf ihren Schultern vor den Altar getragen. Viele Akademien und gelehrte Vereinigungen haben Kränze geschickt. Was dem Tag aber sein besonderes Gepräge und die Würde gibt, ist die Einfachheit und Schlichtheit, die überall hervortritt. Ganz vorne am Altar hat die Familie Planck Platz genommen, seine Frau Marga, die ihn nur um ein paar Jahre überleben wird, Nelly, die Witwe seines Sohnes, seine Enkelin, die Ärztin Dr. Grete Roos mit ihrem Mann – es ist nur ein kleines Häuflein von Überlebenden, das da vor dem Sarg sitzt.

Der Prediger, ein Mitglied der evangelischen theologischen Fakultät, weist gerade auf die Ehrfurcht hin, die der Verstorbene nicht nur dem Problem seiner Wissenschaft, sondern auch den Rätseln und Schwierigkeiten des Lebens gegenüber bezeugt habe. Da drängt sich plötzlich ein Paar von Anfang dreißig an den vollbesetzten Bänken vorbei und macht erst vor dem Sarg halt, bis es endlich an der Seite von Marga Planck Platz nimmt. Gedacht oder geflüstert steht die Frage im Raum: Wer ist das? Der Sohn?! Nur die Eingeweihten wissen, um wen es sich handelt. Gesehen haben ihn nur die engsten Vertrauten, aber auch die oft jahrelang nicht. »Sie sind schwarz über die Grenze gekommen«, hört man Frau Laue sagen.

Es ist Hermann Planck mit seiner Frau. Alle hat er überlebt, seinen Vater und seine vier Geschwister, und nun setzt sich der letzte männliche Nachkomme von Max Planck selbst als Schlussstein in dessen Lebensgebäude ein.

# Albert Abraham Michelson – der delikate Revolutionär

*»Allmählich ist man bereit, der Maschine so etwas wie eine Persönlichkeit – fast hätte ich gesagt: eine weibliche Persönlichkeit – zuzugestehen, die des Nachgebens, des Überredens, des guten Zuredens, sogar der Drohung bedarf. Aber schließlich stellt man fest, dass es sich um die Persönlichkeit eines wachen und geschickten Gegenspielers in einem komplexen, aber faszinierenden Spiel handelt, der sich ohne zu zögern die Fehler seines Gegners zunutze macht, der in seiner ›Sprunghaftigkeit‹ höchst verwirrende Überraschungen hervorbringt, der kein Ergebnis dem Zufall überlässt, aber nichtsdestoweniger fair spielt, in strikter Übereinstimmung mit den Regeln, die er kennt, und keine Vorzugsbehandlung in Anspruch nimmt, wenn du es auch nicht tust. Wenn du sie lernst und entsprechend mitspielst, entwickelt sich das Spiel so, wie es sich entwickeln sollte.«*

1854 trifft der gebürtige Deutsche Samuel Michelson aus Strelno in der Provinz Posen mit seiner Familie in Amerika ein. Das damals an der Grenze zu Polen gelegene kleine deutsche Städtchen, wo er einen Laden für Kurzwaren und Textilien hatte, bot geringe Aussichten auf ein Fortkommen. Amerika, wo schon eine Tante in Kalifornien lebte, dafür umso mehr.

# Der »6 Stellen nach dem Komma«-Physiker

Als 40-Jähriger heiratete Samuel Michelson 1850 Rosalie Przlubska, die 18-jährige Tochter eines angesehenen Arztes, die früh ihre Mutter verloren hatte. 1855 haben sie bereits zwei Kinder, einen Jungen und ein Mädchen, darunter den 1852 geborenen Albert Abraham, den Helden unserer Geschichte. Ohne ihn wäre dies eine Auswandererzählung wie zehntausende andere; aber Albert sollte der erste Amerikaner sein, welcher den Nobelpreis für Physik bekommen wird. Neben Benjamin Franklin und Josiah Willard Gibbs gilt er zu seiner Zeit unbestritten als einer der drei größten Physiker des Landes. Er verdankt diesen Rang seiner außergewöhnlichen Fähigkeit, kleinste Quantitäten und Effekte zu messen.

Er selbst zitiert einmal Lord Kelvins Bemerkung, wie unwahrscheinlich es sei, dass zukünftige Entdeckungen aus anderen Arbeiten entstehen könnten als durch die sechste Stelle nach dem Komma. Der »6 Stellen nach dem Komma«-Physiker, der die Messtechnik in der Optik bis zum Äußersten auszureizen versucht, erinnert unweigerlich an seinen großen englischen Vorgänger Henry Cavendish. Als Experimentator und Entwickler von Instrumenten beweist Michelson einer staunenden und durchaus auch skeptischen Öffentlichkeit, welche weitreichenden Konsequenzen sich daraus ergeben. Er hat Instrumente entworfen, die auf ein Teilchen unter $4 \times 10^9$ ansprechen – das wäre ein Teil unter 4 Milliarden. Aber damit nicht genug. Einstein hat Michelson einmal als den Künstler in der Wissenschaft beschrieben: »Seine größte Freude schien von der Schönheit des Experiments selbst zu kommen. Und von der Eleganz der eingeschlagenen Methode.«

Der Pionier in der Kunst, außerordentlich kleine Quantitäten und Effekte zu messen, brachte der Welt eine Lektion bei, die noch zu lernen war. Die Konsequenzen sind heute noch in außerordentlichen Entdeckungen auf den Gebieten der Elektronik, der Radioaktivität, der Vitamine und Hormone oder der Nuklearstruktur zu spüren. Die delikatesten Messungen, die Michelson unternimmt, führen unversehens zum Einsturz fundamentaler Denkgebäude und machen ihn zum Revolutionär.

Aber noch deutet nichts darauf hin, dass der Junge Albert Abraham einmal die Physik seiner Zeit herausfordern würde.

## Wie lässt sich Licht einfangen?

Zunächst ist Samuel Michelson, der Vater, am Zug. Er macht sich die Goldfieber-Stimmung zunutze, die Teile Amerikas ergriffen hat, und lässt sich mit seiner Familie als Händler in einem reizenden Bergstädtchen namens Murphy's Camp nieder, wo er bald die Goldschürfer mit allem Nötigen versorgen wird. Im rauen Goldgräbermilieu wird der kleine Albert seine Kinderjahre verbringen. In einem Brief schreibt seine erste Frau später darüber:»In diesen Mining Camps gab es auch kultivierte Männer, die ihr Glück suchten, darunter war ein feiner Violinist. Dieser brachte Albert das Geigenspiel bei.« Die Liebe zur Geige wird Albert sein Leben lang bewahren. Zum ausgebildeten Violinisten schafft er es allerdings ebenso wenig wie Albert Einstein.

Alberts Schwester Miriam, die als Schriftstellerin bekannt wurde, beschreibt einmal, dass die Religion in der jüdischen Familie überhaupt keine Rolle spielte. Albert Michelson kannte in dieser Hinsicht weder Neigungen noch Vorurteile; er schien frei von religiösen Gefühlen dieser Art. Und sein Sohn Truman erwähnt, dass der Vater als Freimaurer in einer Washingtoner Loge eingeschrieben war. Von der er sich wieder verabschiedete, als er zum Studium nach Europa ging.

Mit fünf Jahren kommt er zu einer Tante, später besucht er eine High School in San Francisco, wo ihn die Familie des Schulleiters aufnimmt. Er ist aufgeweckt und zuverlässig, und der Schulleiter zahlt ihm bald drei Dollar im Monat für die Wartung der Physikinstrumente. Freundschaften schließt er kaum.

Als 16-Jähriger kehrt er zu seiner Familie zurück, die inzwischen das Kurzwarengeschäft nach Virginia City in Nevada verlegt hat, jener Stadt, die kein Leser Mark Twains vergessen kann. Als Albert sich auf Wunsch seines Vaters bei der Navy bewirbt, sticht ihn ein Mitbewerber aufgrund besserer Beziehungen aus. Der junge Michelson findet jedoch einen Kongressabgeordneten, der ihn mit einem Empfehlungsbrief an Präsident Grant ausstattet und darin die Hoffnung ausdrückt, dass dem jungen Michelson einer der speziellen präsidentiellen »Freiplätze« gewährt werde. Präsident Ulysses S. Grant empfängt den Jungen, der sich ihm schon bei dessen regelmäßigen Morgenspaziergängen vorgestellt hatte, zu einer Unterredung; er muss ihm aber mitteilen, dass er bereits alle zehn Plätze, über die er verfügen kann, vergeben hat. Einer der Marineadjutanten des Präsidenten empfiehlt dem enttäuschten Michelson, nach Annapolis zu gehen, wo möglicherweise noch eine Stelle offen sei, da einer der Kandidaten bisher nicht das erforderliche Examen abgelegt hatte.

Nach drei Tagen des Wartens in Annapolis schwindet auch diese Hoffnung, und der junge Albert ist gerade im Begriff, wieder nach Washington zu fahren, als ein Bote beim Kommandanten der Naval Academy eintrifft und diesem mitteilt, dass der Präsident Michelson einen Freiplatz gewährt habe. Da es sich um den elften Platz handelte, hob Michelson gerne hervor, dass ein illegaler Akt am Beginn seiner Karriere stand.

Die Laufbahn bei der Navy hinterließ keine bemerkenswerten Spuren. Seine Frau bezeichnet diese Jahre als »glanzlos«. Sein Personalbogen ist spärlich. Wir erfahren, dass er 1869 zum »Cadet Midshipman« ernannt wurde. Was folgt, sind Stationen auf verschiedenen Schiffen, bis er 1877 schließlich wieder seinen Pflichten als Ausbilder für Chemie an der U.S. Naval Academy nachkam.

Als er während eines Flottenbesuchs in England das frisch mit Girlanden geschmückte Grab von Charles Dickens in der Westminster Abbey besucht, macht der gut aussehende Kadett mit den pechschwarzen Haaren und den »strahlenden Haselnussaugen« Eindruck auf eine junge Amerikanern. Miss Hemingway ist die Nichte der Frau des Admirals Sampson, der wenig später als Professor der Physik an die Naval Academy beordert wird. Im Dezember 1875 wird Michelson ebenfalls wieder an die Naval Academy als Ausbilder für Chemie und Physik geschickt.

Bei einem Besuch ihres Onkels erkennt die junge Amerikanerin den Kadetten aus der Westminster Abbey wieder, und bald ist Verlobung. Als sie heiraten, ist Michelson 24 und die Braut Margaret Hemingway 18 Jahre alt. Drei Kinder, eine Tochter und zwei Söhne, kommen zur Welt. 1897 erfolgt die Scheidung, und 1900 heiratet Michelson seine zweite Frau Edna Stanton. Aus dieser Ehe gehen drei Töchter hervor.

Im Jahr 1900 findet Michelson bei der Vorbereitung eines Vortrags das Thema seines Lebens. Er befasst sich eingehend mit den bis dahin bekannten Verfahren, die Lichtgeschwindigkeit zu

*Albert Abraham Michelson, um 1875 als junger Ausbilder für Chemie und Physik.*

*Der US-Physiker Edward Morley, der mit Michelson die Messung der Lichtgeschwindigkeit revolutionierte.*

bestimmen. Das Thema liegt in der Luft. Immer wieder ist versucht worden, die Geschwindigkeit zu messen, wie 1862 durch Léon Foucault, der durch seine Pendelversuche bekannt geworden ist, und zuletzt 1872 durch Alfred Cornu. Hippolyte Fizeau hatte sich bereits 1848/49 ein Verfahren einfallen lassen, bei dem ein Zahnrad und ein Spiegel zum Einsatz kamen. Zwischen einer intensiven Lichtquelle und einem acht Kilometer entfernten Spiegel befand sich ein rotierendes Zahnrad mit 720 Zähnen, welches sich mit unterschiedlicher Geschwindigkeit bis zu einigen hundert Mal pro Sekunde drehen ließ.

Die Rotationsgeschwindigkeit des Zahnrads wurde nun so eingestellt, dass der Lichtstrahl durch einen Zahn des Zahnrads vollständig blockiert werden konnte. Der Lichtstrahl ging nun auf der einen Seite durch eine Zahnlücke hindurch und wurde, nachdem ihn der Spiegel zurückgeworfen hatte, auf seinem Rückweg, unter der Voraussetzung, dass sich das Zahnrad genau um einen Zahn weiterbewegte, blockiert. Aufgrund der Rotationsgeschwindigkeit des Zahnrads und der Entfernung zwischen dem Zahnrad und dem Spiegel war es Fizeau möglich, eine Geschwindigkeit von 331 000 km/s für die Lichtgeschwindigkeit zu berechnen. Es war schwierig, dabei die Intensität des Lichts zu schätzen, das durch den folgenden Zahn blockiert wurde, und so lag Fizeau um 5 Prozent daneben.

Das überlegenere Verfahren hatte Foucault erdacht. Der französische Physiker richtete eine Lichtquelle so auf einen rotierenden Spiegel, dass diese dann auf einen festen Spiegel gelenkt und von diesem wieder auf den rotierenden Spiegel zurückgeworfen wurde. Da sich der Drehspiegel in der Zwischenzeit weitergedreht hatte, wurde der Lichtstrahl nun nicht mehr auf den Ausgangspunkt der Lichtquelle zurückreflektiert, sondern auf einen Punkt (auf dem Projektionsschirm) daneben. Dabei musste der Drehspiegel mit einer gewissen Geschwindigkeit rotieren, um überhaupt einen messbaren Unterschied zum Ausgangsstrahl zu ermöglichen. Mit diesem Verfahren war Foucault immerhin schon in der Lage, die Lichtgeschwindigkeit mit 298 000 km/s ziemlich genau zu bestimmen. Seiner Drehspiegelmethode waren allerdings Grenzen gesetzt, denn die Distanz zwischen den beiden Spiegeln betrug maximal zwanzig Meter.

## Mit acht Dollar zum Weltruhm

Hier kommt nun Michelson ins Spiel. Als er sich mit dem Thema beschäftigt, ist er 24 Jahre alt und ohne experimentelle Erfahrung. Aber ihn zeichnet eine herausragende Eigenschaft aus: Er hat die Fähigkeit, auf Anhieb ein Problem grundlegend zu erfassen. Mit der Findigkeit eines Außerirdischen sucht sich Michelson alles zusammen, was er braucht. Für einen rotierenden Spiegel gibt er acht Dollar aus, eine passende Linse und andere Utensilien finden sich in der Physikabteilung; mehr braucht er nicht, um eine Vorrichtung zusammenzubasteln, die neue Maßstäbe setzen wird. Seine Ergebnisse schickt er an die Redaktion des *American Journal of Science*. Die kurze, halbseitige Beschreibung, die im Mai 1878 erscheint, ist seine erste wissenschaftliche Veröffentlichung. Sein Schwiegervater unterstützt ihn daraufhin mit 2000 Dollar, um die Präzision dieser Messung weiter zu verbessern. Michelson geht nun mit den beiden Spiegeln auf eine Distanz von 700 Metern, statt der bisherigen zwanzig Meter, und kommt auf einen Wert von 299 895 km/s; er gibt dafür eine Fehlerquote von 1:10 000 an.

Die Veröffentlichung von 1879 in Annapolis macht den gerade mal 26-jährigen Angehörigen der U.S. Navy und Wissenschaftler mit einem Schlag nicht nur landesweit, sondern auch im Ausland berühmt. Die Lokalzeitung weist stolz darauf hin, dass der »Armeeangehörige A. A. Michelson, ein Sohn von S. Michelson, dem Kurzwaren-Kaufmann dieser Stadt, ein noch keine 27 Jahre alter Absolvent von Annapolis, sich durch seine optischen Studien bei der Messung der Lichtgeschwindigkeit ausgezeichnet [hat] und damit die Aufmerksamkeit der wissenschaftlichen Geister des Landes auf sich gezogen« habe.

Für die *New York Times* scheint es gar, als ob die wissenschaftliche Welt Amerikas dafür ausersehen sei, mit einem neuen und brillanten Namen geschmückt zu werden.

Das zeigt sich bei seinem ersten Experiment, als er schnell einen Denkfehler bei der Foucaultschen Versuchsanordnung erkennt und dieses Verfahren in aufsehenerregender Weise verbessern kann. Durch eine einfache, aber für die Genauigkeit entscheidende Abänderung der Foucaultschen Methode kann er die Nachteile von Foucaults konkavem Spiegel loswerden. Ohne Lichtverlust kann er nun jede gewünschte Entfernung zwischen den beiden Spiegeln benutzen, um genauere Messungen zu erhalten. Michelson sah nämlich, dass er die Lichtquelle so verändern muss, dass der Lichtstrahl in Form eines parallelen Strahlenbündels austritt, welches als paralleler Strahl durch einen ebenen Spiegel auf sich selbst zurückgeworfen werden kann.

Vermittels einer einfachen, sinnreichen Vorrichtung wird nun ein Lichtstrahl aus einer bestimmten kohärenten Lichtquelle – durch einen exakt halb durchlässigen Spiegel – in zwei gleich große Strahlen aufgespalten. Kommen beide Strahlen zur exakt gleichen Zeit wieder auf dem dritten Spiegel zusammen, so liegen im Idealfall die beiden getrennten Strahlen genau übereinander. Werden aber einem der beiden Lichtstrahlen Hindernisse in den Weg gelegt, so kommen die beiden Lichtstrahlen nicht zur Deckung, sondern überlagern sich und zeigen eine sogenannte Interferenz. Michelson unterzieht in der Folgezeit das Licht allen möglichen Prüfungen, um herauszufinden, ob »c«, die Lichtgeschwindigkeit, eine universal gültige, konstante Größe sei. Er überprüft zum Beispiel, ob Licht länger braucht, wenn es die Luft durcheilt, als wenn es durch einen »luftleeren« Tunnel geschickt wird.

Jedes Medium, wie beispielsweise eine chemische Lösung, ruft gegenüber der Luft eine wenn auch äußerst geringfügige Verringerung der Lichtgeschwindigkeit hervor; daher kommen die beiden Lichtstrahlen nicht zur Deckung, sondern »überlagern« sich. Der messbare Abstand zwischen diesen beiden Strahlen wird als Interferenz bezeichnet.

## Auf dem Weg zum Interferometer

Michelson kommt mit seinen Untersuchungen gerade rechtzeitig, da die alte Diskussion zwischen Isaac Newton, dem Verfechter der Wellentheorie, und Christiaan Huygens, dem Befürworter der Korpuskulartheorie, unter Wissenschaftlern wieder aufflackert. Experimente sollen Tatsachenbeweise liefern, um endlich herauszufinden, welche der beiden Thesen nun richtig ist. Schon Foucault hatte 1862 seine Versuchsanordnung so eingerichtet, dass er durch eine direkte Messung herauszufinden hoffte, ob die Geschwindigkeit des Lichts in der Luft höher ist als im Wasser. Sein Apparat war daher so konstruiert worden, dass zwischen der

*Das Morley-Miller-Interferometer, mit dem zwischen 1903 und 1905 experimentelle Belege für Einsteins Relativitätstheorie gefunden wurden.*

215

Linse und dem konkaven Reflektor Wasser zwischen zwei Glasplatten positioniert werden konnte. Dabei fand er heraus, dass die Geschwindigkeit des Lichts durch das Medium Wasser verlangsamt worden war. Das galt als Beweis für die Wellentheorie und beantwortete zunächst die Frage, die alle brennend interessierte.

Michelson setzt seine Experimente zur immer genaueren Bestimmung der Lichtgeschwindigkeit fort und, wichtiger noch, sucht nach weiteren Beweisen, ob es sich dabei überhaupt um eine konstante Größe handelt. Immerhin hatten ja Newton und seine Zeitgenossen angenommen, dass Licht mit unterschiedlichen Geschwindigkeiten durch das All eilt. Die Ursache dafür seien Himmelskörper, Sterne und Planeten, die mit unterschiedlichen Gravitationskräften auf das Licht einwirkten.

1884 – Michelson ist inzwischen Professor für Physik an der Case School for Applied Science in Cleveland geworden – zeigt er, dass die unterschiedlichen Werte für die Geschwindigkeit durch Atmosphäre und Wasser genau deren Refraktionsindex entsprechen und damit völlig im Einklang mit der Wellentheorie stehen. Ein abweichend langsamer Wert ergibt sich, als Licht durch Kohlenstoffbisulphid geschickt wird. Dennoch veröffentlicht Michelson seine Ergebnisse, da er von der Richtigkeit seiner Messungen überzeugt ist.

In den folgenden Experimenten wird Licht beispielsweise durch parallele Röhren geschickt, durch die Wasser mit hoher Geschwindigkeit gedrückt wird, und zwar einmal in Richtung des Lichtstrahls und einmal in entgegengesetzter Richtung. Die Methode, zwei Lichtstrahlen in Interferenz zu bringen, ist dabei zuverlässig und genau. Licht ist schneller in einer leer gepumpten sogenannten Vakuumröhre als in der Atmosphäre usw. und langsamer, wenn es durch ein mit Wasser gefülltes Rohr oder eine chemische Flüssigkeit geschickt wird.

Michelson testet auch die Lichtgeschwindigkeit von rotem und blauem Licht und findet heraus, dass die Geschwindigkeit von rotem Licht 2 Prozent höher ist als die von blauem Licht. Diese

Erkenntnis hat damals eine große Bedeutung für die Dispersions-
theorie. Die Erklärung, warum dies so ist, wird später Max Planck
nachliefern.

Jetzt ist es nur noch ein Schritt bis zu Michelsons »Interferometer«, bei dem die Spiegel so angeordnet sind, dass es möglich ist,
zwei Spiegelbilder derselben Lichtquelle im Okular zu sehen, genauer gesagt, das Interferenzmuster, das durch kleine und kleinste
Positionsunterschiede dieser Spiegelbilder entsteht.

In einer ersten Anwendung sollte das Interferometer dazu dienen, die relative Geschwindigkeit der Erde zu der des Äthers zu
bestimmen.

## Experimentum crucis:
## Es gibt keinen Weltäther

1880 bricht der 28-jährige Michelson mit seiner Frau und den
beiden Kindern zu einer zweijährigen Europatour auf. Er studiert
in Deutschland, vor allem in Berlin und Heidelberg, und später
am Collège de France.

In Berlin nimmt ihn Hermann von Helmholtz zuvorkommend
unter seine Forschungsstudenten auf und wird zu einer Art Men-
tor für ihn. Helmholtz stellt ihm Laborräume zur Verfügung und
wird sein wissenschaftlicher Gesprächspartner und freundschaft-
licher Berater. In Berlin scheint alles für Michelsons Pläne vorbereitet zu sein. In dieser sehr produktiven Zeit nimmt auch die
folgenreiche Idee Gestalt an, mithilfe der Interferometrie den legendären »Ätherwind« experimentell nachzuweisen. So sollte die
Lichtgeschwindigkeit einmal *mit* dem Ätherwind und einmal *ge-*
*gen* den Ätherwind gemessen werden. Die Unterschiede in der
Lichtgeschwindigkeit konnten nach Einschätzung Michelsons
nur äußerst gering sein; Maxwell glaubte gar, sie seien zu gering-
fügig, um überhaupt gemessen werden zu können. Die für die

Messung erforderlichen hochpräzisen Apparaturen und Feinmessgeräte wurden von der Berliner Firma Schmidt & Hänsch gefertigt. Bezahlt wurde das Abenteuer von Graham Bell, dem Erfinder des Telefons. Die Apparatur bestand aus kaum mehr als zwei justierbaren Spiegeln, einem halb durchlässigen Spiegel, einer Glaskompensationsplatte und zwei »Armen«. Diese für jedes Interferometer charakteristischen Arme – einer für den abgelenkten und einer für den geradlinig verlaufenden Lichtstrahl – waren jeweils einen Meter lang und aus poliertem Messing.

Die erste Messung fand im Januar 1881 im Keller des Physikinstituts statt – dem heutigen Sitz der ARD-Studios Berlin. Die Messreihe musste wegen zu heftiger Vibrationen abgebrochen werden: Der Verkehr in Berlin war 1881 bereits »viel zu stark«. Die erste brauchbare Messung fand daraufhin im Kellergewölbe des Ostturms des damaligen Königlichen Astrophysikalischen Observatoriums in Potsdam statt. Das Interferometer reagierte auf Schwankungen der Raumtemperatur ebenso wie auf leiseste Erschütterungen. Gemessen werden konnte dadurch nur nachts.

Das monochromatische, reine Licht einer Lichtquelle wird durch einen halb durchlässigen Spiegel B in zwei Teile gespalten, von denen der eine von B auf den einen Spiegel reflektiert wird, der andere aber durch B hindurchgeht und von einem zweiten Spiegel reflektiert wird. Ist die Geschwindigkeit des Lichts in alle Raumrichtungen gleich groß, so sollte sich das vom Beobachter zu registrierende Interferenzmuster der beiden Teilstrahlen nicht ändern, wenn die gesamte Apparatur im Raum bei starren Abständen zwischen B und den beiden Spiegeln M gedreht wird. Wenn nun relativ zu diesem den ganzen Kosmos erfüllenden Licht Äther in Bewegung ist, sollte sich diese Erdbewegung auch auf die Lichtgeschwindigkeit in verschiedenen Raumrichtungen auswirken.

Grob gesprochen wurde angenommen, dass sich das Licht so verhält wie ein Boot in einem Fluss, das gegen die Strömung langsamer fährt als mit ihr.

*Albert Abraham Michelson, der als erster Amerikaner den Nobelpreis für Physik erhielt, bei einem seiner Messexperimente zur Lichtgeschwindigkeit im Jahr 1929.*

Die wiederholt durchgeführten Messungen führten entgegen den Erwartungen Michelsons immer zum Ergebnis von +–Null. Dieses verblüffende Resultat verlangte nachdrücklich nach einer Antwort, denn damit wurde ein ganzes Weltbild infrage gestellt.

Fünf, sechs Jahre später wiederholte er diese Experimente mit größter Akribie in Cleveland an der Case School mit seinem Assistenten, dem Chemiker Edward M. Morley (1838–1923). Diesmal wurde die gesamte Apparatur auf einem See von Quecksilber gelagert und eine Verlängerung der optischen Wege mit Vielfachreflexionen erreicht. Am Ergebnis änderte sich nichts. Eine Ätherdrift, die gegen die Erde »anströmte«, erwies sich als Chimäre.

Bald nimmt dieses Michelson-Morley-Experiment seinen Platz als das grundlegendste Experiment seit der Entdeckung der elektromagnetischen Induktion von Michael Faraday 1831 ein und zählt als »experimentum crucis« zur Klasse der alles verändernden Experimente. Anders gesagt, es handelte sich um die »bedeutendste negative Messung der experimentellen Physik«.

# Einstein und der entzauberte »lichttragende Äther«

Die Vorstellung eines Weltäthers hatte Descartes (1596–1650) formuliert und damit viele Anhänger gewonnen, darunter auch Newton und Huygens. Das Ätherkonzept verband all das, was man über Licht, Wärme, Magnetismus, Elektrizität und vieles andere wusste, und es schien unmöglich, ohne diese Vorstellung auskommen zu können. Die meisten Wissenschaftler hielten zäh an dieser Doktrin fest, die immer mehr zum Dogma wurde. Erst Einstein machte dann 1905 in seiner »Speziellen Relativitätstheorie« dem Äther endgültig den Garaus.

Eine erste Folgerung lautete: Ohne »Ätherwind« gibt es keine Richtung oder Quelle, von der aus sich das Licht ausbreitet. Licht breitet sich überall gleichzeitig aus. Was hat nun die immer genauer bestimmte Geschwindigkeit des Lichts und seine inzwischen bis zur fünfzehnten Stelle nach dem Komma bewiesene Konstanz mit Einsteins These $E = mc^2$ zu tun? Außer der Tatsache, dass damit ein »Postulat« Einsteins experimentell bewiesen wird, eigentlich nichts. »V« (= velocitas) und später »c« (= celeritas) sind lateinische Begriffe, mit denen Einstein den Begriff »Lichtgeschwindigkeit« abkürzt, wobei man heute unter »$c_0$« die Lichtgeschwindigkeit im Vakuum versteht. »Die ›Spezielle Relativitätstheorie‹ kann grundsätzlich als eine Verallgemeinerung davon angesehen werden«, bemerkt dagegen der Nobelpreisträger Robert Millikan, Michelsons Assistent und Wegbegleiter über 25 Jahre.

Während eines Vortrags 1921 in Chicago bezieht sich Einstein auf das Michelson-Morley-Experiment und weist auf den Einfluss dieses Experiments hin. Es ist anzunehmen, dass Einstein damals – wie viele andere auch – höchst interessiert an der Frage war, was sich bei Michelsons Messungen herausstellen würde. Für Einstein war die Vorstellung einer absoluten Lichtgeschwindigkeit

*Albert Einstein im Jahr 1905, als sein bahnbrechender Aufsatz zur Relativitätstheorie erschien.*

eines der zwei »Postulate« der »Speziellen Relativitätstheorie«, und er durfte sich insofern durch die Ergebnisse bestätigt fühlen. Das Einsteinsche Postulat, »dass sich Licht im leeren Raum stets mit einer bestimmten, vom Bewegungszustand des emittierenden Körpers unabhängigen Geschwindigkeit V fortpflanze«, ließ keinen Platz für eine zu addierende oder abzuziehende Geschwindigkeit des Transportmittels Ätherwind. Licht ist eine fundamentale Naturkonstante mit einer unüberwindbaren Geschwindigkeitsgrenze

Ein »lichttragender Äther« kommt in der Speziellen Relativitätstheorie von 1905 nicht vor, das bedeutet aber nicht, dass sich Einstein dabei an den Ergebnissen Michelsons orientiert hätte. Jahre später weist Einstein geradezu indigniert einen Zusammenhang mit Michelsons Ergebnissen zurück. In Einsteins »Spezieller Relativitätstheorie« von 1905 war kein Platz für die Vorstellung eines Äthers gewesen. Aber damit war das letzte Wort noch nicht gesprochen. War Einstein zu voreilig gewesen, zu radikal?

# Einstein widerruft: Ohne Äther geht es nicht

Wissenschaftler meldeten schon bald ihre Zweifel an. Charakteristisch für die Stimmung, die sich gegen die Abschaffung des Äthers wandte, ist die Äußerung des Physikers Bell, der einwandte, dass Einstein wahrscheinlich nur deswegen die Nicht-Äther-Theorie vorgezogen habe, weil er sie einfacher und eleganter gefunden habe, was diese aber nicht ausschließe. Das hieße nämlich, dass alles, was sich nicht beobachten ließe, auch nicht existent wäre. Es sei doch viel einfacher, sich wieder den Äther vorzustellen, dessen Existenz so viele Probleme lösen würde.

Für Maxwell verlangte schon die Wellentheorie des Lichts die Existenz eines Mediums. Für ihn kam es jetzt darauf an,»zu zeigen, dass die Eigenschaften des elektromagnetischen Mediums identisch mit denen des lichttragenden Mediums sind«.

Den Äther stellte man sich nun als notweniges Medium für die Verbreitung von elektromagnetischen Kräften und Gravitationskräften vor.

Auch Einstein griff in den folgenden zehn Jahren, in denen er seine»Allgemeine Relativitätstheorie« entwickelte, wieder auf ein Medium zurück, welches das Universum ausfüllt.

Seine Allgemeine Relativitätstheorie verlangte»nach der Gegenwart eines Mediums mit gewissen Eigenschaften«, wie Einstein sich ausdrückte. Der entzauberte Äther machte sich wieder in Form der Vorstellung eines»magnetischen Feldes« oder einer»Substanz« geltend. Unmissverständlich schrieb Einstein 1920,»dass sich sagen ließe, dass gemäß der Allgemeinen Relativitätstheorie der Raum mit physikalischen Eigenschaften ausgestattet ist; in diesem Sinn existiert daher ein Äther. Entsprechend der Allgemeinen Relativitätstheorie ist ein Raum ohne Äther undenkbar, denn in solch einem Raum gäbe es nicht nur keine Ausbreitung des Lichts, sondern auch keine Möglichkeit der Existenz für Standards von Raum und Zeit.«

Wegweisend für die Ätherfrage bleibt dabei eine Äußerung von Paul Dirac aus dem Jahr 1951:

»Das physikalische Wissen hat seit dem Jahr 1905 viele Fortschritte gemacht, namentlich durch das Aufkommen der Quantenmechanik, und die Situation [über die wissenschaftliche Plausibilität des Äthers] hat sich wieder geändert. Wenn man die Frage im Lichte des heutigen Wissens untersucht, stellt man fest, dass der Äther nicht mehr länger durch die Relativität ausgeschlossen werden kann, und gute Gründe können jetzt vorgebracht werden, um einen Äther zu postulieren ... Mit der neuen Theorie der Elektrodynamik [die von einem Vakuum mit virtuellen Teilchen ausgeht] sind wir geradezu gezwungen, von einem Äther auszugehen.«

## Michelson sucht die Grenzen des Spektroskops

Michelson macht nicht bei der Erfindung des Interferometers halt. 1897 stelllt er das »Stufen-Spektroskop« vor, bei dem die Interferenzen durch Vielfachreflexionen an einem treppenförmigen Glaskörper erzeugt werden. »Kein anderes Instrument Michelsons hat seine Originalität so sehr zum Ausdruck gebracht wie dieses«, schreibt Robert Millikan (1896–1986).

Anders als das Interferometer ist das »Stufengitter« wegen des sehr speziellen spektroskopischen Bereichs in der Lage, extrem hohe Auflösungen zu erreichen. Vielleicht hielt Michelson den Anwendungsbereich des Interferometers bereits für erschöpft, jedenfalls beansprucht nun das »Stufengitter- oder Treppenspektroskop« seine ganze Aufmerksamkeit. Anfangs war er der Meinung gewesen, vielleicht in einem Jahr oder gar innerhalb von ein paar Monaten das Problem lösen zu können. Aber daraus wird nichts. Um 1900 wird dieses Projekt zu einer wahrhaften Obsession für Michelson. Er wird bis an sein Lebensende die gewünschte Auflösung nicht erzielen können. Oft bereut er, dass er

»diesen Bär am Schwanz zu fassen bekam«, aber er wollte und konnte ihn auch nicht mehr loslassen. Gerade dieses Instrument wird ihm mehr Schwierigkeiten einbringen als alle anderen, gleichzeitig wird es ihm aber mehr Bewunderung eintragen als jede andere Erfindung zuvor. Jedenfalls kann er nach acht Jahren voller Misserfolge, Enttäuschungen und Entmutigungen einen Apparat mit einem Auflösungsvermögen von 110 000 Linien vorstellen. Das war jedenfalls 50 Prozent mehr, als irgendein anderes Produkt leisten konnte. 1915 folgt dann ein Nachfolgegerät, das noch jahrelang zu den mächtigsten Instrumenten zählt, welche in der Welt existieren.

## Interferometer: unübertrefflich auf Erden und im Himmel

Die Interferometrie erobert bis heute immer neue Anwendungsgebiete. Die Spannweite reicht von der Bestimmung des Durchmessers unvorstellbar großer Himmelskörper bis zur Erfassung allerkleinster Stauchungen und Verwerfungen durch Gravitationswellen im Universum. Sie verbindet höchste Präzision mit äußerster Eleganz des Versuchsaufbaus. Was sie zu leisten vermag, sollen drei Beispiele belegen:

– *Ein Roter Riese wird gemessen*
Nach einem Verfahren, das Michelson bereits 1890 beschrieben hatte, führt er in den Jahren zwischen 1920 und 1925 auf dem Mount Wilson Observatory zusammen mit Francis G. Pease Messungen zur Bestimmung eines stellaren Durchmessers durch. Ausgewählt wurde hierfür Beteigeuze aus dem Sternbild des Orion. Dieser auffallend helle, gelb-rötliche Stern, der mit dem bloßen Auge zu erkennen ist, heißt im Arabischen auch »Ankündiger«, da er als erster Stern des Orion am nächtlichen Horizont erscheint. Der Radius von Beteigeuze – offiziell alpha-orionis –,

der zur Klasse der Roten Überriesen gezählt wird, schwankt zwischen 290 und 480 Millionen Kilometer. Das entspricht dem 662-fachen Durchmesser der Sonne. Diese Messung war die erste Anwendung der Interferometrie zur Ermittlung des Durchmessers eines Planeten und verhalf Beteigeuze zu einer nachhaltigen Karriere in der Science-Fiction-Folklore. Die beiden Protagonisten in Douglas Adams fünfbändigem Werk *Per Anhalter durch die Galaxis* kommen von dort. Auch Tim Burtons Verfilmung von *Planet der Affen* spielt dort, und Burton verballhornt Beteigeuze, im englischen Betelgeuse, später zu »Beetlejuice«.

## – Das Urmeter wird definiert

Die Interferometrie spielte eine wichtige Rolle bei der Definition der Längeneinheit Meter. Zwischen 1887 und 1897 entdeckt Michelson durch eingehende Studien und Untersuchungen zur Feinstrukturanalyse von Spektrallinien die sogenannte Rote Cadmiumlinie. Sie hat eine Wellenlänge von 6 438 474 Angströms (ein Angström ist der zehnmillionste Teil eines Millimeters) und ist so überaus monochromatisch »rein«, dass sie sich für die Definition des internationalen Standardmeters anbietet. Auf Einladung des Internationalen Büros für Gewichte und Masse definieren Michelson und Morley 1892 das Standardmeter – bei 15 °C und Normaldruck – mit 1 555 165 5 Angström. Das war nicht nur äußerst genau, sondern auch sehr praktisch, denn das Ergebnis konnte in jedem Labor reproduziert werden. Gegenüber den abenteuerlich anmutenden, lange zurückliegenden Bemühungen der französischen Akademie der Wissenschaften, das »Urmeter« als zehnmillionsten Teil des Erdmeridianquadranten festzulegen, ist Michelsons Idee, einen Meter durch eine Wellenlänge zu definieren, wie aus einer anderen Welt. Bis 1960 hält sich diese Definition, bis man sich 1983 entschloss, einen Meter auf der Basis der Sekunde und der Vakuumlichtgeschwindigkeit neu zu definieren. Seitdem ist ein Meter folgendermaßen festgelegt:»1 Meter ist jene Strecke, die das Licht im Vakuum in 1/299 792 458 Sekunde zurücklegt.«

*– Lässt sich die Änderung des Abstands zwischen Erde und Sonne*
*um den Durchmesser eines Wasserstoffatoms messen?*

Die heutigen Gravitationswellen-Detektoren stellen die aufwendigste Variante von Michelsons Interferometer zur Weglängenmessungen mit beweglich gelagerten Spiegeln dar. Die weiteren Anwendungen der Interferometrie dienen nicht nur zur Berechnung und Messung von Wellenlängen, zur Berechnung des Brechungsindexes eines Gases oder zur Verwendung als Spektrometer. Mit einem Interferometer können kleine Längenänderungen sehr präzise gemessen werden. Eine der aktuellen Anwendungen des Interferometrie-Typs ist der Nachweis möglicher Gravitationswellen, also winziger Verzerrungen der Raum-Zeit, die sich gemäß Einsteins »Allgemeiner Relativitätstheorie« mit Lichtgeschwindigkeit durch den Raum bewegen.

Bewegen sich große Massen wie Sterne oder Galaxien, so erzeugen sie Gravitationswellen. Diese dehnen sich mit Lichtgeschwindigkeit aus und stauchen den Raum abwechselnd, den sie durchqueren, also die Abstände zwischen den im Raum enthaltenen Objekten. Diese Distanzänderungen sind extrem klein. Bei einer Sternexplosion in einer benachbarten Galaxie zur Milchstraße ändert die entstehende Gravitationswelle den Abstand zwischen Erde und Sonne für Sekundenbruchteile um den Durchmesser eines Wasserstoffatoms.

Diese Gravitationswellen nachzuweisen ist Aufgabe des Virgo-Experiments, das in Cassigno in Italien stattfindet. Herzstück von Virgo ist ein Interferometer mit zwei drei Kilometer langen Armen. In diesem Interferometer wird Laserlicht viele Male hin- und hergeworfen, sodass ein Interferometer mit einer effektiven Armlänge von 120 Kilometern entsteht. Damit sind bereits Längenänderungen von $10^{-18}$ m nachweisbar. Gigantischer noch soll LISA werden, das satellitengestützte Interferometer, mit Armlängen von fünf Millionen Kilometern.

# Es macht viel Spaß

Während die Anwendung des Interferometers heute allgegenwärtig ist, in keinem Satelliten fehlt und immer neue Bereiche erobert, ließ Michelson nicht von seiner Besessenheit ab, dem Licht mit immer neuen, ausgefeilten Methoden auf die Spur zu kommen.

1926 verwendet Michelson viel Energie darauf, die Lichtgeschwindigkeit über die 22 Meilen lange Distanz zwischen dem Mount Wilson und dem Mount San Antonio zu bestimmen. Als er gefragt wird, warum er immer neue Versuche unternimmt, um »c« genauer zu bestimmen, bemüht sich Michelson erst noch halbherzig, den wissenschaftlichen Ertrag dieser Versuche anzuführen, fügt dann aber lachend hinzu: »Der wahre Grund ist allerdings der, dass es viel Spaß macht.«

Die letzten vier Jahre seines Lebens verwendet er darauf, die Lichtgeschwindigkeit noch zuverlässiger zu bestimmen. Um eine möglicherweise störende Einwirkung der Atmosphäre auszu-

*Das Mount-Wilson-Observatorium in Kalifornien, in den 20er-Jahren, als Michelson dort Experimente mit Interferometern durchführte.*

schalten, will er die Lichtgeschwindigkeit in einer Vakuumröhre messen. Er lässt dazu eine unterirdische Röhre von 1600 Meter Länge, Durchmesser 30 Zentimeter, leer pumpen, bis ein Vakuum hergestellt worden ist. Das schließlich erreichte Endergebnis seiner Versuche ergibt einen Wert von 299774 km/s, das war 1 Teil von 2500 – weniger, als die besten anderen Messungen ergeben hatten. Den entsprechenden Aufsatz dazu verfasste Michelson zehn Tage bevor er sein Bewusstsein verlor und schließlich an einem Gehirntumor starb.

Äußerlich verläuft das Leben von Albert Michelson scheinbar ereignislos und nach der immer gleich tickenden Uhr. Dreimal in der Woche trifft er seine Graduiertenklasse und seine Doktoranden, zweimal im Rahmen von Seminaren oder Vorlesungen, einmal zu einer Fragestunde. An Fakultätssitzungen nimmt er nie teil. Seine Vorlesungen sind sorgfältig durchstrukturiert, dicht und gehaltvoll. Die meisten Details müssen die Studenten selbst ausarbeiten. Seine Kurse gelten als hart und anspruchsvoll. Täglich ist Michelson im Labor zu finden, wo er mit seinem Assistenten und oft auch mit einem Mechaniker arbeitet.

Gegen vier geht er zuverlässig in den »Quadrangle Club«, um Tennis oder Billard zu spielen. Die Abende verbringt er zu Hause, zusammen mit seiner Frau und seinen drei Töchtern. Michelson, der bis zuletzt bemüht ist, bei der Entwicklung seiner Instrumente die Grenze des Erreichten immer weiter hinauszuschieben, bemüht sich auch, seine persönlichen Fähigkeiten und Fertigkeiten zu vervollkommnen. Er nimmt Tennis- und Billardunterricht und ist entschlossen, seine künstlerischen Fertigkeiten zu verbessern. Denn endlich kann er sich auch die Zeit nehmen, seine künstlerischen Bedürfnisse nicht nur in eleganten Versuchsanordnungen auszuleben. Die letzten zehn Jahre seines Lebens verbringt er zum größten Teil in Kalifornien und teilt seine Zeit auf zwischen seinen künstlerischen Liebhabereien und seiner nie ruhenden wissenschaftlichen Arbeit.

Millikan, sein alter Assistent, der inzwischen eine mächtige Rolle im Wissenschaftsleben Amerikas spielt, hat in dieser Zeit am nahe gelegenen Lake Muir eine Woche mit Forschungsarbeiten zur kosmischen Strahlung verbracht und will seinen väterlichen Freund aufsuchen. Er findet ihn allein, unweit der Veranda des kleinen Gasthauses »Lone Pine Inn«, vor der Staffelei sitzend. Vis à vis mit dem schneebedeckten Mount Whitney malt er eine Landschaft in Öl.

Erinnert sich Robert Millikan beim Anblick des alten Mannes, der im Korbstuhl versunken ist, der Zeit, als er zu dessen neuem Assistenten wurde? Damals war der energiegeladene, gedrungene Professor Michelson mit dem dichten Schnauzbart berüchtigt für den Verschleiß seiner Assistenten. Er stand im Ruf, unnahbar und unduldsam zu sein, galt als schwierig, diktatorisch und bedenkenlos. Er konnte schnell ungeduldig werden und duldete keinen Widerspruch. Damals hatte er Millikan prophezeit, dass er es wahrscheinlich auch nicht lange bei ihm aushalten würde. Aber dann wurden 25 Jahre einer engen Zusammenarbeit daraus.

Michelson ist milder, verständnisvoller, ja weise geworden. Vor seinem Tod schickt er noch einen befreundeten Anwalt zu seiner seit über drei Jahrzehnten von ihm geschiedenen Frau und lässt diesen in seinem Namen darum bitten, dass sie ihm alles Leid, was er ihr angetan habe, verzeihen möge.

Hin und wieder schreibt er einen Aufsatz zur Kunst, über Fragen der »Form Analysis«, oder er versucht die symmetrischen Formen in der Natur zu klassifizieren.

1911 folgt der Aufsatz »The Metallic Colouring of Birds and Insects«, worin er die Gefühle ausdrückt, welche durch diese wunderbaren Farbeffekte ausgelöst werden. Sich selbst hat er dabei das Ziel gesetzt, herauszufinden, ob die irisierenden Farben, die man bei Insekten und Vögel findet, auf Pigmentierung, Interferenz oder metallischer Reflektion beruhen.

Seine Studenten sind immer wieder frappiert, wie anmutig und mit wie leichter Hand Michelson einen perfekten Kreis an die Tafel zeichnen kann. Das ist Dürer-like! Und Michelson gesteht, dass »die ästhetische Seite dieses Gegenstandes nicht die geringste Attraktion für mich [ist]. Ich hoffe, dass der Tag bald kommt, an dem ein Ruskin gefunden wird, der den Schönheiten der Färbungen, den exquisiten Schattierungen von Licht und Schatten und den intrikaten Wundern symmetrischer Formen und Kombinationen gewachsen ist, denen man überall begegnet«. Aber nicht nur die »Spektralanalyse« der Vogelfedern, sein Geigenspiel und seine Liebe zur Malerei von Landschaften und Seeszenen gehören hierher.

Kurz vor seinem Tod findet an seiner Universität ein Kongress über Fragen wie Lichtgeschwindigkeit und dergleichen in Anwesenheit bedeutender Forscher statt. Alle fühlen, dass es so etwas wie eine Abschiedsveranstaltung ist. Ein junger Wissenschaftler, Dr. Kennedy, trägt seine Methoden und Forschungsergebnisse vor, worauf Michelson das Wort ergreift. Enthusiastisch lobt er die Arbeit des jungen Wissenschaftlers und sagt, dass seine Arbeit nicht nötig gewesen wäre, wenn es Menschen wie diesen jungen Wissenschaftler gegeben hätte.

Die altersweise Noblesse, mit der er sich zurücknimmt, gereicht Michelson zur Ehre, nicht minder aber gehört es auch zu seiner Persönlichkeit, seine Erfindungen nie patentieren zu lassen, sondern der Allgemeinheit zu widmen.

# Nernst, Lindemann, Tizard und die Bombenkontroverse

Dresden, 22. Juni 2004: Heute wird das neue Turmkreuz mit der Laternenhaube auf die Kuppel der wiedererstandenen Frauenkirche gesetzt. An einem Hubschrauber hängend soll das Doppelkreuz zu seinem künftigen Standplatz heranschweben. Zehntausende von Zuschauern haben sich vor der Frauenkirche versammelt, um dieses denkwürdige Schauspiel mitzuerleben, das so viele Empfindungen berührt. Das Kreuz selbst haben Engländer gestiftet. 2000 Bürger haben zusammen mit dem englischen Königshaus 600 000 Pfund für dieses Zeichen der Versöhnung aufgebracht. Die Geschichte dieses Kreuzes könnte dem Anlass nicht angemessener und symbolträchtiger sein. Geschmiedet hat es Alan Smith, der Sohn eines Piloten der Royal Air Force (RAF), der einst die Schächte seiner Lancaster über Dresden geleert hatte. Das Bewusstsein dessen, was im Krieg tatsächlich geschehen war, berichtet sein Sohn, ließ den Vater nach den Angriffen auf Dresden nie wieder los. »Zeitlebens verfolgten ihn die Erinnerungen, er wurde zum Pazifisten. In dieser Haltung wurden meine Geschwister und ich erzogen.«

Und wer wäre nun geeigneter gewesen, dieses Symbol der Versöhnung zu schmieden, als Alan Smith, der Sohn des Bomberpiloten? »Bis zu zehn Stunden am Tag verbrachte ich bei großer Hitze in meiner Werkstatt, acht Monate lang«, erinnert er sich später, »Den Stahl und das Kupfer des Kreuzes hämmerte ich nach den alten Schmiedetechniken des 18. Jahrhunderts. Am Ende legte ich drei Schichten Blattgold auf, eine Schutzhülle für

*Am 22. Juni 2004 wird das goldene Kreuz, eine Spende aus Großbritannien, auf die wieder aufgebaute Dresdner Frauenkirche gesetzt.*

die Ewigkeit. Alte Zeichnungen waren die einzige Grundlage, die ich als Vorbild für meine Arbeit hatte: das neue Kuppelkreuz auf einer Halbkugel. Es sollte wieder die Spitze der Dresdner Frauenkirche krönen.«

Als der letzte Hammerschlag getan war, ist das vergoldete Kreuz aus Stahl und Kupfer sieben Meter hoch. Für Alan Smith ist es die Krönung seiner Laufbahn. Für ihn war es »wie die Fertigung eines sehr komplizierten Puzzles, in dem sich die Vergangenheit und die Zukunft nahtlos ineinanderfügen«.

Als sich das Doppelkreuz auf die Kuppel senkt, verfolgt er hoch oben vom Turm aus das Manöver. Beifall brandet auf, als das Turmkreuz golden von der Höhe strahlt. Er fühlt sich wie in einem Traum, als er auf die applaudierende und jubelnde Menge herabblickt. Für ihn ist damit ein lang gehegter Wunsch in Erfüllung gegangen. »Nur eines bedauere ich zutiefst: dass mein Vater diesen Tag nicht mehr miterleben konnte. Vor 59 Jahren hatte er aus einer ähnlichen Perspektive auf Dresden herabgesehen, nur aus einigen Metern höher: aus dem Cockpit seines Bomberflugzeugs der Royal Air Force. Als ich damals von der Ausschreibung für die Fertigung des Dresdner Kuppelkreuzes erfuhr, wollte ich diesen Auftrag unbedingt. Ich setzte alles daran, ihn zu bekommen, überzeugte meine Firma, dass wir es schaffen können. Meine Motivation erzählte ich zunächst keinem. Als bekannt wurde, dass ich, der Sohn eines Bomberpiloten, das Kreuz für die Kirche schmiedete, stürzten sich alle auf diese Geschichte. Das erste Staunen wich einer sehr positiven Reaktion. Selbst die Kriegsveteranen aus meinem Land, die mit meinem Vater gedient hatten, klopften mir zustimmend auf die Schulter, erzählten mir vieles über die Vergangenheit, über den Krieg. Sie hatten so viele Jahre darüber geschwiegen.«

Während der Hubschrauber libellengleich in der Luft verharrt, um seine Fracht behutsam abzusetzen, bewegt einen kostbaren Moment lang die Menschen der Wunsch nach Aussöhnung, Tröstung, Vergebung und Reue. Das Kreuz verspricht Hoffnung und Zukunft. Diese Geste Englands legt sich wie ein Balsampflaster auf die Wunde Dresden. Das war vor zwölf Jahren anders gewesen. Damals hatte England Arthur Harris, dem Befehlshaber des Bomberkommandos, ein lebensgroßes Bronzestandbild geweiht. Harris gaben seine Piloten den Beinamen »Butcher Harris«, Schlächter Harris, da 44 Prozent aller Kampfflieger den Krieg nicht überlebten. »Bomber Harris«, wie er auch genannt wurde, gilt in der deutschen Öffentlichkeit bald als die Verkörperung englischer Kriegsverbrechen. Sein mit dem Leid unzähliger Familien verbundener Name wird zum Hasssymbol. Englische Fußballfans, die deutsche Fans im Stadion reizen wollen, skandieren »Harris!«»Harris!«. Doch auch in England gibt es viele Vorbehalte gegen den Bomberkommandeur mit dem sorgfältig gestutzten Schnurrbart. Man ist bereit, den Piloten, die sich Nacht für Nacht in die engen Maschinen gezwängt haben und ihr Leben aufs Spiel setzten, alle Ehren zu erweisen, aber für diesen unerfreulichen Anführer hat man wenig Sympathien.

Diesen Mann im Jahre 1992 mit einem Bronzedenkmal zu ehren wirkte selbst in England bereits seltsam antiquiert und aus der Zeit gefallen. Musste denn von diesem Mann ein Denkmal solcher Größe aufgestellt werden, das wieder Wunden bei allen aufreißen würde, die Angehörige in den ausgeglühten Häusergerippen von Hamburg, Dresden, Pforzheim, Köln, Rostock, Lübeck, Heilbronn und Würzburg verloren hatten? Stärker noch als das brennende Hamburg hatte sich der nächtliche Angriff im Februar 1945 auf das unversehrte »Elbflorenz« in die Erinnerung eingebrannt. Dresden war eine Stadt ohne weitere strategische Bedeutung, und massenweise waren Flüchtlinge dorthin geströmt, um Schutz zu suchen. Später wurde englischerseits vorgebracht, dass der Tod so vieler Zivilisten in Kauf genommen worden sei, um den Krieg abzukürzen.

In Deutschland konnte dieses Denkmal nur als Affront empfunden werden. Der Bürgermeister von Köln protestierte wie viele andere dagegen, und der Bürgermeister von Pforzheim, Joachim Becker, wandte sich mit entschiedenen Worten gegen das Monument: »Es ist eine bestürzende Vorstellung, einen Mann zu ehren, dessen Pläne buchstäblich nichts dazu beigetragen haben, die Kriegsdauer abzukürzen, aber viel, um das Leid zu vermehren.« Generell wurde die Entscheidung für das Denkmal aber mehr oder weniger hingenommen. Das ungläubige Erstaunen, dass so etwas überhaupt möglich sei, überwog.

Einer der Veteranenvereine der RAF, welche die Angehörigen von 65 513 gefallenen Bomberpiloten vertraten, der »Bomber

*Denkmal für den britischen Bomber-Kommandanten Arthur Harris in London (li.); Zerstörung in London durch deutsche Bombenangriffe.*

Harris Trust«, setzte sich schließlich durch. 200 000 Pfund wurden für diesen Zweck gespendet. Eingeweiht wurde das Denkmal mit der Inschrift »Die Nation schuldet ihnen allen ungeheuer viel« 1992 durch Queen Mum, die Mutter der Königin, vor der RAF-Kirche St. Clement Danes in London. Sie wurde dabei überrascht von Zwischenrufen wie »Schande!«, »Harris war ein Kriegsverbrecher«. Immer wieder wurde das Denkmal danach mit ähnlichen Sprüchen beschmiert und musste eine Weile lang rund um die Uhr bewacht werden. Die Darstellung des obersten Bombers, der in voller Uniform mit hinter dem Rücken verschränkten Armen und den in Bronze ausgeführten scharfen Bügelfalten, Jackentaschen, Kragen und Krawatte von seinem Piedestal auf die Passanten blickt, fand keinen Beifall in der Öffentlichkeit.

Unmittelbar nach dem Krieg war die Rolle von Harris in England bereits umstritten. Dabei ging es um das Ausmaß der Zerstörung deutscher Städte durch Flächenbombardierungen gegen Kriegsende. Trotz der kritischen Stimmung wurde Harris 1946 zum Marshal der Royal Air Force und zum Träger des Großkreuzes des Bathordens ernannt. Im September 1946 trat er schließlich zurück. Da die Kritik an seinen Methoden nicht nachließ, zog er sich 1948 nach Südafrika zurück, wo er die nächsten fünf Jahre als Manager für die South African Marine Corporation tätig war. 1953 war Churchill wiederum Premier geworden und bestand nun darauf, dass Harris den Titel eines Barons annahm. Sir Arthur Travers Harris, 1st Baronet, wie er nun hieß, kehrte im selben Jahr nach England zurück und verbrachte die letzten Jahre seines Lebens (ausgerechnet) in Goring-on-Thames, wo er eine Woche vor seinem 92. Geburtstag 1984 starb.

1946 hatte Harris in seinem Buch *Bomber Offensive* zum Angriff auf Dresden geschrieben:»Ich weiß, dass viele die Zerstörung einer so großen und herrlichen Stadt gegen Kriegsende für unnötig halten, darunter selbst nicht wenige, die darin übereinstimmen, dass unsere frühen Angriffe ebenso voll gerechtfertigt waren wie irgendein anderer Angriff während des Kriegs. Hierzu will ich nur sagen, dass der Angriff auf Dresden zu dieser Zeit von weitaus bedeutenderen Leuten als mir selbst als militärische Notwendigkeit angesehen worden ist.«

Von den zwei einflussreichsten Personen, die im Hintergrund über das Schicksal der zerbombten deutschen Städte entschieden haben, soll nun die Rede sein. Beide haben sich als junge Physikstudenten in Berlin kennengelernt. Als sie sich beide bei Professor Walther Nernst einschrieben.

## Erster Auftritt eines Herrenfahrers

Auftrumpfend hat Walther Nernst seinen Einzug nach Berlin inszeniert. Der neu berufene Professor für physikalische Chemie hinterlässt bei allen Passanten einen starken Eindruck, als er 1905 mit dem Landauer vor der verwaisten Wohnung der Familie von Helmholtz hält. Immerhin sechs Personen sitzen in dem zierlich wirkenden Gefährt mit den schmalen Speichenrädern. Gegen den Fahrtwind haben sich die Passagiere mit

Ledermützen, Handschuhen und Mänteln geschützt, um die noch Felldecken gewickelt sind. Ersatzschläuche hängen wie Würste um den Kühler und unterstreichen dekorativ den Expeditionscharakter der Reise. Höchstpersönlich hat Professor Dr. Walther Nernst das Automobil von Göttingen in die Metropole gesteuert. So etwas hatte es noch nicht gegeben. Neben dem Herrenfahrer Nernst, der das Steuer nicht aus der Hand gibt, sitzt für alle Fälle der Chefmechaniker des Instituts. Auf der Rückbank, eng zusammengepresst, Nernsts Frau Emma mit den drei Töchtern Hilde, Edith und Angela.

Reparaturen führt man am besten selbst aus, und der Benzinverbrauch muss genau kalkuliert werden, denn diesen Treibstoff kann man nur gallonenweise in Apotheken kaufen. Trotz aller Vorkeh-

*Der Physiker Walther Nernst, hier um 1922, erhielt 1920 den Nobelpreis für seine Arbeit zur Thermodynamik.*

rungen musste die Fahrt von Göttingen nach Berlin aus technischen Gründen unterbrochen werden. Die Übernachtung in einem Gasthaus ist allerdings für alle Reisenden eine höchst willkommene Unterbrechung. Aber dennoch! Der schmucke offene Landauer hat auf halbem Weg den Geist wegen erschöpfter Batterien aufgegeben. Ausgerechnet bei Nernst, dem Entdecker der galvanischen Zelle! Allerdings hält sich später das Gerücht, dass er selbst die Batterie falsch gepolt habe.

Schon früh hat der Physikochemiker eine Vorliebe für kostspielige Fahrzeuge kultiviert. Er war der erste Göttinger gewesen, der sich ein Automobil angeschafft hatte, und zeitweise verfügt der begeisterte Automobilist über einen Fuhrpark mit einem Dutzend edler und modernster Karossen.
Nun sollte ihn Berlin kennenlernen.

Vor vier Jahren hatte er noch einen Ruf nach Berlin abgelehnt. Aber nun, mit 41, hatte er nachgegeben, als er auf den Lehrstuhl berufen wurde, den vor wenigen Jahren noch Helmholtz innehatte. Wer hätte sich auch dem Ruf als dessen Nachfolger verweigern können! Helmholtz war einer der größten Naturforscher seiner Zeit gewesen. Seine vielseitige Tätigkeit als Regimentsarzt, Physiologe, Pathologe, Psychologe, Physiker, Akustiker, Erforscher der menschlichen Sinnesorgane, Denker und Philosoph erstaunte die Welt. Er hatte die »Helmholtz-Spule« entwickelt, mit der sich ein Magnetfeld erzeugen lässt, und ebenso ein Gerät, um den Krümmungsradius der Hornhaut des Auges zu bestimmen; seine Lehre von den Tonempfindungen war bahnbrechend, desgleichen seine Forschungsarbeit zur Mechanik des Gehörknöchelchens. Überall wurde Helmholtz größte Wertschätzung entgegengebracht. Bei seiner letzten Reise in die Vereinigten Staaten wurde er wie ein Staatsgast im Weißen Haus von Präsident Cleveland empfangen (wie schon auf Seite 81 berichtet). Hermann von Helmholtz nachzufolgen war Ehre und Verpflichtung.

# Wissenschaft im Rausch abenteuerlicher Selbstherrlichkeit

Früher war es die Philosophie, die Geistesgrößen wie Kierkegaard nach Berlin lockte, der dort Vorlesungen besuchte, nun hat die Wissenschaft diese Rolle übernommen. Weder vorher noch nachher haben die Universitäten der Stadt ein solches Aufgebot an Chemikern, Physikern und Mathematikern aufzuweisen wie um 1900. Eine von unerhörten technischen und wissenschaftlichen Erfolgen geprägte Erfindergeneration überbietet sich in immer maßloseren, geradezu rauschhaften Erfolgen. Es herrscht damals eine übermütige Atmosphäre abenteuerlicher Selbstherrlichkeit, bei der nur wenige nüchtern bleiben.

Nernst trifft zum richtigen Zeitpunkt in Berlin ein. Dieser originelle Charakter hat das Glück, in eine Zeit hineingeboren worden zu sein, die Originale mehr schätzt als alles andere. Und er ist nicht nur eines der letzten und stärksten Originale der Kaiserzeit, sondern auch einer ihrer größten Naturwissenschaftler.

Nernsts Stimme wird bald tonangebend im illustren Kreis der Wissenschaftler, und auch der Kaiser schätzt seinen offenen Rat. »Es gibt heute keine technischen Schwierigkeiten mehr«, lautet ein Lieblingssatz Nernsts. Es ist die Epoche, in der deutsche Gelehrte anfangen Geschäftsleute und Weltreisende zu werden und Erfinder zu Unternehmern. Nernst verkörpert diesen neuen Typus wie kaum ein Zweiter.

1897 hatte er eine Lampe erfunden, die nicht ihresgleichen hatte. Es war ein Hightech-Produkt, das aus der Tiefe der jüngsten physikalischen Erkenntnisse stammte und nur von einem Physikerhirn ersonnen worden sein konnte. Mit der bekannten »Edison-Glühlampe« hatte diese Lampe wenig gemein. Das Erscheinen von Nernsts Lampe ließ für einen Moment lang den Unterschied zwischen dem Produkt eines physikalisch gebildeten Wissenschaftlers und einem Tüftler spüren. Die Allgemeine Elec-

*Geniale Denker revolutionieren die Wissenschaft: (v.li.) Walther Nernst, Albert Einstein, Max Planck, R.A. Millikan, Max von Laue, Berlin 1931.*

tricitäts-Gesellschaft (AEG), die ein großes Geschäft wittert, setzt auf Nernsts Wunderlampe, und dem gewieften Nernst gelingt es, für die Ablösung seiner Lampenpatente über eine Million Reichsmark zu erzielen. Diese gewaltige Summe wird zum Grundstock seines Vermögens. Edison, der so oft in Geldnöten steckt, zuckt zusammen, als ihm Nernst bei einem Besuch in Amerika davon erzählt. Von Walther Rathenau, dem Chef der AEG und späteren Außenminister, stammt der Ausspruch, man müsste Nernst zum Direktor der AEG machen, aber natürlich zum »kaufmännischen«.

Vorteilhaft ist, dass die neuen Lampen weder Platin-, Kohlenoch Baumwollfäden benötigen; ihre Keramikstäbchen können nicht oxidieren und brauchen daher auch keine Vakuumversiegelung; zudem ist ihre Lichtausbeute höher – und die Lampe hielt fast 1200 Stunden, ein Mehrfaches der Edison-Lampen. Verschleißteile können nachgekauft werden. Die angestaunte Nernst-Lampe hat trotz der verschiedenen Vorteile einen Nachteil, der ihren Erfolg schließlich zunichte macht. Sie benötigt eine gewisse

»Anwärmzeit« von 30 bis 40 Sekunden. Dieser Nachteil macht sich umso stärker bemerkbar, als Edison, der geniale Tüftler, endlich in der Lage ist, die Massenfabrikation von Lampen aufzunehmen. Mit den entsprechend billigeren Glühbirnen können die Nernst-Lampen nicht mehr konkurrieren und verschwinden allmählich vom Markt. Ob die Patente das erhoffte Geschäft bringen konnten, steht dahin.

Wenn es um Geld geht, ist Nernst, vielleicht abgesehen von seinem insgeheimen Rivalen Fritz Haber, der gewiefteste unter seinen akademischen Kollegen. Er lässt sich die finanzielle Konstruktion einfallen, Einstein ohne irgendeine Lehrverpflichtung nach Berlin zu locken, und er ist glänzend vernetzt mit der Industrie. Mit der zeitgenössischen Literatur kann er dagegen wenig anfangen. Thomas Mann wird achselzuckend abgetan: »Hintertreppenromane«, Ibsens Menschen sind »Holzköpfe und Narren«, und der Faust?»Ein verbummelter Privatdozent.« Seine Lieblingslektüre sind die Memoiren von Casanova, die er durch und durch kennt.

Nernst ist ganz ein Kind des Aufbruchs, wenn seine Helden Menschen sind, die sich für den Fortschritt opfern, wie etwa Flieger, die bei der Erprobung neuer Maschinen ihr Leben aufs Spiel setzen, unbeirrbare Techniker und Konstrukteure, die zu Wohltätern der Menschheit werden, Industriekapitäne, die allen Widrigkeiten zum Trotz neue Errungenschaften durchsetzen, oder verkannte Forscher und Entdecker.

Der stets sorgfältig gekleidete Nernst ist samt der goldenen Uhrenkette ein gänzlich unkonventioneller Mensch, dem jede Regel und selbst die Routinen des Alltags zuwider sind. Nernst ist ganz er selbst, wenn er sich spielend in eine Folge mehr oder weniger abenteuerlicher Episoden seines Daseins stürzt. Und aus seiner Jugendzeit, in der er als Schüler gerne Theater spielte, hat er sich noch eine Rolle aufbewahrt, die er bis zur Perfektion beherrscht. Er kann meisterhaft den Überraschten spielen, auch

Walther Nernst in seinem Labor an der Berliner Universität, wo auch
Frederick Lindemann und Henry Tizard zu seinen Studenten gehörten.

wenn er längst über alles unterrichtet ist. Es ist anzunehmen, dass auch sein berühmtester Spontaneinfall inszeniert ist, der auf einer Bronzetafel in der Humboldt-Universität verewigt ist. Angeblich hatte Nernst während einer Vorlesung dort jäh die Eingebung zum Auffinden des Dritten Satzes der Thermodynamik gehabt. Auf der Tafel steht:

IM JAHRE 1905 ENTDECKTE
WALTHER NERNST
IM VERLAUF SEINER IN DIESEM
SAALE GEHALTENEN VORLESUNG
DEN 3. HAUPTSATZ
DER THERMODYNAMIK.
DIE HUMBOLDT-UNIVERSITÄT
GAB 1964, IM JAHRE
DES 100. GEBURTSTAGES
DES GROSSEN GELEHRTEN,
DIESEM HÖRSAAL DEN NAMEN
WALTHER-NERNST-
HÖRSAAL

## Frauen, Glücksspiel, Thermodynamik

1905 beginnt er mit der jahrelangen Plackerei zum experimentellen Beweis seiner intuitiv erfassten Entdeckung des 3. Hauptsatzes, die ihm endlich 1920 den Nobelpreis einbringen wird. Aber Nernst ist nicht nur ein unermüdlicher und akribischer Forscher, er hat sich auch seine Weltoffenheit und Neugier bewahrt.

Und wofür kann er sich nicht alles begeistern! Einer seiner Mitarbeiter und späteren Kollegen skizziert einmal einen Tag so recht nach dem Geschmack und Lebensgefühl Nernsts:

Er schwärmt für die Wissenschaft, für die Großstadt, für das Landleben, für schöne Literatur, für französischen Champagner

& für die Liebe, für Claire Waldorf, für Geld & das Glücksspiel, für die junggesellische Freiheit & den häuslichen Herd. Er kann es fertigbringen, am Morgen im Laboratorium zu arbeiten, mittags mit einem ausländischen Gast zu frühstücken, nachmittags Vorlesung zu halten, Tee zu trinken mit einer schönen Frau, nochmals im Laboratorium mit vollkommener Konzentration die Arbeit seiner Schüler zu besprechen, nachts einen Freund durch das großstädtische Berlin zu führen, gegen Morgen noch einen Roman zu lesen, um dann nach einigen Stunden Schlaf unbekümmert & ungeschwächt an seine wissenschaftliche Arbeit zu gehen. »Schöne Frauen« und »Glücksspiel« – das verlangt bei einem Physikochemiker nach einer Erklärung. So wie Nernst im großen Stil Rittergüter und Wälder kauft und wieder verkauft, so zockt er auch bei seinen nächtlichen Streifzügen durch Berlin am Spieltisch. Dabei hat er meist seine puppenhaft hübsche Frau im Schlepptau. Emma, die Tochter eines Chirurgen und Nervenarztes, die mit ihrem sorgsam glatt gekämmten Haar an seiner Seite am Spieltisch sitzt, trägt vermutlich auch Gewinn und Verlust mit der gleichen Sorgfalt in eine schwarze Kladde ein, mit der sie das Haushaltsbuch führt. Wie diese Abende ausgehen, wissen wir nicht. Offenbar bleibt Nernst aber überzeugt, dass ihn sein beträchtliches mathematisches Wissen am Spieltisch zumindest zu einem ebenbürtigen Gegner des Zufalls macht. Zu Hause versucht er nämlich, seine älteste, damals achtjährige Tochter Angela zu einer erfahrenen Backgammon-Spielerin auszubilden.

Schwieriger, viel schwieriger und schmerzhafter sind dagegen die Erfahrungen mit Frauen. In einer Anekdote über Nernst wird geschildert, wie Gott eines Tages beschloss, einen Supermenschen zu erschaffen. Er entwarf dabei ein Gehirn, das allen überlegen war. Als er aber den Superanthropos weiterformen wollte, musste er die Arbeit wegen einer anderen Tätigkeit ruhen zu lassen, und schließlich erbarmte sich der Erzengel Gabriel und formte lieblos einen etwas plump geratenen Körper hinzu. Als der Teufel dies bemerkte, blies er ihm seinen Atem ein und erweckte diese

Gestalt zum Leben. So sei Nernst entstanden.

Gelinde gesagt, ist Nernst keine Schönheit. Mit einem Satz: Er ist zu kurz, zu dick und kahl bis auf einen Haarkranz. Und seine Hamsterbacken, die kurze Stupsnase mit dem unvermeidlichen Kneifer an der Kette darauf und die »Genießerlippen« mit dem übergroßen, geschweiften Schnurrbart sind nicht das ideale Rüstzeug für den geborenen Erotomanen. Auch wenn die flinken, verschmitzten Augen das Gegenteil versprechen. Aller-

*Walther Nernst liebte Erfolg, Geld, Champagner und die Frauen.*

dings hat er ein begnadetes Geschenk mitbekommen. Seine Stimme! Dieser weichen und unsicheren Stimme, schreibt ein Kollege, der lange unter ihm und mit ihm gearbeitet hatte, »die über die harte und leidenschaftliche Zielsicherheit seines Wesens täuschte, verdankte er zum großen Teil seine menschlichen Erfolge«. Man kann von ihm behaupten, erwähnt einmal sein Weggenosse, der Chemiker von Wartenberg, »dass er neben der Wissenschaft nichts wirklich ernst nahm als ebendie Frauen, die wieder ihn nicht ernst nahmen«. Die Vorgehensweise bei der Verfolgung seiner Herzenswünsche war seiner wissenschaftlichen Methode sehr ähnlich. Das Unmögliche gab es nicht. »Es hat nur Sinn, das Unmögliche zu wollen«, erklärte er einmal einem jungen Mann im Laboratorium, der behauptete, dass etwas unmöglich sei. Mit derselben Ausdauer, Findigkeit, dem Einfallsreichtum und der Akribie, mit der Nernst seinen wissenschaftlichen Forschungen nachgeht, versucht er, die »oft unmöglichen Aufgaben zu lösen, die ihm sein Herz stellte« (Wartenberg). Und dabei konnte den Nobelpreisträger ein Misserfolg bei einer wissenschaftlichen Arbeit »nicht halb so erschüttern wie die Ungunst einer schönen Frau«.

»In der Chemie«, pflegt Nernst zu sagen, »freue ich mich jeden Tag über die Schönheit, Folgerichtigkeit und Gesetzmäßigkeit, aber die Frauen sind das gerade Gegenteil von alledem. Sie gehorchen nicht den einfachsten Naturgesetzen, und deshalb betrachte ich den Verkehr mit ihnen als die einzig wirkliche Erholung – weil sie so ganz ungesetzmäßig sind, so ganz unberechenbar, so gar nicht zu bestimmen – gerade das Gegenteil von meinem Beruf.«

Nach seinem ersten Jahr in Berlin findet er endlich das Haus, das er sucht. Am Karlsbad 26, unweit des Schöneburger Ufers, kauft er eine Villa aus der Gründerzeit. Die abgelegene Straße liegt mitten in der Stadt. Vor der Veranda mit den gefärbten Marmorsäulen liegt ein Vorgarten, von wo aus der Hausmeister den Besucher in eine Halle aus schwarzem Marmor mit Bronzeskulpturen bringt, die griechischen Jungfrauen nachempfunden sind. Die Wände der großen Empfangshalle sind mit bedruckten Ledertapeten tapeziert und haben paneelierte, mit Gold dekorierte Decken. Alles ist mit Nernst-Lampen beleuchtet sowie einigen Edison-Lampen, die gebraucht werden, um die Zeitspanne zu überbrücken, bis die Nernst-Lampen endlich aufleuchten. Insgesamt ist die Atmosphäre düster und feierlich. Charakteristisch für Nernst ist das große Arbeitszimmer mit den zwei enormen Schreibtischen, die übersät sind mit Manuskripten, Briefschaften, Korrespondenzen und sonstigem Papierzeug, deren undurchschaubare Ordnung nur Nernst bekannt ist.

# Adlon-Bewohner und
# Lieblingsschüler Lindemann

In den Morgenstunden huscht alles nur auf Zehenspitzen umher, denn für gewöhnlich schläft der Hausherr bis um zehn. Dann nimmt er ein längeres Frühstück im Bett ein. Im nahe gelegenen Institut erscheint Nernst so gut wie nie vor elf Uhr. Daran haben sich auch seine Assistenten gewöhnt, die dort erst kurz vorher auftauchen. Als Nernst eines Tages quasi versehentlich schon um zehn erscheint, findet er ein verwaistes Institut vor. Daraufhin zitiert er sie alle mit Telegrammen herbei. Nernst ist im Labor und im Institut unerbittlich, auch ausbeuterisch. Angeblich hat er nie einen Finger für das Fortkommen seiner Schüler gerührt. Stattdessen habe er wie Kronos seine Kinder »verschlungen«. Das sollte sich ändern, als 1906 früh am Morgen ein Brüderpaar aus England vorspricht, welches das Studium der Physik aufnehmen will.

Natürlich empfängt Professor Nernst zu dieser Tageszeit nicht. Sie übergeben das Empfehlungsschreiben ihres Vaters. Nernst erinnert sich aber an Adolphe F. Lindemann, einen erfolgreichen Ingenieur und Unternehmer, der ihn wegen einiger wissenschaftlicher Fragen angeschrieben hatte. Der vielseitige, unternehmerische Nernst ist ganz nach dem Geschmack des Vaters der beiden Erstsemester, der überhaupt ein Bewunderer des aufstrebenden Berlin und insbesondere von Wilhelm II. ist. Dass sein Sohn Friedrich Lindemann kein Deutscher ist, sondern einen englischen Pass hat, ist zu diesem Zeitpunkt kaum einer Erwähnung wert. Anzumerken ist es ihm jedenfalls nicht; er ist auf deutschen Schulen erzogen worden und spricht so gut Deutsch wie jeder andere Abiturient.

Beide Brüder, der ältere Friedrich und der jüngere Septimus, werden bald zum Gesprächsstoff unter den Berliner Studenten. Friedrich, der schlaksige, talentierte Student, zählt zu den er-

*Der junge Physiker Frederick Lindemann während der 2. Solvay-Konferenz in Brüssel, 1913.*

folgreichsten Tennisspielern Europas. In der Suite im Hotel Adlon, die er während seines gesamten Studiums bewohnt, stehen die Pokale reihenweise in den Regalen. Niemand weiß, wann er eigentlich studiert. Aber der Schein trügt. Friedrich ist ein Nachtarbeiter, mit Anfällen hoher Konzentration, wenn auch ohne Stetigkeit. Am liebsten scheint er seine Tage mit seinem Bruder auf dem Tennisplatz zuzubringen. Nernst ist vom Lebensstil seines Schülers wenig begeistert. »Wie kann man nur den ganzen Tag hinter einem Tennisball herjagen?«, wirft er ihm einmal vor. »Wenn Ihr Vater nicht so reich wäre, könnte ein erstklassiger Physiker aus Ihnen werden!«

(Für Septimus gilt dieser Satz schon bald nicht mehr, denn er hängt die Physik an den Nagel und lebt in großem Stil als Playboy an der Côte d'Azur, tief verachtet von seinem Bruder.)

Nernst, der zu den spendabelsten Professoren Berlins zählt und dessen Rittergut Rietz bei Treubrietzen am Wochenende zum gesellschaftlichen Treffpunkt für Freunde, Jagdgenossen, Kollegen, Beamte und Künstler wird, lädt bald auch Friedrich Lindemann ein und macht ihn mit seinen Töchtern bekannt, die sich insgeheim über ihn lustig machen. Der junge Student ist nämlich strenger Vegetarier und ernährt sich nahezu ausschließlich von französischem Käse, ausgesuchten Ölen, Salatblättern, Mayonnaise und Eiweiß. Dazu ist er Abstinenzler und Nichtraucher. Nernst fühlt sich irgendwie verantwortlich für den jungen

Studenten, und Friedrich wird im Lauf der Zeit so etwas wie sein Lieblingsschüler. Umgekehrt wird Nernst zur verehrten Vaterfigur und zum Vorbild für Lindemann. Das Vertrauensverhältnis wird alle Kriege überstehen und erst mit dem Tod Nernsts 1941 enden. Wenn der junge Lindemann nach dem Tennisspiel beim abendlichen Diner im Speisesaal des Adlon die verschiedenen Olivenöle begutachtet, die für das Abendessen aufgefahren worden sind und eine Messerspitze von der frisch angerichteten Mayonnaise probiert, kann er die Passanten vorbeiflanieren sehen. Aber von der unbekannten Welt da draußen, die er bestenfalls vom Hörensagen kennt, trennt ihn mehr als eine Fensterscheibe.

## Folgenschwere Begegnung zweier Engländer in Deutschland

Fast zwei Jahre nach ihm trifft ein weiterer englischer Student in Berlin ein. Es ist Henry Tizard, der gerade als Bester seines Jahrgangs sein Studium abgeschlossen hat. Allerdings läßt die Ausbildung in Oxford sehr zu wünschen übrig. Die Labore sind vernachlässigt, der Unterricht ist völlig unzureichend. »Zeig mir einen Forscher, und ich zeige dir einen Narren«, hatte ihm noch der Vorsteher des Oriel College gesagt – und das war alles andere als ein Trost.

Laut Tizard geben sich die meisten Dozenten in Oxford damit zufrieden, das Leben eines Gentlemans zu führen und einfach das Wissen an die jüngere Generation weiterzugeben, das von anderen angehäuft worden war. In England gab es damals keinen Naturforscher von Rang, bei dem es sich gelohnt hätte zu studieren. Und in Amerika gäbe es keine School of Chemistry, die für ihn gut genug sei, teilt ihm sein Vertrauensdozent Sidgewick mit. Alles läuft endlich auf Berlin hinaus, wo er ein Jahr als Postgraduierter bei Nernst studieren soll.

Die Familie Tizards muss eisern sparen, denn ein Jahr in Berlin zu bestreiten ist kostspielig. Das Magdalen College in Oxford hat ein sogenanntes »halbes« Stipendium von 80 Pfund um ein Jahr verlängert, dazu stehen weitere 50 Pfund aus einem väterlichen Legat zur Verfügung. Einem Tipp der Berlin-Ausgabe des Baedekers folgend, hat Tizard bei einem Fräulein von Lübtzow eine preiswerte Pension in der Wilhelmstraße 49 gefunden. Tizard führt über die täglichen Ausgaben penibel Buch.

*Henry Tizard während einer Wohltätigkeitsveranstaltung in London, 1943.*

Als er sich einmal zu Weihnachten eine Kutschfahrt zu den verschiedenen Feuerwerken und »Illuminationen« leistet, die in der Stadt zu sehen sind, glaubt man noch seine Gewissensbisse zu spüren, als er die Summe von sieben Reichsmark einträgt. (Selbst als er in höchste Beamtenstellen aufsteigt, wird er fortfahren, auch geringste Ausgaben festzuhalten wie den Kauf einer Zeitung oder die Reinigungskosten für einen Stehkragen. Der Armutsfluch aber, dem die Tizards seit Generationen ausgesetzt sind, wird ihn bis ins hohe Alter verfolgen.)

Denkt man an den opulenten Lebensstil, den der junge Lindemann mit größter Selbstverständlichkeit pflegt, so ist der folgende Eintrag Tizards in sein Notizbuch schwer erträglich. Der ausgezeichnete Student aus Oxford, der 1908 im Magdalen College als

Bester seines Jahrgangs in Mathematik und Chemie abgeschlossen hatte, muss sich den Besuch der Vorlesung Max Plancks versagen:»Ich hatte auch vor, mich für Plancks Vorlesungen einzutragen, schob das aber wegen der Kosten auf. Später erfuhr ich dann, dass der Hörsaal, in den 400 passten, bereits überfüllt war. Welcher Unterschied zu Oxford, dachte ich, wo sich ein Professor für mathematische Physik glücklich schätzen kann, wenn ihm ein halbes Dutzend zuhört.«

Stattdessen beschränkt sich Tizard auf den Besuch der allgemeinen Vorlesung von Nernst sowie dessen Kurs für Chemische Thermodynamik für Fortgeschrittene. In Nernsts Labor trifft er auf den gleichaltrigen Lindemann, der inzwischen schon zum engeren Kreis der Nernst-Schüler gehört. Es wird nicht viele derart folgenreiche Begegnungen zwischen zwei Engländern in Deutschland gegeben haben. Und keiner der beiden so unterschiedlichen Charaktere kann uns kalt lassen. Sie werden später einen entscheidenden Einfluss auf die englische Kriegführung gegen Deutschland haben. Aber niemand, auch sie selbst nicht, kann auch nur ahnen, dass sie darüber zu erbitterten Gegnern über die Art der Massenbombardierung Deutschlands im Zweiten Weltkrieg werden sollten.

Bei der ersten Aufgabe, die Nernst seinem Schüler Tizard stellt, geht es um die Kondensierung von Acetylen zu Benzen, eine Aufgabe, die neben dem wissenschaftlichen auch einen kommerziellen Zweck verfolgt. Unglücklicherweise geht nicht nur dieser Versuch heillos schief.

Doch Berlin hat noch andere Erfahrungen und Lektionen zu bieten, als das Verhalten von Acetylen zu untersuchen. Die ganze Stadt gleicht einem Laboratorium, in dem unablässig, zu jeder Tages- und Nachtzeit, Versuche angestellt werden und neue Ideen und Verbindungen entstehen. Berlin vibriert und scheint nie mehr zur Ruhe zu kommen. Überall ist zu spüren und zu sehen, wie eine überaus geschäftige Nation zu Werke geht. Diese Rastlosigkeit nötigt dem jungen Engländer Tizard Respekt und Be-

wunderung ab, löst gleichzeitig aber auch Gefühle von Unbe-
haglichkeit und Furcht aus. Als Tizard ein Jahr später mit einem
Freund im Sommer den Schwarzwald durchwandert, ist er allerdings von den Bewohnern dort so beeindruckt, dass er sich noch
ein halbes Jahrhundert später daran erinnert, »dass er sich seit
diesem Besuch die Deutschen nie mehr als vollständig schlecht
vorstellen konnte«.

Und eine weitere Beobachtung prägt sich ihm ein: In Berlin
sieht er zum ersten Mal, wie entschlossen hier Wissenschaft um-
gesetzt und angewandt wird und mit welcher Geschwindigkeit
das die Stellung Deutschlands in der Welt verändert.

Tizard zählt bald zu den regelmäßigen Gästen der Abendessen, zu
denen Professor Nernst einlädt. Diese Abendessen, die zwischen
fünf und sechs Uhr stattfinden, sind sehr formell. Weiße Krawat-
ten und Frack sind vorgeschrieben. Das Ereignis der ersten Einladung beschäftigt Tizard so sehr, dass er noch am selben Abend
seinen Eltern schreibt. Tizard befürchtet, inmitten von zwanzig
Deutschen zu sitzen, ohne ein Wort von der Unterhaltung mit-
zubekommen. Zu seiner großen Erleichterung gibt es aber noch
zwei Amerikaner, die schlechter Deutsch sprechen als er. Nernst,
an dessen linker Seite er sitzt, ist Tizard gegenüber äußerst zuvorkommend, während er gleichzeitig das ausgezeichnete Essen
mit größtem Appetit in sich hineinschaufelt. Die ganze Situation
kommt Tizard so komisch vor, »dass er sich am liebsten in seinen
Stuhl zurückgelehnt und laut aufgelacht hätte«.

Da für Tizard in absehbarer Zeit keine wissenschaftliche Veröffentlichung herausspringt, kehrt er nach einem Jahr nach England zurück, frustriert, aber nicht ohne dankbar der wertvollen
Erkenntnis zu gedenken, die er in Nernsts Labor gewonnen habe.
Die Verbindung reißt nicht ab; 1911 erscheint Tizards Überset-
zung der *Thermodynamik* von Nernst.

# Wie wird man
# ein besserer Engländer?

Die Tizards waren einst als französische Hugenotten nach England geflohen und hatten seitdem ihr Glück auf hoher See und in der Royal Navy gesucht. Und sie haben Frauen gewählt, die den wirtschaftlichen Aufstieg ermöglichen. Thomas Tizard heiratet Mary Elizabeth Churchward, die Tochter eines Ingenieurs, der sich durch den Bau der Hafenanlagen von Malta und Pembroke einen Namen gemacht hat. Sie ist eine kluge, tief religiöse Frau und dabei trotz ihres Temperaments immer von Sorgen verfolgt. Thomas Henry Tizard ist Kapitän an Bord der *HMS Triton*, als er von der Geburt seines Sohnes Henry erfährt. Ein Ereignis, auf das die Offiziere mit Champagner anstoßen und ihn beglückwünschen. Kapitän Tizard, der sich zuvor als Navigationsoffizier während der vierjährigen Weltreise der *HMS Challenger* ausgezeichnet hatte, wird später wissenschaftlicher Hydrograph der Admiralität und Mitglied der Royal Society. 1891 lässt sich die Familie in Surbiton in Kent nieder, einer angenehmen, halb ländlichen Gemeinde, die fast bis an die Themse reicht und deren Obstgärten sich auf der anderen Seite bis ins flache Land hinziehen.

Das unscheinbare Haus der Tizards ist geräumig und verfügt über ein langes Gartenstück. Sold und Heuer sind knapp, aber der Dienst in der Royal Navy bietet Verlässlichkeit, Sicherheit und die Aussicht auf eine ehrenhafte Belohnung und vielleicht sogar auf ein Quäntchen Glück. Ergeben glaubt man an die Vorsehung Gottes. Anpassung und Aufstieg in der neuen Heimat werden stets begleitet von Sparsamkeit und Frugalität. Schnelles, flüchtiges, undurchsichtig angehäuftes Geld zählt nicht in diesem Wertekanon. Das ist bestenfalls etwas für Geschäftsleute und ähnliche Individuen. Harte Arbeit und Ehrlichkeit führen dagegen zu einer tieferen Befriedigung.

Henry durchlebt eine nicht unglückliche Kindheit, seine Haupteinnahmequelle als Taschengeld ist ein winziges Gartenstück, in dem er Gemüse zieht und dieses an die Mutter verkauft. Für Spielzeug ist kein Geld da, das müssen sich die Kinder selbst basteln. Die Ferien, die er meist zu Hause verbringen muss, werden durch kleine Ausflüge mit dem Fahrrad aufgewertet. Alle Hoffnungen und Bemühungen sind darauf ausgerichtet, dass der schmächtige Henry, der mit seinen vier Schwestern Aimée, Beata, Dorothy und Ethel aufwächst, die Erwartungen als künftige Stütze der Familie erfüllt.

Henry ist ein stilles Kind, unauffällig bis auf den roten Haarschopf. Als er 13 Jahre alt ist, werden die Hoffnungen der Familie auf eine Marinelaufbahn durch eine Fliege jäh zunichte gemacht. Der traumatische 5. Juni, als dem jungen Henry ein winziges Insekt ins linke Auge gerät, brennt sich in das Familiengedächtnis ein. Als er instinktiv das Auge zusammenkneift, kann er auf einmal nichts mehr sehen, und es wird dunkel um ihn. Es stellt sich heraus, dass er auf dem Auge so gut wie blind ist. Die Störung verschwindet nach einiger Zeit wieder, zurück bleibt aber eine so schwache Sehkraft, dass eine Karriere bei der Marine nicht mehr infrage kommt.

Da kommt ein Stipendium zu Hilfe. Henry darf die angesehene Public School von Westminster besuchen. Dort fallen seine besonderen Fähigkeiten in Mathematik und Chemie auf. Später besucht er das Magdalen College, bei dem er so glänzend abschließt, bevor er nach Berlin kommt. Die Tizards haben seit der Vertreibung der Hugenotten aus Frankreich im Lauf von Generationen Zeit gehabt, Engländer zu werden, und inzwischen sind sie englischer geworden als die Engländer selbst. »Bei einem Namen wie dem meinen war das unerlässlich«, wird Sir Henry rückblickend dazu sagen.

Sein Kommilitone Friedrich Alexander Lindemann hat ein anderes Problem. Er ist zwar Engländer, aber er wäre gerne englischer. Das beginnt mit der Sprache. Mit dem elitären Oxford-

Englisch Tizards, diesem Ausweis von Bildung und Klasse, kann er nicht mithalten. Gleichzeitig wird ihm sein deutscher Akzent bewusst. Lindemann schlägt dem Neuankömmling daher vor, doch gemeinsam eine Wohnung zu mieten. Tizard, der sein Deutsch verbessern will, stimmt unter der Bedingung zu, dass abwechselnd Deutsch und Englisch gesprochen werden soll. Aber sein Kommilitone lehnt ab. Der Graben zwischen der Suite im fashionablen Adlon und dem möblierten Zimmer in der Pension des Fräuleins von Lübtzow wird nicht überbrückt. Lindemann will nicht das schwache Deutsch von Tizard aufpäppeln, sondern von dessen Englisch profitieren.

Die Tizards haben Generationen lang Zeit gehabt, um Engländer zu werden. Bei den deutschen Lindemanns ging alles in einer Generation vor sich, und Friedrich Alexander ist bemüht, alles abzustreifen, was er noch von seiner deutschen Herkunft mit sich schleppt. Als einen schwer erträglichen Makel empfindet er schon den Ort seiner Geburt. Am liebsten würde er diesen verschweigen und ebenso im Dunkel lassen wie das Jahr seiner Geburt. Friedrich Alexander ist nämlich in Baden-Baden geboren worden. Seine Mutter, die sich häufiger zu Kuren dort aufhielt, hatte offenbar die klinische Versorgung schätzen gelernt.

In der Geburtsurkunde heißt es:»Am 6. April war Adolph Friedrich Lindemann, ein gebürtiger Pfälzer und Elsässer ›aus Sidmouth in England‹, katholischen Glaubens, in Baden-Baden vor dem Standesbeamten erschienen, um anzuzeigen, dass am 5. April 1886 von seiner Ehefrau Olga Noble, evangelischen Glaubens, ein Kind männlichen Geschlechts geboren worden sei, welches die Vornamen Friedrich Alexander erhalten habe.«

Seine Mutter Olga Noble hatte mit 17 Jahren den älteren Londoner Banker Benjamin Davidson geheiratet, der ihr ein beträchtliches Vermögen hinterlassen hatte. Über Friedrichs Mutter Olga heißt es knapp, dass sie aus einer Ingenieurfamilie aus New London in Connecticut stammt und schon von Haus aus vermögend war. Als sie die drei Kinder nach dem Tod ihres ersten Mannes in die zweite Ehe mitbringt, ist sie 31 Jahre alt. Mit Lindemann hatte sie noch drei Söhne, Friedrich Alexander, Charles und Septimus, sowie eine Tochter. Friedrich besucht die Grundschule in Baden-Baden und später das Gymnasium in Kassel. Bis zum Abitur ist er in deutschen Schulen erzogen worden. Alles, was deutsch ist an ihm und seiner Biografie ist, scheint ihn später in die Tiefe zu ziehen, aber da nennt er sich längst Frederick.

Lindemanns Vater, ein gebürtiger Pfälzer, hatte Fertigkeiten und Talente, die spielend für drei Berufe ausreichten. Er wurde zuerst in Nürnberg als Ingenieur und Feinmechaniker ausgebildet und baute dann eine Zeitlang für eine Münchner Firma wissenschaftliche Apparate. Mit 25 ging er nach England und arbeitete in Woolwich für die Brüder Siemens, die dort Unterwasserkabel herstellten. Zwei Jahre später wurde er als Abteilungsleiter mit der Verlegung des ersten transatlantischen Telegrafenkabels von den USA nach Irland betraut.

Drei Jahre später kommt Lindemann senior, der inzwischen britischer Staatsbürger ist, bei einem Besuch in Pirmasens mit Personen der Stadtverwaltung in Kontakt, die ihm schließlich die Lizenz zum Bau eines Wasserwerks erteilen. Das Geschäftsmodell sieht vor, dass die »Pirmasens Water Company« Bau und Wartung übernimmt und der Stadt gegen Gebühr Trinkwasser liefert. In der gleichen Weise organisiert er die Wasserversorgung von Speyer. Hier versorgt er mithilfe einer Aktiengesellschaft 1883 die Stadt mit einem zwanzig Kilometer langen Netz von Wasserleitungen. Noch heute legen die architektonisch reizvollen Wassertürme Zeugnis vom Wirken Adolph Lindemanns ab.

Die Vorausfinanzierung der Wasserversorgung von aufstrebenden Industriestädten erforderte einen hohen Kapitalbedarf, den sich Lindemann bei der City of London beschaffte. Dabei lernte er eben jenen Banker Benjamin Davidson kennen, dessen Witwe Olga er später heiratete.

*Lindemann (li.), hier mit Winston Churchill (2.v.re.) 1941, propagierte das flächendeckende Bombardement deutscher Städte im Zweiten Weltkrieg und wurde damit zum Gegenspieler seines Studienfreundes Tizard.*

Offenbar ließ sich mit der Geschäftsidee viel Geld verdienen. Die fabelhaften Vermögensverhältnisse der reichen Witwe und des glänzend verdienenden Unternehmers erweckten immer wieder das Interesse der Öffentlichkeit. 20 000 Pfund pro Jahr sollen den Lindemanns zur freien Verfügung stehen; im Jahr 2003 würde dies, wie eine Berechnung lautet, sagenhaften 1,5 Millionen Pfund entsprechen. Die dunkle Herkunft dieses Geldes und der verschleierte Geburtsort von Frederick Lindemann werden später in der Öffentlichkeit bohrende Fragen nach sich ziehen.

Immerhin ist er als Sohn eines gebürtigen Deutschen in Deutschland geboren und hier erzogen worden. Lindemanns Geheimniskrämerei um seine Herkunft führte dazu, dass C. P. Snow, der bekannte Romancier und Physiker, der ihn persönlich gut kannte, noch 1962 schreiben konnte, dass eigentlich niemand in England wisse, wer Lindemanns Vater sei.

Und ist er nicht in seinem Wesen und Gebaren doch immer ein Deutscher geblieben? Er wirkte für viele »ganz unenglisch«, und sie fühlten sich bestätigt, wenn sie aus dem schwer verständlichen Gemurmel und Genuschel Lindemanns einen Anflug von deutschem Akzent heraushörten. Und ist er nicht vielleicht auch Jude gewesen wie mutmaßlich seine Mutter, die verwitwete Olga Davidson?

Die dritte Profession, in welcher Adolph Lindemann höchst erfolgreich war, ist die Astronomie, für die er sich schon seit Kindertagen interessierte. Als er nach der Heirat nach Sidmouth, Devon, zu seiner Frau zog, erbaute er sich dort ein privates Observatorium und richtete sich eine feinmechanische Werkstatt zur Konstruktion von Chronographen und astronomischen Vorrichtungen ein. Der in der Fachwelt anerkannte Astronom wurde mehrfach ausgezeichnet. 1916 wird schließlich ein Kleinplanet – Lindemannia – nach ihm benannt.

Die unterschiedlichen finanziellen Möglichkeiten der Familien Tizard und Lindemann wirken sich nicht nur auf die Wahl der Studienpläne und Vorlesungen aus. Auch die Freizeitbeschäftigungen unterscheiden sich deutlich. Für Tizard gibt es lange Spaziergänge, Ausflüge mit dem Fahrrad und Schlittschuhlaufen im Winter. Das sind nicht unbedingt die Vergnügungen des Tenniscracks Lindemann. Noch weniger Boxen. Tizard hat nämlich eine Boxschule entdeckt, die ein ehemaliger englischer Meister im Fliegengewicht betreibt. Dort trainiert der schmächtige und drahtige Tizard regelmäßig. Das ist eine Welt, die Lindemann ebenso fern ist wie Fußball.

Als Tizard den groß gewachsenen Lindemann zu einem Besuch einlädt und der sich auf einen Boxkampf einlässt, geht das schlecht aus für ihn. Er hat die Schlagfertigkeit seines Gegners unterschätzt, der ihn nach allen Regeln der Kunst verprügelt.

»Einer seiner großen Defekte war«, lässt uns Tizard Jahrzehnte später in seiner Autobiografie wissen, »dass er jeden Gleichaltrigen hasste, der in irgendetwas besser war als er. Er war ein unbeholfener und unerfahrener Boxer, und als er feststellte, dass ich, der viel Kleinere und Leichtere, schneller mit meinen Händen und Füßen war, geriet er so außer Kontrolle, dass ich mich weigerte, noch einmal mit ihm zu boxen. Ich glaube, dass er mir das nie verziehen hat. Dennoch blieben wir mehr als 25 Jahre lang enge Freunde, bis wir nach 1936 zu erbitterten Feinden wurden.«

## Feindschaft der Nernst-Schüler

Wie es zu diesen Feindseligkeiten kommen konnte, die sich bis zum unversöhnlichen Hass steigerten, lässt sich nur vermuten. Als beide Kontrahenten sich 1935 gegenüberstehen, geht es darum herauszufinden, mit welchen Mitteln sich England bei einem möglichen Krieg am besten verteidigen könne. Die Auseinandersetzung ist ein Bühnenstück in drei Akten, das in einem der unscheinbaren Sitzungszimmer des Ministeriums spielt, die mit einem Tisch, einer Karaffe mit Gläsern und ein paar abgewetzten Lederstühlen ausgestattet sind. Das Ergebnis dieser Kontroverse wird in wenigen Jahren über das Schicksal von Millionen Deutschen bestimmen.

Die Jahre nach ihrer Rückkehr nach England, als sie beide in die Wissenschaft gingen und dort Karriere machten, geben keinen Anhaltspunkt für diese Erbitterung und Heftigkeit. Sie pflegen freundschaftliche Beziehungen. Der Junggeselle Lindemann wird Pate von einem der Tizardkinder. Und als ein Lehrstuhl für Physik in Oxford frei wird, setzt sich Tizard wiederum erfolgreich für Lindemann ein. Dieser verschafft dem vernachlässigten Clarendon Labor wieder Geltung. Dabei dient ihm das Nernstsche Labor mit dem Schwerpunkt Tieftemperaturphysik als Vorbild. In der wissenschaftlichen Welt gilt sein Name allerdings nicht viel, und sein extravaganter Lebensstil passt ebenso wenig in die Oxforder Gelehrtenwelt wie sein Rolls-Royce. Mitte der 30er-Jahre geben die beiden Nernst-Schüler fast zur gleichen Zeit ihre Universitätspositionen wieder auf. Ihnen ist bewusst geworden, dass sie auf dem Gebiet der reinen Naturwissenschaften niemals ihr Bestes leisten können würden. Tizard schreibt dazu in seiner Autobiografie: »Ich gewann jetzt die Überzeugung, dass ich als reiner Naturwissenschaftler nie zur ersten Garnitur zählen würde. Es waren jüngere Leute im Kommen, die in dieser Hinsicht größere Fähigkeiten besaßen.«

Nun erwartet Tizard keineswegs, ein zweiter Rutherford zu werden – solche Menschen gäbe es alle 300 Jahre nur einmal. Aber sein Stolz und sein Selbstbewusstsein verlangen, wenigstens der Zweite nach Rutherford zu werden, den er sehr bewundert. Als ihm auch dies unerreichbar erscheint, entscheidet er sich für den Staatsdienst.

Lindemann hat einen ähnlichen Prozess hinter sich, der allerdings länger dauerte und nicht so einschneidend war. Noch überzeugter von der Stärke seines Intellekts als Tizard, konnte er es nicht ertragen, dass er mit Rutherford und der neuen Generation seiner Schüler wie Chadwick, Cockcroft und Blackett nicht konkurrieren konnte, geschweige denn mit den mathematischen Physikern Bohr, Dirac, Heisenberg und einem Dutzend weiterer, die sich wie eine Phalanx seinen Ambitionen entgegenstellten.

## Beefeater und Vegetarier

Während Tizard unauffällig, aber stetig in der Beamtenwelt vorrückt, bewegt sich Lindemann sehr erfolgreich in der Welt der großen Gesellschaft, die damals noch weitgehend identisch mit den politisch Konservativen ist. Sein gesellschaftlicher Aufstieg gelingt ohne gewachsene Verbindungen und ohne in England geboren zu sein. Doch Lindemann ist reich, ehrgeizig und dazu intelligent; solchen Menschen steht England offen. Bald ist er ein Vertrauter von F. A. Smith, dem Patenkind Churchills. Durch ihn, den späteren Earl of Birkenhead, lernt er Winston Churchill kennen, und damit beginnt eine Freundschaft, die fortan Lindemanns Leben bestimmen wird. Diese Freundschaft wird von beiden Seiten mit unverbrüchlicher Treue bewahrt und endet erst mit Lindemanns Tod. Seine Ergebenheit Churchill gegenüber war rein – das reinste Gefühl in seinem Dasein, wie es Snow nennt. Äußerlich gesehen sind sie jedenfalls ein ziemlich ungleiches Paar. Churchill, den Genussmenschen – der mit Behagen üppige Beefsteaks verzehrt, die er mit erheblichen Quantitäten hochgeistiger Spirituosen herunterspült, um sich dann die unvermeidliche Zigarre anzustecken –, kann man sich nicht ohne Weiteres als den Busenfreund eines fanatischen Vegetariers vorstellen, der weder trinkt, noch raucht und sich von Salatblättern und Käse ernährt. Lindemann, der Churchill auf jeder seiner Auslandsreisen begleitet wird sein nützlicher und unentbehrlicher Berater. Churchill nennt ihn nicht umsonst seinen »Gehirnlappen«.

Tizard erarbeitet sich währenddessen eine Position, in der er für alle Fragen der Wissenschaft zuständig wird und in seinem Ressort am Ende zum höchsten, nur dem Minister verantwortlichen Beamten aufsteigt. Er passt von Anfang an hervorragend in diese Welt, er ist beliebt, und er liebt die Korridore der Macht.

Für den Beamten Tizard öffnet sich in dieser Zeit die einmalige Chance, unmittelbar die Kriegsstrategie seines Landes mitzugestalten. Der einflussreiche wissenschaftliche Berater des Luftfahrtministeriums, A. E. Wimperis, hat einen »Forschungsausschuss für Luftverteidigung« vorgeschlagen. Dieser soll feststellen, inwieweit die Fortschritte auf naturwissenschaftlichem und technischem Gebiet zur Verteidigung feindlicher Luftangriffe einzusetzen sind. Seine Empfehlung, Tizard als Vorsitzenden zu berufen, wird zustimmend aufgenommen.

# Akt I: Radar soll England schützen

Am 28. Januar 1935 tritt der Ausschuss erstmals zusammen; bald wird nur noch vom Tizard-Ausschuss gesprochen. Tizard hat ein kleines, nur aus Wissenschaftlern bestehendes Team gebildet; dazu gehören A. V. Hill, einer der berühmtesten Physiologen der Welt und Nobelpreisträger von 1922, sowie Patrick Blackett, der Oxforder Physiker. Tizard hat sie wegen ihrer wissenschaftlichen Fähigkeiten ausgewählt. Dass Blackett der prominenteste unter den vielen radikalen jungen und linken Wissenschaftlern ist, kümmert ihn nicht. Bereits in der ersten Sitzung geht es um die sinnvollste Strategie, sich gegen einen martialisch auftretenden Aggressor zu verteidigen, der lautstark Ansprüche stellt. Tizard setzt sich für eine Erfindung ein, die sich noch in der Entwicklung befindet und so geheim ist, dass nur gebürtige Engländer daran mitwirken dürfen. Hochbegabte Emigranten, die in England Zuflucht suchten, wie der Ungar Léo Szilárd, werden ausgeschlossen. Die neue Waffe soll der Verteidigung dienen und bereits aus großer Entfernung feindliche Bomber und U-Boote erfassen können. Bislang besteht aber nur die Hoffnung, dass das System in drei, vier Jahren die hochgesteckten Erwartungen erfüllen kann.

## Akt II: Bomben für den Sieg

Im zweiten Akt öffnet sich die Tür des Geheimausschusses, und ein Mann tritt herein, den jedermann kennt, der aber nicht erwünscht ist. Es ist Frederick Alexander Lindemann. Er nimmt zwar keine offizielle politische Funktion ein, aber er ist unbestritten die graue Eminenz, die für alle Wissenschaftsfragen der Opposition zuständig ist. Die Berufung Lindemanns geht auf einen Deal zwischen dem amtierenden Premierminister Baldwin und dem führenden Oppositionspolitiker Churchill zurück. Churchill, der die Regierung angreift, weil sie Hitlers Rüstung, insbesondere die Flugzeug-produktion, unterschätze, soll besser in die Regierungsarbeit einge-bunden werden, um aus erster Hand Einsicht in die tatsächlichen Zahlen und Beurteilungen der Regierung zu erhalten. Er hat sich seinerseits ausbedungen, auch weiterhin die Regierung öffentlich kritisieren zu können, und dafür gesorgt, dass sein wissenschaftli-cher Berater Lindemann Mitglied des Tizard-Ausschusses wird. So stehen sich die beiden Berliner Studienfreunde bald unversehens in einer Kontroverse gegenüber, bei der es darum geht, ob die knap-pen Reserven Englands für den Aufbau eines Radarsystems oder für den Bau einer Bomberflotte eingesetzt werden sollen.

Zu diesem Zeitpunkt sind die beiden Kontrahenten um die 50 Jahre alt. Lindemann ist stets überaus korrekt gekleidet, bestes Tuch, Lieblingsfarbe schwarz, nie ohne Hut und Schirm unterwegs. Der herausragende Tennisspieler, der es zu Studentenzeiten in den Wimbledonkader geschafft hatte, hat inzwischen eine leicht füllige Figur bekommen, sein Gesicht wirkt massig, sein Teint blass, teigig. Auf Snow wirkt er wie ein mitteleuropäischer Geschäftsmann.

Den legendären Geheimnisträger umgibt stets die Aura einer undefinierbaren Malaise; bei seinem Anblick denkt man unwill-kürlich an ein Magenleiden mit einem unaussprechlichen lateini-schen Namen, für das es keine Heilung gibt. In den wesentlichen Dingen des Lebens ist er wohl trotz seiner Intelligenz und Wil-lenskraft nicht zurechtgekommen. Die sinnlichen Freuden be-deuteten ihm wenig oder nichts. Soweit wir wissen, hatte er keine Beziehungen zu Frauen. Und doch war er starker Gefühle fähig, vor allem ist er ein starker Hasser und ein furchtbarer Rassist.

Und Tizard?

Für Snow, der ihn aus unzähligen persönlichen Begegnungen kennt, ist er der typische Engländer der akademischen Mittel-schicht. Er war kein besonders schöner Mann und konnte zu-weilen das Aussehen eines intelligenten und sensiblen Frosches annehmen; er hatte einen spärlichen rötlichen Haarkranz, eine ungewöhnlich breite Kieferpartie, aber seine Augen gaben dem Gesicht etwas Strahlendes, sie waren von einem durchsichtigen hellen Blau und funkelten vor Wut und Wahrheit. Doch zu dem kräftigen Körper des ehemaligen Amateurboxers passen nicht die häufigen Infektionen und Fieberanfälle. Tizard führt ein glückliches Familienleben und hat Talent für Freundschaften, doch zu dem kräftigen Körper des ehemaligen Amateurboxers passen nicht die häufigen Infektionen und Fieberanfälle.

Als das Komitee seine Arbeit aufnimmt, breitet sich von der ersten Stunde, ja vom ersten Satz an eine unbehagliche Stimmung im Raum aus. Lindemann greift mit seiner kaum vernehmlichen Stimme voller verächtlicher Ironie jede Entscheidung an, die Tizard je getroffen hat oder auch irgendwann einmal treffen würde. Tizard erfasst sofort, dass jedes Wort und jeder Satz die alte Freundschaft zerstören wird. Möglicherweise sind Lindemanns Urteile bei diesen Sitzungen von einem unbestimmbaren, schwelenden Hass gegen Tizard bestimmt, vielleicht erträgt er es auch nicht, dass ausgerechnet Tizard den Vorsitz inne hat. Er scheint jedenfalls von der unerschütterlichen Überzeugung durchgedrungen, dass alles, was Tizard will und fördert, auf jeden Fall bekämpft werden müsse. Was auch immer seine Motive gewesen sein mögen, unentwegt und ohne Scheu vor einer Wiederholung vertritt er vor dem Ausschuss seine Positionen, die für alle anderen unhaltbar sind. Er selbst verbohrt sich dabei in zwei Lieblingsideen. Eine ist die Verwendung der Infrarotortung, ein Projekt, das als unrealisierbar gilt. Die anderen vermeintlichen Wunderwaffen sind Fallschirmbomben und Fallschirmminen, die vor feindlichen Flugzeugen abgeworfen werden sollen. Er ist unbelehrbar. Tizard bewahrt Haltung und zeigt sich unbeeindruckt. Er fordert ohne Abstriche die Annahme seiner Radarbeschlüsse und lässt Lindemanns Widerspruch zu Protokoll nehmen.

Im Juli 1936 kommt es zu einem heftigen Ausfall Lindemanns gegen Tizard, weil dieser das Schwergewicht zu einseitig auf Radar lege. Er vergreift sich im Ton und wird so grob, dass Blackett und Hill zurücktreten. Es kommt zu einem eindeutigen Sieg für Tizard. Lindemann wird durch E. V. Appleton ersetzt, den damals bedeutendsten englischen Experten auf dem Gebiet der Ausbreitung von Radiowellen.

Der Tizard-Ausschuss, dem die zurückgetretenen Mitglieder wieder angehören, erreicht in aller Stille mehrere der gesteckten Ziele. Immerhin stehen der Schutzwall der Radarstationen und die Radarorganisation bereit, als die Schlacht um England beginnt. Ohne Radar zur rechten Zeit hätte England auf die vielleicht entscheidende Waffe verzichten müssen. Unter allen, die England halfen, die Luftschlacht in den Monaten Juli bis September 1940 zu überstehen, zählt der diskrete Tizard bestimmt zu den wichtigsten.

## Akt III: Rauch, Asche und Tränen

1939 wird Winston Churchill zum Premier gewählt. Er ist zu einer Symbolfigur für all diejenigen geworden, die der bisherigen Baldwin-Chamberlain-Regierung und ihren Unterlassungssünden misstrauten. Bald sitzt Frederick Alexander Lindemann als 1. Viscount of Cherwell auch in Churchills Kabinett und bringt sogleich eine Gesetzesvorlage ein, um seiner Überzeugung Ausdruck zu verleihen, dass Bomben eingesetzt werden müssen. In seinem Memorandum wird die Wirkung einer britischen Bombenoffensive in den nächsten 18 Monaten, etwa von Mitte März 1942 bis September 1943, statistisch hervorgehoben. Es wird behauptet, dass es bei der absoluten Konzentration aller Kräfte auf die Herstellung und den Einsatz von Bombenflugzeugen möglich sei, in allen größeren Städten – das heißt, in allen Städten mit über 50 000 Einwohnern – die Hälfte aller Häuser zu zerstören.

Snow und eine Gruppe seiner Freunde sind einerseits aus humanitären Gründen gegen den verbreiteten Glauben an die Bombenstrategie, andererseits halten sie das zugrunde liegende Zahlenmaterial für irreführend und falsch. Tizard, der die Angaben, die dem Bombenplan von Lindemann zugrunde liegen, sofort überprüft, kommt zu dem Ergebnis, dass die Zahl der von Lindemann geschätzten Häuser, die durch die Bombardierung zerstört würden, etwa um das Fünffache zu hoch liegt. Andere unabhängige Gutachten kommen zu einem ähnlichen Ergebnis. (Nach dem Krieg stellte sich dann tatsächlich heraus, dass entgegen den Vorhersagen Lindemanns nur etwa ein Zehntel der Häuser zerstört worden waren.)

Das Luftfahrtministerium stellt sich jedoch hinter Lindemann und übernimmt den Tizard-Ausschuss in eigener Regie. Tizard wird kaltgestellt und nach Oxford weggelobt. Nicht nur die Öffentlichkeit wird von einer Bombenhysterie erfasst, sondern auch der englische Staatsapparat. Die Atmosphäre riecht nach Hexenverfolgung. Die Minderheit gegen dieses Programm erleidet nicht nur eine Niederlage, sondern sie wird hinweggefegt. Tizard gilt nun als Defätist. Lindemanns Bombenplan dagegen wird mit allen zur Verfügung stehenden Mitteln ins Werk gesetzt.

Schon bald ist man sich im Klaren darüber, dass das ursprüngliche Ziel, feindliche Militäranlagen, Knotenpunkte, Fabriken und dergleichen zu bombardieren, sich nicht auszahlt. Die Kosten übersteigen jeden möglichen Erfolg. Und Lindemann hat den menschlichen Faktor bei diesem Unternehmen unterschätzt. Der englische Widerstand gegen die Bombardierung Deutschlands entzündet sich am mörderischen Blutzoll, den junge englische Piloten in steigendem Maß dafür bezahlen müssen. Die durchschnittliche Lebenserwartung eines jungen Piloten beträgt nicht mehr als drei Monate. Wie die Deutschen bei den Angriffen auf England militärische Ziele bald beiseiteließen und Wohnviertel bombardierten, versuchten nun auch englische Bomber die Zivilbevölkerung in den hochverdichteten Wohnblöcken deutscher Städte zu treffen. Lindemann setzt sich speziell für das sog. Programm »De-housing« ein. Militärisch haben sie längst keinen Sinn mehr, eine Überzeugung, die durchaus auch von der Mehrheit der Engländer geteilt wird.

# Magischer Ort wilden Denkens –
# die Villa Born im Göttingen der
# 20er-Jahre

Anfang der 20er-Jahre des 20. Jahrhunderts schlägt die Welt-
stunde Göttingens. Die Erkenntnisse der theoretischen Physik
sollten unsere Sichtweise der Welt und unser Verständnis der
Natur revolutionieren. Wesentlichen Anteil an der Entwicklung
und Vollendung der sogenannten Quantenmechanik in den Jahren 1924 bis 1927 hatten Max Born, der den Begriff »Quantenme-

*Die Villa Born (eigentlich Villa Elise) in Göttingen wurde in den
20er-Jahren zum Zentrum von Begegnungen junger Wissenschaftler,
deren Erkenntnisse das Verständnis unserer Welt radikal veränderten.*

chanik« prägte, sowie seine Assistenten und Mitarbeiter Pascual Jordan, Werner Heisenberg und Wolfgang Pauli. Ein Begriff wie die zum geflügelten Wort avancierte »Unschärferelation« Heisenbergs ist damals entstanden.

Ein besonderer Ort im quirligen Göttingen war zu jener Zeit die Villa von Max und Hedwig Born, die einige Jahre zum aufregenden Zentrum unbegrenzter Lust am Denken und an der Begegnung wurde. Eine Art Zuhause der internationalen Familie der neuen Physik, wo unbeschwert gegessen, getrunken, musiziert und geflirtet wurde. Hier wurden verwegene und provokante Thesen verkündet, und selbstbewusste Genies trugen mit Humor und spottlustigem Gelächter zu den Abendgesellschaften bei.

## Brillante Sonderlinge in einer Irrenanstalt

Die kleine Stadt mit dem Gänseliesel-Brunnen wird heimgesucht von Studenten und Wissenschaftlern aus Europa, Amerika und England. Bald ist von den damals 30 000 Einwohnern jeder dritte ein Student. Göttingen hat viel zu bieten, besonders für Physiker, und zieht sie alle an, die Genies und die Verrückten. »Es waren Menschen, die äußerst bizarr und genial verrückt waren, nicht von dieser Welt und entschieden schwierig in ihrem Verhältnis zu ihren Mitmenschen. Brillante Sonderlinge in einer Irrenanstalt.« So beschrieb Max Delbrück, einer von Borns Studenten, die Göttinger Szene. Delbrück, der später als Biologe berühmt wurde, bot dabei selbst einigen Gesprächsstoff. Dass sie alle »genial« waren, verstand sich von selbst. Sie stehen im Bann der aktuellsten Entwicklungen der Quantenphysik, deren umwerfende Theorien jeden herausfordern. Plötzlich ist alles aufregend an der neuen Physik. Vor allem die Wunderknaben der Physik schaffen mit ihrer Energie eine prickelnde revolutionäre Aufbruchatmosphäre, der sich niemand entziehen kann, wenn er denn bereit ist, sich etwas vorzustellen, von dem es noch keine Vorstellung gibt.

Die neuesten Erkenntnisse, die nahezu stündlich zur Diskussion gestellt werden, ziehen ein unstillbares Bedürfnis an weiteren Gesprächen nach sich.

Wer theoretische Physik studieren will, muss also nach Göttingen. Nur Niels Bohr mit seinem Kopenhagener Institut ist noch vergleichbar in seiner Bedeutung. Cambridge kann in der zweiten Hälfte der 20er-Jahre schon nicht mehr mithalten. Göttingen stürmt an die Spitze, als ob es beweisen will, dass Deutschland den Krieg nicht verloren hat. Stolz zählt Max Born 1925 in einem Brief an Einstein einige der prominenten Besucher auf, die zuletzt da waren: der Holländer Kramers, Joffé aus Leningrad, der »uns ungeheuer imponiert hat – was hat der nicht alles für schöne Arbeiten gemacht und nichts ist publiziert!«, Ehrenfest aus Leyden, Kapitza aus Cambridge… Manchmal wird es zu viel, und die Professorenfrauen flüchten aufs Land oder nach Silva Plana, um dem Trubel zu entgehen. Besonders im Juli, »denn da haben die meisten Ausländer schon frei und fallen in Scharen über uns her«.

*Gesellschaft bei Max Born (sitzend), in der ersten Reihe u.a. Paul Dirac (mit Zeitung), in der hinteren Reihe Robert Oppenheimer (4.v.li.).*

Aber nicht nur Ausnahmephysiker wie Max Born und James Franck lehren in Göttingen, ihnen stehen auch Mathematiker vom Jahrhundertkaliber eines David Hilbert sowie eines Edmund Landau, eines Felix Klein, eines Hermann Weyl, eines Richard Courant oder einer Emmy Noether, der bedeutendsten Mathematikerin Deutschlands, zur Seite.

Einer der Treffpunkte der jungen Physiker-Elite ist das Café Cron und Lanz. Dort schart sich jeden Nachmittag eine Corona junger Physikstudenten um den Wiener Fritz Houtermans, der an seinem Ecktisch mit Rechenschieber, Papierstoß und einer Batterie von leeren Kaffeetassen Hof hält. Bald sind alle Marmortische mit Entwürfen, Formeln und Matrizengleichungen vollgekritzelt, welche die Kellner später gleichmütig wieder wegwischen.

## Wunderknaben und »Quantenkuss«

Neben dem Universitätsbetrieb in der Bunsenstraße 9, einem roten Ziegelbau, der früher als Kaserne diente, führt Born, einer der bewunderten Helden der neuen Physik, in seiner Villa in der Planckstraße 21 ein offenes Haus und pflegt mit seinen Studenten einen zwangloseren Umgang, als dies üblich ist. Zusammen mit seiner beliebten Frau Hedwig, genannt Hedi, einer Quäkerin, veranstaltet er regelmäßig Zusammenkünfte für ausgewählte Studenten, Kollegen und in der Stadt weilende Wissenschaftler. Die Abende bieten eine einzigartige Mixtur aus Familie, herausragenden Wissenschaftlern, Wunderknaben und brillanten Studenten. Sie beginnen mit einem Abendessen und gehen dann in eine lockere Unterhaltung über. In den (bitterarmen) Inflationsjahren stellt allein schon die bescheidene Verköstigung für die Studenten eine hochwillkommene Attraktion dar.

Ein fester Bestandteil dieser Abende sind musikalische Darbietungen. Der Hausherr beginnt gewöhnlich mit der Präsentation wenig bekannter Klavierstücke. Danach setzt sich Hedi Born ans Klavier. Die Göttinger Professorentochter ist eine hervorragende Pianistin, die gewöhnlich etwas von Mozart und Chopin darbietet; zuweilen trägt sie auch ein Schumann-Lied vor und begleitet sich selbst dazu. Juri Rumer verdanken wir eine Momentaufnahme aus der Villa Born mit der Schilderung einer dieser Veranstaltungen Anfang der 30er-Jahre. Es ist ein Abend in festlicher Stimmung, denn zu den Gästen zählt der große Sir Ernest Rutherford, der

*Max Born mit seiner Ehefrau Hedwig, genannt Hedi, in Schottland etwa 1938.*

nach einem Festvortrag in der Aula der Universität am Nachmittag Talar und Ehrendoktorwürde erhalten hatte. Alle drei Assistenten Borns, Heitler, Rumer und Nordheim, sind anwesend, ebenso Richard Courant und James Franck mit ihren Frauen. Rutherford ist in prächtiger Laune. Der schnauzbärtige, groß gewachsene Schafzüchtersohn aus Neuseeland, der sich gerne darauf beruft, ein einfacher Mensch zu sein – »ein einfacher Mensch mit einer einfachen Physik«, hatte er noch während seiner Dankesrede gesagt –, wirkt etwas ungeschlacht, wenn er mit seinen großen Pranken Hände ergreift und sie so fest drückt, dass es schmerzt. Dabei hat er für jeden ein herzliches Wort. Rumer berichtet uns, wie Rutherford alle hören lässt, dass er mit Genuss das Abendessen verzehrt, während er nur sehr unregelmäßig zum Besteck greift. Und beim Nachtisch bekommen alle mit, dass ihm die knusprigen Windbeutel sehr zu behagen scheinen. Er lacht viel und laut, und er nimmt kein Blatt vor den Mund. Manchmal ist freilich sein Lob etwas schmerzhaft. Nach der musikalischen Darbietung des Hausherrn lässt er ihn wissen, sein Spiel habe für ihn geklungen, als hätte er algebraische Probleme ausgearbeitet. Hedi Born dagegen wird heftig applaudiert; der Vortrag sei für ihn einfach »lovely« gewesen, auch wenn er bekennen müsse, von Musik nur wenig zu verstehen.

Am nächsten Tag steht dem jüngsten Ehrendoktor Göttingens noch ein ehrwürdiger Brauch bevor: Jeder, der den Doktortitel verliehen bekommt, muss die Gänseliesel küssen. Das gilt auch für Rutherford. Bei seiner wuchtigen Gestalt und mit seinen 60 Jahren wird befürchtet, dass er sich beim Überklettern des rankenverzierten Schutzgitters der Brunnengestalt verlet-

*Der Brunnen mit der Gänseliesel auf dem Marktplatz von Göttingen; Ernest Rutherford, einer der bedeutendsten Physiker des 20. Jahrhunderts.*

zen oder diese beschädigen könnte. Rutherford werden viele gute Eigenschaften nachgesagt, Eleganz zählt gewiss nicht dazu.

Am folgenden Tag versammeln sich also zahlreiche Neugierige am Brunnen, um bei dem historischen Moment dabei zu sein, wenn der erste wahre Held des Atomzeitalters der lieblichen Göttinger Ikone seine Reverenz mit einem »Quantenkuss« erweist. Sir Ernest, das Krokodil, wie sein Spitzname lautet, wird von der Schönen nicht zurückgewiesen und landet wieder sicher auf dem Boden. Alle Sorgen waren umsonst.

## Max Born und die unschuldigen Ungeheuer

Die Bornsche Villa wird nicht nur zum internationalen Begegnungsort von Studenten und Kollegen aus den USA, aus England, Russland, Frankreich, Indien, Japan und China, sondern hier kann man zuweilen auch hautnah jenes Wissenschaftler-Quartett in Augenschein nehmen, das dabei ist, die Quantenmechanik zu vollenden. Nie weiß man allerdings genau, wer kommt. Jeder dieser Abende ist für eine Überraschung gut.

Nun, an einem Donnerstag im Juni 1927, ist solch ein besonderer Tag, der für viele unvergesslich bleiben wird. Fast alle sind versammelt, die in der modernen Physik eine Rolle spielen. Abgesehen vom Hausherrn Max Born sind dies der frisch gebackene Leipziger Professor Werner Heisenberg, Borns ehemaliger Assistent, dann Pascual Jordan, der engste Mitarbeiter Borns, und der Engländer Paul Dirac, auf dem die größten Erwartungen ruhen. Und auch diejenigen, die nicht persönlich anwesend sein können, wie Erwin Schrödinger, der Nachfolger Max Plancks an dessen Berliner Lehrstuhl, Wolfgang Pauli, Ernest Rutherford oder Niels Bohr, sind kaum weniger präsent. An ihren Ideen kommt niemand vorbei.

Während Born, wie stets penibel kleidet und glatt rasiert, im Salon neue Gäste begrüßt oder sich an einer Unterhaltung beteiligt, bis es so weit ist, zum Essen Platz zu nehmen, scheint alles dafür zu sprechen, dass es sich hier um einen erfolgreichen und zufriedenen, ja sogar glücklichen Mann handelt. Aber Born war noch nie ein Sonnenkind. Er verlor als Kleinkind seine Mutter und wuchs hauptsächlich bei den wohlhabenden Großeltern auf. Heute ist aus dem Sohn eines Breslauer Professors für Embryologie und Anatomie ein ehrgeiziger Physiker geworden. Doch niemand sieht dem attraktiven Mann an, wie es um ihn steht. Er befindet sich in einer tiefen Lebenskrise, die ihm den Boden unter den Füßen wegzieht. Er fühlt sich ausgelaugt, ausgenutzt und verkannt. Nur in Briefen an einen Leydener Kollegen, den Moskauer Pavel Sigismundowitsch Ehrenfest, bekennt er seine Mattigkeit und spricht von seinen nachlassenden Kräften, von seinem fortgeschrittenen Alter. Da ist er gerade mal 45. Alles scheint gegen ihn zu laufen. Nicht wenige seiner Ideen sind woanders aufgegangen, etliche sind ihm weggeschnappt worden. Beispielhaft dafür, wie andere Ruhm und Aufmerksamkeit auf sich gezogen haben, während seine Leistung im Hintergrund verblasst und vergessen wird, ist die Matrizenmechanik. Vier Jahre ist es erst her, dass der junge Heisenberg, der aussah »wie ein Bauernjunge, mit kurzem blonden Haar, klaren, hellen Augen und einer charmanten Miene«, vor der Tür stand, um sich als Assistent vorzustellen. Und hat er nicht Heisenberg mathematisch auf die Sprünge geholfen? Waren nicht er und Jordan überhaupt die Ersten, welche die Formulierung der Matrizenmechanik mit dem genialen Vertauschungsgesetz als Druck vorgelegt hatten? Damals hielt Pauli Borns Vorgehen für einen gefährlichen Irrtum und war überzeugt, dass Heisenbergs physikalische Ideen durch diese »unnütze Mathematik« zerstört werden würden. Für den Russen Frenkel war Borns Vorschlag gar so etwas wie ein »leichter Anfall von Verrücktheit«.

Kaum dass Louis de Broglie mit seiner Theorie von der Wellennatur des Elektrons auf den Plan getreten ist, meldet sich der junge Werner Heisenberg zu Wort. Er will sich das Elektron samt seinem bizarren Verhalten gar nicht erst vorstellen, sondern er geht lieber von dem aus, was wir tatsächlich beobachten können. Und das sind die Energie und die Frequenzen, die ein Elektron abgibt, wenn es in einen anderen Energiezustand »springt«. Das hinterlässt sichtbare Lichtspuren und Blitze und ruft die Spektroskopie auf den Plan, welche in der Lage ist, die dabei entstehenden Spektrallinien zu analysieren und einzelnen Elementen zuzuordnen. Beobachten heißt jetzt: Wir sehen, was uns das Spektroskop sehen lässt.

*Begründer der Quantenmechanik, Nobelpreisträger und Ehrenbürger der Stadt Göttingen: Max Born.*

Als sich Heisenberg zum Auskurieren seines Heuschnupfens in Helgoland aufhält, findet er die Zeit, darüber nachzudenken, welche Eigenschaften eines Elektrons zu beschreiben sind. Ließe sich das nicht schematisieren? Daraus entspringt die Idee, ein mathematisches Modell zu entwickeln, welches in der Lage wäre, das erratische Verhalten nicht nur des Elektrons, sondern überhaupt aller Elementarteilchen zu erklären. Durch die Verbindung der Quantentheorie mit der Mathematik begründet Heisenberg einen neuen Zweig der Physik. Unglücklicherweise wurde dafür der schwer verständliche Begriff »Mechanik« eingeführt, sodass wir von Quantenmechanik und nicht von Quantenmathematik sprechen. Heisenberg spürt natürlich, dass ihm mit dieser Schematisierung ein großer Wurf gelungen ist. Zu diesem Zeitpunkt wusste Heisenberg noch sehr wenig über Matrizen, und er musste sie erst mit seiner allerdings unglaublich schnellen Auffassungsgabe studieren. Aber heute sprechen alle Lehrbücher ohne Ausnahme von Heisenbergs Matrizen, von Heisenbergs Vertauschungsrelation und von Diracs Feldquantisierung!

Und alle reden nur noch über Borns ehemaligen Assistenten! Born fühlt sich übergangen, geprellt und beraubt. Heisenberg hatte ihn einmal, gleich nachdem er Professor geworden war, gebeten, ihm doch seine Niederschriften für eine Vorlesung zur Verfügung zu stellen, da er keine Zeit mehr hatte, diese selbst auszuarbeiten. Später entdeckt Born dann seinen Text Wort für Wort in englischer Sprache, mitgeschrieben und übersetzt von einem indischen Studenten…

Und nun setzen ihm auch noch die nach Göttingen strebenden Studenten zu. Unschuldige Ungeheuer mit einer Verstandesschärfe und Kühnheit des Denkens, die ihm zu schaffen machen. Und mit dieser bohrenden Energie, der er nichts entgegenzusetzen hat. Und sie scheinen immer noch jünger zu werden. Landau, der erst seit Kurzem in Göttingen ist, gilt als der führende Theoretiker der Sowjetunion, und er ist gerade zwanzig. Wie soll das weitergehen?

*Eleganz und Genie: (v.li.) Heisenbergs Mutter, Schrödingers Frau, Diracs Mutter, Paul Dirac, Werner Heisenberg und Erwin Schrödinger.*

# Schamlose Offenheit und alte Liebe

Schon der Anblick dieser gut gelaunten und zu Scherzen aufgelegten Jugendlichen scheint ihn älter zu machen. Aber nicht nur das Gefühl, einfach überrannt zu werden, setzt ihm zu. Wie ein Axthieb traf ihn die Ankündigung seiner Frau, dass sie sich von ihm trennen will.

Sie hat sich in den Mathematiker Gustav Herglotz verliebt, der nur einen Steinwurf weit weg in derselben Straße wohnt, und ist auch schon mit ihm »durchgebrannt«, um ein paar gemeinsame Tage in Bozen zu verbringen. Endlich hat sich Hedi dazu durchgerungen, ihrem Ehemann mitzuteilen, dass sie die Scheidung will, um für Herglotz frei zu sein.

Der Ausersehene ist 46 Jahre alt, ein Jahr älter als sein Rivale Born. Hedwig Born ist 35. Herglotz ist nicht nur fast gleich alt, sondern ebenfalls ein Theoretiker, allerdings im Reich der Zahlen. Er ist spezialisiert auf die »Theorie der Funktionen«, und die »Herglotz-Gleichung« findet in der Differenzialgeometrie Anwendung. Kürzlich hat er ein Buch mit fünf Seiten Inhalt über einen Satz von Riemann zur Geometrie veröffentlicht. Ob das die angehende Schriftstellerin Hedi inspiriert?

Für Born, den Familienmenschen, kommt nun alles darauf an, die Situation zu retten. Jeder Kompromiss scheint recht, um den Kindern den Zerfall der Familie zu ersparen. Aber Hedi hat Züge entwickelt, die alles unberechenbar machen. Sie ringt um ihre Selbstverwirklichung. Sie hat durchgesetzt, dass sie sich endlich ein eigenes Zimmer einrichten kann. Sie will Schriftstellerin werden. Trotz ihrer sozialen Verpflichtungen und der Erziehung ihrer drei Kinder, der beiden Mädchen Irene und Margarete und des sechsjährigen Gustav, hat sie es geschafft, ihr erstes Theaterstück zu schreiben. Das Stück mit dem Titel *Das Kind von Amerika* ist eine Persiflage auf die Zeit und, wie Born erläutert, »aus Abscheu vor den Konfessionen eines der Psychoanalyse Verfallenen« entstanden. Einstein, der sich allmählich zum Hausorakel der Borns in allen Lebenslagen entwickelt, hat ihr gerade sehr aufmunternd dazu geschrieben. »Ich habe Ihr Stück mit vielem Vergnügen gelesen und denke, dass es als Satyre der Zeit guten Erfolg haben kann.« Die Autorin hofft nun, dass er auch bei den weiteren drei Akten manchmal so herzlich auflachen wird wie beim ersten. Und sie lässt ihn wissen, »dass sie seine Antwort schrecklich gefreut und ermutigt hat«. Einstein will das Stück jedenfalls zur sachgerechten Beurteilung an seinen Schwager, den Germanisten Rudolf Kayser, und an Jessner, den damaligen Intendanten des staatlichen Schauspielhauses in Berlin, weitergeben.

Hedi Borns schriftstellerischen Ambitionen stehen die beiden Töchter im Weg. Ein Jahr zuvor ist bereits die damals zwölfjährige Irene nach Salem geschickt worden, dessen Schulleiter Kurt Hahn mit Born befreundet ist. Später folgt ihr die 1915 geborene Margarete, genannt Gritli. Ihre Muttergefühle und Wärme wendet Hedi dem sechsjährigen Gustav zu.

Wenn Hedwig Born an der Tür die Gäste begrüßt, wird sie von allen als herzliche und verständnisvolle Gastgeberin wahrgenommen. Blickt sie versonnen in den Salon, kann sie sehen, wie sich die Gäste, die in kleinen Gruppen beieinanderstehen, in den beiden schwarzlackierten Flügeln spiegeln. Aber in Gedanken ist sie weit weg. Sie träumt davon, sich in ein primitives Blockhaus in den Bergen zurückzuziehen, einen Hund an ihrer Seite, umgeben vielleicht von Kühen und einfachen Bauern. Sie sieht sich dem Huftritt der Kühe lauschen, die am frühen Morgen durch das vom Tau benetzte Gras trotten. Hier will sie mit Herglotz sein, immer noch »dem Einen und Einzigen, den ich vermisse«. Sie würde sich am liebsten in Schweigen hüllen und ein pflanzenhaftes Leben in pflanzenhafter Einsamkeit führen. Aber sie ist so wankelmütig. Ihre Stimmung kann schnell umschlagen. Eben sehnt sie sich noch nach einem einfachen Leben und wünscht sich, den Armen zu helfen, dann schwebt ihr zur

Beruhigung ihrer Nerven ein luxuriöses Sanatorium vor Augen, mit ihr als begehrter Grande Dame im Mittelpunkt.

Seit einiger Zeit hat Hedwig Born eine Mentorin gewonnen, die sie bei ihren Schritten berät und ermutigt. Bei einem Spaziergang kam sie nämlich am Haus »Loufried« vorbei und war sofort von der Erscheinung einer älteren Frau beeindruckt, die dort im Vorgarten stand. Ihre aufrechte Haltung, der seltsame zigeunerhafte Aufzug bis hin zu den enormen Halsketten, die sie umhängen hatte, und ihre strahlenden Augen ließen keinen Zweifel zu, dass es sich um die Frau von Professor Andreas handeln musste, die sagenhafte Lou Salomé. Mit zwanzig war die schöne junge Russin deutscher Herkunft, Tochter eines zaristischen Generals, Nietzsche in der Peterskirche begegnet und hatte ihn so bezirzt, dass er sie heiraten wollte. Freud und der Kreis der Wiener Psychoanalytiker erkannten sie als ebenbürtige Gesprächspartnerin an. Europaweit wurde sie als Verfasserin von Büchern über Nietzsche, Rilke, Erotik und Psychoanalyse berühmt. Jetzt lebt die »Hüterin ihrer Einsamkeit« getrennt von ihrem Mann, dem Professor für westasiatische Sprachen Friedrich Carl Andreas, im gemeinsamen Haus. Professor Andreas, der im legendären Ehevertrag die Bedingung akzeptiert hatte, nie das Bett mit seiner Gemahlin zu teilen, ist ein seltsamer Naturapostel, der nackt durch Haus und Garten läuft und auch im Winter bei Zugwind im fast vereisten Bett zu schlafen pflegt.

*Lou Andreas-Salomé, umschwärmte Ikone, die Beziehungen zu berühmten Männern ihrer Zeit unterhielt.*

Hedwig Born weiß, dass Lou Andreas-Salomé als Psychoanalytikerin arbeitet, und sie muss sie sprechen. Als Erstes liest sie deren berühmtes Nietzsche-Buch. Dann fragt die 31-Jährige die 70-Jährige schriftlich, ob sie sie nicht aufsuchen dürfe, und bekennt, wie einsam sie sich fühle. Daraus entwickelt sich dann eine Folge von therapeutischen und privaten Begegnungen. Hedwig Born ist von der »wundervollen, schamlosen Offenheit« ihrer Therapeutin begeistert, »die alles beim Namen nennt«. Lou Andreas-Salomé, die sich selbst als »vollkommen amoralische Frau« bezeichnet, die keine erotische Treue kennt und sich zu ihren diversen Liebhabern bekennt, verleiht ihr wieder Schwung und ein für Hedwig Born neues Gefühl an »Frische« und »Sicherheit«. Sie gibt ihr ein »Zutrauen zum Leben« zurück, dass sie sonst nur von Einstein kannte. Hedwig Born hat nun wenigstens zwei Ver-

*Professor Max Born mit seiner Studentin Maria Göppert, die später als bisher einzige deutsche Forscherin den Nobelpreis für Physik erhielt – eine besondere Beziehung.*

traute, denen sie sich öffnen kann: Ehrenfest, dem Professor aus Leyden, und ihrer Mentorin Lou Salomé.

Bei Born aber gestaltet sich alles viel schwieriger. Sein »Beichtvater« ist nämlich ausgerechnet eine junge Studentin. Es ist Maria Göppert, die Tochter des Göttinger Professors für Kinderheilkunde, der auch Borns Kinder behandelt hat. Born hat sie eines Tages auf dem Campus entdeckt und eingeladen, doch einmal in seine Vorlesung zu kommen und das Mathematikstudium beiseite zu lassen. Diese Einladung hat ungeahnte Konsequenzen. Fortan wird Maria allen seine Vorlesungen aufs Genaueste folgen, und am Ende wird sie als erste und einzige deutsche Forscherin den Nobelpreis für Physik erhalten. Noch Jahrzehnte nach diesem Zusammentreffen beschreibt Born seine Lieblingsschülerin Maria, das »hübsche, lebhafte Mädchen«, so: »Als sie unter meinen Hörern auftauchte, war ich ziemlich erstaunt. Sie nahm mit großem Fleiß und Gewissenhaftigkeit an allen meinen Kursen teil und blieb zugleich ein fröhliches, witziges Mitglied der Göttinger Gesellschaft, das gerne lachte, tanzte und scherzte. Wir wurden gute Freunde.« Der letzte Satz reicht allerdings nicht aus, um die besondere Beziehung zwischen dem Lehrstuhlinhaber und der 21-jährigen Studentin wiederzugeben.

Maria war in der Gesellschaft der Physiker und Mathematiker Born, Franck und Courant aufgewachsen. Und sie nahm oft an Aktivitäten der Born-Familie teil, etwa an gemeinsamen Skiausflügen in den Harz oder Badeausflügen. Später konnte man sie öfter zusammen mit Born bei Radtouren sehen. Für Victor Weisskopf, der selbst dem Charme Marias erlegen ist, war dies keine gewöhnliche Beziehung. Von Anfang an schlägt Born in seinen Briefen an die liebste Maria das vertraute Du an, und Jahre später enden seine Briefe an sie mit »in alter Liebe«. Er machte sie zur Vertrauten seiner Eheprobleme, und als er in Bedrängnis gerät, schreibt er ihr die sehnsüchtigen Worte: »Was ich mir wünsche, ist ein langes, enges Zusammensein mit Dir.«

An diesem Abend hat sie ihren Freund mitgebracht, einen jungen, unbekümmerten Amerikaner. Der 23-jährige Joseph Edward Mayer hat bereits in den USA in Physik promoviert. Maria, die als »schönste und klügste Studentin Göttingens« bezeichnet wird, hat er als Untermieter im Haus ihrer verwitweten Mutter kennengelernt. Er wird einmal Präsident der amerikanischen Physikalischen Gesellschaft werden; aber eben macht er Furore, weil er sich ein nagelneues Automobil leistet, das er bar bezahlt. Zurzeit arbeitet er mit Born zusammen an Kristallgitter-Problemen. Der Anblick des fröhlichen Paares macht den Abend für Born nicht leichter.

## Freundschaft vor dem Sturm

1927 versteht man sich unter den Physikern noch als eine große internationale Familie, noch gibt es keine Grenzen, und der Geist weht links. Freundschaften und herzliche Beziehungen mit Kollegen aus aller Welt werden gepflegt. Prophezeite jemand den Menschen, die sich scheinbar zufällig in anregender Runde in der Villa einfinden, dass sie wenige Jahre später ihr Wissen zur gegenseitigen Vernichtung einsetzen würden, wären ihm ungläubiges Staunen und befremdete Blicke gewiss.

Der 24-jährige Jordan, der gegenwärtig engste Mitarbeiter Borns, ist bereits mit einigen Tics und Manieriertheiten behaftet und bietet einen verwirrenden Eindruck, wenn er seinen Gesprächspartner lange aus marmeladenglasdicken, elliptischen Augengläsern zu hypnotisieren scheint – und dann zu stammeln beginnt. Spricht er gerade über sein gegenwärtiges Lieblingsthema, die »Quantenfeldtheorie«, oder meint er etwas ganz anderes? Das ist schwer zu erraten. Max Born schätzt ihn sehr. Für ihn ist Jordan ein »besonders kluger, scharfsinniger Kopf, der viel schneller und sicherer denkt als ich«, berichtet er Einstein, »aber auch die anderen seiner jungen Leute, wie Heisenberg und Hund, sind glänzend«.

Auf den jüngeren Oppenheimer, der schon fast Hausgast ist,

wirkt Jordan wie ein »seltsam schräger Vogel«, dessen sonderbares Wesen möglicherweise dazu geführt habe, dass er unterschätzt wird. Das ist aber nur ein Teil der Wahrheit. Denn irgendetwas ist furchtbar verkorkst im Leben Jordans. Er legt eine bahnbrechende Arbeit vor, von der viele später überzeugt sind, dass er dafür den Nobelpreis verdient hätte. Er übergibt sie Born – und dieser verlegt sie, unauffindbar. Ein zweites Exemplar gibt es nicht. Alles Suchen ist vergeblich. Erst ein halbes Jahr später taucht sie wieder auf. Aber da ist es zu spät für eine Veröffentlichung. Andere haben inzwischen Aufsätze zu diesem Thema vorgelegt. Born wird das noch lange quälen. Die Priorität entscheidet über Ruhm oder Vergessen. Wochen, ja Tage spielen bei der Veröffentlichung eine entscheidende Rolle.

Heisenberg, Schrödinger, Dirac und sehr, sehr viel später Born als Schlusslicht werden von Stockholm für ihre grundlegenden Arbeiten zur Quantenmechanik ausgezeichnet, nur Jordan nicht. Er ist der Ritter von der traurigen Gestalt der modernen Physik, der »unbesungene Held der Quantenmechanik«. Jordan hat sich dann später während der Nazizeit zwischen alle Stühle gesetzt. 1933 tritt das berüchtigte »Gesetz zur Wiederherstellung des Berufsbeamtentums« in Kraft. Max Born, sein Kollege James Franck und die weiteren fünf Kollegen, der Strafrechtler Richard Honig, der im Ersten Weltkrieg hochdekorierte Mathematiker Richard Courant, die Mathematiker Felix Bernstein und Edmund Landau, der Sozialpädagoge und Psychologe Curt Bondy werden in der Folge mit dürren Zeilen aus rassischen Gründen entlassen. Die Universität bleibt stumm. Hinter den Kulissen raschelt es zwar etwas, aber niemand ist zu einem öffentlichen Protest für die Göttinger Sieben bereit. Studentische Fackelzüge für die Geschassten finden nicht statt. Jordan zählt zu den ganz wenigen Kollegen, welche die über Nacht Verfemten überhaupt noch zu Hause aufsuchen. Etliche Male hat er seinen verehrten Doktorvater Born beschworen, doch in die Partei einzutreten, um vor Angriffen geschützt zu sein.

Der erste Gedanke, ebenfalls zu emigrieren, ist für Jordan unrealisierbar, schon wegen seiner betagten Mutter und seines schweren Sprachfehlers, wie er später Niels Bohr erklären wird. Und so vollzieht er für Born das Undenkbare. Einen Tag nach der Entlassung seines Lehrers tritt er in die Partei ein. Er will erzieherisch auf die Partei einwirken, ja, er will sie zur modernen Physik und zur verpönten Relativitätstheorie Einsteins bekehren. Das kommt nicht gut an, bald gilt er als unzuverlässig. Er überdauert den Krieg als Meteorologe in einer Heeresstelle der Marine. Aber nicht nur den Nazis bleibt er suspekt, sondern auch allen Außenstehenden, zu denen das Nobelpreiskomitee gehört. Man ist überfordert, einem bedeutenden Wissenschaftler den Nobelpreis zu verleihen, der freiwillig in die Partei eingetreten ist und jahrelang in Uniform für das Militär tätig war. Seine Frau galt als glühende Nazianhängerin, und es geht das Gerücht, dass er unter einem Pseudonym völkische Artikel für das »Deutsche Volkstum« verfasste. Das Zwielicht, das ihn umgibt, wird er nur schwer loswerden. Born wird sich jedenfalls nach 1945 weigern, den langen, alles zu erklären versuchenden Brief Jordans zu beantworten.

Aber noch ist es nicht so weit. In wenigen Jahren wird die Erinnerung an diese Abende wie ein Märchen klingen. Verweht und vorbei. Hat denn niemand geahnt, dass sich eine Katastrophe anbahnte?

Manchmal kann man beim Spazierengehen auf ein Fähnchen Jugendlicher treffen, das uniformiert vorüberzieht; aber was bedeutet das schon? Heisenberg muss sich da geradezu wehmütig an seine Jahre bei der bündischen Jugend erinnern. Derjenige aber, der hören will, kann ein gewisses Grummeln vernehmen. Oppenheimer beweist einen schärferen Blick, wenn er sich an das Jahr 1927 erinnert: »Obwohl diese Gesellschaft kulturell extrem reich und warm und hilfsbereit für mich war, war sie in eine elende deutsche Stimmung verpackt ... verbittert, mürrisch und zugleich unzufrieden und voll aufgestauter Wut samt allen diesen

Ingredienzen, die später zu einem großen Desaster führen sollten. Und dies fühlte ich sehr stark.«

Aber wer will das schon wissen unter den Anwesenden, die
um ein Verständnis der Struktur der Materie ringen? Scharfsin-
nige Überlegungen und Debatten über die Vorhersage eines noch
nicht entdeckten Elementarteilchens sind eine intellektuelle Herausforderung. Und wer will da schon Zeit mit dem Studium von
Wahlergebnissen verbringen?

## Hofnarren der Quantenphysik

James Franck jedenfalls lässt sich in seinem Optimismus nicht
stören. Für Oppenheimer hat er eine sehr sonnige Einstellung.
Und er scheint damals auch nicht die geringste Vorahnung von
dem zu haben, was kommen würde. Seine Devise: Es wird schon
alles wieder gut werden. Einer aber hat längst Position bezogen.
Wenn das Gespräch im Salon abebbt, kann man einen näseln-
den Wiener Dialekt aus dem Stimmengewirr heraushören. Es
ist F. G. Houtermans, eine typische Wiener Kaffeehausexistenz;
wo er sitzt, geht es am lautesten zu. Er wird in wenigen Wochen
bei James Franck promovieren und zusammen mit Oppenheimer und Charlotte Riefenstahl sein Studium beenden. Der »ver-
gnüglichste Mensch Göttingens« ist der geborene Geschichten-
erzähler. Sein Witz ist sprichwörtlich. Vor einem Jahr hat er sich
klammheimlich als Mitglied der KPD eingeschrieben. Dem ide-
enreichen Houtermans steht eine vielversprechende Zukunft bevor. Seine Vorarbeiten bei der Entwicklung eines Elektronenmikroskops werden später durch Ernst Ruska gewürdigt, der dafür
1986 den Nobelpreis erhält. Ebenso erwähnt Hans Bethe in seiner
Dankesrede für die Verleihung des Nobelpreises 1967 ausdrück-
lich Houtermans' Veröffentlichungen zur Energieerzeugung in
Sternen aus den frühen 30er-Jahren, als sie beide Assistenten von
Gustav Hertz in Berlin waren.

*Robert Oppenheimer um 1930,*
*ständiger Hausgast in der Villa*
*Born.*

*Der junge Paul Dirac, kurz nach*
*der Promotion mit dem Nobelpreis*
*ausgezeichnet.*

Der 23-jährige George Gamov neben ihm, kurz »GeGe« oder
»Joe«, wie ihn Bohr nennt, ist sein Intimfreund. Gamov ist ein
Charmeur, der Dirac fasziniert, da er so etwas wie sein vollstän-
diges Gegenteil darstellt. Groß, massig, ein Trumm von einem
Mann, äußerst gesprächig, ein Dauerraucher und selbstzerstöre-
rischer Trinker. Seine Lust an Schabernack und *practical jokes* hat
ihm nicht nur Freunde beschert. Dazu ist er ein erbarmungsloser
Spötter – er spielt die Rolle des Hofnarren in der Quantenphysik. »Der Riese, in dem ein Kobold steckt« (James Watson), war
ebenso unkonventionell wie einfallsreich. Gamov ist nicht nur ein
hochbegabter theoretischer Physiker, sondern er katapultiert sich
darüber hinaus Anfang der 50er-Jahre ins Zentrum der Moleku-
larbiologie. Mit James Watson, dem Entdecker der DNA-Struktur,
gründete er den nicht mehr aus der Geschichte der Molekularbio-
logie wegzudenkenden »RNA-Krawattenclub«, um den Bausteit-
nen des Lebens weiter auf die Spur zu kommen. Dazu entwarf er
für die zwanzig Mitglieder eine eigenwillige Krawatte mit DNA-

Maria Mayer, geborene Göppert, ging in die USA und arbeitete am Manhattan Project mit.

Der Physiker James Franck verließ Deutschland nach der Machtergreifung der Nazis.

Motiven. Die vielen Bücher, die er über die Physik schrieb, trugen eingängige Titel wie *One, two, three… Infinity!* (auf Deutsch: *Eins, zwei, drei… Unendlichkeit*) oder *Earth, Matter, Sky* (»Erde, Materie und Himmel«), und vor allem jene über die Abenteuer von »Mr Tompkins« wurden sehr populär.

Sein weiter Horizont ist nicht auf den Globus beschränkt. Kurz bevor Gamov nach Göttingen kommt, hat er sich einen Namen damit gemacht, dass er erstmals die Quantenmechanik einsetzte, um den radioaktiven Zerfall zu erklären – was bisher mithilfe der klassischen Mechanik unmöglich gewesen war. Gamov schlug den umgekehrten Vorgang vor: den Beschuss eines Kerns mit einem Proton oder Alphateilchen zu behandeln. So begründete er die thermonukleare Synthese von solchen Elementen in Sternen.

Zu all dem liebt Gamov exquisite Wortspiele der höheren Art. Er verfasst einen Beitrag über das Entstehen der Elemente – ebenso wie der Urknall eines seiner lebenslangen Themen – und regt sei-

*James Watson und Francis Crick, Entdecker der Doppelhelix in der Molekularstruktur der DNA und Mitglieder des von Gamov gegründeten legendären »RNA Tie Club«.*

nen Doktoranden Robert Alphern zu einem Aufsatz an. Als Autoren stehen nun zwei, Gamov und Alphern, fest, die an den Anfang des griechischen Alphabets »Alpha, Beta, Gamma« erinnern. Beta fehlt noch, aber dafür müsste sich doch der Astrophysiker Hans Bethe gewinnen lassen. Schließlich erscheint tatsächlich die von Alpha, Beta und Gamma verfasste Schrift, in der die erste Theorie der Elementenentstehung im frühen Universum, die Alphern-Bethe-Gamov-Theorie (»αβγ«-Theorie), formuliert wird.

## Kühne Debatten am Russentisch

Am lauten Russentisch hat neben Gamov ein weiterer exotischer Gast aus der Sowjetunion Platz genommen. Beide kennen sich seit der Zeit des gemeinsamen Studiums in Leningrad. Damals war der schmächtige Lew Dawidowitsch Landau mit einem schweren Fresskorb im Zug aus Baku in Leningrad (das damals noch kurze Zeit Petrograd hieß) eingetroffen, um mehr zu lernen, als ihm die heimische aserbeidschanische Universität vermitteln konnte. Die ersten Nachrichten über eine neue Art von Physik waren längst nach Russland vorgedrungen und wurden von den Novizen der neuen Physik lebhaft diskutiert. Unter ihnen herrschte eine erwartungsvolle, anregende Atmosphäre. Zu dieser Zeit gab es in Leningrad allerdings niemanden, der so etwas wie »Quantenmechanik« lehrte, sie existierte noch gar nicht. Bücher aus Deutschland und Großbritannien waren teuer und nicht ohne Weiteres zu beschaffen. Jedes Buch, das den Weg in die Bibliothek fand, war eine Sensation. Juri Rumer, der sich mit Landau anfreundete und 1927 nach Göttingen gehen sollte, erlebte den Schlüsselmoment mit, als der 18-jährige Kommilitone die neueste Ausgabe der *Annalen der Physik* in die Hand nahm, worin sich die erste Veröffentlichung von Schrödinger über Quantenmechanik befand. Sie hieß »Quantisierung als Eigenwertproblem« und würde »seine ganze Zukunft bestimmen«.

Es ist seine erste Begegnung mit der Relativitätstheorie. Heisenbergs und Schrödingers Kühnheit im Denken – nicht zu reden von Einstein – empfindet er als »heroisch«. Und Diracs *Prinzipien der Quantenmechanik* gelten als das beispiellose Werk eines Meisterdenkers.

Auch der junge Lew durchlebt eine heroische Phase. Er ist ergriffen von der Geburtsstunde der neuen Physik, den 18-Jährigen versetzen diese alles umstürzenden Gedanken in Ekstase. Landau kann nicht aufhören, sich diese Werke mit unermüdlicher Konzentration und jeder Faser seines Wesens anzueignen. Er verbringt keine Minute am Schreibtisch, sondern erledigt alle Arbeiten auf dem Sofa liegend.

Er liest bis zum Morgengrauen und kann die Seiten und Gleichungen, die sich ihm eingebrannt haben, nicht mehr loswerden. Er verbietet sich Alkohol und Rauchen und unterwirft sich einer strengen Selbstdisziplin, als bereitete er sich auf den Eintritt in einen strengen Orden vor. In dieser Aufbruchsstimmung ist alles so neu und revolutionär, dass alte Folianten wie»Friedhöfe vergangener Ideen« erscheinen, die ihre Zeit hinter sich haben. Die neue Physik wird zum Akt des Widerstands gegen alles Hergebrachte. Und noch hat die Politik anderes zu tun, als sich um die Quantenmechanik zu kümmern.

Als Landau sich näher auf Schrödinger und Heisenberg einlässt, wird ihm klar, wohin ihn sein Weg führen wird. Später bekennt er, dass für ihn»die Quantenmechanik und die Unschärferelation zu den größten Errungenschaften des menschlichen Geistes gehören«.

Sind das nicht Beispiele für glänzende Triumphe der Wissenschaft, die alle bisherigen Vorstellungen über die Welt und das Universum blass erscheinen lassen?

Und Lew Dawidowitsch ist entschlossen, dazu beizutragen, die Wand zwischen dem Bekannten und dem Unbekannten einzureißen, um die Grenzen der Erkenntnis zu überschreiten.

1926, also mit 18, veröffentlicht er seine erste wissenschaftliche Arbeit»Spectra der diatomischen Moleküle«. Ein Jahr später folgt eine Arbeit über ein Problem der Quantenmechanik mithilfe der Dichtigkeitsmatrix. Auch die Musik wird revolutionär: Fast im selben Jahr führt Schostakowitsch seine erste Sinfonie auf. Aber dafür ist Landau taub.

Gamov und Landau haben das große Glück, für ein Rockefeller-Stipendium, das eine Forschungsreise nach Europa ermöglicht, ausgewählt zu werden. Born, einer der faszinierenden Helden der neuen Physik, hatte sich für Landau eingesetzt und ihn nach Göttingen eingeladen.

Die Ungezwungenheit ihres Auftretens, ihr Humor und ihr Gelächter tragen erfrischend zur Abendgesellschaft bei. Landau fällt dabei selbst unter den anwesenden»Wunderknaben« aus

Scheu und mit jugendlichem
Überschwang: »Dau« Landau vom
Russentisch der Villa Born.

George Gamov, von den Knaben-
physikern »GeGe« genannt, galt als
»Riese, in dem ein Kobold steckt«.

dem Rahmen. Der erschreckend dünne Russe mit den langen
Beinen und den auffallend großen Händen hat ein schmales Ge-
sicht mit ebenmäßigen, wie mit dem Kohlestift gezeichneten
Konturen. Dazu fein geschwungene, sinnliche Lippen, große,
verträumte Augen und einen unzähmbaren Schopf schwarzer
Locken. Die »keusche Frische« seiner Erscheinung umweht die
Aura eines frühreifen Jünglings. Er ist gerade 21 Jahre alt gewor-
den.

In Göttingen nennen ihn bald alle nur noch »Dau«. Landau
selbst erklärt es so: »Das kommt von der französischen Form meines Nachnamens L'âne (der Esel) Dau, was einfach heißt, ›Dau
der Esel‹.« Ihn so zu nennen wollte ihm in Baku niemand antun,
stattdessen hätten sich alle die Kurzform »Dau« angewöhnt.

In seiner Heimat umgab ihn bald der Ruf, der führende Theoretiker Russlands zu werden. In Göttingen ist er noch unbekannt
und erscheint wie ein aus dem Nichts kommender Komet, der
über Nacht leuchtend und beunruhigend am Himmel steht. Bald
wird er nicht nur hier, sondern auch in anderen Zentren der mo-

dernen Physik – wie Kopenhagen, Cambridge, Bristol, Paris, Leyden und Zürich – die wichtigsten Forscher kennenlernen und überall produktive Unruhe verbreiten. In Berlin besucht er ein Seminar Einsteins.

Dieser junge, im gesellschaftlichen Umgang, besonders mit Frauen, überaus schüchterne Mensch mit den verträumten Augen kennt in wissenschaftlichen Auseinandersetzungen keine Zurückhaltung. Landau ist maßlos und schonungslos in seinem jugendlichen Überschwang. Selbst Dirac, den Landau hoch schätzt, bekommt dies zu spüren. Als Landau bei einem Besuch in Bristol dessen neueste und mit Spannung erwartete Arbeit zu lesen bekommt, telegrafiert er anschließend Bohr nur das deutsche Wort »Quatsch«, um dann mit Gamov auf einem Motorrad übers Land zu brausen.

## So jung und schon so unbekannt?

All die Wunderknaben, die als triumphierende Jugendliche mit scheinbar unbegrenzter Energie und Macht die Quantenrevolution vorantreiben, sind nicht frei von der Angst, selbst ein Opfer dieser umwälzenden Entwicklung zu werden. Könnte es nicht sein, dass man nur einen kurzen Flash erlebt, bevor das Momentum auch schon wieder vorbei ist und man über Nacht vergessen wird, bevor man sich überhaupt richtig entfalten konnte? Peierls beschreibt eine Szene, bei der Dau eine unterschwellige Sorge aufblitzen lässt, die nicht nur ihn umtreibt. Es geht um einen Physiker, der im Lauf einer Diskussion erwähnt wird und von dem Landau zuvor nie etwas gehört hatte. »Wer ist das?«, fragt er. »Wo kommt er her, wie alt ist er?« Als jemand einwirft: »Oh, 28!«, ruft Landau: »Was? So jung und schon so unbekannt?« Wie lange würde es überhaupt noch irgendeinen Achttausender im Quantenland geben, dessen Gipfel man erobern könnte?

Die Lebenslinien von Gamov, Houtermans und Dau, die übermütig am Tisch sitzen, werden sich noch oft kreuzen. Wie überhaupt in dieser großen Physikerfamilie alles mit allem zusammenhängt. Noch ahnen die drei nicht, wie einschneidend Stalin in wenigen Jahren in ihr Leben eingreifen wird. Gamov kommt am besten davon. Zwei Mal versucht er vergeblich, mit seiner Frau Rho aus der Sowjetunion zu fliehen. Der letzte Fluchtversuch mit einem Segelboot über das Schwarze Meer misslingt, aber er hat Glück. Als er auf hoher See gestellt wird, glaubt man ihm, dass er bei der Vorbereitung auf einen Wettkampf vom Ziel abgekommen sei. Wie aus heiterem Himmel erhält er später für sich und seine Frau eine Ausnahmegenehmigung zum Besuch des berühmten Solvay-Kongresses 1933 in Holland. Er setzt sich nach England ab; später lebt und schreibt er in Amerika, wo er an verschiedenen Universitäten doziert. Nach Russland kehrt er nie mehr zurück.

Als Gamov sich in England aufhält, kann er Houtermans, der vor den Nazis geflohen ist, nicht davon abbringen, England zu verlassen und als gläubiger Kommunist am Aufbau der Revolution mitzuhelfen. 1935 tritt er eine Professur für theoretische Physik in Charkow an. Er, dem in diesem Buch, wie einigen anderen Protagonisten auch, eine eigene Geschichte gewidmet ist, muss seinen Glauben an die rote Utopie mit Folter, Einzelhaft und dem Verlust seiner Familie bezahlen. Er ist der Typ des europäischen Intellektuellen, der zwischen die beiden totalitären Systeme seiner Zeit gerät. Dabei zögern seine kommunistischen Glaubensgenossen nicht, den Gefangenen nach seiner Entlassung aus den Foltergefängnissen Stalins direkt an die Gestapo auszuliefern.

Lew Landau ist ein anderes Los bestimmt. Houtermans tritt 1937 seine Professur am führenden Forschungsinstitut Charkows an, im selben Jahr also, in dem Landau seine Stellung an der dortigen Universität aufgibt und einem Ruf von Pjotr Kapitza, dem späteren »Atomzaren«, an das von ihm geleitete Institut für physikalische Probleme nach Moskau folgt. Kapitza beauftragt ihn dort mit der Leitung der Abteilung für theoretische Physik, und

Landau wird sein engster Mitarbeiter. Doch 1938 wird er im Rahmen der »Großen Säuberungen« zusammen mit seinen Kollegen Juri »Georg« Rumer und Moisei Korez vom Geheimdienst verhaftet und wegen angeblicher Spionage zum Verhör in die berüchtigte Lubjanka gebracht. Nach einem Jahr Haft ist er so geschwächt, dass Kapitza das Schlimmste befürchtet. Er beschwert sich direkt bei Stalin über den NKWD-Chef Berija und droht, das renommierte Institut aufzugeben, wenn Landau nicht freikomme. Die riskante Drohung hat Erfolg.

Georg Rumer zählt auch zur Göttinger Quantengeneration. Fünf Jahre lang, von 1927 bis 1932, lebt und arbeitet er dort im Umfeld von Born, arbeitet mit Edward Teller (dem »Vater der Wasserstoffbombe«) zusammen und ist seit dieser Zeit mit Landau befreundet. 1934 kehrt er nach Moskau zurück.

Unglücklicherweise hat Rumer keinen so starken Fürsprecher. Er bleibt Jahre inhaftiert, kommt dann 1944 in ein Spezialgefängnis, in dem gefangene Wissenschaftler für kriegswichtige Forschungen reaktiviert werden, und wird in den 50er-Jahren schließlich fünf Jahre nach Sibirien verbannt. Als er durch Chruschtschow rehabilitiert wird, hat er über 20 Jahre als Gefangener zugebracht.

## Mathematische Schönheit und Antimaterie

Doch noch beherrscht ein alles für möglich haltendes Denken der Physiker aus aller Welt den Juniabend in der Villa Born. Aber wer hat heute Abend noch die Karten gemischt? Zwei junge Männer sind da, Werner Heisenberg und Paul Dirac, die beide im Alter von 31 den Nobelpreis erhalten werden. Dirac muss sich beeilen, wenn er zuvor noch seine Doktorarbeit fertigbekommen will. Bisher hatte er jedenfalls noch keine Zeit dazu. Als Landau schildert, wie ihn die »unglaubliche Schönheit der Allgemeinen Relativitätstheorie (ART)« überwältigt und vom ästhetischen Genuss

*Fritz Houtermans (2.v.re.) im Kreis russischer Wissenschaftler, darunter auch George Gamov (2.v.li.), Göttingen 1928.*

spricht, den ihm eine mit Formeln vollgeschriebene Tafel bereitet, wird Dirac sofort hellwach. Der junge Oppenheimer, der ihn mitgebracht hat, lebt mit ihm seit ein paar Monaten zusammen zur Untermiete bei den Carios. Der zwei Jahre ältere Paul Dirac wirkt noch bizarrer als Jordan, und er scheint auf einem schwindelerregend schmalen Grat zwischen Wahnsinn und Genie zu wandeln. Anders als der stotternde Jordan ist der große, hagere, linkisch wirkende Dirac nämlich für seine Wortkargheit bekannt. Es gibt wohl niemanden auf der Welt, der so intensiv schweigen kann und gleichzeitig so viel weiß. Bisher hat er nur auf Englisch geschwiegen, aber seit Kurzem schweigt er in zwei Sprachen. Seit dem Tod seines Vaters, eines tyrannischen Französischlehrers, der die Familie gezwungen hatte, nur Französisch zu sprechen und zu schreiben, existiert diese Sprache für ihn nicht mehr. Ein paar Jahre später wird er in drei Sprachen schweigen. Nach dem Kriegseintritt Deutschlands ist für ihn auch die deutsche Sprache tabu. Niels Bohr, bei dem er eine Zeit lang studierte, bevor er nach Göttingen kam, hält ihn für den »auf absehbare Zeit wahrscheinlich bemerkenswertesten wissenschaftlichen Geist«, einen »vollständig logischen Genius«. Diese abnorme Befähigung fordert ihren Preis. »Normale« menschliche Empfindungen und Aktivitäten sind ihm fremd und oft unverständlich.

Bohr bestritt ganze Café-Nachmittage mit »Dirac-Geschichten«. Als Dirac zum Beispiel ein Bild in einer Ausstellung besonders gut gefällt und ihn Bohr nach dem Grund fragt, erhält er zur Antwort: »Ich schätze es, weil der Grad der Ungenauigkeit überall der gleiche ist.«

Wenn Dirac aber spricht, kann niemand weghören. Born steht vor ihm und muss zu ihm aufblicken, denn Dirac überragt jeden um Haupteslänge. Er ist angespannt, seine hängenden Schultern sind verschwunden, er scheint auf einmal riesenhaft. Einem Gast fällt auf, dass Born ihn die ganze Zeit entgeistert anstarrt und den Mund nicht mehr zubekommt. Dirac ist in diesen Momenten der Prophet der neuen Zeit. Er sieht weiter als andere. Für ihn gibt es keinen Gott, aber nun spricht er ex cathedra. Er skizziert als Erster seine Vorstellung von der Existenz einer Antimaterie. Und er prophezeit die Existenz eines Positrons. Zwei Jahre später kann man dies schwarz auf weiß nachlesen.

Philosophische Fragen interessieren Dirac ebenso wenig wie Literatur; stattdessen sucht er das »Schöne« in der Physik. Als die Universität Moskau ihn nach einer Vorlesung bittet, auf einer Wandtafel sein Credo zu hinterlassen, bekennt er: »Ein physikalisches Gesetz muss mathematisch schön sein.« Für ihn ist Gott ein höchst genialer Mathematiker, der das Universum nach tiefgründigen und feinsinnigen mathematischen Gesetzmäßigkeiten aufgebaut hat. In seiner Suche nach dem Schönen in der Physik inspirieren Dirac Einstein und der Göttinger Mathematiker Hermann Weyl. »Mathematische Schönheit« ist für Dirac eine der Natur innewohnende Eigenschaft, die dann besonders besticht, wenn sie auch elegant ist. Für den Ästheten Dirac war dann auch eine »mathematische schöne Theorie eher richtig als eine hässliche, die mit gewissen Versuchsergebnissen übereinstimmt«.

Eine Generation zuvor sprach man noch gerne von möglichst aus den Tiefen des Unterbewusstseins oder aus Träumen angestoßenen »Intuitionen«, die zu neuen Erkenntnissen und Gleichungen führten. Jetzt aber sprechen Physiker und Mathematiker weniger von traumhaften Erkenntnissen, vielmehr mit einer gewissen Selbstverständlichkeit von der Schönheit und Eleganz ihrer Formeln und Gedankengebäude. Einsteins erweiterte sogenannte Allgemeine Relativitätstheorie von 1911 gilt dabei als ein nicht zu übertreffendes Musterbeispiel. Die klare, von ein paar grundlegenden Aussagen ausgehende Struktur, die sich durch Stringenz und Zweckmäßigkeit auszeichnet, kommt dem allgemeinen Schönheitsempfinden entgegen. Wie bei einer Kathedrale könnte kein tragender Teil beziehungsweise keines der grundlegenden Prinzipien herausgebrochen werden, ohne das ganze Gebäude zum Einsturz zu bringen. Einmal legt Einstein seine übliche Bescheidenheit beiseite und nennt seine Theorie selbst »unvergleichlich schön«. Und ist diese kühne, ehrgeizige und anspruchsvolle Theorie, welche die Materie des Universums zu beschreiben sucht, in ihrer Großartigkeit nicht den größten Kunstwerken an die Seite zu stellen? Im Stil der Zeit wurde sie mit Mozarts »Jupitersymphonie«, einem Selbstbildnis Rembrandts oder den Sonetten Miltons verglichen. Diese Fragen rühren alle an.

Und Heisenberg? Der junge Professor steckt alle mit seinem sprühenden Geist an. Vor zwei Jahren erst hat er ein »dickes Quantenei« gelegt, wie Einstein das anfangs nennt, bis es ihm zuwider wird, und nun kommt niemand um seine Unschärferelation herum.

Als er jetzt gegenüber Dirac bemerkt, dass »Schönheit« allerdings weniger wichtig sei als die Übereinstimmung der mathematisch fixierten Erkenntnisse mit dem Experiment, zwingt ihn Dirac als Verfechter der Ästhetik in die Defensive.

*Werner Heisenberg, einer der bedeu-*
*tendsten Physiker des 20. Jahrhun-*
*derts, mit zwanzig Jahren.*

Heisenberg: »Ich stimme damit überein, dass die Schönheit einer Gleichung einen sehr wichtigen Punkt darstellt und dass bereits die Schönheit einer Gleichung eine Menge an Zutrauen vermitteln kann. Andererseits muss man überprüfen, ob sie passt oder nicht. Es ist nur dann Physik, wenn sie wirklich mit der Natur übereinstimmt. Aber das kann sich vielleicht erst viel später herausstellen.«

Dirac: »Und wenn sie nicht passt, würdest du die Publikation aufschieben, nicht wahr? Genauso wie Schrödinger?«

Heisenberg: »Ich bin mir nicht sicher, ob ich das tun würde. Wenigstens in einem Fall habe ich nicht so gehandelt.«

Dann rückt er den Klavierstuhl zurecht; gleich wird es still werden, wenn er die ersten Akkorde aus dem 5. Klavierkonzert Beethovens anschlägt.

## Die Nacht der Physiker

Drei der Anwesenden, die sich so angelegentlich im Salon unterhalten, werden von ihren Staaten zu Beginn des Zweiten Weltkriegs mit der Konstruktion der Atombombe beauftragt werden. Es sind dies Oppenheimer, Heisenberg und der Russe Kurtschatow. Letzterer ist so jung wie die andern; was von ihm in Göttingen vorerst in Erinnerung bleibt, ist sein ungeheurer Bart, der von seinem Kinn in drei Strömen herabzufließen scheint. 1932 wird »der Bart«, wie sein berühmter Spitzname lautet, das erste Zyklotron in der Sowjetunion bauen, und sechs Jahre später wird ihn Stalin zum Leiter des sowjetischen Atomwaffenprogramms ernennen. Sacharow ist 20 Jahre lang sein Assistent.

Und da erhebt sich gerade ein Vierter etwas mühsam von seinem Platz, als wollte auch er seinen Anspruch anmelden, in dieses Gremium aufgenommen zu werden. Es ist Teller, ein Doktorand Heisenbergs, der sich auf eine Krücke stützt, denn eine Beinprothese macht ihm zu schaffen. Eine Münchner Straßenbahn hat ihm einen Fuß abgefahren. Die Uranbombe und die Plutoniumbombe sind ihm nicht genug, und er wird den Bau der Wasserstoffbombe vorantreiben.

Irene Born, die älteste Tochter des Hauses, beschreibt später einmal den physischen Eindruck, den Teller auf sie gemacht hat, als sie 18 Jahre alt war. Teller erschien ihr da wie eine Verkörperung von Mephisto – mit seinem dunkelhäutigen Gesicht und den schwarzen, unergründlichen, intensiv leuchtenden Augen unter den buschigen Augenbrauen.

Und wie viele der herausragenden Studenten, die in Göttingen studierten, haben, neben Oppenheimer, an der Konstruktion der amerikanischen Bombe mitgewirkt? Fermi etwa, der italienische Physikstar, der gleich nach Erhalt des Nobelpreises in die USA geflohen ist und mit Leó Szilárd 1942 den ersten Atomreaktor zum Laufen brachte? Oder Victor Weisskopf, Borns Doktorand? Eugene Wigner? Selbst die Göttingerin Maria Göppert lässt sich in das von ihrem Studienkollegen Robert Oppenheimer geleitete amerikanische Atombombenprojekt hineinziehen. Sie arbeitete während des Krieges in der Gruppe von Harold Urey im Rahmen des »Manhattan Project« mit an der Methode zur Trennung der Uran-Isotopen. Ihr Hauptbeitrag war dabei eine theoretische Analyse der Spektren verschiedener Uran-Verbindungen.

Zu den höchst raren Wissenschaftlern allerdings, welche sich dagegen wehren, die Physik zu missbrauchen, um die erste Atomwaffe zu konstruieren, zählt der Hausherr. Max Born, der nach der Flucht aus Deutschland schließlich 1936 als Professor in Edinburgh gelandet ist, hat allen verlockenden Angeboten widerstanden, am »Manhattan Project« mitzuarbeiten. Er wollte nicht am Tod von Millionen Menschen mitschuldig werden.

Heisenberg muss nun aufbrechen, um den Zug nach Leipzig zu erreichen.

Die Gesellschaft löst sich auf. Einige Studenten ziehen noch in eine der Göttinger Kneipen. Houtermans begleitet seine Kommilitonin Charlotte Riefenstahl nach Hause. Er gehört zu den ersten zwei, drei Menschen, die herausgefunden haben, warum die Sterne funkeln. Das hat er sich aufgespart, um es ihr in dieser prächtigen Juninacht auf dem Nachhauseweg zu erklären.

# Houtermans' Vermächtnis

London 1933. Unter den Ankömmlingen, die im Bahnhof Paddington den Zug verlassen, zieht ein jüngeres Paar Blicke auf sich. Die nach der neuesten Mode New Yorks gekleidete Frau sticht im London der 30er-Jahre aus der Menge heraus. Die hübsche, jugendliche Charlotte Riefenstahl mit dem gewinnenden Lächeln könnte man sich gut auf einem Titelblatt vorstellen; aber wer käme schon auf die Idee, dass es sich um eine der höchst seltenen Doktorinnen der Physik handelt? Sie und ihr schlaksiger, hünenhaft großer Begleiter, dessen markante Gesichtszüge und dichtes dunkles Haar an einen südamerikanischen Schauspieler wie Carlos Thompson erinnern, geben ein glamouröses Paar ab. Der lässige Kettenraucher an ihrer Seite, mit dem sie noch nicht lange verheiratet ist, wird schon von seinem neuen Auftraggeber, den EMI Works, erwartet.

Die EMI Works spielen eine führende Rolle bei der technischen Entwicklung des Fernsehens. Durch ihre Marke »His Master's Voice«, die einen kleinen Hund zeigt, der verzückt der Schallplattenstimme seines Herrn lauscht, wurde EMI der Allgemeinheit bekannt. Das Unternehmen ist sehr innovativ. Erst kürzlich ist das Verfahren zur Herstellung von Stereoaufnahmen im zentralen Forschungslabor in Hayes entwickelt worden. Geleitet wird EMI von dem rührigen und einfallsreichen Isaac Shoenberg (1880–1963). Dieser in Russland geborene Ingenieur, Mathematiker und Radiospezialist emigrierte 1914 nach England. Nun soll Dr. Friedrich »Fritz« Georg Otto Houtermans seine Arbeiten zur Entwicklung eines Laserstrahls fortführen, dessen Anwendung als Abspielgerät vielversprechend scheint.

Houtermans, der sich am Bahnhof nach Zeitungen umsieht,

denn er ist nicht nur Kettenraucher, sondern auch »Kettenleser« – und beides wird ihn in größte Schwierigkeiten bringen –, ist 29 Jahre alt und sieht keine Chancen mehr für eine Universitätslaufbahn in Deutschland. Seine Frau und er haben mit ihrer einjährigen Tochter Giovanna noch rechtzeitig Deutschland verlassen. Die Warnzeichen waren deutlich genug.

Wenige Wochen zuvor, am 1. April, wird Juden in Berlin der Zugang zur Universität verwehrt. Im Institut für theoretische Physik befand sich auch der Arbeitsplatz von Houtermans. Gleich gegenüber lag seine Wohnung. In diese drang im Mai eine Gruppe von SA-Rowdys auf Verdacht ein, um nach Beweisen für seine kommunistische Gesinnung zu suchen.

Längst ist der Oberassistent Houtermans eifernden Nazi-Studenten dadurch aufgefallen, dass er den Hitlergruß verweigert, und überhaupt passt seine ganze spöttische und legere Art nicht. Houtermans ist ein Büchervielfraß. Neben der Fachliteratur und vielen musikalischen und philosophischen Schriften besitzt er auch ein Exemplar des Marxschen *Kapitals*, aber ebenso steht eine Reihe von Bibeln in den Regalen. In dieser brenzligen Situation kommt ihm ein schwerer Lederband zu Hilfe, den einer der Eindringlinge unter den Büchen hervorzieht. Er enthält nichts anderes als sauber gebundene Bestellungen auserlesener Weine, die an einen Dr. Houtermans geliefert wurden. Bestellt hatte diese Tropfen Houtermans' Vater, ein durch Grundstücksspekulationen reich gewordener Lebemann, der als Privatier im ostpreußischen Zoppot, dem heutigen polnischen Sopot, residierte. Das war dekadent, aber alles andere als kommunistisch! Dennoch hatte der Verdacht die SA, die wieder abzog, nicht getrogen. Unter größter Verschwiegenheit und selbst ohne seine Freunde einzuweihen, war Houtermans 1926 als Student in Göttingen Mitglied der KPD geworden.

Marx hat schon früh das Gerechtigkeitsempfinden des jungen Houtermans geweckt. Als Fünfzehnjähriger trug er am 1. Mai das *Kommunistische Manifest* an seiner Schule in Wien öffentlich vor. Eine Provokation, welche die Lehrerschaft nicht hinnehmen wollte. Houtermans musste daraufhin ein Jahr vor dem Abitur die Schule verlassen und das pädagogisch fortschrittliche Landschulheim Wickersdorf in Thüringen besuchen. Die »freie Schulgemeinde« war 1906 von einer Gruppe um Gustav Wyneken gegründet worden und erinnert mit ihrem Konzept an die vier Jahre später gegründete Odenwaldschule. Dort lernte er auch seine Mitschüler Alfred Kurella, den späteren Herausgeber der *Roten Fahne*, und Alexander Weissberg kennen. Mit dem orthodoxen Marxisten und unschlagbaren Rilke-Kenner Weissberg wird er schließlich zusammen in sowjetischen Gefängnissen die schrecklichsten Jahre seines Lebens zubringen.

## Schillernde Grenzgänger der Wissenschaft

Als Houtermans in England eintrifft, ist er Fachkollegen wohlbekannt. Er hat bei James Franck, einem der besten Experimentalphysiker, Nobelpreisträger des Jahres 1925, in Göttingen mit herausragenden Noten 1927 promoviert; eine bessere Empfehlung ist kaum denkbar. Der geistesverwandte Wolfgang Pauli, mit dem er auch persönlich befreundet ist, verfolgt gespannt seine Experimente, Bohr hat ihn nach Kopenhagen eingeladen, Rutherford ist beeindruckt von seinen Veröffentlichungen über Atomkerne.

Und Houtermans ist einer der zwei, drei Mitbegründer der Astrophysik. Er hat in einer bahnbrechenden Arbeit die thermonuklearen Vorgänge in großen Sternen beschrieben und erklärt, wodurch diese in der Lage sind, diese ungeheuren Energiemengen auszustoßen. Er hat nicht nur ein geniales Gespür für Physik, sondern auch ein bei einem Experimentalphysiker selten anzutreffendes tiefes Interesse an der Theorie. Er wendet als Erster die neuen Erkenntnisse und Sichtweisen der Quantenphysik in der Praxis an und entwickelt und baut den Prototyp eines Elektronenmikroskops. Jede einzelne Disziplin hätte für ein For-

*Charlotte und Friedrich Houtermans mit Tochter Giovanna, 1932.*

scherleben ausgereicht, aber er ist ein Grenzgänger mit der proteischen Kraft, sich zu häuten und neu zu erfinden. Houtermans wechselt immer wieder überraschend die Bühnen seiner Auftritte und erscheint in einer neuen Rolle. Zuletzt kann man ihn beobachten, wie er 1958 als Professor der Universität Bern mit dem Moped zu dem von ihm gegründeten geophysikalischen Institut durch die Stadt düst und dabei ist, das Alter der Erde noch genauer zu bestimmen, als dies bis dahin möglich war. Houtermans hat eindeutig mehr als nur ein Leben. Das gilt auch für sein Privatleben. Er heiratet viermal, darunter zweimal seine erste Frau Charlotte, und gründet drei Familien. Ein randvolles Leben in Extremen und nicht frei von Widersprüchen. »Er war eine schillernde Persönlichkeit – so schillernd, dass man zuweilen vergaß, dass er auch ein ausgezeichneter Wissenschaftler war«, beschreibt ihn der Physiker Hendrik Casimir.

Die Geschichte aber, die hier erzählt wird, beschreibt die schwierigste Rolle, die er zu spielen hatte. Es ist auch die einsamste und gefährlichste. Es ist eine Rolle ohne Publikum mit einer Bühne aus vier verrußten Wänden, einem eisernen Stockbett und einer Tag und Nacht brennenden Glühbirne. Die Vorstellung selbst dauert 1080 Tage. Es ist auch eine Geschichte über Leben und Tod, die an die Grenze dessen geht, was ein Mensch ertragen kann.

# Verlorene Perspektiven

Houtermans fällt es nicht schwer, in England einen Job zu finden, denn er hat einen vorzüglichen Ruf. Der Mann, der ihn vermittelt, ist der Tausendsassa Pjotr Kapitza, der alles und jeden kennt und in dessen »Kapitza Club« in Cambridge alle Begründer der Quantenphysik ihre Thesen vorstellten. Kapitza, der spätere »Atomzar« Stalins, berät die EMI Works und empfiehlt Houtermans. Kapitza kennt den Berliner Assistenten bereits von zahlreichen Besuchen in Göttingen, und die beiden Männer stehen auch in England in Gedankenaustausch. Es gehört zu den tragischen Irrungen und Wirrungen der kommenden Katastrophe, dass nach Kriegsende ausgerechnet Kapitza nicht müde wird zu fordern, dass Houtermans gehängt werden soll. Selbst als Kapitza mit 84 Jahren den Nobelpreis bekommt, mildert das seinen Verfolgungseifer nicht.

Vor dem Dienstantritt in Hayes ist Houtermans noch ein kurzes Zwischenspiel in Cambridge vergönnt, bei dem er seine Freundschaft mit Patrick Blackett pflegen kann, der für seine linken Ansichten bekannt ist. Dort trifft er auch auf den Physiker Fritz Lange, der mutmaßlich ebenso zum Netzwerk der KPD gehört wie er, und eine Reihe von Wissenschaftlern aus der Sowjetunion, die ihn nun auch in England aufsuchen. Mit Lange übt er sich in pfadfindergleichen konspirativen Tätigkeiten. Es sind Mückenstiche gegen das Naziregime. So wird eine Seite der *Times* fotografisch auf Briefmarkengröße geschrumpft um sie getarnt nach Deutschland schicken zu können. Das konspirative Klima erinnert an den Fall des Atomspions Klaus Fuchs. Dieser uneigennützige Überzeugungstäter, ein Pastorensohn, war ebenfalls Mitglied der KPD und nach dem Reichstagsbrand nach England geflohen, wo er in Edinburgh in theoretischer Physik promovierte. Anschließend veröffentlichte er eine Reihe wissenschaftlicher Arbeiten zusammen mit Max Born, der nach seiner Flucht aus Deutschland in Edinburgh unterrichtete. Den hochbegabten Fuchs holte schließlich Peierls, der Trauzeuge Houtermans', in das anfangs noch sehr bescheidene englische Atombombenprogramm, bis er endlich in Los Alamos im Team von Bethe, der ihn in den höchsten Tönen lobte, seine welthistorische Rolle findet.

Hayes ist für die Houtermans kein Ort, um glücklich zu sein. Der Aufenthalt in Cambridge hat wieder schmerzlich offenbart, was das spießige Kleinstädtchen mit den tristen Straßenzügen der Arbeitersiedlungen ihnen nie bieten können wird. Houtermans fühlt sich abgeschnitten von der Universitätsatmosphäre und ihren Anregungen. George Orwell, ebenso alt wie Houtermans, unterrichtete zwischen 1932 und 1933 dort in einer Zwergschule. Er muss ähnliche Empfindungen gegenüber dem Städtchen entwickelt haben, denn er nannte Hayes »einen der gottverlassensten Orte, die mir je untergekommen sind«.

Der anziehendste Unterhalter, dessen Aussprüche schon heimlich mitgeschrieben werden, sitzt auf dem Trockenen. Ihn plagen Entzugserscheinungen. Und wie stark und unvergesslich wirken erst die Erinnerungen an Berlin nach, der jüngsten, aufregendsten und modernsten Metropole Europas! In dem Bewusstsein, dass ihre Berliner Jahre unwiederbringlich der Vergangenheit angehören, erinnert sich Charlotte Riefenstahl später wehmütig:

»Das Leben in Berlin in den Jahren 1929 bis 1933 war unvergesslich«, schreibt sie, »auf allen Gebieten vibrierte die Stadt vor neuen Ideen. Neue Stücke, Filme und Konzerte belebten den Kurfürstendamm, das Vergnügungszentrum Berlins, und in den zahllosen Cafés traf sich die Intelligentsia. Das gesellschaftliche Leben war ungewöhnlich lebhaft, und die Unterhaltungen waren anspruchsvoller, als ich es je vorher und seitdem erlebt habe. Wir hatten viele Freunde, Fritz zog Menschen an und war ständig voller Ideen, erzählte Geschichten und unterhielt uns mit geistreichen Späßen. Er war an vielen unterschiedlichen Dingen interessiert und hüpfte von der Musik zur Physik, Wirtschaft und zur

Politik. Einmal kam [Wolfgang] Pauli Weihnachten zu Besuch. Auch Gamov und Landau waren häufig in Berlin. Dann gab es den wirtschaftlich und politisch so interessierten Polanyi und dessen Nichte Eva Striker, die begabte Keramikerin, die später Weissberg heiratete. Ebenso [Manès] Sperber [1905–1981], einen Schriftsteller, der Schüler von [Alfred] Adler [1870–1937] gewesen war. Eine der klügsten Personen war der Physiker und Ingenieur Weissberg-Cybulski, der über ein erstaunliches Wissen auf dem Gebiet der Geschichte, Politik und des Marxismus verfügte, wobei man noch erwähnen muss, dass er zu jeder Stunde Rilke zitieren und aufsagen konnte. Unser kleines Haus mit dem winzigen Garten platzte jedes Mal vor Gästen. Es war nicht ungewöhnlich, dass 35 Menschen zum Tee vorbeikamen.« Dazu war noch ein fester Tag in der Woche reserviert für das »nacht-physikalische« Gespräch für Freunde und Kollegen des jungen Physikers, den alle mit seinem Spitznamen »Fisel« nannten.

## 1935: Lebensgefährliche Entscheidung

Zu den Besuchern, die sich in Hayes einstellen, zählt auch Alexander Leipunski (1903–1972) aus Charkow. Er ist dort Professor am physikalischen Institut, das, mit modernsten Geräten ausgestattet, zu den wichtigsten Einrichtungen seiner Art in Europa zählt. Der angenehme und witzige Gesellschafter will Houtermans für das Institut gewinnen und bietet ihm verlockende Bedingungen an: Bezahlung der Hälfte des Gehalts in Dollar, großzügige Unterbringung, Freiheit in der Forschung usw.

Man könne sich dem Zugriff Nazi-Deutschlands entziehen und gleichzeitig etwas für den Aufbau des wunderbaren Sowjetreichs tun. Etliche hätten sich aus ähnlichen Gründen bereits für eine Anstellung in Charkow entschieden. Die große Sowjetunion! Da lagen die Aufgaben und die Zukunft! Wer wollte da nicht an der Verwirklichung »marxistisch-leninistischer« Ideen mitwir-

ken? Für Houtermans spricht vieles dafür, diese Einladung anzunehmen. Charkow ist ihm nicht fremd, er hat die Stadt zuletzt
1931 besucht. Und soll er hier in Hayes versauern? Ein ganzes Jahr
ist schon vergangen, und er hat nicht die Zeit gehabt, auch nur
einen Artikel zu veröffentlichen. Außerdem fällt es ihm schwer,
seinen Arbeitsrhythmus mit dem eines üblichen Büroalltags in
Einklang zu bringen. Er ist gewohnt, ohne Rücksicht auf Stunden
und Mahlzeiten durchzuarbeiten, wenn er einer Sache auf den
Grund gehen will. Wenn es sein soll, auch tagelang; aber pünktlich um neun Uhr morgens im Büro zu erscheinen überfordert
ihn. Und es ist auch nicht von der Hand zu weisen, dass seine
finanziellen Mittel von Monat zu Monat schrumpfen. Er ist nämlich auf Zuwendungen eines Hilfsfonds für emigrierte Wissenschaftler angewiesen, dessen Mittel nun auf eine wachsende Zahl
von Bedürftigen verteilt werden müssen.

Fast gleichzeitig, während sein Freund Gamov, ein gebürtiger Russe, sich entschlossen hat, nicht mehr in die Sowjetunion
zurückzukehren, beschließt Houtermans, das Angebot anzunehmen. Wolfgang Pauli, sein gescheiter Freund, kann diese Torheit
nicht fassen, als er zu Besuch kommt und davon erfährt. Vergeblich und wiederholt versucht er »Fisel« diese Entscheidung aus-
zureden. Aber er kann seinen Freund nicht davon abbringen, den
größten Fehler seines Lebens zu begehen.

Auf der endlosen Zugfahrt in die Ukraine kommt es zu einer viel-
sagenden Verstimmung. Das Paar will sich nicht in Charkow nie-
derlassen, ohne sich um die russische Sprache zu bemühen. Beide
sind sehr sprachbewusst und lernbegierig. Houtermans hat selbst
die Bibel in sieben Sprachfassungen im Reisegepäck, was großen
Argwohn bei der Einreise auslösen wird.

Charlotte hat bereits die Grammatik aufgeschlagen und will
den gemeinsamen Unterricht mit der Deklination des Wortes
»Tisch« beginnen. Dieser Auftakt kommt nicht gut bei Fisel an.
Missmutig und gereizt holt er unerwartet zu einem verblüffen-

den Lamento aus. Er sei es einfach leid, jede neue Sprache mit der Deklination des Wortes »Tisch« zu beginnen. »Der Tisch, des Tisches, dem Tisch…« – so wolle er nicht bis an sein Lebensende fortfahren. Damit sei jetzt Schluss. Fisel steigert sich so in einen Groll hinein, dass der Unterricht abgebrochen werden muss. Nachdem er sich beruhigt hat, schlägt er versöhnlich vor, doch stattdessen das Wort »Elefant« zu deklinieren. Während Charlotte noch über diesen Vorschlag nachdenkt, fährt ein Zug mit riesigen Ohren an ihnen vorbei. Es ist ein langer Zirkuszug, der gleich darauf auf offener Strecke hält. Auch der Lokomotivführer des Zuges nach Charkow, der sich diese Begegnung nicht entgehen lassen will, hält. Fast alle Passagiere steigen aus, um einen Blick auf die bunt bemalten Zirkuswägen mit den exotischen Tieren zu werfen. Den mitgeführten Elefanten gilt die größte Aufmerksamkeit. Das Stimmengewirr der Schaulustigen dringt auch ins Abteil der beiden Physiker. »Was rufen sie denn?«, fragt Charlotte schließlich, und Fisel antwortet: »Der Elefant, des Elefanten, dem Elefanten…« Damit ist das Eis gebrochen, und der Unterricht kann aufgenommen werden. Mit dieser Geschichte erweist sich Houtermans als Geistesverwandter seines Freundes Wolfgang Pauli, den sein Leben lang die merkwürdigsten Zufälle und Erscheinungen begleiten.

Bei der Einwanderung in die UdSSR muss er einen Fragebogen ausfüllen, in dem auch nach seiner Religion gefragt wird. Der alles andere als religiöse Houtermans – man konnte kaum weltlicher sein –, der einen christlichen Vater hat, ergreift jetzt für seine Mutter Partei, die jüdische Wurzeln hat, und schreibt in einem Akt der Solidarität »Jude«. Als er später nach dem Grund gefragt wird, antwortet er typisch houtermansch: »Ich wollte mich herausmendeln.«

Houtermans ist ohne den Einfluss seiner Mutter gar nicht zu denken. Die junge Wienerin und promovierte Chemikerin und Frauenrechtlerin Elsa Wanek – ihre jüdischen Verwandten in Wien sind Herausgeber des bekannten *Wiener Tagblattes* – heiratet den älteren Otto Houtermans, einen schwerreichen Bankier und Immobilienspekulanten. In eine Welt, deren materielle Opulenz sie sich anfangs gefallen lässt, dann unerträglich findet und mit ihrem Spott überschüttet; schließlich nimmt sie mit ihrem Kind an der Hand Reißaus.

## 1937: Charkow, Stadt der Angst

Als die junge Familie Houtermans im Oktober in Charkow eintrifft, werden ihre Erwartungen nicht enttäuscht. Die Wohnung ist groß, das nahe gelegene Institut gut ausgestattet, eine Reihe weiterer Wissenschaftler wurde verpflichtet. Auch Houtermans' alter Schulfreund aus Wiener Tagen, Weissberg, ist da, der geistreiche Gesellschafter, mit dem er so häufig in Berlin zusammen gewesen war. Weissberg soll beim Aufbau der ukrainischen Stickstoffindustrie helfen.

Im November 1935 kam es überraschend zur Verhaftung eines Institutskollegen, den man nach massiven Protesten aber wieder »befreien« konnte. Ein Missverständnis? Oder der Vorbote kommender Ereignisse? Am 1. März 1937 wird Alex Weissberg selbst verhaftet; kurz zuvor war dessen Frau Eva, eine Keramikkünstlerin, festgenommen worden, da sie angeblich ihre keramischen Arbeiten insgeheim mit Hakenkreuzmotiven versehen hatte. Am 5. August werden zwei Institutskollegen verhaftet und wenig später Wadim Gorski, ein angesehener Experimentalphysiker, der eines der Institutslabore leitet. Anfang November werden dann alle drei hingerichtet. Die Vorfälle verbreiten Schrecken und eine diffuse Angst, da die Gründe für die Verhaftungen offenbar einem paranoiden Hirn entsprungen sind.

Und Houtermans, das konspirative KPD-Mitglied, der freiwillig in die Sowjetunion gekommen ist, um wenigstens als Schräubchen an der Revolutionslokomotive loyal beim Aufbau einer kommunistischen Wirtschaft mitzuhelfen, wüsste nicht, was ihm

*Russische Forscher um 1934, die z. T. unter Stalin verhaftet wurden; darunter Alexander Leipunksi (1.R.2.v.li.) vom physikalischen Institut in Charkow.*

selbst vorzuwerfen wäre. Aber bald fällt ihm auf, dass Kollegen und Freunde beginnen, ihm auszuweichen oder sich allzu schnell zu verabschieden, auch gute Bekannte verlassen bei seinem Anblick den Bürgersteig, um auf die andere Seite zu wechseln, und selbst der Laden, den er betritt, leert sich unversehens. Längst ist er ein Gezeichneter, dem alle aus dem Weg gehen, aber niemand sagt ihm, was auf seiner Stirn geschrieben steht. Er steht zu Beginn der Bewegung der sogenannten »Tschistka«, des »Großen Terrors«, auf verlorenem Posten. Er ist offenbar von einem rätselhaften, hoch ansteckenden Virus befallen, der jeden, der mit ihm in Kontakt steht oder stand, und sei es der Tabakhändler an der Ecke, ins Verderben stoßen kann. Wird er verhaftet, so kann er leicht zwanzig Menschen seines Umfelds mit in die Tiefe reißen. Und jede Verhaftung bringt weitere Verdächtige ins Gefängnis; tausende, zehntausende und bald hunderttausende Gefangene werden in die Gefängnisse gespült. Im ersten Jahr nach dem Aus-

311

bruch der Seuche sind schon zwei Millionen Menschen in die Gefängnisse geschafft und getrieben worden – und es ist kein Ende in Sicht. Allein in Charkow werden 12 000 feindliche Spione gezählt. Längst können die eigens abgestellten 300 »Bürger Untersuchungsrichter« den Andrang nicht mehr bewältigen.

Die unübersehbaren Anzeichen üben einen psychischen Druck auf Houtermans aus, der ihn nicht mehr schlafen lässt. Und Charlotte Houtermans geht es kaum anders. Sie beschreibt in ihrem Tagebuch eindrücklich die unheilschwangere Atmosphäre des Jahres 1937:

»Ende August begannen große Schauprozesse, vorangegangen waren Gerüchte und Spekulationen. Aber anfänglich schien sich das nicht auf diese Welt zu beziehen. Die Angst wuchs stetig mit dem Herannahen des Winters. Die politische Situation war so ungewiss geworden, dass wir froh gewesen wären, so bald wie möglich abzureisen. Unglücklicherweise wussten wir nicht, wie wir das bewerkstelligen konnten. Im Ausland hatten wir kein Geld und keine Arbeit. … Da fassten wir endgültig den Entschluss abzureisen.«

Der nächste Vorfall aber gibt der geheimnisvollen und bedrohlichen Angst, die durch alle Ritzen dringt, ein Gesicht. Eines Tages suchen zwei Polizisten das Institut für technische Physik auf und wünschen Victor Fomin, Houtermans' persönlichen Assistenten, zu sprechen. Ihm wird mitgeteilt, dass sein Bruder, ein Skilehrer im Kaukasus, verhaftet worden ist. Fomin wird gebeten, zur Klärung einiger Fragen zur Geheimpolizei mitzukommen. Es wird ihm gestattet, Bücher und ein paar persönliche Dinge in seinem im oberen Stock gelegenen Zimmer zusammenzusuchen. Fomin besorgt sich indessen eine Flasche mit Schwefelsäure aus dem Institutslabor und trinkt sie aus. Dann springt er aus dem Fenster. Schwerverletzt wird er verhaftet und stirbt wenige Tage später im Gefängnis.

Dieser Vorfall lässt Houtermans keine Ruhe mehr. In einem

Zustand völliger Verwirrtheit spricht er stundenlang laut vor sich hin. Als wenige Tage darauf nachts drei Polizisten an der Wohnungstür läuten, rechnet er mit seiner Verhaftung, aber die Polizei will nur die Adresse von Fomins Appartement haben. Dieser nächtliche Besuch traumatisiert Houtermans allerdings so stark, dass er beim Aufwachen fest daran glaubt, im Gefängnis zu sein.

»Wir lebten in Angst«, schreibt Charlotte in ihr Tagebuch, »die dunklen Vorhänge im Zimmer, das wir bewohnten, verdeckten unsere Vergangenheit und verhüllten unsere Zukunft. Es wurde damals wenig gesprochen über das, was geschah, noch weniger dann, als alles vorbei war. ... Die Angst hatte von mir so unbezähmbar Besitz ergriffen, dass sie alle anderen Empfindungen verdrängte, sie beherrschte mein ganzes Handeln, und viele Jahre lang konnte ich mich von ihr nicht befreien. Man fühlte sich wie vor einem Gewittersturm, der alles in Dunkelheit hüllt.«

Um dem wachsenden Druck in Charkow auszuweichen, setzt sich Houtermans mit seiner Familie nach Moskau ab. Dort scheinen Wissenschaftler, vor allem die Mitglieder der Akademie der Wissenschaften, noch sicher zu sein. In Moskau hat Houtermans inzwischen längst den Antrag gestellt, mit seiner Familie und seinem Hab und Gut ausreisen zu dürfen. Dem sollte nichts entgegenstehen, heißt es, die Erlaubnis sei möglich, allerdings müsse erst eine Beschreibung der auszuführenden Gegenstände erstellt werden. Zunächst scheinen es Kleinigkeiten zu sein, einige der Beschreibungen seien nicht ausführlich genug und müssten ergänzt werden, andere Erläuterungen seien unverständlich und erforderten zeitraubende Ermittlungen. Der tägliche Gang zum gewaltigen Bau des Moskauer Zollamts wird zu Houtermans' einziger Beschäftigung, aber er tritt auf der Stelle. Selbst die einfachsten Fragen zu beantworten fällt ihm immer schwerer. Hunderte von Büchern befinden sich in seinem Hausrat, und jedes einzelne zieht Fragen nach sich. Er verirrt sich im Labyrinth der Bücher, die er ausführen will. Jahresangaben des Erscheinens stimmen nicht, der Druckort ist nicht angegeben. Die Vorstellung, einfach abreisen zu dürfen, hat er inzwischen aufgegeben. Angesichts der sich immer weiter verknotenden und kaum noch zu überblickenden Fragen bei der Ausfuhrliste erscheint ihm selbst der Ausreisewunsch als unangemessen. Er war eingereist, um der Sowjetunion beim Aufbau zu helfen. Er hat nichts Böses getan, aber inzwischen musste ihn jemand verleumdet haben, denn als Houtermans am 1. Dezember 1937 wieder im Zollamt ist, wird er verhaftet.

## »A man on whom the sun has gone down« (Ezra Pound)

»Am 1. Dezember 1937 wurde ich im Zollamt in Moskau verhaftet«, schreibt er Jahre später, »als ich eben dabei war, mein Eigentum zu ordnen, damit dieses für meine Ausreise aus Russland durchgesehen werden konnte. Ich wurde daraufhin unverzüglich in das Lubjanka-Gefängnis gebracht, wo mir der in Charkow am 27. November ausgestellte Arrestbefehl unter Bezug auf §28 (›politische Gründe‹) gezeigt wurde. Nach einer Viertelstunde wurde ich dann in das große Butyrka-Gefängnis in eine 24-Mann-Zelle gebracht. Nach und nach füllte sich diese Zelle, bis sich dort schließlich 140 Mann zusammendrängten.« Diese Zelle, die nur den nackten Betonboden als Lager bietet, ist lediglich der Vorgeschmack auf das Kommende.

Eine konkrete Anklage gibt es nicht, stattdessen wird ihm eine Reihe von Namen seiner russischen und ausländischen Institutskollegen vorgelegt. Darunter sind Personen wie Weissberg-Cybulski, Landau und Fomin. Sie alle seien Teil einer Untergrundorganisation, die seit Langem auf den Sturz der Sowjetmacht hinarbeite und nach dem Leben Stalins und Woroschilows trachte. Bei einem vollen Geständnis dürfe er sofort ausreisen. Houtermans weigert sich, darauf einzugehen; er will

sich nicht irgendwelcher Aktivitäten gegen die Sowjetunion be-
zichtigen.

Unglücklicherweise hat Houtermans den Pass seiner Frau bei
sich, als er ins Gefängnis gebracht wird. Als sehr hilfreich erweisen sich wieder einmal Anja und Pjotr Kapitza: Anja organisiert
ein Hotelzimmer, in dem Charlotte und die Kinder bleiben können, ohne zu einer Belastung für Freunde und Bekannte zu werden, und Pjotr gelingt es mit einem Trick, den lebenswichtigen
Pass von Charlotte Houtermans wieder aus der Asservatenkam-
mer der Lubjanka zu beschaffen.

Den Pass wiederzuhaben ist gut, aber sie braucht noch eine
Erlaubnis, um überhaupt ein paar Tage in Moskau bleiben zu
können. Sie macht sich zu dem ihr genannten Verwaltungsge-
bäude auf, wo sie in einem bestimmten Zimmer die benötigte
Erlaubnis erhalten könne. Sie hastet von Schalter zu Schalter an
Zimmerfluchten vorbei, die angefüllt sind mit Polizisten und Se-
kretärinnen, Tischen und Schreibmaschinen. Sie eilt von Stockwerk zu Stockwerk, von Flur zu Flur, aber die Räume, an deren
Türen sie pocht, nehmen kein Ende. Bei jeder neuen Tür, die sie
öffnet, erwartet sie, verhaftet zu werden. Das gesuchte Büro aber
lässt sich nirgends finden. Erschöpft kehrt sie erst in den frühen
Morgenstunden wieder in das Hotel zurück. Panik erfasst sie. In
die Leibwäsche ihrer beiden Kinder stickt sie auf Englisch und
Russisch deren Namen sowie den Namen von Patrick Blackett
und die Adresse von Dr. Elsa Houtermans, der in die USA ge-
flüchteten Oma. In der deutschen Botschaft, die ihr und Fritz
Hilfe anbietet, verhält sie sich ungeschickt, denn mit dem Deutschen Reich will sie nichts zu tun haben. Sie bekommt ein Visum
für Tilsit, aber sie hat es sich in den Kopf gesetzt, mit den Kindern
nach Riga zu fliehen. An ihrem letzten Tag in Moskau eröffnet
sie noch ein Konto für sich und Fritz und kauft von den letzten
Rubeln einen Pelzmantel, den sie im Ausland mit Gewinn verkaufen will. Entsetzen und Angst sind ihr ins Gesicht geschrieben, als sie versucht, sich so unauffällig wie möglich in Moskau

zu bewegen. Aus Furcht, sich verdächtig zu machen und verhaftet zu werden, wagt sie es nicht, sich auf eine Parkbank zu setzen. Schließlich steht sie mit einem in seiner Übergröße grotesk wirkenden Pelzmantel, dessen Ärmel auf dem Boden schleifen, samt 18 Gepäckstücken und zwei Kindern mit hellblauen und roten Rucksäcken vor dem Zug, der sie endlich aus Moskau wegbringen soll. Da ist sie 38 Jahre alt und hat keine Tränen mehr, um zu weinen.

Charlotte will sofort mit den Kindern nach Riga fliehen. Dies wäre fast gelungen, doch kurz vor der lettischen Grenze wird sie aus dem Zug geholt. Zehn Tage wird sie in einen Heim für Eisenbahner untergebracht. Es ist das einzige Gebäude in der trostlosen, schneebedeckten Ebene. Warum sie festgehalten wird, erfährt sie nicht. Allerdings erregt sie als allein reisende Frau Argwohn, und immer wieder werden Fragen nach ihrem Mann gestellt. Hätten die Behörden zu diesem Zeitpunkt von der Verhaftung Houtermans' gewusst, so wäre Charlotte zweifellos ebenfalls verhaftet worden. So schützen sie schließlich ihre kleinen Kinder, die nach russischem Recht – zumindest noch eine Zeit lang – nicht antastbar sind. Am 16. Dezember kann sie die Reise fortsetzen und trifft noch am Abend mit ihren Kindern in Riga ein. Die 100 Schweizer Franken und die 100 belgischen Francs, die sie in den Bommeln der Pelzkappen der Kinder eingenäht hat, sind überlebenswichtig. Niels Bohr verschafft ihr ein dänisches Visum, und sie kann gleich den ungläubigen Wissenschaftlern, die sich in seinem Institut versammelt haben, über die neuesten Entwicklungen in der UdSSR und über die Schicksale von Fritz, Weissberg, Landau und anderen berichten.

Über London schafft sie es schließlich 1939 mit den Kindern in die USA, wo sie auch mit Elsa, der Mutter von Houtermans, zusammentrifft. Mit einem winzigen Forschungsstipendium für das Vassar College kann sie sich über Wasser halten. Es werden mehr als zwanzig Jahre vergehen, bevor sie Fisel wiedersieht.

Die Briefe an Fritz, die sie und Elsa an alle möglichen russischen Gefängnisse richten, bleiben ohne Antwort. Ob er noch am Leben ist, bleibt ungewiss. Erst Eleanor Roosevelt gelingt es, durch den amerikanischen Botschafter herauszufinden, ob Fritz noch lebt.

Aber nicht nur die Angehörigen versuchen alles, um Houtermans nicht in Vergessenheit geraten zu lassen. In Frankreich unterzeichnen drei französische Nobelpreisträger Bittschriften an Stalin. Neben Francis Perrin, einem früheren Unterstaatssekretär, sind dies Irène Joliot-Curie, ebenfalls eine frühere Unterstaatssekretärin, sowie ihr Mann Fréderic Joliot-Curie, Professor am Collège de France. Die Joliot-Curies sind vor zwei Jahren Mitglieder der Kommunistischen Partei Frankreichs geworden und hoffen, dass dies ihrem Appell besonderes Gewicht verleiht. Eine Antwort aber haben auch sie nicht erhalten.

## Die Welt der Kholodnaja Gora

Am 4. Januar 1938, wenige Tage nach seiner Verhaftung, wird Houtermans schließlich mit dem Zug in einem Gefängnisabteil nach Charkow in das berüchtigte Kholodnaja-Gora-Gefängnis gebracht. Das Gefängnis selbst ist von einer Außen- und einer Innenmauer umschlossen. Der Grünstreifen zwischen beiden gehört dem Wachpersonal, das dort in einer trügerischen Kulisse von Normalität in kleinen Häuschen lebt, Gemüse zieht und das Familienleben pflegt. Manchmal kann man auch Harmonikaklänge hören, zu denen gesungen und getanzt wird. Ein großes Eisentor an der Außenmauer lässt die Gefangenenwagen ein. Dann öffnet sich eine kleine Pforte in der Innenmauer, die zum eigentlichen »Gefangenenberg« oder »Kalten Berg« führt, russisch: Kholodnaja Gora.

Die »kleinen« Zellen in Kholodnaja Gora haben die Maße 2 m × 4 m. Sie stammen noch aus der Zarenzeit, wo sie mit einem eisernen Klappbett an der Wand als Einzelzellen verwen-

*Einzel- und Massenzellen wurden für Fritz Houtermans zum quälenden Alltag.*

det wurden. Nun werden sie gebraucht, um eine nicht enden wollende Flut von immer neuen Gefangenen aufzunehmen. Vier ebenerdige Klappbetten und ein Stockbett stehen zur Verfügung. Nicht selten kommt es dabei zu Szenen, die eine letzte Herausforderung an die geschundene menschliche Natur darstellen. 23 Menschen sind mit dem Neuankömmling Houtermans bereits in der Zelle untergebracht. Aber als die Tür endlich aufgeschlossen wird, werden weitere zehn Gefangene in die Zelle geschoben. Nun stehen 33 Menschen auf einer Fläche von acht Quadratmetern. Diese Aufgabe muss der »Starosta«, der von allen gewählte Vertrauensmann, lösen. Weissberg wird gewählt, und niemand wird sich seinen Entscheidungen widersetzen. Es gilt, die Last für alle so gerecht zu verteilen, dass sich niemand beklagen kann. Der »Starosta« muss dafür sorgen, dass jeder verfügbare Zentimeter auf die gerechteste Weise ausgenutzt wird. Damit sechs Personen reihum einen Schlafplatz bekommen, müssen alle zwei Stunden Plätze getauscht werden. Aber niemand hat eine Uhr, und die gerechte Einteilung der Schlafenszeiten fällt schwer. Weissberg wählt schließlich eine Art Reißverschluss-Verfahren, bei dem sich die auf den unteren Betten gegenüberliegenden Körper verschränken. Weitere Menschen kann er ebenso unter den Betten unterbringen, wegen der Bettstützen, die einigen Platz wegnehmen, allerdings nur sieben und nicht acht. In der Nähe des Fensters werden sechs Menschen untergebracht, die aber, um

318

Platz zu sparen, nur auf einer Seite und nicht auf dem Rücken liegen können. Diese Lage mit gekrümmten Beinen wird nach einiger Zeit wegen des schmerzenden Hüftknochens unerträglich und muss auf Kommando gewechselt werden. Um dadurch nicht zu viel Platz zu verlieren, liegen drei mit dem Gesicht zum Fenster und drei mit dem Gesicht zur Tür. Beide Gruppen haben dabei die Beine so ineinander verschachtelt, dass jeder die Füße seines Gegenspielers an der Brust hat. Auf dieselbe Weise werden noch vier Menschen bei der Tür untergebracht. 29 Insassen haben auf diese Weise Platz gefunden, aber für die übrigen vier gibt es keine Lösung. Niemand möchte aber auf das obere Bett. Das kleine Zellenfenster endet nämlich einen Meter unterhalb der gewölbten Zellendecke. Dadurch entsteht oberhalb des Eisenbettes ein toter Raum, in dem sich ein Kissen glühend heißer Luft bildet, das an der Luftzirkulation nicht teilnimmt.

Um Mitternacht werden drei aus der Zelle zum Verhör geholt, und Weissberg beschließt, sich nackt auf das siedend heiße Metallbett zu legen. Er genießt den Vorzug, sich damit etwas Bewegungsfreiheit erkauft zu haben, auch wenn bei der kleinsten Bewegung sein Schweiß auf den Boden tropft und rinnt. Nach zwei Tagen ist der ganze Zellenboden mit einer zentimeterdicken Schweißschicht bedeckt. Die Luft ist geschwängert von beißendem Ammoniakgeruch, und erst später fällt allen auf, dass sie sich den Gang auf die Toilette sparen konnten, da der Körper alle Flüssigkeiten durch die Haut ausgeschieden hatte.

Am Morgen werden die Betten hochgeklappt, und wenn sich alle eng aneinanderpressen, können die Gefangenen mit angezogenen Beinen auf ihren Kleiderbündeln sitzen. Bis zehn Uhr morgens kann man noch atmen, dann wird es heiß und das Fensterblech beginnt zu glühen. Wasserkübel werden geholt und darauf geschüttet. Das verschafft ein wenig Kühlung, aber das Wasser verdampft sofort, und der Wasserdampf zieht in die Zelle. Das bringt den Kommandanten auf, der wütend droht, der Zelle kein Wasser mehr zu geben.

Jedes Pferd wäre schon längst krepiert, bemerkt ein Pferdehänd-
ler nicht ohne Bewunderung für die Zähigkeit der menschlichen
Rasse. Nach zwei Tagen Hungerstreik droht der Kommandant
damit, die Hälfte der Häftlinge zu erschießen, sollte der Streik
nicht abgebrochen werden, der nichts anderes sei als eine »antisowjetische Demonstration«.

Die Gefangenen halten noch drei weitere Tage durch, bis sie
am fünften Tag so erschöpft sind, dass sie beschließen, den Streik
abzubrechen. Nur ein junger Weißrusse, ein Rayonsekretär, wi-
dersetzt sich und erklärt nicht ohne eine gewisse Feierlichkeit,
dass nun jeder auf seine eigene Verantwortung handeln müsse.
Als Weissberg und eine andere Gruppe auf die Toilette gehen,
stürzt der Wärter herein und fordert ihn auf, sofort wieder in die
Zelle zurückzukommen. Dort schwimmt alles in Blut. Der junge
Sekretär hatte ein Fenster zertrümmert und ein spitz zulaufendes
keilartiges Bruchstück ergriffen und sich tief ins Herz gebohrt.
Noch konnte er sehr leise reden. Er hatte oft von seiner jungen
Schwester erzählt, mit der er als Waise aufgewachsen war, nachdem die Eltern von den »Weißen« getötet wurden. Nun winkt er
den Bakteriologen Batiuk heran und bittet ihn, seiner Schwester zu sagen, dass er immer der Partei treu geblieben und nie ein
Feind des Volkes gewesen sei. Auch sie solle der Partei und dem
Land treu bleiben. Als schon nach zehn Minuten ein Arzt eintrifft, dem es gelingen wird, den Herzbeutel zu nähen, wundert
sich Batiuk über den Aufwand, wo doch sonst Tausende täglich
in den Lagern und Gefängnissen ohne viel Aufheben zugrunde
gehen. Seine eigene Strafe wird nicht gering ausfallen, denn er
wird beschuldigt, spezielle Mikroben gezüchtet zu haben, die nur
Angehörige des NKWD befallen sollen.

Der junge Rayonsekretär, der in einem Verzweiflungsakt gegen
die Willkür der Gefängnisverwaltung sein Leben beenden wollte,
hat selbst jetzt noch nicht seinen Glauben an die Partei verloren.
Auch Weissberg will sich seinen Glauben nicht nehmen lassen.
In seinen Erinnerungen bekennt er, wie sehr er sich selbst in den

Gefängnisjahren noch innerlich gegen den Vorwurf gewehrt habe, dass die Partei »faschistische Züge« angenommen habe.

## Im Reich des »Kalten Würgers«

In den 20er-Jahren zählten die sowjetischen Gefängnisse zu den fortschrittlichsten der Welt. Damals ging es noch darum, den Gefangenen zu läutern und zu bilden. Aber seit der kleinwüchsige Jeschow 1937 seinen berüchtigten Vorgänger Jagoda als Volkskommissar für alle Gefängnisse abgelöst hat, weht ein noch eisigerer Wind durch die Gefängnisse. Der Günstling Stalins will allen beweisen, dass er dessen Losung »Turma Turmoi« – Gefängnisse sollen wieder Gefängnisse sein – in die Tat umsetzen kann. Jeschows Name steht für die große Tschistka, ein gewöhnlich »Reinigung« genanntes Purgatorium, das sich wie die Schwarze Pest über ganz Russland ausbreitete. Seine Schreckensherrschaft dauerte nur drei Jahre, aber sie brachte unendliches Leid über Millionen Gefangene. Sein nicht weniger berüchtigter Nachfolger, der bei der Liquidation seines Vorgängers persönlich anwesend ist, heißt dann Berija.

In den großen, bis zu zweihundert Mann fassenden Zellen herrscht zuweilen eine große künstlerische Aktivität. Da es keine Bücher zu lesen gibt, weil die gut ausgestatteten Gefängnisbibliotheken nicht mehr zugänglich sind, entwickelt sich die Kunst des Geschichtenerzählens bis zu einem Grad, den es nur zu Zeiten gegeben haben kann, als die meisten Menschen noch nicht lesen konnten.

Viele Werke der Weltliteratur werden dabei nacherzählt und vorgetragen. Von den meisten hatten die Zelleninsassen bestenfalls gehört, ohne sie je gelesen zu haben. Als Houtermans und Weissberg diese später im Original nachlesen, finden sie die künstlerische Wirkung der mündlichen Nacherzählung stellenweise eindrucksvoller als das Original. Vielleicht liegt es auch daran, dass das in der Zelle den gespannt lauschenden Zuhörern vorgetragene Werk zusätzliche Geschichten enthält, die nicht im Original standen. Aber nicht nur Auszüge von Meisterwerken der Weltliteratur werden vorgetragen, sondern auch selbst erlebte Geschichten werden von wahren Könnern dargeboten. Und es gibt Künstler, die beeindruckende, lebensechte Porträts, Masken und andere Dinge aus geknetetem Brot formen konnten. Meist überwältigte allerdings der Hunger den Künstler, der daraufhin sein Meisterstück aufaß.

Nach den Vorschriften steht den Gefangenen täglich ein Hofgang zu, der gewöhnlich zehn bis fünfzehn Minuten dauert und meist im winzigen, auf allen Seiten von hohen Wänden umschlossen Gefängnishof stattfindet. Wegen der Überfüllung der Zellen findet dieser Rundgang zeitweise auch nachts statt. Manchmal stehen Wachen auf jeder Seite des Hofes mit Gewehr und aufgepflanztem Bajonett im Anschlag. Eine dieser nächtlichen Szenen, bei der die Gefangenen in dem grell ausgeleuchteten, schneebedeckten Hof stumm ihre Runden drehen, hinterlässt bei Houtermans einen unvergesslichen Eindruck. Sie erinnert ihn an ein berühmtes Bild van Goghs.

Mit gesenktem Kopf trotten die höchst unterschiedlichen Menschen schweigend in Zweiergruppen hintereinander her. Alle Vertreter der russischen Gesellschaft ziehen an seinem Auge vorbei. Voran geht Vater Alexander, der Erzmandrit der orthodoxen Kirche, begleitet von Levin, dem Sekretär eines Parteikomitees und Mitglied des ZK der Partei, ein Graduierter des Instituts für Rote Professoren und Mitglied der kommunistischen Akademie, hinter ihm schreitet Vasya, ein Soldat der Roten Armee, kein Parteimitglied, aber ein früherer Fabrikarbeiter aus Leningrad, angeblich ein brandgefährlicher Anhänger des kürzlich liquidierten Bucharin. An seiner Seite ist Sholokh, Oberst der NKWD-Truppen, der schmerzverzerrt ein Bein hinter sich herzieht, das ihm während einer Befragung gebrochen worden war, und hinter ihm erscheint der weithin bekannte Ingenieur und Techniker Professor Lange, ein Spezialist für Landmaschinen. Sein Begleiter wiederum ist Rakita, ein Mitglied der Kommunistischen Jugend und Laufbursche in einem Sowjetbüro – endlos ist die Menschenkette.

Alle diese Männer, die da hintereinander hergehen, sind in den Augen des NKWD gleich übel, so unterschiedlich auch ihre Herkunft, Erziehung, Nationalität oder ihr Aussehen sein mag.

Die Bedingungen in den Gemeinschaftszellen konnten entsetzlich und lebensbedrohend sein, aber vielen vermitteln sie auch ein nie wieder erlebtes Gemeinschaftsgefühl. Der Gedanke an diese graue, schmutzstarrende Behausung und Höhle weckt später nostalgische Erinnerungen bei Weissberg. Die Zellen in den Trakten der Kholodnaja Gora sind so etwas wie die Hohe Schule der Massengefängnisse. Für jeden, der sie besucht, hält sie die erstaunlichsten Lektionen über die menschliche Natur bereit. Nirgendwo sonst treffen auf kleinstem Raum so viele Biografien und Schicksale zusammen. Und: Die Zelle ist ein Marktplatz; sie weiß alles, erfährt alles von den neu Eingelieferten, kommuniziert mit den Nachbarzellen durch Klopfzeichen und mit den darunterliegenden Zellen durch herabgelassene Bindfäden. Und über fast jeden der vielleicht dreihundert »Bürger Untersuchungsrichter«, die für die Gefangenen zuständig sind, kann einer der Insassen aus Erfahrungen am eigenen Leib berichten.

Nach einer Woche wird Houtermans von dort in das Zentrale NKWD-Gefängnis in Kiew eingeliefert. Alle größeren Städte der Sowjetunion haben neben den Massengefängnissen mit Zellen für 200, 300 Mann, die am Rand der Städte liegen, noch kleinere, sogenannte »Innere Gefängnisse«. Diese befinden sich im Zentralgebäude der GPU, der Geheimpolizei, das gewöhnlich mitten in der Stadt liegt.

In einem Massengefängnis wie Kholodnaja Gora sind etwa 12 000 Gefangene untergebracht, im »Inneren Gefängnis« vielleicht nur einige hundert.

# Phantasie des Irrsinns

Die neue Zelle, in die Houtermans kommt, ist sauberer und nicht bis zum letzten Bett belegt. Dort raten ihm die Gefangenen, auf jeden Fall ein Geständnis mit allen möglichen Erfindungen und Eingeständnissen abzulegen, wie sie es selbst bereits getan haben. Früher oder später werde er nicht darum herumkommen. Noch am selben Abend wird er zur Vernehmung in den »Konveyor« gebracht. Der NKWD ist stolz auf diese neue Errungenschaft, bei der das »Fließband«, der *conveyor belt*, Pate stand, den Henry Ford erstmals bei der Massenfertigung im Automobilbau eingesetzt hatte. Im »Konveyor« wechselt wie am laufenden Band ein Vernehmer nach acht Stunden den nächsten ab, bis das angebrüllte und geschlagene Opfer zusammenbricht. Einfachere Gemüter brechen schon nach drei oder vier Tagen ein, aber andere halten zwanzig Tage und länger mehr tot als lebendig diese Tortur durch, bis auch sie endlich ihren Widerstand aufgeben. Die Zeit spielt keine Rolle. Als Houtermans in den »Konveyor« gebracht wird, droht ihm der Vernehmer als Erstes an, alles aus ihm herauszuprügeln. Er trägt den Namen »Drescher«.

Nach dieser Einstimmung beginnt am 11. Januar endlich das Verhör. Houtermans wird in den folgenden Tagen unablässig vernommen. Anfangs, das heißt an den beiden ersten Tagen, durfte er noch auf einem Stuhl sitzen, dann nur noch auf der Kante, und ab dem vierten Tag findet das Verhör im Stehen statt. Es gibt nun auch keine einstündige Erholungspause mehr nach einem Verhörtag. Zu diesem Zeitpunkt ist es bereits erforderlich, den Gefangenen wachzuhalten. Houtermans verliert alle 20 bis 30 Minuten das Bewusstsein, und wenn er zu Boden sinkt, schreckt ihn ein Guss kalten Wassers wieder auf. Durch das lange Stehen sind seine Füße wie Elefantenbeine angeschwollen, sodass die Schuhe aufgeschnitten werden müssen. Die Ankläger sind natürlich nicht in der Lage, irgendeinen Beweis für seine konspirative Tätigkeit

*Gefängnisporträt des NKWD von Friedrich Houtermans, nach seiner*
*Verhaftung am 1. Dezember 1937. Er sollte erst Ende April 1940 aus der*
*Haft entlassen und an Deutschland ausgeliefert werden.*

als Gestapo-Agent auf den Tisch zu legen. Deshalb müssen die
Gefangenen während der Vernehmung selbst die »Fakten« her-
beischaffen. Zwei Fragen werden unablässig gestellt:
»Wer hat dich für die konterrevolutionäre Organisation angeworben?« Und: »Wen hast du angeworben?«
Alle acht Stunden tritt dem Angeklagten ein neuer, ausgeruh-
ter, frisch rasierter Verhörbeamter entgegen. Die älteren NKWD-
ler verstehen ihr Handwerk, und Schlafentzug, Drohungen,
Schläge und Bluff verfehlen nicht ihre Wirkung. Pogrebroi, der
die Vernehmung leitet, hält dem Gefangenen am 22. Januar nach
Mitternacht einen Verhaftungsbefehl für dessen Frau vor Augen
sowie einen weiteren Befehl, die beiden Kinder in ein Bespri-
zoniki-Heim einzuweisen. In diesen Unterkünften wurden die
nach Hunderttausenden zählenden Kinder untergebracht, welche die Revolution hinterlassen hatte, die ohne Familie auf den
Straßen lebten. Niemals würden die Familien ihre Kinder wie-
derfinden können, denn sie würden unter falschem Namen dort

eingewiesen. In dieser Nacht knickt Houtermans ein und erklärt seine Bereitschaft, jede gewünschte Erklärung zu unterschreiben. Houtermans, der nicht weiß, dass seiner Frau mit den Kindern die Flucht nach Dänemark gelungen ist, stellt zwei Bedingungen für sein Geständnis: Erstens müsse seine Familie die Erlaubnis erhalten, sofort auszureisen, und zweitens müsse ihm nach drei Monaten ein Brief von seiner Frau vorgelegt werden, aus dem ihr Aufenthaltsort ersichtlich sei. Andernfalls würde er seine Aussage widerrufen.

Danach unterzeichnet er die gewünschte Aussage und gibt zu, im Auftrag der Gestapo in die UdSSR gekommen zu sein, um zu spionieren. Anschließend gibt es ein »luxuriöses« Mahl mit Tee, dann darf er wieder in seine Zelle. Houtermans schläft 36 Stunden am Stück und wird dann wieder in das Verhörzimmer beordert, um ein umfängliches Geständnis in deutscher Sprache zu verfassen. Houtermans bemüht sich in diesem Phantasieprodukt von immerhin zwanzig Seiten, nur Namen von Kollegen zu erwähnen, die im Ausland sind oder bereits in ähnlichen Verhören gegen ihn ausgesagt haben. Entscheidend ist, dass in dem Dokument ausführlich über Spione, Spionage, Gegenspionage, Sabotage und dergleichen geschrieben wird. Der eigentliche Inhalt ist Nebensache und der freien Phantasie überlassen.

Houtermans füllt die Seiten mit seinem angeblichen Auftrag, die wissenschaftlich-technischen Anlagen der ukrainischen Kernphysik auszuspionieren, welche nicht einmal auf dem Papier existierten, denn noch hatte Otto Hahn die Kernspaltung nicht entdeckt. Als zweites Objekt seiner »Spionagetätigkeit« nennt er die Ausforschung von Geräten zur genauen Bestimmung der Geschwindigkeit eines Düsenflugzeugs durch magnetische Wellen, die durch eine Spirale geschickt werden.

Nach Meinung seiner Mitgefangenen ist er mit diesen elf Tagen glimpflich davongekommen. Arme und Beine wurden ihm nicht gebrochen, und auch mit dem Stock wurde er nur gelegentlich traktiert. Nirgends kann man einen Menschen so kennenlernen wie durch sein Verhalten im Gefängnis, heißt es einmal bei Houtermans. Große Freundschaften können da entstehen, aber Menschen auch zu tödlichen Feinden werden. Und wo einige am Gefängnisleben zerbrechen, bringt es bei anderen unerwartete schöpferische Kräfte hervor.

## Euklid und die Einsamkeit

Kaum ist Houtermans in seiner Zelle zurück, muss er diese wieder verlassen. Er wird in den unterirdischen Trakt des »Isolator« verlegt. Über die Ursachen dieser weiteren Verlegung zu spekulieren ist müßig. Hier wird Houtermans zwei Jahre in einer der nach vermoderten Kohlköpfen, feuchter Kellerluft, Leid und kaltem Rauch riechenden Einzelzellen verbringen.

Das Regime in den »Inneren Gefängnissen« ist bereits strenger als in den Massengefängnissen, der »Isolator« aber ist eine weitere Strafverschärfung. In der Grabesstille, die dort herrscht, ist der Gefangene vollkommen auf sich allein gestellt.

Unter Jeschows Schreckensregime wird den Gefangenen schließlich selbst der Blick nach draußen verwehrt. An alle Fenster kommen Sichtblenden, sodass nur noch ein schmales rechteckiges Stückchen Himmel zu sehen ist. Früher hatten noch Bäume den bepflanzten Gefängnishof umstanden, dann wurden sie gefällt, die Blumen entfernt, der Hof asphaltiert und die umgebenden Mauern höher gezogen und weiß gekalkt. Alle Spiele sind nun verboten, allen voran das Schachspiel. Die Gefängnisregeln müssen streng eingehalten werden. Zwischen elf Uhr nachts und sechs Uhr morgens darf man auf den Betten liegen. Tagsüber aber ist es nur erlaubt, auf den Betten zu sitzen, ohne sich anzulehnen. Die Wärter schleichen sich alle paar Minuten mit Filzpantoffeln an das Guckloch, um die Einhaltung der Regeln zu kontrollieren. Die Gefangenen müssen flüstern, ebenso die Wärter.

In allen Gefängnissen wird viel Entschlossenheit darauf verwandt, die Insassen nicht nur von der Welt wegzusperren, sondern sie auch völlig im Unklaren darüber zu lassen, was in der Welt vorgeht. Mit neurotischem Eifer wird darauf geachtet, dass niemand mitbekommt, wer sonst noch im Gefängnis sitzt. Führen die Wärter einen Gefangenen zum Verhör oder bringen diesen in die Zelle zurück, so machen sie sich durch das Klirren mit dem Schlüsselbund oder das Gegen-die-Tür-Schlagen bemerkbar. Seit Jeschows Regime müssen sich nun alle Gefangenen auf den Gängen mit dem Gesicht zur Wand drehen, um nicht erkannt zu werden.

Der »Isolator« bietet Alleinsein, auch ein wenig mehr an Sauberkeit und Raum, aber der Preis dafür ist höher, als ihn ein Mensch eigentlich zahlen kann. Es gibt kein Buch, kein Spiel, kein Blatt Papier, keinen Bleistift, und Jahre werden vergehen, bis der Klavierspieler Houtermans wieder den Anschlag seines geliebten Instruments vernehmen kann. Kein Brief wird ihn je erreichen. Der Hunger nach Nachrichten ist quälend. Manchmal gelingt es, aus der Toilettenschüssel die abgerissene Seite einer Zeitung zu fischen, die ein Wärter hinterlassen hat, und daraus Rückschlüsse auf die politische Lage zu ziehen. Houtermans ist auch hier wie im Umgang mit den Wärtern benachteiligt, da er nur gebrochen Russisch spricht.

Die Eintönigkeit in einer Einzelzelle ist schwer zu ertragen, und die Ungewissheit über den Urteilsspruch trägt zu einer dumpfen Schicksalsergebenheit bei. Schon morgen kann ein Urteil gefällt werden. Oder erst in zwei Jahren. Oder in drei. Und draußen, außerhalb der Zelle, dehnt sich die Welt des Gulags weiter aus – schon ist sie größer als Europa – und wartet auf Nachschub von frisch Verurteilten.

Nicht wenige sind erleichtert, wenn das Urteil sie aus der Lethargie ihres Zellenlebens herausreißt. Acht Jahre Zwangsarbeit werden gewöhnlich verhängt, an manchen Monaten können es für die gleiche Nichtigkeit auch 25 Jahre sein. Alle diese Urteile

*Das Lubjanka-Gefängnis in Moskau, um 1933; Zentralgefängnis des Geheimdienstes, in dem nach 1920 mehrere hunderttausend Menschen verhört und gefoltert wurden.*

werden mit dumpfem Gleichmut entgegengenommen, die Kraft zum Aufbegehren ist längst aufgebraucht.

Houtermans ist sich schnell klar darüber, dass es nur einen Ausweg gibt. Gefangene haben sich viel einfallen lassen, um ihre Haft zu überstehen. Manche sind in Gedanken um die halbe Welt gewandert, während sie in ihrem Zellengeviert auf und ab schreiten. Andere haben versucht, Bücher auswendig zu lernen oder sich eine ausgefallene Sprache beizubringen. Aber das kommt für den Häftling Houtermans nicht infrage. Bücher gibt es nicht, und er muss sich etwas einfallen lassen, das sich dem Zugriff und der Beobachtung des Wachpersonals entzieht. Als das Schachspielen verboten wird, gibt es dennoch etliche Gefangene, die in der Lage sind, ohne Brett und Figuren »blind« gegeneinander zu spielen. Etwas Ähnliches muss es sein. Houtermans sucht eine geistige Herausforderung, die ihm Halt gibt und seinen Geist wachhält. Er wählt ein für den Physiker »ganz neues Gebiet«:

»Seit Beginn meiner Gefangenschaft war ich unter allen Umständen entschlossen, zu arbeiten, und das einzige Gebiet, das mir möglich war, war ein Problem der Zahlentheorie. Seit Ende 1937 hatte ich bereits begonnen, darüber nachzudenken. Alles, was ich dabei wusste, war der Beweis Euklids, dass die Anzahl der Primzahlen unendlich ist.«

Der griechische Mathematiker Euklid hatte die Behauptung aufgestellt, »dass es mehr Primzahlen als jede vorgelegte Anzahl von Primzahlen gibt«. Das war vor etwa 2200 Jahren in Alexandria. Euklid lieferte auch gleich einen mathematischen Beweis für seine These.

Demnach lassen sich Zahlen wie 1, 3, 5, 7, 11, 13, 17 usw., die sich nur durch Eins oder sich selbst teilen lassen, bis in alle Ewigkeit fortsetzen. Es sind zeitlose Zahlen aus irgendeiner Welt außerhalb unserer physischen Realität. Generationen von Mathematikern konnten seither dem Reiz dieser geheimnisvollen Primzahlen nicht widerstehen. Sie verwandten ihren Scharfsinn und ihr Leben darauf, immer Neues über diese »Atome der Arithmetik« herauszufinden, aus denen alle anderen Zahlen bestehen. Sie waren lange vor uns Menschen da, und erst dank der Evolution sind wir imstande, sie zu erkennen.

## Süße Lebensretter Primzahlen

Primzahlen sind die geheimnisvollsten Zahlen, welche die Mathematik kennt, und viele sind überzeugt, dass sie auch noch unverrückbar da sein werden, wenn unsere Galaxie längst untergegangen ist.

Der größte Kenner der Primzahlen, Marcus de Sautoy, nennt ihre unvorhersehbare Abfolge den »unregelmäßigen Herzschlag im Fundament der Mathematik«, einen Rhythmus oder Trommelwirbel, der im ganzen Universum verstanden werden müsste. Manchmal berichtet eine Zeitung darüber, dass wieder eines dieser unbekannten Zahlenatome mit Millionen Stellen aufgespürt worden ist. Lange mutete diese rastlose Suche nach neuen Primzahljuwelen in den unendlichen Weiten des Zahlenuniversums wie ein Glasperlenspiel ohne greifbaren Zweck an. Das sollte sich aber mit einem Schlag ändern. Anfang der 70er-Jahre des 20. Jahrhunderts wurden Primzahlen als die Elemente für alle Grade der heutigen Verschlüsslungstechniken entdeckt. Keine Kreditkarten-Transaktion und keine bargeldlose Zahlung im Supermarkt ist seitdem ohne Primzahlen denkbar, und auch die Geheimdienste hüten ihre Lieblingszahlen.

»Ich begann dann über das Problem nachzudenken«, fährt Houtermans fort, »ob es eine unendliche Zahl des Typs $6 \times + 1$ und $4 \times + 1$ geben könnte. (Während ich für $6 \times - 1$ und $4 \times - 1$ den Euklidischen Beweis führe, wenngleich auch mit einer kleinen Abweichung.) In diesen langen Jahren habe ich Schritt für Schritt, Satz für Satz mein kleines Gebäude konstruiert, genau wie Pascal, der als Schäfer die Euklidische Geometrie erfand. Aber er hatte Sonnenlicht und frische Luft und alles Nötige zum Schreiben... Ich glaube, dass sich niemand vor mir unter solchen Bedingungen – im bolschewistischen Gefängnis – mit Mathematik beschäftigt hat.«

Stärker als fehlendes Sonnenlicht und frische Luft setzt Houtermans der Mangel an Papier und Bleistift zu. Aufzeichnungen und Notizen zu machen ist streng verboten. Schon der Besitz eines Bleistiftstummels gilt als Auflehnung gegen die Sowjetmacht. Houtermans graviert anfangs mit einem abgebrochenen Streichholz erste Schritte seiner Überlegungen auf die glatte Fläche einer Seife. Ist dies nicht möglich, werden die Zahlenreihen an einer versteckten Stelle in die Zellenwand geritzt. Falls dies entdeckt wird, folgt unweigerlich eine empfindliche Strafe.

Als Weissberg dabei ertappt wird, wie er ein Stückchen Papier aus der Rasierstube an sich bringt, um darauf eine Eingabe an das ZK zu verfassen, muss er ohne Strümpfe, nur mit einem Hemd und einer Unterhose bekleidet, fünf Tage auf dem nackten Boden des Karzers bei halber Ration verbringen. Wer auf dem feuchten Boden einschläft, wird bald dahingerafft.

Vor jedem Gang auf die Toilette müssen die winzigen Zahlen und mathematischen Zeichen, die mit dem abgebrochenen Streichholz wieder in die Zellenwand gedrückt wurden, wieder weggewischt und im Gedächtnis gehütet werden. Dieses tägliche Auslöschen der Denkarbeit erinnert an Penelope, die Gemahlin des Odysseus, die das tagsüber gestrickte Totengewand jede Nacht wieder auflösen musste, um nicht den dreisten Freiern anheimzufallen. Selbst die zwei Blatt Toilettenpapier, die ausgehändigt werden, werden bei Nichtgebrauch wieder eingesammelt.

Die Primzahlen, auf die sich Houtermans eingelassen hat, haben etwas Chaotisches, Unberechenbares an sich. Aber jeder, der sich ihnen nähern will, muss sich an gewisse mathematische Vorgaben halten, ähnlich wie ein Schachspieler, der gewisse Regeln befolgen muss, ohne den Ausgang des Spiels vorhersagen zu können. Bis heute ist noch keine Methode gefunden worden, die nächste unentdeckte Primzahl berechnen zu können. Die zuletzt entdeckte »Prim« besteht aus zehn Millionen Stellen. Niemand kann vorhersagen, wann die nächste Primzahl kommt.

## Der Mount Riemann ruft

Ein exzeptioneller Mathematiker aber, der Nachfolger von Gauß, der Göttinger Professor Bernhard Riemann (1826–1866), erkannte ein Muster hinter der komplexen Unordnung. Und mit einem Mal wandelte sich das Zahlenchaos in Ordnung und ließ eine innere Harmonie entstehen. Seine These ist unter der Bezeichnung »Riemannsche Vermutung« bekannt. Generationen von Mathematikern haben versucht, diese Vermutung zu beweisen und sind damit gescheitert. Aber im Lauf der Zeit hat man sich daran gewöhnt, sich der Riemannschen Intuition anzuvertrauen, und

kaum jemand würde sie an-
zweifeln. Heute gilt der Beweis dieser Vermutung des
Göttinger Genies als das
grundlegendste Problem der
Zahlentheorie und Primzahlen als die geheimnisvollsten
Objekte der Mathematik.
Das Land der Primzahlen
selbst ist ein unendlich weiter Kontinent mit fest zusam-
menhängenden, geografisch
definierten Regionen, die
durch zerklüftete Täler und
hoch aufragende Zahlenge-
birge gekennzeichnet sind.
Durch den Kontinent verläuft
die von Riemann vermutete
»kritische« Achse, zu der alle
Primzahlen in einer engen

*Der deutsche Mathematiker Bern-
hard Riemann (um 1860) erkannte
eine innere Ordnung unter den Primzahlen und formulierte die Riemannsche Vermutung.*

Verbindung stehen. Um genauere Aussagen darüber zu treffen,
geschweige denn einen Beweis zu dieser vermuteten Achse zu führen, muss der Reisende bestens ausgerüstet sein.

Ortskundige Führer, die jeden jahrhundertealten Weg und
jede Brücke kennen, sind bei dieser Expedition ebenso unerlässlich wie gutes Schuhwerk, denn der Neuling, der diese Regionen
betritt, versteigt sich unversehens und muss zeitraubende Um-
wege gehen. Die Reise geht zum Mount Riemann, einem glatten
Kupferberg, der in der Ferne schon lange rötlich schimmert, bevor man ihm nahe kommt. Manchmal glaubt man, den Riemann-
berg vor sich zu sehen, ja, er scheint schon zum Greifen nahe,
aber im nächsten Moment ist er den Blicken entzogen.

Mit Glück erreicht man endlich das erste Basislager, vielleicht
auch das zweite. An der steil aufragenden Wand kann der geübte

Kletterer ein paar Griffe entdecken, die Vorgänger in der Wand zurückgelassen haben, doch sie können auch in die Irre führen. Nun ist man auf sich allein gestellt, und den Weg hinauf bis an die Spitze des abweisenden Kupferbergs muss man allein bewältigen. Der Versuch, den Mount Riemann zu erklimmen, kann Jahre dauern, nicht selten ein Leben lang, und dennoch vergeblich sein. Manche haben behauptet, sie seien auf dem Gipfel gewesen; aber das stimmte nicht.

Einige verfallen den Primzahlen wie einem süßen Gift und werden süchtig. Viele hätten buchstäblich gerne ihr Leben gegeben, wenn der Berg sie in Anerkennung ihrer aufopferungsvollen Bemühungen erhört hätte. Aber sie ernteten nur Schweigen. Auch G. H. Hardy (1877–1947), der Oxforder Mathematikprofessor, der schon als Kind versucht, während des Gottesdienstes die Zahlen auf der Liedertafel in Primzahlen zu zerlegen, widmet sein Leben der Erforschung der Primzahlen. Der Entschluss, die Riemannsche Vermutung zu beweisen, beherrscht schließlich sein Leben, bis er so auf der Kippe steht, dass er einen Selbstmordversuch unternimmt. (Vor einer stürmischen Seefahrt hatte er sich eigens eine an einen Freund adressierte Postkarte mit der gelogenen Nachricht eingesteckt: »Ich habe die Riemannsche Vermutung gelöst!«, um im Falle eines Seetodes als der tragische Entdecker zu gelten, dem in letzter Minute noch die Lösung gelungen war. Andererseits war dies für ihn eine gewisse Lebensversicherung, denn insgeheim war er auch wieder davon überzeugt, dass Gott einen derartig dreisten Betrug nicht zulassen und das Schiff vor dem Untergang bewahren würde.)

# Stiller Triumph des einsamsten Mannes
## der Welt

Die Überraschungen hören nicht auf. Die Rätsel nehmen kein Ende. In einer der Zahlenregionen treten auf einmal Primzahlen-»Zwillinge« wie 11, 13 gehäuft auf, die nach ein paar 100 000 Zahlen wieder verschwinden, bevor sie auf geheimnisvolle Weise verstärkt wiederzufinden sind. Noch seltsamer ist das Auftreten der Primzahlen-»Drillinge«, die in gewissen Regionen wie Pilze aus dem Boden schießen können, aber die nächsten Millionen von Zahlen nicht mehr vorkommen.

Die Monate ziehen vorüber; bald lässt ein erstickend heißer Sommer das Blech der Sichtblende am Fenster glühend heiß werden, dann erinnern die verwelkten Blätter, die der Wind im Hof umherwirbelt, daran, dass es längst Herbst ist, und schon sind die dunklen Wintermonate da, in welchen die Feuchtigkeit in die Zelle kriecht. Houtermans ist der Welt abhandengekommen. Er ist der einsamste Mann der Welt. Seit über einem Jahr wälzt der Mann mit dem kahl rasierten Schädel Zahlenprobleme in seinem Kopf. Sein Gesicht mit den müden und stumpfen Augen ist grau geworden. Denkt noch jemand an ihn? Was hält ihn am Leben?

Und dann weht das erste Frühlingslüftchen in die Zelle. Die ersten Sonnenstrahlen malen Kringel auf dem Zellenboden. Es ist März in Kiew. Und er findet in den ersten Märztagen die ersehnte Lösung. Er kann beweisen, dass jede Form der Gleichung des Typs $x^2 + xy + y^2$ mit x und y als relativen Primzahlen keine anderen Faktoren enthalten kann als Primzahlen des Typs $6x + 1$ oder 3 und dass die Summe der Quadratzahlen dieser relativen Primzahlen nur Primzahlen des Typs $4x + 1$ oder 2 enthält. Und nachdem er diese Aufgabe gelöst hat, kann er den nächsten Schritt angehen und stößt dabei auf ein bekanntes Fermatsches Theorem. Am 6. August 1939 findet er seiner Erinnerung nach einen elementaren Beweis für Fermats berühmtes Problem für n = 3. Das ist mehr, als Houtermans erwarten konnte; er wird den 6. August nie mehr vergessen. Es müsste ein Raunen durch alle Lager gehen, aber alles bleibt stumm, und niemand erfährt von dem stillen Triumph. (Der Beweis ist der selbe, so findet Houtermans später heraus, wie der des Basler Wunderkinds, Mathematikers und Physikers Leonhard Euler [1707–1783].)

Natürlich kann Houtermans ohne Kenntnis der Mathematikgeschichte nicht abschätzen, was ihm da gelungen ist. Houtermans ist Realist, und er nimmt an, dass wahrscheinlich alles bekannt ist, was er in tausend Nächten und Tagen auf Zellenwände gekritzelt und graviert hat, um es ebenso oft wieder auszulöschen.

Aber er zweifelt nicht daran, dass ihm ganz allein ein großer Wurf gelungen ist. Was andere vielleicht schon vor ihm gewusst haben, hat nichts mit seinem Sieg zu tun. Und er sagt: »Nichts nimmt mir die subjektive Schöpferfreude, die mir immer Kraft gab. Nur dank ihr habe ich überlebt.«

## Zeugnis schöpferischer Kraft und unbeugsamer Willensstärke

Das Gefühl, den Beweis für ein mathematisches Rätsel gefunden zu haben, versetzt ihn in Rausch. Immer wieder durcheilt sein Gehirn die aneinandergereihten Schritte der Beweisführung. Nur durch die ständige Wiederholung kann er das Erdachte behalten. Wenn er alles nur einmal hinschreiben könnte! Die dauernde Anspannung erfordert eine immer stärkere Konzentration und Kraft. Er hat die Prüfung seines Lebens bestanden! Sein Selbstbehauptungswille bäumt sich auf. Ungeduldig und aufgewühlt wendet er sich mit einer Eingabe um Papier und Bleistift an den Volkskommissar der Ukraine. Um die Bedeutung seiner Bitte zu unterstreichen, ihm zwei, drei Blatt Papier auszuhändigen, gibt er vor, eine Idee über eine Methode in der Radioaktivität ausarbeiten zu wollen, die von großer wirtschaftlicher Bedeutung sei. Houtermans kämpft darum, dass er die Früchte seiner Gedankenarbeit wenigstens seinen Kindern Giovanna und Jan als Vermächtnis hinterlassen kann. Darüber hinaus sollen diese Aufzeichnungen allen Menschen als Zeugnis für schöpferische Produktivität und Willensstärke unter schwierigsten Bedingungen dienen.

Die Petition bleibt ohne Antwort.

Houtermans tritt daraufhin in den Hungerstreik. Das ist neben der Drohung, sich das Leben zu nehmen, die schärfste und letzte Waffe, die ein Gefangener besitzt; aber sie ist für ihn lebensbedrohlich. Houtermans' Leben hängt längst an einem dünnen Faden. Die tägliche Essensration besteht aus 500 bis 600 Gramm von grobem Schwarzbrot, das oft feucht ist, und 20 Gramm Zucker; dazu gibt es täglich zweimal eine Gemüsesuppe ohne Fleisch und Nährwert. In manchen Gefängnissen gibt es noch einen Löffel Grütze, meist aus Gerste, und heißes Wasser, den sogenannten »Ersatztee«.

Schon nach einigen Monaten Haft hat Houtermans 22 kg Gewicht verloren, und das Ende ist absehbar. Houtermans kann vor allem ein Privileg nicht wahrnehmen, das jedem Gefangenen zugestanden wird. Einmal im Monat dürfen Häftlinge an einem bestimmten Tag für 20 Rubel im Gefängnisladen einkaufen. Dort gibt es so lebenswichtige Dinge zu kaufen wie Speck, Zwieback, Dörrobst, Butter, besseres Brot, Zucker und auch Tabak. Bei seiner Verhaftung hatte er noch 100 Rubel in der Tasche, aber die sind längst ausgegeben. Keiner der Geldbriefe von Charlotte wird ihn je erreichen, und von seinem Charkower Bankkonto, auf dem 10 000 Rubel liegen, kann er aus unerfindlichen Gründen nichts abheben.

Nun nimmt er schon acht Tage keine feste Nahrung mehr zu sich, nur Wasser. Er ist am Rande des körperlichen Zusammenbruchs, als er einen Stift und einige Blätter erhält. Die Sinneswahrnehmungen und Empfindungen eines Häftlings in der Einzelzelle verstärken sich nach einiger Zeit wie in einem Vergrößerungsglas. Jeder Schritt, das näher kommende Rasseln des

Schlüsselbunds, die schwachen Klopfzeichen in der Wand, ein hereinwehender Satzfetzen, das Knarzen beim Aufschieben der metallumschlossenen Holzklappe – alles wird gierig aufgesogen und verhundertfacht. Ein neuer Zellenbewohner kann in diesem Zustand unvorhersehbare Erschütterungen auslösen.

Über die Anfechtungen, denen Houtermans in den zehntausend Stunden ausgesetzt ist, die er allein in seiner Zelle verbrachte, gibt er wenig preis. Als er Papier und Stift ertrotzt hat, wird zu ihm kurz darauf ein Gefangener in die Zelle gelegt: Professor Melamat, der an der Universität Odessa Philosophie unterrichtet. Das sind gute, hilfreiche Neuigkeiten, und Houtermans, der das Papier behalten darf, kann »weitere Fortschritte in der Zahlentheorie machen«.

## Rettung aus der Todeszone

Aber es war nur eine Zwischenetappe. Bald muss Melamat »mit den Sachen« die Zelle verlassen, und Houtermans werden die vollgekritzelten Seiten wieder abgenommen. Wie leer und öde es in der dunkeln Zelle geworden ist! Die Zeit scheint nur zögernd dahinzufließen und sich mit wachsender Zähigkeit aufzustauen und alles zum Stillstand zu bringen. Sein Lebensmut ist fast erloschen. In den folgenden Wochen treibt er auf eine gefährliche Zone zu, die ihn dem Tod näher als dem Leben bringen wird. Zum Skelett abgemagert, fällt er in einen Dämmerschlaf. Die Kraft, sich an das Leben zu klammern, hat ihn verlassen. Die Resignation eines Verurteilten hat ihn erfasst. Er ist so leicht geworden, als wäre er schon für ein anderes Leben bestimmt. Ein Windstoß könnte ihn wegpusten, und es würde nur noch eine Hülle auf dem Bett zurückbleiben. Houtermans ist in eine Art Todesstarre gefallen, wie ein Kaltblüter, der den Winter überstehen will. Vielleicht träumt er noch in einem Delirium von den Ausflügen zu den blauen und violetten Sommerwiesen in Wien, den Obstgärten mit den Zwetschgen- und Apfelbäumen, die er als Kind so oft mit seiner Mutter durchwandert hatte, und vielleicht hört der musiksüchtige Klavierspieler dazu den überirdischen Klang der Kuhglocken aus der Dritten Sinfonie Mahlers. Sein Gesicht ist zu bleigrauem Ton erstarrt. Vom Tod trennt ihn nur noch eine hauchdünne Linie, feiner als ein Haar, als die Zellentür aufgeht und ein Mann hereintritt, der sein Leben retten wird. Dieser beschreibt diese seltsame Begegnung:

»Die Zelle des Sowjetgefängnisses, die ich betrat, enthielt nur ein einziges Möbelstück: ein Stockbett. Ich war entsetzt. Auf dem oberen Bett schien ein lebloser Körper zu liegen. Das Gesicht des Mannes war aschfahl und die Haut so dünn, dass jeder Knochen darunter zu sehen war. Ich schrak zurück. War es denn möglich, dass sie in ihrem menschenverachtenden Spott so grausam sein konnten, Tote und Lebende zusammenzulegen? Das war der erste Gedanke, der mir kam, nachdem ich dieses Gesicht gesehen hatte. Nach einer Weile öffnete er seine Augen. Er starrte mich mit einem so erwartungsvollen Blick an, als ob ich ihm alle Nachrichten bringen würde, die er verzweifelt brauchte.

›Bist du neu?‹, fragte er. ›Ich erkenne das an der Art, wie du gehst und herumblickst‹, sagte er dann in gebrochenem Russisch. Er richtete sich auf und hielt mir seine schmale Hand entgegen: ›Ich heiße Fritz Houtermans… bin Deutscher… Physiker… ehemaliges Mitglied der Sozialistischen Partei… früherer Emigrant aus dem faschistischen Deutschland… ehemaliger Direktor des Wissenschaftsinstituts in Charkow… früher einmal ein menschliches Wesen – und wer bist du?‹

Ich hatte erst einige Wochen im Gefängnis verbracht und noch nicht vergessen, wie man lächelt. Ich schüttelte seine Hand und stellte mich ordentlich vor:

›Professor Konstantin Feodossowitsch Schteppa, Professor für Geschichte an der Universität Kiew.‹

›Ich freue mich, Sie zu treffen‹, erwiderte Houtermans, ›ich glaube, dass wir viel gemeinsam haben. Rauchen Sie?‹

*Konstantin Schteppa, Professor für Geschichte in Kiew, der Houtermans im Gefängnis vor dem Tod bewahrt.*

›Nein, leider nicht ...‹

›Wie schade. Würden Sie rauchen, hätte ich die Hoffnung, manchmal Ihre Kippen rauchen zu können. Sie müssen wissen, dass ich überhaupt kein Geld von außen bekomme. Meine Frau ist im Ausland. Ich habe mehrmals einen Hungerstreik gemacht, aber sie kümmerten sich nicht darum, und ich gab auf. Hier können Sie die einzigen Ergebnisse sehen‹, sagte er und zeigte auf seine abgemagerten Beine und Arme. ›Ich habe auch versucht, Essen gegen Zigaretten zu tauschen‹, sagte er bekümmert. Ich antwortete:

›Meine Frau darf jeden Monat Geld schicken. Wie lange noch, weiß ich nicht, aber solange ich Geld habe, werden wir teilen.‹

›Sie sind verrückt! Niemand macht das hier so. Jeder kümmert sich nur um eines: zu überleben! Und von dem, was wir bekommen, kann man nicht überleben ... Vergiss das! Erzählen Sie mir aber alles, was Sie wissen. Warum wurden Sie verhaftet? Was gibt es Neues im Westen?‹«

## Ausgeburten der Paranoia

Der »Neue«, der das Lächeln noch nicht verlernt hat und sich dem zum Skelett abgemagerten Zellengenossen wie bei einem Antrittsbesuch vorstellt, ist bekannt und angesehen, etliche seiner Bücher wurden ausgezeichnet. Unglücklicherweise brachten ihn einige Adjektive zu Fall, mit denen er die französische Nationalheldin Jeanne d'Arc charakterisierte.

In einer Vorlesung über den »Hundertjährigen Krieg« zwischen Frankreich und England hatte er Jeanne d'Arc (1412–1431) als »neurotisch« und »überspannt« bezeichnet. Das war unvorsichtig, denn der Generalsekretär der Komintern, Dimitrov, hatte auf dem letzten Kongress der französischen Kommunisten den »Faschisten« das Recht abgesprochen, Jeanne d'Arc als Galionsfigur für ihre reaktionäre Philosophie in Anspruch zu nehmen. Stattdessen soll sie nun als gute Patriotin firmieren, die sich im Kampf ihres Volkes gegen einen fremden Unterdrücker hervorgetan hatte. Sie als »neurotisch« und »überspannt« zu bezeichnen wäre dagegen ihrer Bedeutung als Heldin und Repräsentantin der kämpfenden Massen abträglich. Außerdem sei die Sprachregelung Dimitrovs, eines der führenden Parteikader, missachtet worden. Auf Wandzeitungen der Universität wurde Schteppa bereits als »bürgerlicher Wissenschaftler« entlarvt, der sich in Fragen nationaler Bewegungen von der offiziellen Parteilinie abgewandt hatte. (1935, zwei Jahre zuvor, durfte Jeanne d'Arc noch überhaupt nicht erwähnt werden, da wollte man von historischen Gestalten überhaupt nichts wissen, nur der Klassenkampf zählte als Motor der Geschichte.)

Als Schteppa auch noch als »Trotzkist« enttarnt wurde, forderte man bereits seine Entfernung von der Universität. In einer Studie über antike und christliche Dämonenvorstellungen hatte er die nicht gerade umwerfende Erkenntnis zum Ausdruck gebracht, dass die ländliche Bevölkerung immer der historischen Entwicklung der herrschenden Klasse hinterherhinke. Und wer hatte sich ebenfalls über die Rückständigkeit der ländlichen Bevölkerung geäußert? Leo Trotzki! Schteppa war also auch ein Trotzkist! Das war zu viel. Der Entlassung folgte bald die Anklage wegen »bürgerlicher Tendenzen«, »Idealismus« und »Anti-Marxismus«. Die Vergehen wogen so schwer, dass die ursprünglichen »Verfehlungen« in seinen Schriften inzwischen zu »Verbrechen« wurden. Schteppa rechnete mit einer Verurteilung zu dreijähriger Haft.

Schteppa schildert nach dem Krieg in einem Buch, dass ihm erst die Verhaftung einen völlig neuen Zweig der Erkenntnis eröffnete. Gleichzeitig war die Gefangenschaft eine Schule, die ihn erst die wahre Natur des Bolschewismus und das System der Einschüchterung und Manipulation der Massen erkennen ließ. Anfangs ahnt er allerdings nicht, mit welchen Methoden ihm noch die bizarrsten Geständnisse abgepresst werden – es wird nicht lange dauern, und er wird auch als japanischer Spion angeklagt. Aber, schreibt er, »die Idee, meine Unschuld richtigzustellen oder meine Schuld in Frage zu stellen, kam mir nie in den Sinn. Jedem Schädel eines Sowjetbürgers war eingebläut worden, dass die Bestreitung seiner Schuld einen Schatten auf die Unfehlbarkeit des NKWD werfe und die Sache nur verschlimmern könne. Der NKWD wisse nämlich, was er tut. Wird jemand verhaftet, so müssen bedeutende politische Gründe dafür vorliegen, die niemand in Frage stellen könne.«

Gebildete mitteleuropäische Intellektuelle wie Weissberg und Houtermans glauben weniger an die Allwissenheit des NKWD. Sie haben andere Verständnisprobleme. In der westlichen Welt sind wir es gewöhnt, dass jeder Verhaftung, Anklage und Verurteilung eine Straftat, zumindest aber ein begründeter Verdacht vorangeht. Gegen die Vorstellung, dass in der SU überhaupt keine Verbindung zwischen Verhaftungen und irgendwelchen Straftaten besteht, rebelliert unser Rechtsempfinden, und der Verstand sucht vergeblich nach einer Erklärung. Besonders als zu Beginn dieser »Reinigung« Anfang 1937 eine massenhafte Verhaftungswelle einsetzt, der schließlich auch Fritz Houtermans, neben einer Reihe weiterer Kollegen aus dem Institut, zum Opfer fällt, suchen die Wissenschaftler verzweifelt nach einer Erklärung des Verhängnisses, das sie immer weiter in den Mahlstrom der sowjetischen Gefängnismühlen hineinzieht. Sie sind im besten Sinne des Wortes unschuldig, und die Frage, weshalb ausgerechnet sie geprügelt worden sind und ohne Urteil jahrelang in Verliesen und im sauren Schweißgeruch stickiger Gemeinschaftszellen dahinvegetieren müssen, können sie nicht beantworten. Sie alle sind Opfer der psychopathischen Direktiven Stalins und einer willkürlichen Art von Gerichtsbarkeit. Anwälte sind unbekannt, stattdessen agieren nur unausgebildete, in der späteren Phase sehr junge Fabrikarbeiter als sogenannte Untersuchungsrichter, die bei den nächtlichen Verhören Phrasen wie »Staatsterror«, »Spionage«, »Anti-Sowjetismus« usw. wie Keulenschläge auf die ausgehungerten und vom Schlafentzug geschwächten Opfer niedersausen lassen.

Houtermans findet für die Willkür der Verhaftungen einen Vergleich aus der modernen Physik. Demnach sei das Schicksal eines beliebigen Atoms in einer vorgegebenen Anordnung von Umständen unvorhersehbar, nicht bestimmbar. (Alles was man dazu sagen könne, sei, dass es unter diesen und jenen Umständen einen Wahrscheinlichkeitsgrad gebe, wonach eine mathematische Aussage darüber gemacht werden kann, dass dies und das passieren werde.) Der gesuchte Vergleich hinkt. Die europäischen Professoren sind der primitiven und brachialen Logik der »Großen Reinigung« nicht gewachsen. Sie denken noch in längst sinnlos gewordenen Kategorien von Wahrheit und Lüge und verstehen nicht, dass es nicht um individuelle Schuld geht, sondern um die »objektiven Gegebenheiten«. Diese Gegebenheiten sind Ausgeburten der um sich greifenden Paranoia Stalins, der alles auslöschen will, was an die Zeit vor ihm erinnert oder was ihn irgendwie gefährlich dünkt.

Eine Reihe von Kategorien für zu verhaftende Personen ist aufgestellt worden, dazu zählen auch alle alten Bolschewiki, alle roten Partisanen sowie alle früheren Oppositionellen. Auch ganze Bevölkerungsgruppen sollten laut den Direktiven Stalins eliminiert werden. Die Liste dieser Kategorien ist endlos – bei der Kategorie 5 beispielsweise besteht die »objektive Charakteristik« darin, dass die Betroffenen eine Verbindung mit dem Ausland haben oder hatten. Aufgeführt werden »Leute, die das Ausland und die Vorkriegszeit kennen, die Verwandte und Freunde im Ausland haben und mit ihnen korrespondieren«.

Jeder, der unter diese Kategorie fällt, wird der Spionage für das Ausland angeklagt, gewöhnlich für Deutschland oder aber Japan, seltener für einen der angrenzenden Staaten. Der paranoide Verfolgungswahn von allem »Ausländischen« breitet sich aus wie ein Buschfeuer und führt dazu, dass selbst »Briefmarkensammler und Esperantisten« auf die Vernichtungsliste kommen. Selbst deutschstämmige Familien, die seit Generationen in Russland leben, aber einen deutschen Namen tragen, werden wegen Spionage verhaftet.

Viele wälzen in der Zelle die Frage nach ihrer Schuld wie einen Stein hin und her, bis ihre Kraft erlahmt und sie aufhören, darüber nachzudenken.

7 bis 14 Millionen Menschen wurden schätzungsweise in den Jahren 1937 bis 1939 eingesperrt. Ihre mitleidenden Familienangehörigen richten Bittgesuche an Stalin in der Hoffnung, damit etwas zum Besseren wenden zu können. Zehntausende von Postsäcken stapeln sich währenddessen in den Postämtern Moskaus. Stalin aber hat Wichtigeres zu tun, als sich diese Hilfeschreie anzuhören. Er kommt ja kaum dazu, die wöchentlichen Listen der zum Tod Verurteilten durchzusehen, deren Liquidierung er genehmigen soll. Allein in Moskau und Leningrad werden in anderthalb Jahren 900 000 Menschen exekutiert. Nur selten hat er die Muße, seinen Blick über diese endlosen Listen schweifen zu lassen.

# Obreimov und die Vernichtung
## eines Menschen

Im September durchdringt eine unglaubliche Nachricht alle Zellenmauern. Ein Gefangener in Kholodnaja Gora hat einen Fetzen einer Zeitung aus der Toilette gefischt und den bruchstückhaften Hinweis auf den Hitler-Stalin-Pakt entziffert. Eine Ungeheuerlichkeit, die alle in Aufregung versetzt. Diese Nachricht hatte bald Folgen. Weissberg, der alte Freund und Kollege Houtermans', wird nun in das Innere Gefängnis verlegt. Weissberg vermutet, dass sich auch sein Freund, den er seit drei Jahren nicht mehr zu Gesicht bekommen hat, auf demselben Stockwerk befinden könnte, und er schreibt mit Kreide auf einer verdeckten Stelle Houtermans' Spitznamen FISEL auf die Wand der Gemeinschaftstoilette. Das ist nachlässig, ja gefährlich. Weissberg hat in dem Augenblick nicht bedacht, dass er sich nun im Inneren Gefängnis befindet, wo alles unerbittlich kontrolliert wird.

Es dauert nicht lange, und ein Wärter stürzt in die Zelle. Er droht mit zwei Tagen Brotentzug, falls der Täter nicht genannt wird. Weissberg wird verraten und ist darüber erschüttert. So ein Verrat wäre in den Zellen von Kholodnaja Gora unvorstellbar gewesen. Er wird sogleich zum Kommandanten geführt, der ihn anherrscht und wissen will, wer sich hinter diesem Namen verbirgt. Er droht Weissberg zehn Tage Karzer im Rattenloch an, falls er den

*Alexander Weissberg, Jugendfreund Houtermans', nach seiner Verhaftung in Charkow am 1. März 1937.*

Namen nicht preisgibt. Weissberg dagegen behauptet, aufgrund der langen Haft abergläubisch geworden zu sein. Diese fünf Buchstaben seien Glücksbuchstaben, die er überall hinschreibe, um sich zu schützen. Der Kommandant, der inzwischen alle Gefangenenlisten durchgesehen hat und niemanden namens Fisel finden konnte, beginnt allmählich Weissberg zu glauben, nicht ohne diesen schließlich wegen seines Aberglaubens zu beschimpfen.»Und so etwas will mal ein richtiger Wissenschaftler gewesen sein!« Auf einmal kocht alles wieder auf. Beide werden wieder mit den alten, mittlerweile auf Hunderte von Seiten angeschwollenen Verhörunterlagen konfrontiert. Es kommt zu einem Kreuzverhör mit Obreimov, dessen Anblick auf erschütternde Weise zeigt, was Haft, Schläge, Erniedrigung und Verlassenheit mit einem Unschuldigen angerichtet haben.

Als Weissberg eines Tages in das Zimmer des Untersuchungsrichters Kasein geführt wird, sieht er dort in der Ecke ein graues, zusammengekauertes Männlein sitzen, das tonlos seine Lippen bewegt und zu Boden starrt. Beim Anblick der behaarten Hände mit den knotigen Fingern glaubt er diese schon einmal gesehen zu haben. Da hört er, wie der Untersuchungsrichter diesem befiehlt, vor Weissberg seine Aussage zu wiederholen. Als der zahnlose Alte den Mund öffnet, erkennt ihn Weissberg mit einem Mal. Es ist niemand anderes als Obreimov, der ehemalige Institutsdirektor, ein Professor, korrespondierendes Mitglied der Akademie der Wissenschaften. Weissberg war mit ihm befreundet gewesen, er war sein erster Direktor gewesen, ein Mensch von zweifellos großer Intelligenz und umfassender Bildung, ein origineller, wenn auch etwas verschrobener Kopf, mit dem er jeden Abend die laufenden Institutsprobleme besprochen hatte.»Das war einmal ein Mensch gewesen mit eigenem Willen und eigener Persönlichkeit!«, bricht es aus ihm heraus und:»Was war aus ihn geworden? Eine Wachsfigur, die reden konnte!« Weissberg kann gar nicht hinhören, so erschüttern ihn der Anblick und der zahnlose Mund mit den Bewegungen eines Sterbenden. Weissberg bittet darum, ihm noch einmal das Geständnis, diesen Wust sinnloser Aussagen, vorzulesen.

Houtermans hatte Ende 1930 oder Anfang 1931 Weissberg kurz vor seiner Reise in die Sowjetunion mit Obreimov in Berlin zusammengebracht. Bei einem Treffen im Wartesaal des Anhalter Bahnhofs hatte Obreimov Weissberg als technischen Physiker eingeladen, in sein Institut nach Charkow zu kommen. Gemäß dem Geständnis Obreimovs habe diese Begegnung allerdings einen anderen Zweck gehabt: Er selbst sei Mitglied der deutschen Geheimpolizei gewesen, wie auch Houtermans und Weissberg, und sie hätten damals beratschlagt, wie sie am unauffälligsten in die SU einreisen könnten, um dort ihre antisowjetische Arbeit zu verstärken. Als ihn Weissberg auf Deutsch anschreit, seine verrückten Aussagen zu widerrufen, es würde nicht mehr geschlagen, schlägt der Untersuchungsrichter, der selbst kein Deutsch versteht, Weissberg mehrmals ins Gesicht. Die Wende wird noch etwas auf sich warten lassen.

Als bald darauf Houtermans zum Kreuzverhör mit Obreimov gerufen wird, ist er zu schwach, um sich zur Wehr zu setzen. »Ich bestätigte alle seine Aussagen«, schreibt er später, »da mein Gesundheitszustand so schwach war, dass ich nicht in der Lage gewesen wäre, die mir angedrohten Torturen zu ertragen.« (Obreimov, der Experte für Kristallographie, den die Haft zu einem menschlichen Wrack machte, kommt dennoch besser weg als sein Nachfolger: Er bleibt zehn Jahre in Haft, sein Institutsnachfolger wird 1936 verhaftet und wenige Monate später erschossen.)

## Ein heißes Bad und die Hoffnung auf Freiheit

Am 30. September 1939 wird Weissberg schließlich in einem der geschlossenen Transportwagen für Gefangene, die zur Tarnung gerne Beschriftungen wie »Fleisch« oder »Brot« tragen, zum

Bahnhof gefahren. Mit dem Zug ging es weiter nach Moskau. Von dort aus direkt in die Butyrka, das NKWD-Gefängnis. Die Butyrka, eine Festung aus der Zeit Peters des Großen, war damals das Mustergefängnis der UdSSR, das in Eleganz und Einrichtung mit den besten Hotels Moskaus wetteiferte. Die Empfangshalle ist beeindruckend. Allerdings stehen dort links und rechts Dutzende von Telefonzellen aus Beton, die zur vorübergehenden Aufbewahrung von Gefangenen dienen. Ein Stehempfang der besonderen Art.

Als Weissberg nach Stunden in der Betonzelle hört, wie die Nachbarzelle geöffnet wird, um die Personalien eines dortigen Gefangenen aufzunehmen, lehnt er sein Ohr an die Wand und hört den Aufseher fragen: »Ihr Name, Bürger?«, und er zuckt zusammen, als er vernimmt: »Fritz Houtermans.« Als Weissberg selbst an die Reihe kommt, hebt er seine Stimme und brüllt geradezu seinen Namen heraus, um Fisel auf sich aufmerksam zu machen. Er erhält keine Reaktion, stattdessen verwarnt ihn der Aufseher. Nur Flüstern sei erlaubt. Auch alle weiteren Kontaktversuche – einmal sind sie sogar Zellennachbarn – scheitern. Später erklärt Houtermans, dass er durch seine lange Zeit in der Isolationshaft nicht ansprechbar gewesen sei. Noch in der Dusche, wird er zum Verhör geholt. Er wird in einen luxuriös ausgestatteten Raum gebracht, in dem ein Mann in der Uniform eines NKWD-Generals sitzt, neben dem ein sehr intelligent wirkender Mann in Zivil den Vorsitz führt. Dieser bittet ihn mit leiser Stimme, sich zu setzen, und fragt ihn, wessen er sich schuldig fühle. »Wollen Sie hören, welche Geständnisse ich unterzeichnet habe, oder wollen Sie die Fakten?«

»Natürlich Fakten!«

Houtermans berichtet ihm daraufhin, dass die einzige Sache, derer er sich schuldig fühlt, der Diebstahl von einem Paar Unterhosen ist. Vor einem Jahr habe er dazu im Gefängnis von Charkow die Gefängnisstempel durch Kalziumchlorid auf der Toilette entfernt. Mehr gebe es nicht zu beichten. Da blitzt schon wieder

der Houtermanssche Sarkasmus auf. Kann man die Schläge in der Brachlowka und die in nächtlichen Verhören erpressten Selbstbezichtigungen und Geständnisse noch mehr ins Lächerliche ziehen?

Der Vorsitzende nimmt das beherrscht und ruhig auf. Er will nur wissen, wer mit welchen Foltermethoden gearbeitet hat, um den Vorwürfen nachzugehen. Der Staatsfeind wird wieder in seine »gute« Zelle geführt und allein gelassen.

Während Houtermans verhört wird, darf sich Weissberg den Wonnen eines Bades hingeben. »Es war herrlich«, schreibt er, »ich leitete Ströme heißen Wassers über meinen Körper, seifte mich ein und rieb meine Haut wie eine Wäscherin. Nachher erhielt ich frische Wäsche.«

Zurück in der Zelle, überkommt ihn ein ungeahntes Wohlgefühl. Er sieht sich bereits bestens angezogen im Café National an der Ecke der Twarskaja sitzen, guten Bohnenkaffee trinken und Torte essen. In Gedanken flaniert er in Leningrad umher, und vor seinen Augen tauchen die Eremitage und die ganze Schönheit dieser kaiserlichen Stadt auf. Irgendwann würde er ins Ausland gehen und frei sein, ganz frei …

Plötzlich steht den Volks- und Staatsfeinden alles zur Verfügung, was sie so lange entbehren mussten. Der Direktor erkundigt sich nach ihrem Befinden, Beschwerden können selbstverständlich schriftlich vorgebracht werden. Dafür steht einmal in der Woche ein eigener Raum mit Schreibutensilien zur Verfügung.

Zwanghaft wird auf größte Sauberkeit geachtet, selbst eine schlecht gebohnerte Stelle in der Zelle wird nicht geduldet. Wenn man sich die Hände schon so schmutzig macht, sollen wenigstens die Böden glänzen. Eine der größten Überraschungen, welche die Butyrka bereithält, ist die unerschöpfliche Gefängnisbibliothek. Einen Katalog gibt es nicht. Nach den Worten des Bibliotheksdirektors erübrigt sich dieser, da jedes Buch vorhanden sei. Weissberg macht als Erster die Probe darauf und bestellt fünf Bücher.

Schon am nächsten Tag werden diese in die Zelle gebracht. In der nächsten Woche wiederholt sich dieses Spiel. Weissberg will es nun genau wissen und bestellt immer ausgefallenere Bücher über schwedische Mystiker, die Entzifferung der Keilschrift, Deszendenztheorie usw. Er wird nie enttäuscht.

Houtermans bekommt nicht nur genug zu essen, sondern auch täglich eine Schachtel Zigaretten, und Papier und Schreibzeug werden ihm in die Zelle gebracht. Die mit Formeln und Beweisen in winziger Schrift übersäten Seiten, die er nach dem Hungerstreik in Kiew niedergeschrieben hatte, sind irgendwo auf der Strecke geblieben. Er bekommt sie nicht zurück. Aber nun hat er die Möglichkeit, ungestört in seiner Zelle zu versuchen, die Beweisführung zu rekonstruieren. Und er macht sich mit der Beharrlichkeit einer Spinne ans Werk, die ihr zerstörtes Netz wieder neu spinnt. Und er beginnt, sich mit weiteren Fragen der Zahlentheorie zu beschäftigen. Später wird er erfahren, dass es sich bei seinen Untersuchungen um »Pells Problem« handelt.

Bis zum 1. Dezember bleibt er unbehelligt. Dann wird er von einem Beamten erneut befragt und beantwortet dessen Fragen nach bestem Wissen, wie er schreibt. Als er darum bittet, seiner Frau, die er noch in England wähnt, ein Telegramm schicken zu dürfen, wird er darauf hingewiesen, dass er in Kürze ohnehin ausreisen dürfe.

Houtermans bittet inständig drum, nicht nach Deutschland ausgewiesen zu werden. Der Beamte notiert das.

Eine Woche später erhält Houtermans neue Kleider und wird in eine der großen Zellen des Butyrka-Gefängnisses gebracht, in denen seine Gefangenschaft begonnen hatte. Diesmal herrscht keine Überfüllung. Überraschend ist aber, dass alle Insassen Deutsche sind, darunter viele Facharbeiter, Ingenieure und Spezialisten. Manche sind direkt aus Lagern in Sibirien oder dem fernen Norden gekommen. Nicht wenige frühere Kommunisten sind versammelt. Darunter Hugo Eberlein, der Freund Lenins

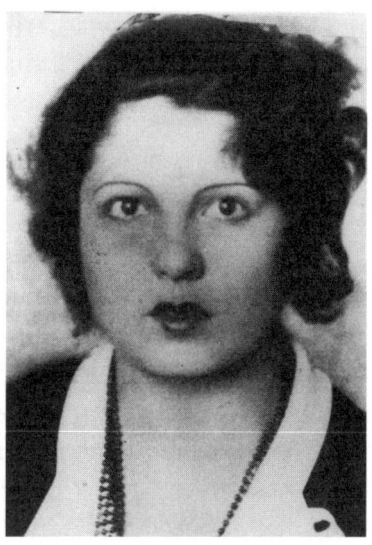

*Zenzl Mühsam, Witwe des Lyrikers Erich Mühsam, floh vor den Nazis nach Moskau und wurde dort 1936 verhaftet.*

*Carola Neher, Witwe von Klabund, Schauspielerin, die 1936 in Moskau verhaftet wurde und in einem russischen Lager zugrunde ging.*

und Liebknechts und langjährige Vorsitzende der kommunistischen Fraktion im preußischen Landtag. Er ist schwer geschlagen worden, wie die meisten der Anwesenden. Die Tage vor dem Abtransport nach Deutschland erlebt Weissberg wie im Märchen. Im Keller der Butyrka gibt es eine große Badeanlage. »Es waren phantastische Räume, Katakomben in Marmor, ganze Säulenhallen befanden sich unter der Erde mit einer Fülle von Quellen für heißes Wasser. Wir schwelgten und rieben einander die Haut, bis sie schimmerte.« Dann folgt die Rasur.

Auch deutsche Frauen, die abgeschoben werden sollen, treffen in der Butyrka ein. Sie sind von den männlichen Gefangenen isoliert, aber Weissberg erkennt einzelne an ihren Stimmen, darunter Zenzl, die Frau von Erich Mühsam, und Carola Neher, die Witwe von Klabund. Jahrelang hatten die Gefangenen keine Frauen gesehen oder gehört. Als aus dem abgeschlossenen Coupé des Gefangenentransports helle Frauenstimmen herüberdringen, rührt das alle sehr an. Es sind Frauen, die ihre Muttersprache sprechen und das gleiche Schicksal wie sie erlitten haben.

## 1940: Gefährliche Rückkehr nach Berlin

Am 1. März 1940 wird Houtermans aufgerufen und aufgefordert, ein Schriftstück zu unterzeichnen, worin er zustimmt, über alles zu schweigen, was er in russischen Gefängnissen gesehen hat. Außerdem erkläre er seine Bereitschaft, im Ausland für die UdSSR zu arbeiten. Wie viele andere stimmt er pro forma zu, um seine Ausreise nicht zu gefährden. Er unterschreibt unter der Bedingung, dass er nicht nach Deutschland ausgewiesen werden wird. Das wird ihm zugesagt.

Ende April werden alle Gefangenen zum Appell versammelt, und jedem Einzelnen wird das Urteil verlesen, wonach er durch ein Sondergericht des NKWD zum Verlassen der UdSSR verurteilt worden sei. Danach werden alle in ein Gefängnis nach Brest-Litowsk transportiert. Dort verbindet die Brücke über den Bug zwei totalitäre Systeme, deren Geheimdienste nicht erst seit dem Hitler-Stalin-Pakt zusammenarbeiten.

Die Versprechungen, ihn nicht an Deutschland auszuliefern, werden nicht eingehalten. Zum letzten Mal werden seine Hoffnungen getrogen, dass es wenigstens einen Rest an Solidarität zwischen Kommunisten geben könnte. Houtermans wird den Offizieren der Gestapo überstellt.

Am 25. Mai trifft der Schicksalszug mit den geschlagenen, verratenen und ausgewiesenen Deutschen in Berlin ein. Es sind etwa siebzig, die im Bahnhof Friedrichstraße aussteigen. Heimatlose in zwei Ländern!

Einige kommen von dort aus in ein »Nazi-Rückwandererheim« und werden nach einigen Tagen freigelassen. Houtermans wird dagegen, wie andere auch, in das Polizeigefängnis am Alexanderplatz überstellt. Zu seiner Überraschung trifft er dort in seiner Zelle erstmals auf Läuse. Eine Woche später kommt er in ein kleines Gestapogefängnis an der Prinz-Albrecht-Straße und wird dort über seine Gründe, in die Sowjetunion zu gehen, seine Erfahrungen und seine kommunistischen Freunde in Deutschland vor 1933 befragt.

Durch die Bekanntschaft mit anderen Gefangenen gelingt es ihm, Freunde zu benachrichtigen, dass er sich in Berlin befindet. Ein Gefangener, dessen Entlassung bevorsteht, verspricht ihm, einen Robert Rompe ausfindig zu machen, diesen anzurufen und ihm die Worte »Fisel ist wieder da« auszurichten. Rompe, später Vorsitzender der Physikalischen Gesellschaft der DDR, ZK-Mitglied und graue Eminenz der DDR-Wissenschaft, alarmiert daraufhin sofort Max von Laue, der sich zu Houtermans ins Gefängnis aufmacht und ihn mit Geld versorgt. Er setzt alles daran, um seine Freilassung zu beschleunigen. Am 1. Juli wird Houtermans endlich entlassen. Die Reise endet dort, wo sie als Flucht begonnen hatte. Als wäre nichts geschehen, zieht er wieder in seine seit sechs Jahren verwaiste Wohnung in der Orleansstraße ein. Unter seinen Habseligkeiten befindet sich auch der Papierstoß, dessen viele eng beschriebenen Seiten seine spezielle Primzahlenformel beweisen.

Es ist nicht nur ein Vermächtnis für seine Kinder, sondern auch ein Dokument, das uns lehrt, den Menschen mehr zu bewundern als zu verachten.

## Nachspiel

**Fritz Houtermans**
*Durch die Vermittlung von Max von Laue wird Fritz Houtermans nach der Entlassung als Wissenschaftler im privaten Forschungsinstitut von Manfred von Ardenne angestellt. Dort macht er die sensationelle Entdeckung, dass sich Plutonium als Atomsprengstoff*

*eignet. 1943 lässt er sich überraschenderweise scheiden, ohne seine*
*in Amerika lebende Frau Charlotte und ihre beiden Kinder seit der*
*jähen Trennung in Moskau wiedergesehen zu haben. In dritter Ehe*
*wird er sie nach 22 Jahren Trennung wieder heiraten. 1953 baut er*
*als Professor an der ETH Bern ein geophysikalisches Institut auf,*
*das bald einen inernationalen Ruf genießt.*

### Alexander Weissberg

*Weissberg wird von den Deutschen in das Ghetto nach Warschau*
*überstellt. Dort gelingt ihm mit großer Raffinesse und der Hilfe*
*des Untergrunds die Flucht. Eine Frau hilft ihm weiter. Es handelt*
*sich um die Witwe des Grafen Cybulski, dessen Kleidung, Pass und*
*Identität Weissberg annimmt. Unter diesem Namen wird Weissberg*
*zu einem großen Holzhändler in den von den Deutschen besetz-*
*ten Gebieten und verdient damit ein Vermögen. Er verspielt einen*
*Millionenbetrag nach 1945 im Casino von Monte Carlo, zieht nach*
*Paris und plant eine gigantische Eisenbahnlinie durch Südamerika.*
*Im letzten Moment scheitert dieses Projekt. Seine Bücher über das*
*Sowjetregime haben großen Einfluss.*

### Konstantin Schteppa

*Prof. Schteppa, der lebensrettende Zellengenosse Houtermans' nach*
*langer Einzelhaft, wird nach der Eroberung Charkows durch die*
*Deutschen als Rektor der dortigen Universität eingesetzt. Er flieht*
*vor den Russen nach Göttingen, wo er auf der Straße auf Houter-*
*mans trifft, der ihm hilft, Fuß zu fassen.*

### Frauen in der Butyrka

*Zu den bekanntesten zählen Zenzl Mühsam, die Frau des Anar-*
*chisten, feinsinnigen Literaten und Lyrikers Erich Mühsam, den*
*die Nazis 1933 gleich nach der Machtergreifung inhaftiert hatten.*
*Mühsam, dessen Person wie eine einzige Provokation auf die Nazis*
*wirkte, fand man eines Tage erhängt am Fensterkreuz seiner Zelle.*
*Die Umstände blieben ungeklärt. Zenzl Mühsam war daraufhin*

*nach Moskau geflohen. 1936 wurde die beherzte und keine Kritik scheuende Bayerin dort verhaftet.*

*Carola Neher war aus einem ganz anderen Stoff gemacht. Sie war wie ein zarter blauer Schmetterling, der sich verflogen hatte und zertrampelt wurde, als er mit einem Flügel kurz den Schlamm berührte. Carola Neher, eine Autodidaktin, die zeitweise auch an den Kammerspielen in München, ihrem Geburtsort, spielte, hatte ihren ersten großen Erfolg in Klabunds »Kreidekreis« und arbeitete dann immer wieder mit Bert Brecht zusammen, der eigens für sie Rollen schrieb. Unvergesslich war sie in der Rolle der Polly Peachum in Brechts »Dreigroschenoper«. Ihr Mann Alfred Henschke, der unter seinem Dichternamen Klabund bekannt wurde, beschwor kurz vor seinem Tod seine auffallend schöne, begabte junge Frau, die am Beginn ihrer Karriere stand, ja keine Trauerkleider zu tragen und auch ihre Bühnenkarriere auf keinen Fall zu unterbrechen. Damals war sie 26 Jahre alt. Die politisch unerfahrene, »unpolitische« Schauspielerin war Anfang der 30er-Jahre fasziniert von sozialistischen Ideen und ging ebenso, wie sie vorher mit Marlene Dietrich und Vicki Baum eine Boxschule besucht hatte, nun in Berlin in eine marxistische Arbeiterschule. Dort lernt sie den Vortragenden, den aus Russland stammenden Genossen Becker, kennen, heiratet ihn 1932 und geht mit ihm nach Moskau. Was sie dort an Elend erwartet, übersteigt ihre Vorstellungskraft. Becker ist nicht in der Lage, auch nur die elendeste Behausung zu organisieren. Als die schwangere Neher nach einer Entbindung aus der Klinik kommt, hat das Paar noch immer keine Wohnung, ja nicht einmal eine Matratze. Es kommt zur Trennung. 1936 zeigt sie der Regisseur Gustav von Wangenheim, mit dem sie in einer deutschen Theatergruppe in Moskau zusammengearbeitet hatte, während der großen Säuberungswelle als »Trotzkistin« an. 1936 wird sie plötzlich verhaftet. Danach kam sie in den »Isolator«, wurde zu zehn Jahren verurteilt, verhungerte fast und überstand mit knapper Not Typhus. Nun sollte sie abgeschoben werden.*

*Laut Weissberg schlug sie das Angebot der »Heiligen Drei*

Könige«, einer dreiköpfigen Kommission von NKWD-Offizieren, aus, nach der Entlassung als Agentin für den NKWD tätig zu sein. Viele erklärten sich pro forma dazu bereit, um nur ja die Sowjetunion verlassen zu können. Sie lehnte entrüstet ab. Sie wollte nicht nach Hitler-Deutschland abgeschoben werden, sondern nach Kopenhagen zu Bertolt Brecht, mit dem sie befreundet war. Ihre Weigerung führte zu einer Rückstellung und war letztlich die Ursache, dass sie in einem russischen Lager zugrunde ging.

# Lew Landau – Feuerkopf mit überbordender Energie und genialem Übermut

Mit 13 hatte der aus einer jüdischen Gelehrtenfamilie in Baku stammende Lew Landau die höhere Schule abgeschlossen. Der wissensdurstige Abiturient drängt gleich an die Universität, aber die Eltern bremsen seinen Elan. Die Mutter, Ljubow Harkavy-Landau, eine Pharmakologin, hält ihn für zu jung für den Besuch einer Universität, und sein Vater, ein Ingenieur, der für die Ölindustrie arbeitet, will stattdessen, dass der Sohn Vorbereitungskurse für eine Verwaltungs- oder Juristenlaufbahn besucht.

Eine unerträgliche Vorstellung für den jungen Lew! Mit 14 kann dieser Hürdensprinter des Geistes endlich loslegen. An der Staatsuniversität Baku beginnt er, gleichzeitig Physik, Mathematik und Chemie zu studieren. Als er 1929 in Göttingen eintrifft, hat er seine umfangreichen Studien schon seit Jahren mit dem Examen abgeschlossen und erste wissenschaftliche Arbeiten veröffentlicht. Er spricht Deutsch und Französisch, leidlich Englisch und ist dabei, Dänisch zu lernen, um Niels Bohr näher zu kommen, der für ihn zu einer Vaterfigur wird.

## »Wir alle lebten von den Krümeln auf Landaus Tisch«

Das Bohrsche Institut in Kopenhagen, zu dem Landau während der fast zwei Jahre dauernden Europatour mehrfach zurückkehrt, wird für ihn zur zweiten Heimat. Als er zum ersten Mal im Blegdamsvej 15, der Straße, an der das Bohr-Institut liegt, läutet, hält Bohr ihn einen Augenblick lang für den Postboten. Die aufreizend knallrote Jacke, die der junge Feuerkopf trägt, hätte Born allerdings eine Ahnung davon vermitteln können, auf was er sich nun gefasst machen muss.

Im Bohrschen Institut fühlt sich der junge Atheist, der am liebsten den revolutionären Sturmwind, der durch die Sowjetunion fegt, in die Quantenphysik hineintragen möchte, am besten aufgehoben. Hier gibt es die aufregendsten Diskussionen, die alle Anwesenden auslaugen und erschöpft zurücklassen. Landau beherrscht die Szene, wenn er mit seinen spindeldürren Armen und den übergroßen Handtellern gestikulierend wie ein Dirigent seine Argumente begleitet. Geht er dann noch mit der Kreide in der Hand zur Tafel, um seine Gedankenfolgen mathematisch zu erläutern, zeichnen sich auf Bohrs Gesicht die leidenden Züge eines Märtyrers ab. Sein Freund Rudolf Peierls, ein Berliner, von den Nazis verfolgt und später in England zum Ritter geschlagen, ein vielfach ausgezeichneter Professor in Oxford, der mithalf, das britische Atombombenprogramm anzustoßen, erinnert sich, wie er bei einer dieser Marathondiskussionen, die 21 Tage dauerte, nach viereinhalb Tagen erschöpft aufgab. Gewöhnlich trägt Landau alles Wesentliche zu diesen Erörterungen bei. »Wir alle lebten von den Krümeln auf Landaus Tisch«, schreibt Peierls rückblickend. Und der große Bohr musste sich in Geduld üben, da die Argumente des jungen Lew einfach zu gut vorbereitet waren, um irgendeine Schwäche darin zu finden. Aber nicht nur tagsüber folgen alle Dau. Abends geht er gerne mit seinen Freunden, denen sich manchmal auch Bohr anschließt, in das nahe beim Institut gelegene Kino, um sich Westernfilme mit dem Revolverhelden Tom Mix anzusehen. Danach wird die Handlung lustvoll und tiefschürfend interpretiert.

Kopenhagen wird für Landau schließlich noch aus einem anderen Grund überlebenswichtig. Für ihn ist es der Ort, wo er sich emotional geborgen und wohlfühlen kann. Denn dieser scharfzüngige Sarkastiker, der nach außen hin so unangreifbar erscheint und ostentativ seine Unabhängigkeit hervorkehrt, bedarf der liebevollen Zuwendung, um sich und seine Fähigkeiten verwirklichen zu können. Margarethe Bohr, die Frau seines verehrten Mentors, sagte über ihn: »Niels schätzte ihn und war ihm vom ersten Tag an sehr zugetan. Er verstand seine Natur. Er [Landau] war ... unerträglich, unterbrach Niels, lachte über die Älteren und führte sich auf wie ein garstiges Straßenkind – ein enfant terrible, wie man sagt: Aber wie talentiert war er doch! Und wie lauter!« Die »aggressive

*Lew Landau um 1937 – auf dem Weg zum bedeutendsten Experimentalphysiker der Sowjetunion.*

Unbeirrbarkeit seiner unermüdlichen Wahrheitssuche« verlangt viel Verständnis und ist oft nur schwer zu ertragen. Dazu liebt er es, andere zu schockieren und zu verblüffen. An seinem Arbeitszimmer in Charkow hing ein Warnschild: »Vorsicht! Bissig!«

Zuweilen kommt auch ein verletzender, maliziöser Ton in die Streitgespräche mit seinen Kontrahenten.

In Wahrheit ist Landau scheu und empfindsam. Für seinen Freund Rosenfeld, der ihn gerade in schwierigen Zeiten schätzen lernt und besser versteht als die meisten, »befindet sich hinter der Fassade aus Sarkasmus, aus Ungezogenheit, die ihm wohl nur Schutz war ... ein von Grund auf guter und anständiger Mensch«. Für ihn war er einer der besten Kameraden, den er je getroffen habe.

# Gute Hosen und ein scharfer Verstand

Damals hatte Landau schon die fixe Idee entwickelt, alles, Veröffentlichungen, Mädchen, Bekannte und Filme, von »sehr gut« über »gut«, »schlecht« und »sehr schlecht« zu klassifizieren. Dabei entwickelte er kreative Einzelbewertungen. Kollegen werden zum Beispiel in folgende Gruppen eingeteilt und entsprechend taxiert:

- Scharfer Verstand und aufgeweckt *(sharp & diligent)*
- Aufgeweckt, aber faul *(diligent & lazy)*
- Aufgeweckter Dummkopf *(diligent blockhead)*
- Fauler Dummkopf *(lazy blockhead).*

Die berühmteste seiner Listen bewertet die bedeutendsten Physiker. Sie orientiert sich an einer logarithmischen Kurve, beginnt mit 0 steigt erst langsam und dann steil an. Newton bekommt die Bestnote mit 0, Einstein 0,5. Die Begründer der Quantenphysik, wie beispielsweise Bohr, Dirac, Heisenberg und Schrödinger, rangieren bei 1, Landau selbst bewertet sich mit 2,5 – verbessert aber nach Jahren seinen Status auf 2,0.

Der niederländische Naturwissenschaftler Hendrik Casimir (1909–2000) wohnt 1933 eine Zeitlang zusammen mit Landau und Gamov in Kopenhagen in der Pension von Fräulein Have. Fröken Have hat »ihre Physiker« ins Herz geschlossen. Bei den nächtlichen Diskussionen bereitet sie nicht nur Tee, sondern mischt auch mit. Ihre durchwachsene Bibliothek ist eine Fundgrube für Landau. Für Casimir ist Landau der »brillanteste und schnellste Denker«, der ihm je begegnet ist. Ihm verdanken wir einige aufschlussreiche Vignetten aus dem Leben des 25-jährigen Freundes:

Eines Tages besucht der junge französische Physiker Jacques Solomon in Begleitung seiner Frau die Stadt. Ohne Anlass und

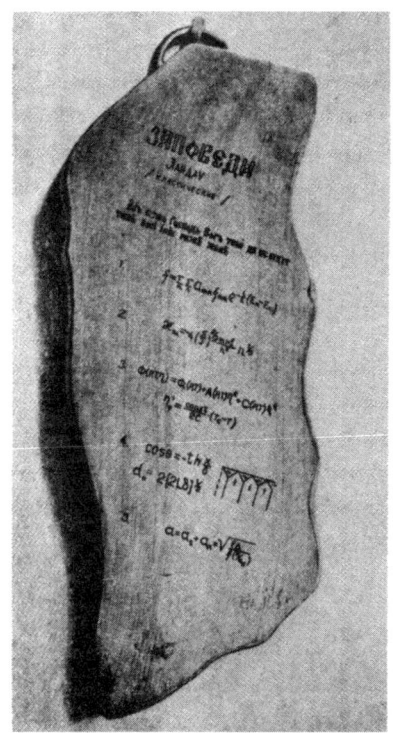
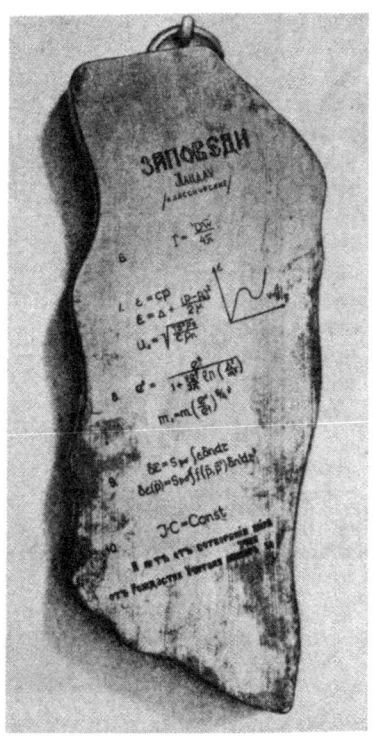

*Die zehn Gebote der Physik, aufgestellt von dem Atheisten Lew Landau, der sie wie Moses auf Steinen festhielt.*

auf den ersten Blick schätzt Dau ihn als 4, wahrscheinlich sogar 5 ein. Seine Frau hinterlässt einen deutlich besseren Eindruck, sie wird als knapp über 3 eingestuft. Casimir ist sehr angetan vom Charme dieser Frau, verhält sich aber linkisch bei seinen Annäherungsbemühungen. Ausgerechnet Dau, der selbst seine Schwierigkeiten mit Frauen hat, rät ihm daher zu einer Radikalkur: »Casimir, zerstöre diese Ehe und verführe diese Frau – nur um zu lernen.« Die Phrase »nur um zu lernen« verwandte Bohr gerne zur Einleitung tiefschürfender Fragestellungen. Casimir fühlte sich angesichts dieser Aufforderung, als müsste er gegen den dänischen Champion im Schwergewicht antreten.

Titel, Rang und Privilegien ohne reale Verdienste werden von

Dau nicht respektiert. Ein Begriff wie »gebildet« ist für ihn ein Reizwort. Gerne rechnet er ältere Fachkollegen respektlos der ausgestorbenen Spezies Wisent zu. Musik ist ihm fremd – »ein Bär ist mir auf mein Ohr getreten«, erklärt er. Landau widmet sich lieber der Poesie und rezitiert später gerne Balladen und Gedichte von Puschkin, Lermontow, Heine und Simonow oder liest T. S. Eliots *Old Possum's Katzenbuch* und Werke von Rudyard Kipling.

Bei einem Besuch in Berlin trifft er seinen Kommilitonen Juri »Georg« Rumer und besucht mit ihm eine Tagung, zu der auch Einstein spricht. Beide haben hoch droben im Auditorium Platz gefunden.

Als Einstein sich an die Teilnehmer wendet, beginnt Landau unruhig zu werden und auf seinem Stuhl hin- und herzurutschen. »Oh, was für ein Unsinn! Das ist alles falsch, Juri, hörst du? Lass uns nach unten gehen, ich muss unbedingt dem alten Herrn seine allgemeine Feldtheorie ausreden!« Rumer ist entsetzt, als er sieht, wie »dieses Bürschlein« tatsächlich in einer Pause auf dem Weg zu Einstein die Stufen herabsteigt. Aber niemand wäre so kühn gewesen, schreibt er weiter, diese Barriere von Majestät zu durchbrechen, die aus jenen bestand, die in der ersten Reihe saßen. Niemand hätte über diese Nerven verfügt, nicht einmal Landau. Er nahm Einstein näher in Augenschein, dann kam er wieder herauf.

In späteren Jahren, als er als Professor in Charkow Concordia »Cora« Terentijewna heiratet, eine Ingenieurin, die in einer Süßwarenfabrik angestellt ist, und – nicht eben zu ihrer Begeisterung – die freie Liebe propagiert, wird er all die »minderwertigen Spießer«, wie er sie auf Deutsch nennt, seine Verachtung spüren lassen. Er will kein »-ist« sein, sondern gebärdet sich als Revolutionär, der mit beißenden Bemerkungen über traditionelle Werte der Bourgeoisie herzieht wie Mut, Aufrichtigkeit und Barmherzigkeit. Selbst als ihm Niels Bohr anvertraut, dass er sehr gerne Schillers *Spruch des Konfuzius* lese, ist das für Landau nur ein Be-

*Internationale Solvay-Konferenz in Kopenhagen 1930 mit den Großen der neuen Physik. In der ersten Reihe (v.li.): Niels Bohr, Werner Heisenberg, Wolfgang Pauli, George Gamov, Lew Landau (2.v.re.).*

weis für dessen bourgeoise Rückständigkeit. Und überhaupt lege Bohr viel zu viel Gewicht auf die Philosophie.

Landaus naiven Glauben an die Segnungen der Französischen Revolution schildert Casimir anlässlich eines gemeinsamen Aufenthalts 1933 in Zürich. Sie besuchen eine ehrwürdige Bibliothek, wo eine Sammlung alter Publikationen der Académie des Sciences ausgestellt ist. Es handelt sich durchweg um klassische Beiträge aus der mathematischen Physik. »Lass uns da mal einen Blick hineinwerfen«, schlägt Landau vor; es würde spaßig sein zu sehen, »was für einen Quatsch diese alten Trottel damals geschrieben haben«. Nachdem Landau ein ums andere Exemplar aus dem Regal genommen hat, bleibt er einen Moment lang stumm, dann leuchtet sein Gesicht: »Das zeigt, wie viel die Französische Revolution für den wissenschaftlichen Fortschritt getan hat!« (Dass ausgerechnet Lavoisier, der bedeutendste Chemiker Frankreichs, ein Opfer der Revolution wurde, kam Landau offenbar nicht in den Sinn. Frankreich habe tausend Jahre gebraucht, um ein Genie wie ihn hervorzubringen, hieß es, die Revolution aber nur fünf Sekunden, um es unter der Guillotine zu beenden.)

*Lew Landau, Star der internationalen Kernphysiker-Gemeinde, in den 50er-Jahren; von 1932 bis ans Lebensende schrieb er an seinem Monumentalwerk über die gesamten Grundlagen der Physik.*

## Edelsteine von seltener Größe und Schönheit

Der 1939 »freigepresste« Landau erlebt in den nächsten Jahren einen sagenhaften Aufstieg aus den Kellern der Lubjanka bis zum mehrfachen Lenin- und Stalinpreisträger. Er forscht gleichermaßen über Kernphysik, Festkörper- und Elementarteilchenphysik. Die großen Entdeckungen dieses vielseitigen Experimentalphysikers verglich ein russischer Kollege einmal mit »Edelsteinen von seltener Größe und Schönheit«.

Mit seiner Mathematikergruppe unterstützt Landau maßgeblich die Entwicklung der russischen Atom- und Wasserstoffbombe. Dafür erhält er zwei Stalinpreise und die Auszeichnung als »Held der Sozialistischen Arbeit«. Ein Mondkrater und ein Kleinplanet sind nach ihm benannt. Es gibt ein eigenes Landau-Institut, er wird geschätzt und geradezu verehrt als Hochschullehrer.

Mit 24 hatte er beschlossen, die Grundlagen des gesamten Physikstoffs darzustellen. Daraus entsteht das Monumentalwerk des zehnbändigen *Lehrgangs der Theoretischen Physik*, das er zusammen mit seinem Kollegen und Freund Jewgeni Lifschitz erarbeitet und bis an sein Lebensende immer wieder auf den neuesten Stand bringt, ohne je ganz fertig zu werden. Neben Bohr fordern viele andere Gelehrte das Nobelpreiskomitee auf, Landau den Nobelpreis wegen »der Originalität seiner Ideen und seiner herausragenden Arbeit auf dem Gebiet der Atomphysik« zu verleihen.

Schließlich erhielt er den Nobelpreis für seine Theorie des Verhaltens von flüssigem Helium. Flüssiges Helium fällt bei einer Temperatur von −270,98 °C, das ist knapp über dem absoluten Kältepunkt (−273,16 °C), neben den bekannten Zuständen, wie fest, flüssig oder gasförmig, in einen sogenannten »Vierten Aggregationszustand« mit höchst ungewöhnlichen Eigenschaften.

## Landau darf nicht sterben

Dann kommt das Jahr 1962. In diesem Jahr wird ihm der Nobelpreis zuerkannt, und wie in den Geschichten aus 1001 Nacht scheint nun ein solches Übermaß an Glück erreicht, dass das Schicksal in die Speichen greift. Wegen vereister Straßen weigert sich die Fahrbereitschaft des Instituts, ihm seinen Dienstwagen und einen Fahrer zur Verfügung zu stellen. Entgegen solcher Warnungen

*Eine der russischen Gedenkbriefmarken (von 2008) zu Ehren des mehrfachen Lenin- und Stalinpreisträgers Lew Landau.*

überredet Landau einen befreundeten Physiker, ihn noch abends in das Atomstädtchen Dubna zu bringen. Er will den Streit eines befreundeten Ehepaars schlichten. Auf der Fahrt gerät der Wolga ins Schleudern, als der Fahrer einem kleinen Mädchen ausweichen will. Er steht quer zur Straße, als ein LKW frontal gegen die Beifahrerseite fährt. Landau erleidet einen Schädelbruch und Gehirnquetschungen, er blutet aus den Ohren, fast alle Rippen sind zersplittert und haben den Brustkorb mit Blut gefüllt. Zerfetzte innere Organe, Frakturen des Hüftknochens und des linken Oberschenkels, zerschmettertes Schambein, der linke Lungenflügel ist kollabiert, schwacher, unregelmäßiger Atem. Jede einzelne Verletzung könnte zum Tod führen. Jeder, der den blutüberströmten Körper mit dem aschfahlen Gesicht und den starren, glasigen Augen auf der Straße liegen sieht, hätte kaum etwas anderes sagen können, als dass Russlands »brillantestes Gehirn« im Sterben liegt. Landau wird in das im Bezirk Timirjasewski gelegene Krankenhaus Nr. 50 gebracht. Dort wird das ganze Ausmaß der fatalen inneren Verletzungen erkennbar.

Es ist Samstagabend. Aber die Nachricht hat sich bereits in ganz Moskau verbreitet und springt von dort in die entferntesten Regionen des Riesenreichs, zu all den ehemaligen Studenten des Schwerverletzten. Viele seiner Studenten lassen alles stehen und liegen und brechen zum Krankenhaus auf. Sie kommen aus Tanzclubs, Teestuben, aus Instituten oder von zu Hause; sie wollen ihm wenigstens nahe sein. Als immer mehr zum Krankenhaus strömen, stauen sich dort schon die Wolga-Limousinen der herbeigerufenen Ärzte und Freunde. Eine Woge des Mitgefühls brandet an das Tor des Krankenhauses. Die Vorstellung, dass der ungemein präsente und geistreiche Landau stirbt, ist unerträglicher als alles andere. Eine beispiellose Rettungsaktion kommt in Gang.

Viele haben Tränen in den Augen. Alle bieten ihre Hilfe an und wollen selbst für die kleinsten Dienste gebraucht werden. Ein Gefühl der Selbstlosigkeit hat alle erfasst und führt zu einer Solidarität unterschiedlichster Charaktere, die sich sonst nie kennenge-

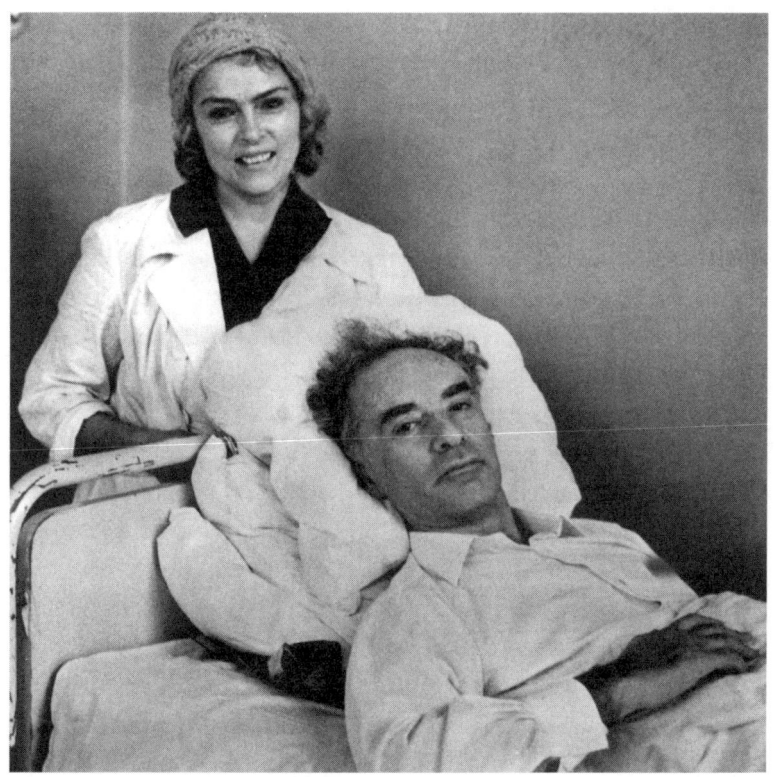

*Landau mit seiner Frau Cora im November 1962, ein halbes Jahr nach dem Autounfall, bei dem der Nobelpreisträger lebensgefährlich verletzt wurde und von dem er sich nie wieder ganz erholen sollte.*

lernt hätten. Für viele wird dieses Erlebnis unvergesslich bleiben. Sie organisieren Fahrgemeinschaften, und auf den Gängen sieht man etliche, die dösend und schlafend dort die Nacht verbringen. Sie wollen zu jeder Stunde als Kuriere zur Verfügung stehen. Die ersten Hilfsmaßnahmen müssen unverzüglich getroffen werden.

Landaus Schädel wird geöffnet, um den Druck zu verringern. Starr wie eine Mumie liegt der vollständig in ein weißes Tuch gehüllte Patient auf dem OP-Tisch. Nur die briefmarkengroße ausrasierte Stelle am Schädel ist zu sehen. Die anerkannte Kapazität auf diesem Gebiet, der Moskauer Neurologe Graschtschenkow, beginnt den mit einem blauen Stift vorgezeichneten Kreis aus-zusägen. Vier aus verschiedenen Kliniken herbeigebetene Chef-ärzte stehen ihm zur Seite. Es ist ein Moment höchster, geradezu feierlicher Anspannung. Es scheint nicht mehr darum zu gehen, das Gehirn Landaus, sondern das Gehirn von Russland selbst zu retten. Alle halten den Atem an, und es ist so still, dass die vor der Tür lauschenden Schwestern das leise surrende Bohrgeräusch hören können. Etwas Gehirnflüssigkeit tritt aus. Das Sekret ist weißlich. Kein Hämatom, keine Blutung. Diese Auskunft lässt alle einen Moment lang aufatmen.

Das Wichtigste nach der Trepanation ist der Aufbau einer Telefonleitung. Dafür wird Sergej, der Sohn Kapitzas und selbst Physikstudent, ausersehen. Nur ihm traut man zu, das Prob-lem zu lösen. Es dauert keine Stunde, und Sergej ist mit einem Feldtelefon und einer Kabeltrommel und einem Mechaniker zur Stelle. Das Telefon wird in Landaus Zimmer installiert, dann wird vom dritten Stock ein Kabel an der Außenwand herabgelassen und in ein Telefonhäuschen eingeklinkt. Das alles ist mehr als verboten, aber es ist keine Zeit zu verlieren. Nun können sie die Vermittlung anrufen und dazu bewegen, diese Leitung immer freizuhalten und vorrangig zu bedienen.

In kurzer Zeit gruppiert sich um den Chefneurologen Grascht-schenkow ein Team hochqualifizierter Kollegen. Dazu gehören Orthopäden, Blutsachverständige, Internisten, Nephrologen, Er-nährungswissenschaftler, Urologen und Pharmakologen. Diese Experten aus fast allen medizinischen Fachgebieten stehen bereit. Graschtschenkow glaubt nicht, dass so ein Team jemals existiert habe. Mehrere Ärzte wachen nachts wie Schutzengel an Landaus Seite. Einer hört, dass der Atem plötzlich stillsteht. Schnell läuft das blass-gelbliche Gesicht blau an. Es währt nur Sekunden, und die Luftröhre wird freigelegt und intubiert. Ein Pfropfen dunk-len Bluts hatte die Luftröhre verstopft. Nachdem er entfernt wor-den ist, nimmt das Gesicht des bewusstlosen Patienten langsam wieder etwas Farbe an. Es gibt Hoffnung, dass sich der Zustand weiter stabilisiert, dass vielleicht alles gut werden könnte. Während des dritten und vierten Tages nach dem Unfall versammeln sich die Ärzte wenigstens einmal in jeder Stunde an seinem Bett. Inzwischen steigt der Druck der Gehirnflüssigkeit stetig an. Das könnte die Blutgefäße, die das Gehirn versorgen, in Mitleidenschaft ziehen. Dagegen helfen blutdrucksenkende Präparate wie Harnstoff- und Glukoseverbindungen, die direkt in das Gehirn eingebracht werden. In Moskau ist allerdings nirgends Harnstoff in den gewünschten Verbindungen aufzutreiben. Eile ist geboten, doch auf die internationale Physikerfamilie ist Verlass. Kapitza telegrafiert an Professor Patrick Blackett in Cambridge, der aber abwesend ist. Seine Sekretärin ruft sofort den Atomphysiker und Nobelpreisträger John Cockcroft in London an, der sich wiederum an den Secretary des British Medical Research Council wendet. Dieser beschafft eilends das neu entwickelte Präparat Ureaphil. Da keine Maschine mehr nach Moskau fliegt, wird das Medikament einem Passagier anvertraut, der die Warschau-Maschine besteigt. Dort warten bereits russische Beamte und bringen das an »Landau, Moskau« adressierte Päckchen sofort in die nach Moskau fliegende Maschine. Dort lässt der Zoll seine Routinearbeit so lange ruhen, bis das Päckchen aufgetaucht ist und einem wartenden Physiker übergeben werden kann. Wenige Stunden nach dem Hilferuf von Kapitza gelangt das Harnstoffpräparat in die Hände der Ärzte.

Schon folgt die nächste Komplikation. Der Patient spricht auf keine Antibiotika an. Es stellt sich heraus, dass Landau suchtartig Antibiotika zu sich genommen hat. Sechs verschiedene neue Präparate werden erbeten. Diesmal nimmt sich Landaus Londoner Verleger Robert Maxwell der Sache an und kann fast alle gewünschten Arzneien besorgen. Die fehlenden zwei fliegen aus New York direkt nach Moskau.

Am vierten Tag steigt die Temperatur auf 41,9 °C, als Lew Dawidowitsch Landau nach allen Regeln der ärztlichen Kunst gestorben ist. Es ist Landaus erster Tod.

Aber Lew Dawidowitsch Landau darf nicht sterben. Das hat Chruschtschow befohlen. Er ist zu kostbar für Russland. Jetzt ist die Stunde für Dr. Negowski gekommen, den Leiter des Moskauer Laboratoriums für die Wiederbelebung von Organismen. Er hat sich wie kein Zweiter mit dem Phänomen des Todes beschäftigt und ist gewissermaßen zu einem Spezialisten für die Wiederauferstehung geworden. In seinem Institut wurde an Tieren die Standardmethode entwickelt, um Tote wieder zum Leben zu erwecken. Sie wurde bereits in Hunderten von Kliniken und an Tausenden von Patienten in der Sowjetunion praktiziert. Für Negowski stellt der klinische Tod ein »endgültiges, aber noch umkehrbares Stadium des Sterbens dar« – vorausgesetzt, das Gehirn lebt noch. Das Gehirn kann nämlich seine Funktionen noch eine kurze Zeit mit Zucker und Eiweiß aufrechterhalten, ohne Sauerstoff zu verbrennen. Die Dauer dieser Glykolyse-Phase beträgt kaum mehr als sechs Minuten. Wird diese Zeitspanne überschritten, ist es unmöglich, auf die abgestorbenen Gehirnzentren einzuwirken. Bereits abgestorbene Gehirnzellen seien irreparabel geschädigt. Der einzige Weg ist also, die Tätigkeit erneut anzukurbeln, damit wieder frisches Blut ins Gehirn befördert wird, bevor es geschädigt wird. Da das Herz in diesem Zustand nach dem klinischen Tod nicht mehr arbeitet, muss unverzüglich mit Sauerstoff angereichertes Blut in die Arterien gepresst werden. Damit würden dann die Blutgefäße, die das Herz umgeben, mit Sauerstoff versorgt, was wiederum den Herzmuskel zu neuer Tätigkeit anregt. Das Herz beginnt daraufhin zu schlagen und den Körper und das Gehirn mit frischem Sauerstoff zu versorgen. Das sei nur deshalb möglich, so erläuterte Negowski, weil der Herzmuskel spontan und ohne vom Gehirn ausgesandte Befehle arbeiten kann. Das Gehirn selbst könne während der Phase des klinischen Todes verständlicherweise keine Befehle mehr geben.

Alles ist für diesen Fall vorbereitet. Unverzüglich wird eine dicke Nadel in die Schlagader von Landaus linkem Unterarm gestoßen und mit einem Schlauch verbunden, durch den das Spenderblut in Richtung Herz gepresst wird. Sofort beginnt der Blutdruck bis auf das Doppelte des normalen Werts zu steigen; dazu wird Adrenalin injiziert. Der Arzt, der mit einem Stethoskop das Herz kontrolliert, gibt ein Handzeichen, dass es wieder schlägt und das Blut in den erstarrten Körper leitet. Der Tod ist überwunden – vorerst.

Der erste spontane Atemzug zeigt an, dass das Zwischenhirn wieder arbeitet. Wenn das Zwischenhirn diese Funktion fünf bis zehn Minuten nach dem Eintreten des klinischen Todes nicht aufgenommen hat, ist der Versuch, den Körper wieder zum Leben zu erwecken, fehlgeschlagen. Dabei ist während des ganzen Vorgangs auch die künstliche Beatmung notwendig.

»Er lebt« – so lautet das tägliche Bulletin am nächsten Tag am Schwarzen Brett des Instituts. Die Intelligentsia Moskaus verfolgt ständig das dramatische Geschehen am Krankenbett. Anders die Zeitungen, die stattdessen täglich Scheinnachrichten über Abordnungen von Kolchosbauern, die in Moskau eintreffen, oder über den Niedergang des Kapitalismus veröffentlichen.

Auch am 12. Januar, fünf Tage nach dem Unfall, lebt Landau noch. »Es ist unmöglich, er kann nicht leben«, beurteilt ein tschechischer Experte den Fall. Im schwedischen *Svenska Dagbladet* ist von einer medizinischen Weltsensation die Rede, von einem einmaligen Fall in den Annalen der Medizin. Landau liegt angeschlossen an fünf Schläuche im Krankenzimmer, bewusstlos und ohne Schmerzen zu empfinden. Aber er hat überlebt. Bisher.

Das epische Sterbe- und Wiederbelebungsdrama geht weiter. Lungenentzündung, Gelbsucht, Schwierigkeiten mit der künstlichen Ernährung und Nierenprobleme wechseln sich ab, zeitweise muss das Blut Tag und Nacht stündlich kontrolliert werden. Insgesamt wird Landau vier Mal reanimiert. Und ein Wunder geschieht. In den nächsten Wochen erholt sich der geschundene Körper. Die Sorge um sein körperliches Überleben weicht der Frage, wie es um seine geistige Gesundheit steht. Sein Großhirn hat sich völlig von der Außenwelt isoliert. Vierzig Tage vergehen in dieser Ungewissheit, bis eine Krankenschwester den Eindruck hat, der Patient wäre leicht, kaum wahrnehmbar zurückgezuckt, als sie ihm eine Spritze gab. War das ein erstes, aufflackerndes Zeichen eines erwachenden Bewusstseins? Eine andere Schwester kann das nicht bestätigen.

Einige Tage danach gibt es jedoch für seine Frau keinen Zweifel, dass er seine Augen auf sie richtet, wenn sie sanft auf ihn einredet. Sie bittet ihn, die Augen zu schließen zum Zeichen, dass er sie versteht, und er folgt ihr. Wird Landau seine Geisteskräfte wiedergewinnen?

Wieder Tage später, am 8. April, einem Samstagmorgen, gibt eine Krankenschwester Landau aus einer Babyflasche einen Schluck zu trinken. Sie fragt, ob es genug sei. Er nickt, und sie bemerkt zu ihm: »Sie sollten jetzt zu mir ›Danke‹ sagen«, und spricht ihm mehrmals vor: »Spasibo, Spa-si-bo, Spa-si-bo, Spa-si-bo.« Da hört sie eine leise, wie aus der Tiefe kommende Stimme »Spasibo« sagen. Nach so vielen Tagen das erste Wort, das Landau ausgesprochen hat, und ganz Moskau hört mit.

## »Ich bin ziemlich komisch geworden«

Das Sprachvermögen kehrt jetzt überraschend schnell wieder. Als ein Arzt Verse aus *Eugen Onegin* am Krankenbett deklamiert, hebt er die Hand und spricht die anschließenden zwei Strophen seines Lieblingsdichters zu Ende. Er kann mühelos ins Englische wechseln, auch kehren immer mehr selektive Erinnerungen zurück. Er, der so stolz auf sein Gedächtnis war, ist nun froh, wenn er sich im Spiegel wiedererkennt. Landau hat bis dahin mehr geschafft, als man erwarten durfte. Daran waren, wie gesagt wurde, zu je einem knappen Drittel die Ärzte, die Physiker und er selbst beteiligt, der verbleibende Rest wird Gott zugeschrieben.

Freunde bemerken erfreut, dass die frühere Herzlichkeit, Höflichkeit und auch sein Humor schubweise wieder hervortreten.

Eine ihm vertraute Krankenschwester hält am 16. Mai fest, dass Dau immer wieder sein Unvermögen in vielen Dingen bewusst wird. Er kann dann Sätze sagen wie: »Ich bin ziemlich komisch geworden… Aber natürlich kann man doch nicht zu viel verlangen.« Allerdings leugnet er, jemals einen Autounfall erlebt zu haben. »Irgendwie kann ich einfach nicht glauben, dass ich jemals diesen komischen Unfall gehabt habe.«

Bis er wieder in seine Wohnung zurückkehren kann, liegen noch zwei anstrengende Jahre vor ihm. Der Mensch aber, der er gewesen ist, wird er nie wieder werden.

Die sechs Jahre, die noch vor ihm liegen, sind in den Worten von Lifschitz »nur eine Geschichte verlängerter Leiden und Schmerzen«.

Lew Dawidowitsch Landau stirbt am 1. April 1968 mit sechzig Jahren.

Am Tag zuvor war er operiert worden. Die Aussichten stehen äußerst schlecht. Die Klinik unterrichtet kurz seine Freunde Lifschitz und Khalatnikow, die bald darauf eintreffen. Khalatnikow beschreibt, wie der mit dem Gesicht zur Wand liegende Landau seine Stimme erkannte und sagte: »Rette mich, Khalat…«. Es waren seine letzten Worte.

Am nächsten Morgen war Dau tot.

# Der Bombenbauer als
# junger Mann – Robert Oppenheimer

Im Januar 1926 trifft Robert Oppenheimer in England zum Studium ein. Er ist 22, und hinter ihm liegt ein Chemiestudium in Harvard, das er als Bester abgeschlossen hat. Drei Jahre lang war er pünktlich um acht im Labor erschienen und hatte seine Professoren mit seiner unbeirrbaren Zähigkeit beeindruckt. Er wollte das Studium in dieser Zeit schaffen und nicht, wie üblich, in vier Jahren. Der Ausnahmestudent rühmt sich damit, Woche für Woche fünf bis zehn wissenschaftliche Lehrbücher durchgeackert zu haben. Keiner seiner Kommilitonen kann sich daran erinnern, ihn in dieser Zeit jemals mit einem weiblichen Wesen auf dem Campus gesehen zu haben. Seine asketische Zielstrebigkeit wird belohnt: In neun von zehn Fächern erhält er die Bestnote, in einem Fach die zweitbeste Bewertung. Empfehlungsschreiben an das Christ's College in Cambridge begleiten ihn. Eine Vorlesung über Thermodynamik hat in ihm den Wunsch geweckt, die Chemie hinter sich zu lassen und die viel aufregendere moderne Physik zu wählen. Cambridge hat hier einiges zu bieten.

Der unbeschränkte Fürst im Reich der modernen Physik ist Sir Ernest Rutherford. Er leitet das Cavendish Laboratory, und mit ihm verbinden sich viele Hoffnungen. Immerhin werden mehr als zwei Dutzend seiner Schüler den Nobelpreis erhalten. Deshalb will auch der junge Robert Oppenheimer bei ihm als Forschungsstudent arbeiten. Gerade noch hat er einem früheren Lehrer geschrieben, dass für ihn nur die Meinung und das Verhalten der Größten zählen. Warum sollte der Siegeslauf von Harvard hier in Cambridge nicht weitergehen? Doch Oppenheimers hochge-

*Der junge Robert Oppenheimer: gutaussehend, reich, arrogant und lechzend nach Anerkennung.*

stimmte Erwartungen werden jäh zunichte gemacht. Rutherford lehnt den schlaksigen Studenten mit dem Kindergesicht rundweg ab.

Im Labor des überaus praktisch veranlagten Neuseeländers, dessen Eltern Schafe züchten, sind alle mitarbeitenden Wissenschaftler darauf angewiesen, ihre Instrumente selbst herzustellen – man denke nur an den weltbekannten Geigerzähler, den sein Mitarbeiter, der Deutsche Rudolf Geiger, mit einfachsten Mitteln konstruiert hatte. Zur Begrüßung hatte Rutherford Oppenheimer zwei Kupferdrähte in die Hand gedrückt und ihn aufgefordert, diese zusammenzulöten. Oppenheimer scheiterte kläglich, und Rutherford schiebt ihn zu J. J. Thomson (1856–1940) ab, der immerhin als Entdecker des Elektrons berühmt wurde, aber nun, mit über siebzig, von den neuesten Entwicklungen eher überfordert ist. Thomson, der schon halb im Ruhestand lebt, soll sich um die ausgemusterten Studenten kümmern. Diese unerwartete Zurückweisung ist ein Axthieb gegen Oppenheimers Selbstbewusstsein. Gleichzeitig muss er sich eingestehen, dass er tatsächlich nicht das Zeug zum Experimentalphysiker hat.

Aber es kommt noch schlimmer. Thomson teilt ihn ausgerechnet einem handwerklich äußerst geschickten Tutor zu. Dieser Tutor zählte einmal in einer Broschüre auf, was für ihn die Anforderungen an die praktische Laborarbeit ausmachten – eine Arbeit, die in den 20er-Jahren gewöhnlich drei Viertel des täglichen Pensums ausmachte. Ein ordentlicher Physiker müsse nicht nur ein geschickter Mechaniker, sondern auch ein Glasbläser, Elektriker, Schreiner, ja, auch ein Fotograf sein und dürfe auf keinen Fall zwei linke Hände haben. Der linkische Oppenheimer stöhnt auf, wenn er an all die handwerklich geschickten Experimentalphysiker denkt, die selbst ihre Glaskolben blasen und dabei Differenzialgleichungen lösen.

## Nichts als Ernüchterung

Aber Tutor Blackett ist Oppenheimer nicht nur im Labor haushoch überlegen. Er besitzt noch einige andere Vorzüge, die dem verunsicherten Jüngeren zusetzen. Blackett ist die Ruhe selbst; seine schlanke, große Erscheinung mit den dichten schwarzen Locken, die ihm in die Stirn fallen, erinnern einen englischen Dichter an den jungen Ödipus. Und als Blackett dann noch die attraktive und beliebte Sprachenstudentin Pat heiratet, gelten beide fortan als das »hübscheste, fröhlichste und glücklichste Paar in Cambridge«. Ihr Zuhause wird zum begehrten Treffpunkt der angesagten linksgerichteten Avantgarde. Dass Blackett nun nicht nur im Labor, sondern auch noch gesellschaftlich alles zu Füßen zu liegen scheint, macht die Sache nicht erträglicher. Blackett, der noch als junger Marineoffizier während des Ersten Weltkriegs an Bord eines Kriegsschiffs diente, wurde schon von allen geliebt, lange bevor er der spätere Baron Blackett und Nobelpreisträger war, und scheint alles in sich zu vereinigen, was Oppenheimer in seinem eigenen Leben so vermisst.

Denn auch seine Hoffnungen, den wissenschaftlichen Höhenflug von Harvard fortsetzen zu können, weichen einer tiefen Ernüchterung. Die Absage Rutherfords stößt ihn von der Karriereleiter. Mit dem Basiskurs in Experimentalphysik muss er zugleich Vorlesungen für Anfänger besuchen. Der Weg zu einer Promotion scheint mühsam und langwierig. Cambridge stellt ganz andere Anforderungen als amerikanische Universitäten.

Würde man die wissenschaftlichen Standards von Cambridge in Harvard einführen, schreibt Oppenheimer an einen Freund, so wäre Harvard schon am nächsten Tag halb entvölkert. Statt mit Rutherford zu forschen und sich mit anderen Studenten und Lehrenden auszutauschen und sich auf die Promotion vorzubereiten, fühlt sich der Neuankömmling isoliert und hat noch keinen Kommilitonen seines Fachs kennengelernt.

Cambridge lässt den jungen Mann links liegen. Und der ist auf die Eigentümlichkeiten nicht vorbereitet, die ihn in Cambridge erwarten und zu dessen Tugenden das Understatement gehört. Oppenheimers Brillanz wirkt aufdringlich, seine in Harvard so angestaunten Kenntnisse der französischen Sprache ernten bei seinen englischen Mitstudenten ein nonchalantes Achselzucken. Selbst ihre schlecht bezahlten Gouvernanten haben besser gesprochen. Und die Art, wie er Gedichte von Mallarmé, Verlaine oder anderen französischen Dichtern vorträgt, wirkt so prätentiös und geziert, dass er damit keine Sympathie wecken kann.

Auch wie er mit seinem Wissen umgeht, schafft ihm keine Freunde. Denn wenn Oppenheimer beginnt, Fragen zu stellen, muss man sich vorsehen. Er fragt nämlich besonders gerne dann, wenn er glaubt, mehr zu wissen als der Angesprochene. Er liebt es, sein argloses Opfer im entscheidenden Moment durch einen Rapierstich außer Gefecht zu setzen. Im letzten Harvard-Jahr lädt ihn sein Professor Bridgeman einmal zu sich nach Hause ein. Als ihn sein junger Gast auf die Ansicht eines alten griechischen Tempels anspricht, die an der Wand hängt, erläutert er diesem bereitwillig das Aufkommen der Tempel, die Baugeschichte und datiert schließlich das Gebäude nach dem Säulentyp und dem charakteristischen Kapitell. Oppenheimer, der still zugehört hat, antwortet nach Ende des Vortrags knapp: »Interessant. Ich hätte das Kapitell fünfzig Jahre früher datiert.« Griechische Architektur ist eine seiner Paradedisziplinen.

Auch seine Kleidung will nicht recht nach Cambridge passen. Wie sein Vater trägt Robert Oppenheimer maßgeschneiderte Dreiteiler aus feinstem Tuch. Neuester Schnitt. Aber er wirkt wie ein Parvenü. Vom Chic des Abgetragenen, Verschlissenen hat er noch nicht gehört. Dagegen gilt Blackett, dessen Kleidung auf den ersten Blick so unscheinbar und unauffällig wirkt, als der bestangezogene Mann. Die Lässigkeit, die er in jeder Lage beweist, gilt als unübertroffen.

Dass Robert Oppenheimer in all den Monaten von keinem seiner englischen Mitstudenten eingeladen wird, verbessert seine Meinung über das Cambridger Universitätsleben nicht, diese »farblosen Wissenschaftsclubs«, die

*Der britische Physiker und Nobelpreisträger Patrick Blackett, um 1933 in Cambridge, dessen Lässigkeit und Souveränität Oppenheimer zu einem Giftanschlag reizte.*

»üblen Vorlesungen« und das »armselige Loch zum Leben«. Ihm geht es kaum anders als den anderen amerikanischen Studenten in Cambridge, deren er sich in seinen *Recollections* erinnert, wie sie »buchstäblich dahinstarben unter den Strapazen der Geringschätzung, des Klimas und des Yorkshire-Puddings«. Seine Stimmung wird zusehends trübsinniger und seltsamer. Während des laufenden Semesters beobachtet Rutherford eines Tages, wie sich Oppenheimer immer wieder auf dem Boden eines der Flure hin- und herwälzt. Sein ganzes Verhalten wirkt beunruhigend. Er kann stundenlang in einem verlassenen Hörsaal mit der Kreide in der Hand vor der leeren Tafel stehen und beschwörend immer wieder den Satz aussprechen: »Die Sache ist die … Die Sache ist die …« Als wollte er seine blockierte Kreativität anstoßen.

# Wahnvorstellungen und eine Lügenkomödie
## im kalten Bett

Jeder Anblick des lebensfrohen, glamourösen und optimistischen Blackett lässt ihn seine eigene Unzulänglichkeit bewusst werden. Schließlich zweifelt er sogar noch an seinem eigenen Aussehen, was ihm bis dahin nie in den Sinn gekommen wäre. Sein enger amerikanischer Freund Francis Fergusson, der in Oxford studiert, diagnostiziert einen Fall von »klassischer Depression«. Seine Eltern, die alarmierende Telegramme erhalten haben, kommen aus Sorge um ihn mit dem Schiff nach Southhampton. Robert Oppenheimer will sie von dort abholen. Auf der Zugfahrt nach Southhampton hat er Wahnvorstellungen. Später beschreibt er Fergusson, wie er in einem schäbigen Abteil 3. Klasse sitzt und ein wildfremdes Paar vor seinen Augen kopuliert, während er in einem Buch über Thermodynamik liest. Er gelingt ihm nicht, sich zu konzentrieren. Als der Mann mit einem Mal verschwunden ist, küsst er die Frau, die sich davon nicht übermäßig überrascht zeigt. Doch schon überkommen ihn Gewissensbisse. Er fällt auf die Knie und fleht sie unter vielen Tränen um Verzeihung an. Als er den Zug verlassen hat, sieht er die Frau wieder, die auf der unteren Bahnhofstreppe geht. Er versucht, seinen Koffer auf sie hinabzuschleudern, verfehlt sie jedoch.

Was sich in den nächsten Stunden real abspielt, nimmt Motive aus dieser Wahnvorstellung auf. Ella, die überaus um ihren Sohn besorgte Mutter Oppenheimers, hat nämlich nicht ohne Berechnung Inez Pollek mit auf die Reise eingeladen. Ihr Besuch soll eine Überraschung für Robert sein. Inez hat mit Robert Oppenheimer die Privatschule Ethical Culture besucht, aber eine besondere Freundschaft hat sich nie daraus entwickelt. Kämen die beiden zusammen, so wäre dies das beste Heilmittel gegen die Depression. Gleichzeitig wird Ella aber nicht müde, jedem zu erklären, dass jene Inez auf eine geradezu »groteske Weise« ihres Sohnes unwürdig sei. Dennoch scheut sie sich nicht, dieses Lämmlein am Strick festzubinden und dem Wolf zu überlassen.

Vielleicht will Robert den unausgesprochenen Erwartungen genügen, vielleicht will er auch eine neue Rolle ausprobieren, zumindest aber so tun, als wäre er verliebt. Er macht Inez den Hof und spielt den Verliebten. Dies wird auf die gleiche rhetorische Weise erwidert, und schließlich landen sie als Ge-

*Roberts Mutter Ella Oppenheimer erdrückt und isoliert ihn mit ihrer zudringlichen Fürsorge, die ohne Wärme ist.*

fangene ihrer Rollen am Abend, zitternd vor Kälte, im selben Bett eines schlecht geheizten Hotelzimmers – ohne zu wissen, wie es weitergehen soll. Die Lügenkomödie endet kläglich. Robert kann nicht bekommen, was er sucht, und sie bekommt nicht, was sie will.

In der quälenden Ratlosigkeit, der sie ausgeliefert sind, beginnt Inez zu schluchzen, dann ist Robert zu hören. Ella, die das Drehbuch geschrieben hat, lauscht längst an der Tür. Sie poltert heftig dagegen und schreit: »Inez, sperr auf, warum willst du mich nicht hineinlassen? Ich weiß, dass Robert drin ist.« Kurz danach verschwindet Inez nach Italien. Im Gepäck hat sie Roberts Abschiedsgeschenk, *Die Besessenen* von Dostojewski.

# Kate und das andere Leben

Was für eine Therapie und was für eine Farce! Robert leidet daran, ja, er quält sich mit seiner Unfähigkeit, überhaupt so etwas wie Sehnsucht empfinden zu können, geschweige denn, sich zu verlieben. Zwei, drei Jahre vor seinem Cambridge-Aufenthalt war er dicht davor gewesen. Bei einem Ausflug mit seinen Harvard-Studienfreunden in die Bergwelt New Mexicos lernt er die wenig ältere Kate kennen, die alles zu verkörpern scheint, was er sucht und in seinem klaustrophobischen Zuhause nicht finden konnte.

Weit weg von der erdrückenden New Yorker Prachtwohnung fühlt er sich frei und kann endlich aufatmen. Er schätzt die Einsamkeit der Bergwelt, das einfache Leben und die Naturnähe. Die charmante und hübsche Kate betreibt die Ranch, in der sie sich einquartieren. Sie reiten zusammen aus und durchstreifen das Pecos Valley, das Gebiet der Hopi-Indianer, und eines Tages durchqueren sie den Rio Grande und reiten hinauf zur Los Alamos Ranch School. Oppenheimer wird diese entlegene Region nicht vergessen und Jahrzehnte später dort die Denkfabrik zum Bau der ersten Atombombe ansiedeln. Der junge Student bewundert Kate, denn sie lässt ihn sich als Teil einer Welt empfinden, die sich als Gegensatz zur Abgeschlossenheit der geschäftstüchtigen Uptown-Juden versteht, aus der er selbst kommt. Und Kates Familie zeichnet sich durch etwas aus, was kein Geld ersetzen kann: Sie ist ein romantischer Teil der amerikanischen Geschichte; sie umgibt noch etwas vom Gründungsmythos der amerikanischen Nation. Aus dem gleichen Grund hängt Oppenheimer an seinem Freund Francis Fergusson, dem er alles anvertraut. Auch Francis gehört zur alteingesessenen angelsächsischen Elite. Dass Ella Oppenheimer aber Jahre später ihren Sohn aus therapeutischen Gründen ausgerechnet mit Inez Pollek zusammenbringen will, die aus dem Clan der Goldman-Sachs-Familie stammt, zeigt nur, wie wenig der sensible und eigenwillige Jüngling von seiner eigenen Familie verstanden wird.

»Robert hätte es beinahe geschafft, sich zu verlieben«, kommentiert später einer seiner Begleiter den missglückten Versuch. Die Sache geht allerdings tiefer. Robert ist Opfer eines Liebesdefekts. Die Unfähigkeit, sich hingeben zu können, ist vermutlich das Ergebnis einer völlig verkorksten Erziehung durch seine überehrgeizige Mutter. Selbst seine Studienfreunde spüren, dass Oppenheimers scharfer Verstand nicht im Einklang mit seiner Gefühlswelt steht. Robert erträgt beispielsweise keine Musik, vor allem keine Opern. Während des Studiums versuchen seine Freunde, wenigstens einmal im Jahr gemeinsam eine Oper zu besuchen. Aber Robert steht nicht einen Akt durch. Meist hat er dann längst die Vorstellung verlassen.

## Ein vergifteter Apfel und andere Turbulenzen

Inzwischen ist es Dezember geworden, und seine Eltern halten sich noch immer in Cambridge auf. Ihre Anwesenheit scheint seinen Zustand täglich zu verschlimmern. Tief unglücklich steigert er sich in eine immer mörderischere Eifersucht auf Patrick Blackett hinein. Schließlich versucht er, sich in einem Akt der Verzweiflung dieser Lichtgestalt zu entledigen. In einer Universität, die sich täglich mit modernsten Methoden und mit bahnbrechenden Forschungsergebnissen auseinandersetzt, greift er dafür zu einer märchenhaften Mordwaffe aus dem Arsenal der Brüder Grimm. Oppenheimer präpariert einen Apfel mit Gift und legt ihn Blackett ins Pultfach. Der Anschlag wird entdeckt. Schneewittchen muss nicht sterben.

Zum Glück können sich die Eltern der Sache annehmen. Oppenheimers Vater hat die Mittel und das Geschick, unangenehme Vorgänge aus der Welt zu schaffen. Er stimmt – nicht ohne kräftige finanzielle Beihilfe – die Universität gnädig, und diese verzichtet auf eine Strafverfolgung und die Exmatrikulation. Sogar sein Studium darf Oppenheimer probehalber unter der Bedingung fortsetzen, sich regelmäßig einer psychiatrischen Behandlung zu unterziehen.

Die Geschichte des eifersüchtigen Studenten, der seinen Professor mit einem Apfel umbringen will, wird unter den Teppich gekehrt. Erst Jahrzehnte später hat sich Oppenheimer einmal kurz dazu geäußert. Als er gefragt wurde, womit er den Apfel seinerzeit präpariert habe, antwortet der ehemalige Chemiestudent knapp: »Mit Zyanid.«

Seine psychiatrische Behandlung erfolgt in Cambridge und später in London. Die unbeholfenen Diagnosen lauten auf »dementia praecox« – den Begriff »Schizophrenie« gibt es seinerzeit noch nicht. Nach einem Besuch eines Harley-Street-Psychiaters verabredet er sich mit seinem Freund Francis Fergusson. Robert macht einen verwirrten Eindruck, er ist nachlässig gekleidet, und der Hut sitzt schief. Dazu spottet er über seinen Arzt, der viel weniger von seiner Krankheit verstehe als er. Diese schwierige, ihn und andere gefährdende Phase ist durch die vagen Diagnosen noch längst nicht ausgestanden.

Als Oppenheimer die Weihnachtstage anschließend mit seinen Eltern in Paris verbringt, ist zufällig auch sein Freund Francis Fergusson in der Stadt. Aus heiterem Himmel kommt es dabei zu einem zweiten Zwischenfall. Als Fergusson Oppenheimer in dessen Hotelzimmer aufsucht, erzählt dieser ihm von der Geschichte mit dem vergifteten Apfel und bekennt, dass er unsicher sei, ob er weiter zum Studium in Cambridge zugelassen werde. Fergusson, der mitbekommen hatte, wie Oppenheimer in eine Depression gerutscht war, ist ein verständnisvoller Zuhörer und glaubt, dass nun alles überwunden sei, da sich sein Freund so offen äußern kann. Aber er sollte sich irren. Schon beim Betreten des Hotelzimmers bemerkt er, dass Oppenheimer wieder in einer seiner »hochgemuten Stimmungen« war. Fergusson zeigt Oppenheimer kurz darauf Gedichte von seiner Freundin und verrät ihm, dass sie nun seine Verlobte sei. Als sich Fergusson bückt, um ein Buch aufzunehmen, springt ihn Oppenheimer von hinten mit dem Haltegurt seines Koffers an und schlingt diesen um seinen Hals. »Eine Zeitlang hatte ich wirklich große Angst. Wir mussten Lärm gemacht haben; es gelang mir endlich, mich auf die Seite zu drehen, und er stürzte schluchzend zu Boden.«

Als es wenig später zu einer Szene mit seiner Mutter kommt, sperrt er diese in ihr Hotelzimmer ein. Daraufhin muss er auf ihr Geheiß einen Pariser Psychiater aufsuchen. Dieser führt Oppenheimers Verhalten auf »emotionale Turbulenzen« und sexuelle Frustration zurück und verschreibt Besuche bei Prostituierten.

Als die Eltern nach den Weihnachtsferien wieder zurück nach Amerika reisen, bessert sich Roberts Zustand auf verblüffende Weise. Die wachsende Begeisterung für die theoretische Physik trägt mehr dazu bei, Oppenheimer schrittweise die tiefe psychische Krise überwinden zu helfen als alle zweifelhaften therapeutischen Behandlungen. Robert Oppenheimer ist endlich in Cambridge angekommen.

## Der »Kapitza-Club« und die Knabenphysik

In jenen Cambridge-Clubs, die ihm anfangs so farblos vorgekommen waren, wird er nun mit den umstürzenden Arbeiten in der theoretischen Physik vertraut gemacht. Die wichtigste Drehscheibe ist der »Kapitza-Club«. Pjotr Kapitza, der Sohn eines zaristischen Generals, hatte ihn 1921 gegründet und mit seinem Club ein internationales Forum geschaffen, das alle führenden Physiker anlockte. Dort erlebt Oppenheimer mit, wie Paul Dirac, kaum zwei Jahre älter als er selbst, den ersten Vortrag über Quantenmechanik auf englischem Boden hält. Dirac ist noch nicht einmal promoviert, aber er zählt schon zu den führenden Theoreti-

*Pjotr Kapitza (links) gründet 1921 in Cambridge den »Kapitza-Club«,
der zum internationalen Forum für eine ganze Generation junger Physiker
(der »Knabenphysik«) wird. Später wird er Gefangener Stalins.*

kern der Physik. Manche halten ihn bereits für das größte Genie,
das die Universität seit Newton hervorgebracht hat. Dirac trägt
im »Kapitza-Club« Thesen aus seiner unveröffentlichten Arbeit
vor. Oppenheimer zählt zu den wenigen Studenten, die anwesend
sind. Eine lange Diskussion schließt sich an Diracs Thesen an.

Eine ganze Generation junger Physiker, von denen etliche mit
20, 21 Jahren bereits promoviert hatten, entwirft überall revolutionäre mathematische Modelle der Wirklichkeit. Es ist die
Stunde der sogenannten »Knabenphysik«. Seit dem Aufkommen
der modernen Physik im 17. Jahrhundert hat es nichts Vergleich-

bares mehr gegeben. Es sind aufregende Zeiten. Wie lässt sich die physische Wirklichkeit verstehen, die gleichermaßen durch drei unterschiedliche Theorien gebildet werden kann? Was bildet die Mathematik eigentlich ab? Und was ist in Wirklichkeit ein Elektron? Ein Teilchen? Eine Welle? Oder keines von beiden, wie de Broglie meint? Kann es möglicherweise beides zugleich sein? Eine Wellenmaterie oder Materiewellen? Wie sollte man sich überhaupt ein Elektron und seine Bewegung vorstellen? Stellen Wellen die Ausbreitung der Wahrscheinlichkeit für das Vorhandensein von Teilchen dar?

Alle diese Fragen liegen in der Luft. Dem aufregenden Gefühl, einer völlig neuen Welt nahe zu sein, kann Oppenheimer sich fortan nie mehr entziehen. Er weiß nun endlich, wohin er gehört, und er fühlt, dass die theoretische Physik tatsächlich auf ihn wartet. Ein paar Kupferdrähte, die sich nicht löten lassen, können ihn nun nicht mehr in Verzweiflung stürzen.

Mitgerissen von der beschwingten Stimmung, arbeitet er an seinem ersten Artikel zu einem Thema aus der Quantenphysik. Damit schreibt er sich mitten hinein ins Zentrum der fortschrittlichsten modernsten Theorien. Er beschreibt das Verhalten von Elementen, die aus zwei Atomen bestehen, wie $H_2$ oder $O_2$, deren Rotation charakteristische Spektrallinien von elektromagnetischer Strahlung hervorbringt. Nach der Veröffentlichung zählt auch er auf einmal zu den vielversprechenden »Knaben«, die Besuchern wie Niels Bohr vorgestellt werden. Später wird er den Kopf schütteln über die Fehler, die seine erste Arbeit enthält. Aber es ist ein riesengroßer Schritt. Er bittet seinen Freund Francis um Verzeihung. Es folgen schriftliche Reuebekenntnisse. Er fühle sein Fehlverhalten, er könne Fergussons großzügige Nachsichtigkeit ebenso wenig verstehen wie dessen Mitgefühl, schreibt er und beteuert, dass er ihm beides nie vergessen wird. Und schon zwei Monate später ändert sich der Ton, und er ist in der Lage, über den Vorfall kokett zu scherzen. »Mein Bedauern, dich nicht stranguliert zu haben, ist inzwischen mehr intellektuell als emotional.« Er lädt ihn ein, ihn doch in Cambridge zu besuchen. Fergusson hat Bedenken, aber Oppenheimer beschwichtigt ihn, und besteht darauf, dass er »darüber« hinweggekommen sei. Als Fergusson schließlich nach Cambridge kommt und Oppenheimer ihn in ein Zimmer neben seinem einquartiert, stellt Fergusson trotz aller Versicherungen zur Sicherheit nachts einen Stuhl vor die Tür. Aber nichts passiert.

## Die große Wende

Kurz danach bricht Robert Oppenheimer mit zwei Harvard-Freunden zu »Wanderferien« nach Korsika auf. Mit Wysman und Eddsall durchwandert er die ganze Insel. Sie übernachten dabei in bescheidenen Gasthäusern oder schlafen unter freiem Himmel. Es sind nur zehn Tage, die sie brauchen, um Korsika zu durchqueren und in Bonifacio einzutreffen; aber die tägliche körperliche Anstrengung, das Zusammenleben und die ausgedehnten Unterhaltungen scheinen mitzuhelfen, Oppenheimer vollends aus der langen depressiven Episode zu manövrieren. Was sich genau abgespielt haben mag, wissen wir nicht. Mehrfach weist Oppenheimer später auf die Bedeutung dieser Tage hin und zögert nicht, diese als die große Wende zu bezeichnen.

Was war geschehen? Einer seiner ersten Biografen mutmaßte, dass hinter der auffälligen Veränderung Oppenheimers eine Liebesgeschichte mit einem »europäischen Mädchen [steckte], die ihn nicht heiraten konnte«. Die wahrscheinlichere Geschichte aber erzählt Oppenheimer viele Jahre später selbst seinem Freund Hakoon Chevalier. Und wie vieles, was Oppenheimer angeht, dessen Psyche immer rätselhafter wird, je näher man ihr kommt, hört sich diese viel seltsamer an. Während eines Gesprächs über Grausamkeit verblüfft Oppenheimer Chevalier damit, dass er ihm eine längere Passage aus Marcel Prousts Roman *Auf der Suche nach der verlorenen Zeit* Wort für Wort aus dem Gedächtnis zitierte. Die Szene findet sich im ersten Band *Eine Liebe von Swann*, wo Mlle Vinteuil ihre lesbische Liebhaberin dazu bringt, auf die Fotografie ihres kürzlich verschiedenen Vaters zu spucken. Proust spricht davon, dass etwas durchaus Theatralisches im »Sadismus« von Mlle Vinteuil liege. Sie sei nicht wirklich schlecht, sondern sie finde es erotisch, sich so zu geben. In Wahrheit, schreibt Proust, ziehe sie genau deshalb aus der grotesken Darbietung ihrer Liebhaberin orgiastisches Vergnügen, dass sie eben nicht wirklich verrucht sei. Oppenheimer zitiert dann:

»Vielleicht hatte sie nicht in Betracht gezogen, dass das Böse so selten wäre, so außergewöhnlich, ja ein so befremdlicher Zustand, zu dem es so gemütlich wäre zu emigrieren, wäre sie nur in der Lage gewesen, in sich selbst zu entscheiden wie auch in jedem anderen, dass Leid, das man verursacht, und eine Gleichgültigkeit, wie immer man sie nennen mag, die furchtbarste und permanenteste Form der Grausamkeit ist.«

Warum gerade diese Proustsche Textpassage einen so nachhaltigen Eindruck auf den jungen Oppenheimer gemacht haben soll, dass er sie auswendig lernte, ist rätselhaft. Dass sie für ihn zu einer entscheidenden Erfahrung und Wende seines Lebens wurde, wirft Fragen auf. Sein Biograf Ray Monk zitiert einmal eine Rede, die Oppenheimer vor dem Ausschuss hielt und in der er verlangte, dass wir Experten des Bösen, des Schlimmsten in uns werden müssten. Oppenheimer bekennt hier, dass er schon in seiner Jugend nichts tun konnte – sei es eine wissenschaftliche Arbeit, eine Vorlesung oder ein Buch zu lesen, zu lieben oder mit einem Freund zu sprechen –, ohne dass ihm dies nicht »ein sehr starkes Gefühl von Abscheu und etwas Falschem erweckte und hervorrief. Ich musste erst begreifen, dass meine Sorgen über das, was ich tat, nicht grundlos und sehr wichtig waren, aber dass sie nicht die ganze Geschichte waren. Es musste einen komplementären Blick darauf geben, denn andere Menschen sahen sie ganz anders als ich. Und ich brauchte sie und die Art, wie sie die Dinge sahen«.

Hat also eine Textstelle von Marcel Proust Robert Oppenheimer von seinen Leiden erlöst? Sein Zustand bessert sich jedenfalls täglich, und als die Männer schließlich im Städtchen Bonifacio am Ende der Insel ankommen, scheint der Fortsetzung der Reise nach Sardinien nichts im Weg zu stehen. Beim Abendessen bemerken Oppenheimers Gefährten allerdings, wie dieser vom Ober diskret darauf hingewiesen wird, dass in Kürze das Boot zum Festland auslaufen wird. Die überraschten Reisegefährten verlangen nach einer Erklärung, und Robert Oppenheimer greift zu einer Mischung aus Notlüge und Geständnis. Er erklärt seinen Reisegefährten, dass er dringend zurück müsse, denn er habe Blackett einen vergifteten Apfel in sein Fach gelegt und müsse sofort in Erfahrung bringen, was damit geschehen sei. Dass aber der Vorfall, den er beichtet, inzwischen sieben Monate zurückliegt, verschweigt er.

Kurz darauf trifft Robert Oppenheimer voller Zuversicht und Tatkraft in Cambridge ein. Er scheint ein anderer Mensch geworden zu sein. Und sein Artikel wurde in der Cambridger Universitätszeitung gedruckt. Welche Genugtuung nach der demütigenden Verbannung in die Anfängerkurse der Experimentalphysiker!

Oppenheimer ist beflügelt. Schon sitzt er an der nächsten Arbeit. Nun geht es um das unberechenbare Verhalten von zwei Körpern in der subatomaren Welt. Es ist eine auf Anregungen Diracs und Schrödingers beruhende Ausarbeitung, und auch diese Arbeit wird veröffentlicht. Diesmal schon in der angesehenen Zeitschrift *Nature*.

## Das schleichende Gift der Spinne

Diese Arbeit fällt Max Born auf, einem der allerersten Pioniere der Quantenmechanik; die Überlegungen zum Verhalten von kollidierenden Körpern spielen auch in seine Arbeit hinein. Born lädt den bemerkenswerten Studenten ein, doch bei ihm

*Mit seinem Namen ist untrennbar der Bau der Atombomben verbunden, die Hiroshima und Nagasaki zerstörten: Robert Oppenheimer, um 1944.*

in Göttingen zu promovieren. Oppenheimer muss nicht lange überlegen. Nichts könnte ihm in seiner Lage willkommener sein, und nichts ist gegenwärtig so angesehen wie eine Promotion in Göttingen. Born ist damals gerade im Begriff, seine wichtigste Arbeit *Zur Quantenmechanik der Stoßvorgänge* für den Druck vorzubereiten. Noch vor der Veröffentlichung trifft er in Cambridge ein, um seine epochalen Gedanken im »Kapitza-Club« vorzustellen.

In der Quantenmechanik gibt es nach Born nichts mehr, was sich vorherbestimmen ließe, äußerstenfalls könnte man Wahrscheinlichkeiten mithilfe der Statistik heranziehen. Jedes Ergebnis sei möglich. Die Unmöglichkeit, genau anzugeben, wo ein Elektron zu einer bestimmten Zeit an einem bestimmten Ort sei, liege nicht am Unvermögen unseres Wissens, sondern in der nicht-deterministischen, nicht festlegbaren Natur der physikalischen Realität. Diese Theorie wurde weithin akzeptiert, allerdings nicht von Einstein. Ihm ist die ganze Quantenmechanik nicht nur physikalisch, sondern auch philosophisch zuwider. Diese lieder-

*Bootsfahrt auf dem Zürichsee 1929 mit dem 25-jährigen Oppenheimer (li.),*
*während eines Forschungsaufenthalts in Europa; re. Wolfgang Pauli.*

liche Unbestimmtheit! Und diese statistische Methode Borns soll
etwa die letzte Grundlage der Physik sein? Nein! Lieber wolle
er »Schuster oder Angestellter bei einer Spielbank sein«, bevor
er daran glauben soll, »dass ein Elektron, auf das sich ein Strahl
richtet, aus freiem Entschluss den Augenblick und die Richtung
wählt, in der es fortspringen will«.

Einstein argumentiert nicht; die Quantenmechanik ist für ihn
längst zur Glaubenssache geworden. Eine »innere Stimme« sagt
ihm, dass dies nicht der wahre Jakob sei. Die Quantentheorie lie-
fere zwar viel, schreibt er an den enttäuschten Born, aber dem Geheimnis des Alten, gemeint ist Gott, bringe sie uns kaum näher.
»Jedenfalls bin ich überzeugt, dass der nicht würfelt.« Einsteins
Bekenntnis wird ihn für immer von der jungen Generation trennen, für die er sich in einem traurigen Irrtum befindet.

Als Born Cambridge besucht, lernt er seinen künftigen Doktoranden auch persönlich kennen. Die kurze Begegnung hinterlässt
einen nachhaltigen Eindruck. Der 43-jährige Born steht einem
jungen Mann mit leuchtend blauen Augen gegenüber, der sicht-

bar jünger wirkt als seine 22 Jahre, und etwas Seltsames, geradezu Magisches geschieht. Die Zweifel, die Oppenheimer noch vor wenigen Wochen heimsuchten, sind einem herausfordernden Selbstbewusstsein gewichen. Von der ersten Stunde an scheint Born geradezu eingeschüchtert zu sein durch seinen jungen, zukünftigen Doktoranden, der überaus gut informiert ist und einen blitzschnellen Verstand hat. Und der junge Oppenheimer leistet sich einen Affront, der Born bereits hätte warnen müssen. Born hatte dem Studenten nach der persönlichen Begegnung in Cambridge die Druckfahnen seines wichtigsten Aufsatzes mit der Bitte anvertraut, die rein mathematische Seite seiner Überlegungen zu überprüfen. Es war bekannt, dass Born nicht der einzige Physiker war, dem Fehler und Unachtsamkeiten in der mathematischen Beweisführung unterliefen. Als Oppenheimer die Arbeit überprüft hat, gibt er diese mit der zweifelnden Bemerkung zurück: »Ich konnte keinen Fehler finden, haben Sie sie wirklich allein angefertigt?« Born ist über den rüden und anmaßenden Ton des jungen Studenten nicht »beleidigt«, wie er schreibt, »vielmehr erhöhte der Vorfall meine Hochachtung vor seiner bemerkenswerten Persönlichkeit«.

Der große Born, Lehrstuhlinhaber für theoretische Physik in Göttingen, war da schon hoffnungslos verstrickt in den Zauber des jungen Oppenheimer und dessen aufblitzenden Genies. Er hat den ersten Biss der Spinne nicht bemerken wollen. Doch schon hat diese den freundlichen Falter, der sich vor ihr niederließ, mit ihren unendlich feinen Beinhärchen abgetastet und gelähmt. Nach und nach wird sie weiteres Gift in dessen Leib pumpen und ihr ahnungsloses Opfer von innen heraus langsam verspeisen. Born fällt nur auf, wie höflich und hilfsbereit sein junger Doktorand ist, und wie weich und angenehm ist erst seine Stimme. Erst Monate später wird er darüber fluchen, wie arrogant Oppenheimer im Inneren sei. Aber da ist schon alles zu spät. Und Born kann froh sein, dass er wenigstens noch seine Haut zu retten vermag.

Als Borns Aufsatz, den Oppenheimer Korrektur gelesen hatte, schließlich in Druck geht, weist er in einer Fußnote auf die Bedeutung von Oppenheimers Aufsatz über die beiden Körper hin. Noch ist die Zahl der Aufsätze, die sich mit der neuen Quantenphysik beschäftigen, sehr überschaubar. Und von einem der Größten seines Fachs lobend zur Kenntnis genommen zu werden ist eine von vielen beachtete Auszeichnung.

## Ungeliebter Star in Göttingen

In Göttingen blüht Oppenheimer auf. Und hier entwickelt er, wie er sich Jahrzehnte später erinnert, allmählich durch Gespräche mit Werner Heisenberg, Gregor Wentzel und Wolfgang Pauli »einen gewissen Geschmack an der Physik, den ich sonst wahrscheinlich nie erworben hätte«.

Er weint dem mittelalterlichen Cambridge mit seiner strengen klösterlichen Architektur und der Universität mit ihren seltsamen Ritualen und Dons keine Träne nach. Er ist froh, die »Tutoren und Herzöge« los zu sein. Cambridge hat ihn zurückgestoßen, und das weltoffene Göttingen kommt ihm entgegen. Darüber hinaus konnte ihm diese Stadt etwas geben, was ihm Cambridge und ganz gewiss Harvard nicht geben konnten, hier wurde er nämlich »Teil einer kleinen Gemeinschaft von Menschen mit gemeinsamen Interessen und gleichem Geschmack und vielen gemeinsamen Interessen an Physik. Daran erinnere ich mich mehr als an Vorlesungen und Seminare.« Nachdem die Quantenmechanik eine neue Sicht auf das Verhalten von Atomen und Strahlungen eröffnet hat, wird überall nach genaueren und erfolgversprechenderen Anwendungen der neuen Theorie gesucht, deren Grenzen noch nicht ausgelotet worden sind. Für Oppenheimer ist dies eine Zeit »ernsthafter Korrespondenzen, eilig einberufener Konferenzen, unaufhörlicher Debatten, Kritik und brillanter mathematischer Improvisationen«.

Er ist inzwischen 23 und hat bereits zwei Aufsätze veröffentlicht. Schon fällt hier und da sein Name, und die nahe Beziehung zu Max Born hebt ihn hervor. Der schlaksige, fast ausgezehrt wirkende Oppenheimer mit dem dichten schwarzen Kraushaar, den markanten Brauenstrichen und den leuchtend blauen Augen, der neben der Physik bereits ein volles Chemie-Studium in Harvard abgeschlossen hat und im angesehenen Cavendish Laboratory Rutherfords ein- und ausgeht, unter anderem fließend Englisch, Deutsch und Französisch spricht, gilt hier als Ausbund an Weltläufigkeit.

Der Dollarkurs steht turmhoch über der Reichsmark, und Robert Oppenheimer gibt sich keine Mühe, die Tatsache zu verbergen, dass ihm große Mittel zur Verfügung stehen. Niemand könnte bestreiten, dass er nicht freigiebig, ja großzügig wäre. Die meisten Studenten sind acht Jahre nach Ende des Ersten Weltkriegs und Inflationswirren so arm, dass sie auf die eine warme Mahlzeit in der Mensa angewiesen sind. Jedes einzelne Buch muss erspart werden. Oppenheimer kann es sich leisten, mit seinen Bestellungen Regale zu füllen und alles nach seinen Wünschen binden zu lassen. Alles was ihn umgibt, Schuhe, Anzüge, Schreibzeug, Reisegepäck, scheint etwas ganz Besonderes zu sein. Er ist von entwaffnender Schlagfertigkeit. Oft huscht über sein Gesicht ein überhebliches Grinsen. Wahrscheinlich hat er längst den eben begonnenen Gedanken seines Gesprächspartners zu Ende gedacht und ist über seine eigene Antwort leicht amüsiert. Doch Oppenheimer hat kein Gefühl dafür, was er anrichtet, wenn er anderen rüde das Wort abschneidet, sobald er das Gesagte zu langatmig oder dumm findet.

Der anstrengende junge Mann wohnt als Untermieter im Haus des Dr. Cario, der in der Inflation erst sein Geld und dann seine Approbation verloren hat. Bald zieht noch der seltsame Paul Dirac nach, der noch immer nicht promoviert hat, aber in vier Jahren den Nobelpreis für Physik erhalten wird. In Göttingen wird er zum engsten Freund Oppenheimers. Dieser bewundert seinen Verstand, sie begegnen sich auf einer Wellenlänge. Nur noch Niels Bohr schätzt er als Wissenschaftler so hoch. Aber sonst? Dirac ist ein Außenseiter. Linkisch und wortkarg steht das alle um eine Kopflänge überragende Genie oft hilflos herum. Seine Obsessionen gehören der Mathematik, für Politik und gefällige Konversation hat er nichts übrig. Die von Oppenheimer gepflegten Literatur-, Poesie-, Kunst- und Architekturliebhabereien üben keinen Reiz auf ihn aus. Der Sohn eines Französischlehrers ist ein idealer Freund, der einem nicht in die Quere kommt und mit dem zusammen man die Schwierigkeit teilt, kein Rezept und keine Formel zu haben, wie man sich einer jungen Frau nähert.

Oppenheimer verbringt in den Vorlesungen und Seminaren jetzt viel Zeit mit Born, der ihn auch oft zu sich in seine Villa in der Max-Planck-Straße 21 einlädt. Ein Kommilitone aus der kleinen Kolonie von vielleicht zwei Dutzend amerikanischen Studenten zieht unterdessen enttäuscht nach München weiter, da es ihm nicht gelingt, seinem Idol Born näher zu kommen. Oppenheimer

*Oppenheimer (li.) mit Ernest Lawrence, dem Erfinder des Zyklotrons zum Teilchenbeschuss, auf der Ranch in New Mexico, Anfang der 30er-Jahre.*

wird dagegen geradezu verwöhnt. Schon bald schlägt Born seinem Doktoranden vor, gemeinsam einen Artikel zu schreiben. Schnell beginnt der sich als gleichberechtigter Partner des Lehrstuhlinhabers Born zu fühlen und scheut sich nicht, in dessen Seminar das Wort zu ergreifen, wenn ihm Beiträge von Kommilitonen oder Borns Ausführungen nicht überzeugend erscheinen. Dann eilt er zur Tafel, nimmt die Kreide an sich und zeigt auf, wie die Beweisführung eleganter und einfacher zu lösen wäre. Oder er lehnt die Argumentation glatt ab mit den Worten: »Das ist falsch! So macht man das nicht! Das kann man viel besser auf folgende Weise lösen.« Einem Kommilitonen kommt es vor, als hätte sich hier ein Bewohner des Olymp unter die Normalsterblichen verirrt und würde sich dabei alle Mühe geben, so zu tun, als wäre er auch nur ein Mensch. Born stößt sich zunehmend an der unhöflichen und peinlichen Weise, mit der Oppenheimer die Mitstudenten seine Überlegenheit spüren lässt. Aber er greift nicht ein. Denn anders als in den Vorlesungen ist das nachmittägliche Seminar schon immer ein Ort tumultuöser Auseinandersetzungen gewesen. Einmal bringt der Leydener Professor Paul Ehrenfest sogar einen ceylonesischen Papagei mit, der unentwegt den Satz ausstößt: »Aber meine Herren, das ist keine Physik« – doch Oppenheimer stört noch mehr als der Papagei. Andere Studenten beklagen sich bei Born über die Art, wie dieser Mitstudent das Seminar an sich reißt. In seiner Autobiografie bekennt Born, dass er damals davor zurückschreckte, Oppenheimer zur Ordnung zu rufen. »Ich hatte ein wenig Angst vor Oppenheimer, und meine halbherzigen Versuche, ihn in seine Schranken zu weisen, waren ohne Erfolg.«

Da liegt eines Tages ein Schriftstück in Form einer mittelalterlichen Pergamentrolle auf seinem Pult. Darin wird in einer altertümlichen Schreibschrift damit gedroht, dass bei weiteren Störungen seine Vorlesung boykottiert werden würde. Den Widerstand der Studenten gegen das Gebaren Oppenheimers führt die

20-jährige Maria Göppert an. Aus ihrer Hand stammt auch die Boykottdrohung. Später wird sie als erste Frau nach Marie Curie den Nobelpreis für Physik erhalten. Born nimmt die Drohung ernst, wagt es aber wiederum nicht, Oppenheimer direkt anzusprechen, und er muss zu einer List greifen. Beim nächsten Hausbesuch Oppenheimers lässt er ihn und die wie achtlos auf dem Tisch liegende Pergamentrolle allein zurück, als er durch einen fingierten Anruf aus dem Zimmer geholt wird. Als er nach einer Weile wiederkommt, fällt ihm auf, dass sein Gast blasser als sonst wirkt und in sich gekehrt ist. Die Unterbrechungen des Seminars kommen nicht mehr vor.

Kamen bittere Erinnerungen wieder hoch? Erinnerungen an das Feriencamp, wohin ihn seine Eltern einmal geschickt hatten, als er vierzehn war? Während der Schulzeit hatte er mit Gleichaltrigen nie etwas anfangen können. Er war ein einsames Kind gewesen, das lieber stundenlang allein mit Bauklötzen spielte oder sich mit der Mineraliensammlung beschäftigte, die ihm sein Hanauer Großvater Benjamin geschenkt hatte. Nun sollte er einmal das Leben in der Gemeinschaft Gleichaltriger erleben. Der Versuch endete in einer Katastrophe. Die »Kameraden« lassen den behüteten Jungen, der schon durch seine gewählte Sprache und sein Gebaren auffällt, sein Anderssein auf grausame Weise spüren. Sie ziehen ihn nackt aus, beschmieren seine Genitalien und sein Hinterteil mit grüner Farbe und sperren ihn über Nacht ins »Eishaus«. Der junge Oppenheimer erträgt diese Misshandlung schweigend und zeigt auch niemanden an. Er will die ihm widerfahrene Demütigung lieber unterdrücken als sie dem ganzen Camp bekannt zu machen. Aber hat ihn nicht auch Harvard still ausgegrenzt, und hat ihm Cambridge nicht die kalte Schulter gezeigt? Noch immer fällt es ihm schwer, sich damit abzufinden, dass es Menschen gibt, die ihn trotz seiner Brillanz nicht mögen.

# Liebestaub, ungestüm, unerträglich

Die junge Maria Göppert ist nicht die einzige deutsche Kommilitonin, die er in seinem Göttinger Jahr kennenlernt. Als eine Gruppe der »Franckierten« und »Bornierten« – so heißen die Studenten von James Franck und Max Born – nach Hamburg fährt, um dort die Universität zu besuchen, fällt der bildhübschen Charlotte Riefenstahl ein besonderes Gepäckstück unter all den ramponierten Koffern auf dem Bahnsteig auf. Es ist eine aus einem Stück Schweinsleder gearbeitete Reisetasche, die nicht nur ihr ins Auge sticht. Sie erkundigt sich nach dem Besitzer. Alle wissen, dass sie »dem Oppenheimer« gehört, und sie spricht ihn später im Abteil an. Die hübsche »Lotte« hatte zuvor zwei Jahre als Lehrerin an einer Privatschule in Lauenförde unterrichtet, bevor sie sich zum Studium entschloss. Sie ist »Physikochemikerin« und die einzige und entsprechend umschwärmte Frau in diesem Kreis. Ihre Spezialität: Gold und Silber. Die Tochter des zu Studienbeginn bereits verstorbenen Zeitungsredakteurs Gustav Riefenstahl ist vier beziehungsweise drei Jahre älter als Houtermans und Oppenheimer. Dieser, sie und Houtermans, der schon länger mit ihr befreundet ist, werden in wenigen Monaten promovieren.

Zu den angenehmen Eigenschaften des wohlhabenden Kommilitonen zählt, freizügig alles zu verschenken, was von einem seiner Kommilitonen gelobt oder gewürdigt worden war. Bald werden im Studentenkreis Wetten darüber abgeschlossen, ob sich die Ledertasche schon im Besitz von Charlotte befindet. Nun hat Charlotte einen weiteren Verehrer zur Hand. Oppenheimer ist freizügig, er ist belesen, er kann ein glänzender Unterhalter sein, er bemüht sich geradezu pedantisch, jeden ihrer kleinsten Wünsche zu erraten und zu erfüllen, und ist in geradezu altmodischer Weise ein formvollendeter Kavalier, aber er hat keine Gefühle, deren er sich entäußern könnte. Er ist liebestaub.

Born spürt inzwischen, was es ihn an Kraft kostet, sich gegenüber seinem jungen Mitarbeiter zu behaupten und sich nicht unterkriegen zu lassen. Er leidet unter dessen Ungestüm, Schnelligkeit, Ungeduld und einer nie zur Ruhe kommenden intellektuellen Energie. Born fühlt sich geschwächt und ausgeplündert. Robert Oppenheimer zieht jeden Gedanken an sich, spielt damit, eignet ihn sich an, verwirft ihn, lässt andere nicht mehr zum Denken kommen. Ehe diese ihre Ideen entwickeln können, liegen sie schon zerknüllt in der Ecke. Spannungen bauen sich auf, die Stimmung wird gereizter, schließlich kommt es zu einem Zerwürfnis.

Born hat seinen Mitarbeiter mit der Rohfassung der gemeinsamen Arbeit beauftragt. Nach einiger Zeit legt ihm Oppenheimer fünf mehr oder weniger hingefetzte Seiten hin. Oppenheimer ist immer knapp, dazu auch schriftlich auffallend ungeschickter als im Mündlichen. Born schäumt innerlich über diese Zumutung. Er fordert Oppenheimer auf, die in seinen Augen schludrige Arbeit neu zu machen. Darüber macht sich Oppenheimer in Briefen geradezu lustig und lenkt nur widerwillig ein, weil sein Koautor Born der Ältere von beiden sei. Seine Dissertation, die sich im Wesentlichen auf seinen zweiten Aufsatz stützt, stellt er in sechs Wochen fertig. Alles läuft glatt, und Born glaubt schon die Tage zählen zu können, bis er seinen Musterschüler los sein wird. Dann stellt sich heraus, dass Oppenheimer vergessen hat, sich einzuschreiben.

Dieses Versäumnis belastet Born weitaus mehr als dem Doktoranden. Born setzt nun alle Hebel in Bewegung, um dieses Hindernis zu beseitigen. Um eine Ausnahme zu ermöglichen, argumentiert er gegenüber dem Ministerium, dass Oppenheimer wegen Armut nicht länger in Göttingen bleiben könne. Keine Stunde länger als nötig kann er diesen Menschen ertragen. Man gibt seinem Ersuchen statt, und endlich geht alles seinen Gang. Oppenheimers Arbeit wird von Born mit »ausgezeichnet« bewertet; das ist lediglich die »Bronzemedaille«, im Grunde eine Beleidigung. Nach der mündlichen Doktorprüfung erklärte James Franck, der zwei Jahre zuvor den Nobelpreis erhalten hatte und nun einer der Prüfer ist, dass er froh sei, davongekommen zu sein. »Oppenheimer begann schon, mir Fragen zu stellen.« Später wird James Franck, im Ersten Weltkrieg ausgezeichnet als Gaskrieger an der Seite Otto Hahns, unter der Regie von Oppenheimer in Los Alamos eine führende Rolle bei der Entwicklung der Atombombe spielen.

## Die Oppenheimer-Bornsche-Näherung und Trennung

Im Juli verlässt der frisch gebackene Doktor der Physik Göttingen, und Born kann aufatmen. Die Zusammenarbeit mit dem jungen Oppenheimer ging über seine Kräfte und schien ihm den Glauben an sich selbst zu nehmen. Schaden hat aber sein Inneres genommen. Dem 24-Jährigen wird er Sätze und Anklagen hinterherschleudern wie: »Meine Seele ist durch diesen Mann fast zerstört worden.« Die Gegenwart dieses Mannes habe ihm die letzten Reste seiner wissenschaftlichen Fähigkeiten genommen, schreibt er an seinen Kollegen Ehrenfest. »Mit seiner Manier, alles zu wissen und jede Idee, die man ihm gibt, gleich weiterzuspinnen, hat er alle von uns ein Dreivierteljahr lang gelähmt.«

(Aber da ist die Spinne mit ihren acht flinken Beinen schon auf und davon geeilt. Oppenheimer ist schon unterwegs zum weiteren Studium in Leyden bei Einsteins Freund Ehrenfest, wo er auch bald auf Holländisch einen Vortrag halten wird, bevor er wieder nach New York zurückkehrt.)

Born ist 45 Jahre, als er jene bitteren Worte schreibt, und er wirkt auf einmal alt und ausgelaugt gegenüber dem nicht zu bremsenden Oppenheimer. Aber auch die Phalanx der hochbegabten Doktoranden, die ihn umgibt, vermittelt ihm das Gefühl, dass er ihrer ungestümen Energie, mit der sie immer neue Fragestellungen vorantreiben, nichts entgegenzusetzen hat. Er fühlt, wie ihm seine Felle davonschwimmen. »Es war für mich, einen Mann im fortgeschrittenen Alter [von 45 Jahren], sehr schwierig, mit den jüngeren Schritt zu halten, ich strengte mich sehr an; das führte im Jahr 1928 zu einem Nervenzusammenbruch, der mich zwang, Lehre und Forschung auf etwa ein Jahr zu unterbrechen und später langsamer zu arbeiten.« Er ist auch davon überzeugt, dass Oppenheimer dafür gesorgt hat, dass Einladungen in die USA ausbleiben. Aber dieser hinterlässt ein Abschiedsgeschenk. Born und er haben eine bleibende Arbeit hervorgebracht, deren These nicht ironischer sein könnte. Ihre »Quantentheorie der Moleküle« gilt als Klassiker der Quantenchemie, ohne deren Grundthesen – bekannt als die »Oppenheimer-Bornsche-Näherung« – kein Lehrbuch auskommt.

Zum Abschied von seinem Göttinger Studentenleben hat Robert Oppenheimer verschiedene Wissenschaftler und Kommilitonen eingeladen. Darunter auch Charlotte Riefenstahl, welche die lederne Reisetasche als Geschenk erhält, die sie einst zusammengebracht hat. Eingeladen ist auch F. G. Houtermans, der sich mit 100 roten Rosen von Charlotte verabschiedet. Sie hat ein Angebot vom Vassar College erhalten, dort für ein Jahr zu unterrichten. Sie nimmt an und fährt wenig später mit dem Schiff nach New York. Dort trifft sie auf den holländischen Physiker Samuel Goudsmit, einen Studienfreund Oppenheimers aus Leyden, der ebenfalls dem Ruf einer amerikanischen Universität folgt. (Es ist jener Goudsmit, der nach dem Krieg in amerikanischer Uniform in einer beklemmenden Begegnung als Verhörspezialist dem Gefangenen Heisenberg gegenübertreten wird.)

# Das Geheimnis eines Wildlederhandschuhs

Bei ihrer Ankunft wartete Oppenheimer bereits am Pier, und Goudsmit notiert: »Wir wurden von einer großartigen chauffierten Limousine abgeholt und ins Stadtinnere gefahren, in ein Hotel, das Oppenheimer in Greenwich Village ausgesucht hatte. Dann lud er uns zum Dinner in das Prince-George-Hotel ein und setzte uns vor, was er für typisch amerikanische Leckerbissen hielt – frische Maiskolben und solche Sachen. Da saßen wir in einer Art von Restaurant, in der ich kaum je vorher oder nachher war, und schauten uns die Lichter von Manhattan an. Höchst denkwürdig.«

Für Charlotte gibt es Blumenbukettes, weitere Einladungen werden verabredet.

Robert ist ein sehr bemühter, aufmerksamer Gastgeber. Charlotte, die noch Zeit hat, bevor sie im Vassar College zu unterrichten beginnt, genießt die Zeit in New York. Fast jeder Abend endet im sündteuren Ritz, und sie fragt ihren Gastgeber schon, ob es denn kein anderes Lokal in New York gebe. Schließlich lädt Robert Oppenheimer sie nach Hause ein. Er will sie seinen Eltern vorstellen. Charlotte wird überaus herzlich von Roberts Mutter an der Tür begrüßt, scheu steht neben ihr Frank, sein jüngerer Bruder. Die Wohnung ist umwerfend üppig ausgestattet, sie zieht sich durch ein ganzes Stockwerk und bietet einen eindrucksvollen Blick auf den Hudson River. Die Lage ist hervorragend. Beide Eltern Roberts sammeln Ölgemälde aus Europa, und die Wände sind voll davon. Dass bereits ein Picasso und Gemälde von van Gogh und Matisse an der Wand hängen, ist vermutlich Roberts Mutter zu verdanken, die in Paris als Malerin ausgebildet worden ist und sich als Kunsterzieherin betätigt. Die ganze Familie hat sich versammelt, um die junge Doktorin aus Deutschland in Augenschein zu nehmen.

Charlotte fühlt sich in der Stimmung, die über der Gesellschaft lastet, unbehaglich. Wie von einer verschworenen Gesell-

*Oppenheimer mit seinen Eltern – eine verschlossene Welt, die ihn beziehungsunfähig macht.*

schaft umgeben, bei der sich alle bemühen, keines ihrer gut gehüteten Geheimnisse preiszugeben. Niemand darf beispielsweise jemals das dritte Kind erwähnen, das die Hausherrin geboren hat. Selbst der bloße Gedanke an diesen Bruder von Robert und Frank, der nur 45 Tage leben durfte, wäre unverzeihlich. Die Räume sind bis an die Decke vollgestopft mit unaussprechbaren, erstickten Geschichten.

Charlotte schnürt es den Atem ab. Ihr wird kalt unter diesen Menschen, die innerlich erfroren scheinen. Vielleicht provoziert sie deshalb einen kleinen Eklat. Roberts Mutter hatte nämlich während des Abendessens einen Wildlederhandschuh anbehalten, der bis zum linken Oberarm reichte. Als sich Charlotte danach erkundigt, ist die Antwort eisiges Schweigen. Sie hatte den neuralgischen Punkt der Familie berührt, um den das allergrößte Geheimnis gemacht wurde. Roberts Mutter fehlt von Geburt an die linke Hand. Eine mechanische Greifzange am Armstumpf erlaubt ihr ein paar einfache Funktionen, und der bis an den Oberarm reichende Wildlederhandschuh sollte die Behinderung vergessen machen. Dieser Defekt wurde als unendlich peinigender, unsagbarer Makel empfunden. Der Blick durfte keinen Augenblick zu lange an der kaschierten Prothese haften bleiben, und diese überhaupt zu erwähnen oder auch nur im Entferntesten darauf anzuspielen ist strikt tabu. Ein unbehagliches, bedrückendes Verstummen der Unterhaltung ist die Folge.

Charlotte wird auf ihre Frage keine Auskunft erhalten, und das beendet auch die Beziehung zu ihrem Studienfreund, der durchaus als Heiratskandidat in Betracht gezogen worden ist. Doch ebenso wenig, wie sie ihn dazu bringen kann, etwas über seine Familie mitzuteilen, ist er fähig, etwas von sich preiszugeben. Die Beziehung mit Oppenheimer endet glücklos, so glücklos wie alle seine Frauenbeziehungen. 1929 kehrt Charlotte Riefenstahl nach Deutschland zurück. Erst Jahrzehnte später, als Robert Oppenheimer bereits im Sterben liegt, sieht sie ihn bei einem Abschiedsbesuch wieder.

# Dank

Gerne würde ich der dreiundneunzigjährigen Gioconda danken, die jeden Tag in der Küche stand und aus ihrem Garten duftende Kräuter holte, um mir eine einmalige Minestrone zu bereiten, mit der sie dann den Weg aus der Küche herbeischlurfte und mir verschmitzt entgegenlächelte. Sie hat mir immer wieder Mut gemacht, wenn es mit dem Schreiben nur zäh weiterging oder ich in einer Geschichte feststeckte. Natürlich kann sie, die eine kleine Pension auf Ischia betreibt, kein Wort Deutsch, und sie wird nie eine Zeile von mir lesen. Und doch hat sie mir geholfen, dass das Buch fertig geworden ist.

Oder ich denke an die höchst ungewöhnliche Sabrina Mugnaini, eine Chemikerin und Eisdielen-Bekanntschaft, die mir eines Tages versicherte, dass sie nur an Kriminalgeschichten interessiert sei. Immerhin konnte ich sie überreden, doch einmal in eine meiner Geschichten hineinzulesen. Sie wurde zu meiner unbestechlichen Lektorin. Ich kann mir keine gewissenhaftere Leserin vorstellen. Wenn sie schrieb: »Du kannst es besser!«, war das Vernichtung und Lob zugleich. Und wenn sie sich zu einem vorsichtigen Lob herbeiließ und vermerkte: »Das hat mir gut gefallen!«, war fast eine ganze Woche gerettet. Zwei Jahre lang schickte ich ihr in unterschiedlichen Abständen weitere Seiten und harrte ihres Urteils.

Ich bin auch den drei Physikern sehr dankbar, die ihre Freizeit geopfert haben, im Physiksaal des Effner-Gymnasiums in München aufzubauen. Dr. Schmidt, Dr. Fauser und Dr. Glas will ich gerne nennen. Als wir allein im Physiksaal saßen und sich der an die Wand gebeamte Zeiger, der die Gravitationskraft bestimmen sollte, langsam in Bewegung setzte und dann leicht zitternd verharrte, hatte ich den Eindruck, dass vielleicht auch Newton kurz anwesend war. Immerhin war die Messung so genau, dass der Zeiger durch den Hausmeister, der durch den Raum ging, in Verwirrung gestürzt wurde.

Ich danke meiner bewährten Leserin Sigrid Reuther, der neugierigsten Frau nördlich der Alpen, die mich mit wachem Interesse immer wieder antrieb. Dank auch an meine fürsorglichen Neffen Ferdinand und Norris, die mir Brennholz und einen neuen Computer brachten. Ich denke auch mit Dankbarkeit an Annemarie Schrödinger, die ich als gewitzte und kenntnisreiche Aushilfe in einem Käseladen kennengelernt hatte. Mit jeder der über 100 Käsesorten konnte sie ein persönliches Gespräch führen. Dass sie kürzlich ein Studium der Mathematik und Chemie abgeschlossen hatte, erfuhr ich zufällig. Was für eine Überraschung! Gestern noch Spezialistin für »Antons Liebe« und einen Tag später leidenschaftliche Mathematikerin. Durch sie habe ich gelernt, die Leistung von Houtermans bei seinen Primzahlen-Spielen besser zu verstehen. Ich denke gerne an die Herz erwärmenden Gespräche beim morgendlichen Frühstück in dieser Jägerschen Käse-Hochschule.

Herzlichen Dank meinem Sohn Benedikt, der mit einem intuitiven Vorwissen begabt immer dann in Erscheinung trat, wenn es darum ging, etwas zu kürzen oder zu verwerfen. Herzlicher Dank gilt auch Eva Rosenkranz, der professionellen Lektorin, die alle Fäden in der Hand behielt und mir stilsicher half, durch die Fülle der Geschichten zu navigieren. Ich denke auch dankbar an die Staatsbibliothek München und ihre Mitarbeiter, die zuverlässig und geräuschlos alle Bücherwünsche erfüllten und mir ein Zuhause geboten haben. Selbst in den Stunden vor Mitternacht konnte ich dort in einen großen Raum konzentrierter Stille eintauchen. Hunderte von Bildschirmen sind umgeben von aufgeschlagenen Büchern und Materialien der unterschiedlichsten Interessengebiete zu sehen, sodass man die Empfindung haben könnte, direkt in die pulsierenden Areale eines Welthirns zu blicken. Nicht zuletzt will ich auch Thomas Hölzl danken, meinem Agenten.

# Literaturverzeichnis

Edoardo Amalfi
The Adventurous Life of
Friedrich Georg Houtermans,
Physicist (1903–1966), 1998

Kai Bird, Martin J. Sherwin
J. Robert Oppenheimer, 2010

The Earl of Birkenhead (W. O.Smith)
The Prof in two words, 1961

Max Born
Mein Leben: die Erinnerungen
des Nobelpreisträgers, 1975

Ronald W. Clark
Tizard, 1965

Klaus Danzer
Robert W. Bunsen und
Gustav R. Kirchhoff, o. J.

Alexander Dorozynski
Der Mann, der nicht sterben durfte:
Das Leben des Nobelpreisträgers
Lew Landau, 1966

Graham Farmelo
The Strangest Man.
The hidden life of Paul Dirac, 2009

Richard P. Feynman
QED – Die seltsame Theorie des
Lichts und der Materie, 1989

Fraunhofer in Benediktbeuern,
Glashütte und Werkstatt
Hg. von der Fraunhofer-
Gesellschaft, 2008

Viktor J. Frenkel
Professor Friedrich Houtermans –
Arbeit, Leben, Schicksal.
Biographie eines Physikers des
zwanzigsten Jahrhunderts, 2011

Giovanni Gallavotti, Wolfgang
L. Reither, Jakob Yngvason (Hg.)
Boltzmann's Legacy, 2008

George Gamov
Eins, zwei, drei … Unendlichkeit:
Grenzen der modernen
Wissenschaft, 1956

Peter Goodchild
J. Robert Oppenheimer:
›Shatterer of the World‹, 1980

Andrea Gramm
»Geognosie, Geologie, Mineralogie
und Angehöriges«.
Goethe als Erforscher der
Erdgeschichte, o. J.

Nancy Thorndike Greenspan
Max Born – Baumeister der
Quantenwelt, 2005

Arthur Harris
Bomber Offensive, 1947

Hans Hartmann
Max Planck, 1983

Anna von Helmholtz
Ein Leben in Briefen.
Hg. Ellen von Siemens-Helmholtz,
1929

Alan Hirshfeld
Starlight Detectives, 2014

Klaus Hübner
Gustav Robert Kirchhoff: das
gewöhnliche Leben eines außergewöhnlichen Mannes, 2010

Christa Jungnickel,
Russell McCormmach
Cavendish – The Experimental Life,
1966

Isaak M. Khalatnikov
Landau the physicist and the man:
recollections of L. D. Landau, 1989

Alice Kimball Smith, Charles Weiner
Robert Oppenheimer
Letters and Recollections, 1980

Russell McCormmach
Nachtgedanken eines klassischen
Physikers, 1982

Russell McCormmach
Speculative Truth, 2004

Russell McCormmach
Weighing the World: the reverend
John Michell of Thornhill, 2012

Simon Sebag Montefiore
Der junge Stalin, 2008

Madhusree Mukerjee
Churchill's Secret War, 2010

Max Planck
Vorträge und Ausstellung zum
50. Todestag
Hg. Max-Planck-Gesellschaft zur
Förderung der Wissenschaften e. V.,
1997

Astrid von Pufendorf
Die Plancks
Eine Familie zwischen Patriotismus
und Widerstand, 2006

Carlo Rovelli
Sieben kurze Lektionen über Physik,
2013

Erwin Schrödinger
Mein Leben, meine Weltsicht, 2014

William Stuart Stern
Three prefaces on Linnaeus and
Robert Brown, o. J.

Daniel Tammet
Die Poesie der Primzahlen, 2012

Alexander Weissberg-Cybuklski
Hexensabbat, 1977

Thomas Wilson
Churchill and the Prof, 1995

# Register

# Bildnachweis

Kapitza und Prof. Nikolai Semyonov, 1921, Öl/Lwd, Peter Kapitza Memorial Museum, Moskau)
Deutsches Museum, München, Archiv: 115 (Bild PT01748_08); 128 r. (Bild BN30015)
Dr. Grete Roos: 201
Florida State University Special Collections & Archives: 269 (Paul Dirac Papers)
Getty Images, München: 11 (DeAgostini); 23 (Popperfoto); 25, 219, 242 (Bettmann); 77 (Hulton Archive); 116 (Universal Images Group); 122, 128 l. (Universal History Archive); 132 (Oxford Science Archive/Print Collector); 165 l. (Library of Congress/Corbis); 165 r. (Imagno); 179 (Ann Ronan Pictures/Print Collector); 221 (Heritage Images/Ann Ronan Picture Library); 232 (Sean Gallup); 250 (Keystone); 257 (IWM/Imperial War Museums); 272 r. (Science & Society Picture Library); 333 (Mondadori Portfolio); 391 (Corbis Historical)
INTERFOTO: 235 r. (Science & Society/NMeM/Daily Herald Archive)
J. Robert Oppenheimer Memorial Committee, Los Alamo: 404
Kapitza Memorial Museum: 311; 386 (Boris Kustodiyev, Porträt von Prof. Pjotr Kapitza und Prof. Nikolai Semyonov, 1921, Öl/Lwd)
Kirchhof-Institut für Physik, Heidelberg: 119
Klinikum Schloß Winnenden: 90
Nachlaß Erwin Planck, Handschriftenabteilung der Staatsbibliothek zu Berlin: 161
National Library of Australia: 101 (Map T 1494)
National Library of Medicine, Rockville Pike, Bethesda, Maryland: 381
Österreichische Zentralbibliothek für Physik, Wien: 13, 175 (N.N.); 15 (Karl Przibram)
picture alliance, Frankfurt: 55 (United Archives/WHA); 127 (akg-images); 318 (Everett Collection); 367 (United Archives/TopFoto)
Privatsammlung Houtermans: 295, 304
Sammlung Dieter Hoffmann: 325
Science Photo Library: 105 (Mikkel Juul Jensen)
Shutterstock.com: 137 (catwalker); 365 (rook76)
Städtisches Museum Göttingen: 272 l., 275
Stadtarchiv Heilbronn: 81 (Bild D032-417); 94 l., 94 r. (M. Jehle)
© The Albert Einstein Archives, the Hebrew University of Jerusalem, Israel: 106
© The Royal Society: 37, 67 o.
ullstein bild, Berlin: 45, 227, 248, 363 (NMSI/Science Museum/Science Museum); 113 (adoc-photos/L. Meder); 184, 329 (ullstein bild); 143, 286 r. (Süddeutsche Zeitung Photo/Scherl); 298 (Rainer Binder)
Universitätsarchiv Heidelberg: 136